硅铝质固废绿色低碳化利用

王长龙　杨飞华　王肇嘉　刘凤东　李　军　著

科 学 出 版 社

北　京

内 容 简 介

本书对大宗工业固废的绿色低碳化利用进行了阐述，从以下六个方面展开：全固废预拌固化剂制备基坑回填料、钢渣-矿渣基全尾砂矿井胶结充填料制备及性能、铜尾矿复合胶凝材料的制备及水化机理、钒钛铁尾矿高强烧结透水砖的制备及机理、高温重构钢渣的组成-结构-性能、铁尾矿复合胶凝材料的制备及性能。按照“固废特性→活化特性→制备研究→性能演变→机理研究→应用研究”思路，搭建工业固废绿色低碳化利用研究框架，为解决固废绿色低碳化的技术瓶颈问题提供了参考，促进固废综合利用向高性能化、高值化良性发展。

本书中的研究工作旨在实现大宗工业固废的绿色低碳化应用，对土木、建材、矿物加工、冶金、环境及节能等领域的工作人员具有使用和参考价值，也可以作为大专院校相关专业研究生的专业教材。

图书在版编目（CIP）数据

硅铝质固废绿色低碳化利用/王长龙等著. —北京：科学出版社，2023.10

ISBN 978-7-03-075990-0

Ⅰ. ①硅…　Ⅱ. ①王…　Ⅲ. ①工业固体废物－固体废物利用－研究　Ⅳ. ①X705

中国国家版本馆 CIP 数据核字（2023）第 129059 号

责任编辑：张淑晓　孙静惠 / 责任校对：任云峰
责任印制：吴兆东 / 封面设计：东方人华

科学出版社 出版
北京东黄城根北街 16 号
邮政编码：100717
http://www.sciencep.com
北京中石油彩色印刷有限责任公司印刷
科学出版社发行　各地新华书店经销
*
2023 年 10 月第　一　版　开本：720 × 1000　1/16
2025 年　2 月第二次印刷　印张：19 3/4
字数：380 000

定价：138.00 元

（如有印装质量问题，我社负责调换）

前　言

大宗固体废弃物量大面广、环境影响突出、利用前景广阔，是资源综合利用的核心领域。全面推进大宗工业固废综合利用对提高资源利用效率、改善环境质量、促进经济社会发展的全面绿色转型具有重要意义，是实现“碳达峰”“碳中和”的重要途径。

近年来，随着我国国民经济的快速发展，大宗工业固体废物的产量迅猛增加并大量堆存，带来了土地、资源、环境、安全等一系列问题。开展大宗工业固体废物综合利用是节约利用资源、推动能源和资源利用方式根本转变、促进工业绿色转型发展及建设生态文明的有效手段。大宗工业固体废物综合利用是节能环保战略性新兴产业的重要组成部分，是为工业又好又快发展提供资源保障的重要途径，也是解决大宗工业固体废物不当处置与堆存所带来的环境污染和安全隐患的治本之策。大宗工业固体废物综合利用是当前实现工业转型升级的重要举措，更是确保我国工业可持续发展的一项长远的战略方针。

2021 年 3 月国家发展和改革委员会等十部委联合印发《关于“十四五”大宗固体废弃物综合利用的指导意见》，明确了大宗工业固废综合利用的主要目标，旨在进一步提升大宗工业固废综合利用水平。其中提到，“到 2025 年，煤矸石、粉煤灰、尾矿（共伴生矿）、冶炼渣、工业副产石膏、建筑垃圾、农作物秸秆等大宗固废的综合利用能力显著提升，利用规模不断扩大，新增大宗固废综合利用率达到 60%，存量大宗固废有序减少。”工业固体废物指在工业生产活动中产生的丧失原有利用价值或者虽未丧失利用价值但被抛弃或者放弃的固态、半固态和置于容器中的气态的物品、物质以及法律、行政法规规定纳入固体废物管理的物品、物质。工业固体废物综合利用主要包括六个方面：①用于提取有价组分；②生产建筑材料、环保材料或其他材料；③填筑低洼地、路基，建筑工程回填；④充填矿井、露天矿坑及塌陷区；⑤生产肥料；⑥改良土壤。

虽然近年来在环保政策倒逼和产业政策红利的大力推动下，我国大宗工业固体废物综合利用取得了长足发展，但是由于我国大宗工业固体废物新增产量大、历史堆存量大、分布不均衡、成分复杂等原因，我国大宗工业固体废物综合利用依然存在利用量小、附加值低、利用成本高、技术开发投入不足、市场活跃度较低、同质化竞争和产能过剩严重、家底不清、区域发展不平衡、相关科研人员和工程技术人员缺口大、整体产业科技支撑严重不足、法律法规不完备、政策机制不完善、配套政策不协调、总体规划等顶层设计薄弱等诸多制约产业发展的问题。从技术角度看，实验室阶段的技术多，而真正能产业化的成熟技术少。“十三五”和“十四五”期间，我国加大了对资源综合利用领域的政策支持力度和产业政策的支持，带动了一大批科研院校和企业在本领域的技术创新热潮，技术创新积极活跃度显著提高，各类资源综合利用技术大批涌现，然而，受原料性质波动、宏观经济影响、市场销售半径因素制约等，真正能经得起市场考验、实现产业化且能盈利的技术少之又少，且大部分集中在传统建材行业，产品附加值低、销售半径有限。另外，低附加值规模化技术成熟，相关产品面临产能过剩的局面，而高附加值规模化技术产业化少。目前，我国大宗工业固体废物在建材行业的应用主要集中在传统建材领域，利用大宗工业固体废物制备砖、水泥、混凝土等传统建材产品的技术已经相对成熟，但相关产品种类较少，产品档次较低，技术含量低，利用方式较为初级，且受到运输半径的限制，市场容量有限，加上宏观经济和房地产行业影响，行业内恶性竞争激烈，产能过剩严重。深入研究开发大宗工业固废的绿色低碳化利用技术，是提升大宗工业固废利用价值的必由之路；通过更多的技术手段和资本投入促进研究开发，提升利废产品的技术含量和附加值，以科技创新驱动发展，是我国大宗工业固体废物综合利用企业突破现有竞争格局，做大做强的制胜法宝。

全书针对大宗工业固废绿色低碳化综合利用进行了深入的基础研究，所研究的工业固体废弃物包含了钒钛铁尾矿、铜尾矿、铁尾矿、钢渣等。全书基于工业固废的实际情况，结合产业需求，从全固废预拌固化剂制备基坑回填料、钢渣-矿渣基全尾砂矿井胶结充填料制备及性能、铜尾矿复合胶凝材料的制备及水化机理、钒钛铁尾矿高强烧结透水砖的制备及机理、高温重构钢渣的组成-结构-性能、铁尾矿复合胶凝材料的制备及性能六个方面展开，遵循“固废特性→活化特性→制备研究→性能演变→机理研究→应用研究”思路，搭建了硅铝质固废绿色低碳化利用的研究框架，为解决工业固废的绿色低碳资源化利用亟待突破的技术瓶颈问题提供了参考，引导传统矿山、建材企业向资源综合利用产业和绿色低碳产业转型。

王长龙负责全书的内容结构设计及统稿工作。撰写人员分工如下：第 1 章由王长龙、李军完成；第 2 章由杨飞华、王肇嘉完成；第 3 章由杨飞华、李军完成；第 4 章由王长龙、王肇嘉、刘凤东完成；第 5 章由刘凤东、李军完成；第 6 章由王长龙、李军完成。

本书提炼了国家重点研发计划（2021YFC1910600）、中国博士后科学基金（2015T80095、2015M580106、2016M602082）、河北省自然科学基金（E2018402119、E2020402079）、固废资源化利用与节能建材国家重点实验室开放基金（SWR-2019-008、SWR-2023-007）等项目的研究成果。

特别感谢固废资源化利用与节能建材国家重点实验室对本书出版的资助。

由于作者水平有限，书中难免存在不足之处，敬请读者和专家批评指正。

作　者

2023年1月于北京

目　　录

前言
第 1 章　全固废预拌固化剂制备基坑回填料 …… 1
1.1　引言 …… 1
1.2　概述 …… 2
1.2.1　工业固体废弃物的综合利用现状 …… 2
1.2.2　钢渣的综合利用现状 …… 3
1.2.3　预拌固化剂制备基坑回填料的研究现状 …… 6
1.2.4　预拌固化剂制备基坑回填料研究内容及创新点 …… 11
1.3　预拌固化剂制备基坑回填料的研究方案 …… 12
1.3.1　预拌固化剂制备基坑回填料的研究思路及技术路线 …… 12
1.3.2　预拌固化剂制备基坑回填料试验原料及方法 …… 13
1.4　预拌固化剂用原料基本特性及活性研究 …… 22
1.4.1　唐钢钢渣的基本特性 …… 22
1.4.2　唐钢钢渣的机械力活性 …… 24
1.4.3　S95 矿渣的活性指数 …… 34
1.5　预拌固化剂制备与水化机理的研究 …… 35
1.5.1　预拌固化剂的配合比设计 …… 35
1.5.2　预拌固化剂水化机理 …… 40
1.6　基坑回填料的制备与性能研究 …… 43
1.6.1　预拌固化剂掺量对基坑回填料性能的影响 …… 43
1.6.2　铁尾矿掺量对基坑回填料性能的影响 …… 47
1.7　本章小结 …… 49
参考文献 …… 50
第 2 章　钢渣-矿渣基全尾砂矿井胶结充填料制备及性能 …… 56
2.1　引言 …… 56
2.2　概述 …… 57
2.2.1　钢渣的国内外研究现状 …… 57
2.2.2　矿山胶结充填的国内外研究现状 …… 58

2.2.3　钢渣-矿渣基全尾砂矿井胶结充填料的研究内容 ……62
2.3　钢渣-矿渣基全尾砂矿井胶结充填料的研究方案 ……63
2.3.1　钢渣-矿渣基全尾砂矿井胶结充填料的研究思路及技术路线……63
2.3.2　钢渣-矿渣基全尾砂矿井胶结充填料的试验原料及方法……65
2.4　钢渣-矿渣基胶结充填料的制备与性能 ……71
2.4.1　原料用量对胶结充填料的性能影响 ……72
2.4.2　钢渣-矿渣基胶结充填料的性能优化 ……78
2.5　钢渣-矿渣基胶结剂的水化机理 ……82
2.5.1　胶结剂的水化热分析……82
2.5.2　胶结剂水化产物组成及结构分析……84
2.6　钢渣-矿渣基全尾砂充填料的效益分析 ……92
2.6.1　经济效益分析……92
2.6.2　环境效益分析……94
2.7　本章小结 ……94
参考文献……95
第 3 章　铜尾矿复合胶凝材料的制备及水化机理……99
3.1　引言 ……99
3.2　铜尾矿的综合利用 ……100
3.2.1　铜尾矿中有价成分回收利用研究……101
3.2.2　铜尾矿用作玻璃和陶瓷原料……101
3.2.3　铜尾矿在水泥混凝土中应用……102
3.2.4　铜尾矿复合胶凝材料的研究内容及创新点……105
3.3　铜尾矿复合胶凝材料的研究方案……106
3.3.1　铜尾矿复合胶凝材料的研究思路及技术路线……106
3.3.2　铜尾矿复合胶凝材料的试验原料及方法……107
3.4　铜尾矿的特性及活性……113
3.4.1　铜尾矿的基本特性……113
3.4.2　铜尾矿的粉磨特性……116
3.4.3　铜尾矿的热活化……124
3.4.4　铜尾矿的化学活化……127
3.5　铜尾矿复合胶凝材料的性能……131
3.5.1　铜尾矿胶凝材料膨胀性……131
3.5.2　铜尾矿胶凝材料对重金属的固化……134

3.5.3 铜尾矿复合胶凝材料的制备 …… 137
3.5.4 铜尾矿复合胶凝材料抗冻性 …… 138
3.6 铜尾矿复合胶凝材料水化特性研究 …… 139
3.6.1 铜尾矿复合胶凝材料水化动力学 …… 139
3.6.2 铜尾矿复合胶凝材料微观分析 …… 145
3.7 本章小结 …… 147
参考文献 …… 147
第 4 章 钒钛铁尾矿高强烧结透水砖的制备及机理 …… 153
4.1 引言 …… 153
4.2 国内外研究现状 …… 154
4.2.1 钒钛铁尾矿的综合利用 …… 154
4.2.2 透水砖研究现状 …… 157
4.2.3 钒钛铁尾矿高强透水砖的研究内容及创新点 …… 161
4.3 钒钛铁尾矿高强透水砖的研究方案 …… 162
4.3.1 钒钛铁尾矿高强透水砖的研究思路及技术路线 …… 162
4.3.2 钒钛铁尾矿高强透水砖的试验原料及方法 …… 164
4.4 原材料的特性 …… 168
4.4.1 钒钛铁尾矿的物理特性 …… 168
4.4.2 钒钛铁尾矿的化学特性 …… 169
4.4.3 钒钛铁尾矿的烧结特性 …… 171
4.5 钒钛铁尾矿高强透水砖的性能 …… 173
4.5.1 基础试验 …… 174
4.5.2 工艺参数对透水砖性能的影响 …… 179
4.5.3 钒钛铁尾矿高强透水砖的优化设计 …… 184
4.6 钒钛铁尾矿高强透水砖的烧结机理 …… 190
4.6.1 不同保温时间下高强透水砖的 XRD 分析 …… 190
4.6.2 不同烧结温度下透水砖的 XRD 分析 …… 191
4.6.3 不同烧结温度下透水砖的 SEM 分析 …… 192
4.6.4 不同烧结温度下透水砖的 EDS 分析 …… 194
4.7 钒钛铁尾矿高强透水砖经济性分析 …… 196
4.7.1 成本分析 …… 196
4.7.2 经济效益分析 …… 198
4.7.3 敏感性分析 …… 200

4.8　本章小结 ······ 200
参考文献 ······ 201
第 5 章　高温重构钢渣的组成-结构-性能 ······ 206
5.1　引言 ······ 206
5.1.1　钢渣的建材化利用 ······ 207
5.1.2　矿物掺和料的应用 ······ 213
5.1.3　钢渣高温重构的研究内容及创新点 ······ 214
5.2　钢渣高温重构的研究方案 ······ 215
5.2.1　钢渣高温重构的研究思路及技术路线 ······ 215
5.2.2　钢渣高温重构的试验原料及方法 ······ 216
5.3　迁钢钢渣的特性研究 ······ 221
5.3.1　迁钢钢渣的组成及结构 ······ 221
5.3.2　迁钢钢渣的水化特性 ······ 223
5.3.3　迁钢钢渣的性能分析 ······ 224
5.4　不同调节材料对重构钢渣的性能影响研究 ······ 225
5.4.1　粉煤灰对重构钢渣的性能影响研究 ······ 226
5.4.2　矿渣对重构钢渣的性能影响研究 ······ 234
5.5　重构钢渣胶凝材料的水化机理研究 ······ 241
5.5.1　粉煤灰重构钢渣胶凝材料的水化机理分析 ······ 241
5.5.2　矿渣重构钢渣胶凝材料的水化机理分析 ······ 245
5.6　本章小结 ······ 248
参考文献 ······ 249
第 6 章　铁尾矿复合胶凝材料的制备及性能 ······ 254
6.1　引言 ······ 254
6.2　国内外研究现状 ······ 255
6.2.1　铁尾矿的综合利用 ······ 255
6.2.2　铁尾矿复合胶凝材料研究内容及创新点 ······ 261
6.3　铁尾矿复合胶凝材料的研究方案 ······ 262
6.3.1　铁尾矿复合胶凝材料的研究思路及技术路线 ······ 262
6.3.2　铁尾矿复合胶凝材料的试验原料及方法 ······ 263
6.4　铁尾矿的特性与活性研究 ······ 268
6.4.1　铁尾矿的基本特性 ······ 269
6.4.2　铁尾矿的活性研究 ······ 271

6.5 铁尾矿复合胶凝材料性能的影响因素研究 …… 278
6.5.1 主要原料掺量对复合胶凝材料性能的影响 …… 278
6.5.2 铁尾矿复合胶凝材料正交优化 …… 286
6.5.3 铁尾矿复合胶凝材料性能测试 …… 289
6.6 铁尾矿复合胶凝材料的水化机理研究 …… 291
6.6.1 铁尾矿复合胶凝材料的水化热分析 …… 291
6.6.2 铁尾矿复合胶凝材料水化特性分析 …… 293
6.7 本章小结 …… 299
参考文献 …… 300

第1章　全固废预拌固化剂制备基坑回填料

1.1　引　　言

水泥制造的二氧化碳排放总量约占全球二氧化碳排放量的8%[1]，我国水泥消耗量大，水泥行业的二氧化碳排放量占工业二氧化碳排放量的15%[2]。为响应国家倡导的环境保护政策，逐步降低水泥产量及使用量，研究人员探索使用经过处理后的固体废弃物作为矿物掺和料替代水泥，取得显著的成效。矿物掺和料是绿色混凝土的重要组成部分，科学合理地使用矿物掺和料不仅可以减少混凝土中的水泥用量，也可以改善混凝土的某些性能。大部分矿物掺和料来源于工业固体废弃物，既是对工业固体废弃物资源的高效利用，又大幅度减轻了工业固体废弃物对环境的污染。

随着社会的发展和进步，越来越多的人开始关注环境污染。钢铁工业的炼钢和采矿环节每年排放数亿吨钢渣和尾矿副产品，导致土地占用和环境污染[3-5]。因此，钢渣和尾矿的综合利用一直受到全世界的关注[5]，尤其是在绿色建材方面，这种利用方式可以产生显著的经济效益和环境效益。传统的工业固体废弃物的应用方向主要集中在矿井充填、制备建筑材料、有价金属提取和农田复垦四个方向。尾矿胶结充填（CTB）可将尾矿胶结并回填到地下采空区中，该项技术在采矿实践中得到广泛应用，能够实现零废物产生[6]。

以北京、上海、广州、深圳为代表的一线城市地价昂贵，建设单位为达到最大效益、提供更多的停车位、满足人防要求，将地下室面积最大化，常常沿着用地红线预留支护桩、少量肥槽位置后，其余土地全部作为地下结构开发。而回填土多以土方作业队为施工主体，土源、施工质量、施工安全均不可控，不符合精益建造的要求。尽管国内外对矿冶废弃物制备胶结充填料应用于矿井充填的研究成果越来越多，但将全固废制备预拌固化剂应用于基坑回填的研究工作还未见报道。因此，为响应环保号召，减少水泥用量，降低回填成本，我们选择全固废预拌固化剂制备基坑回填料。本研究工作的产业定位见图1.1，利用工业固体废弃物开发出一种新型的全固废预拌固化剂实现其在基坑回填中的应用，为工业固体废弃物的资源化应用提供了新的方向，同时有效地推动低碳、绿色、节能建筑和建筑工业化的发展，这是本书研究工作的重大意义所在。

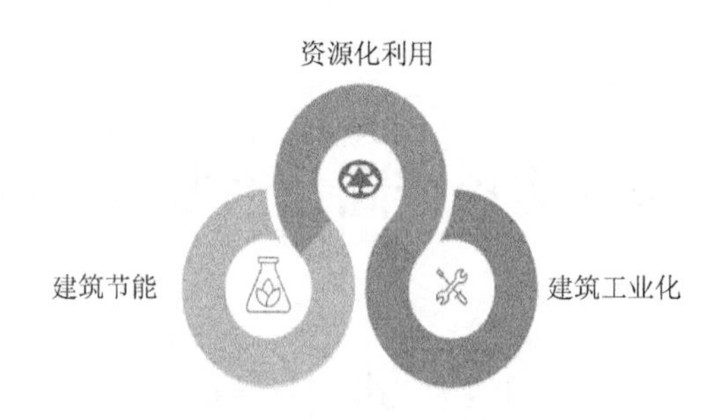

图 1.1　研究工作的产业定位

通过本研究工作不仅解决工程回填中沉陷、不均匀沉降等问题，也可以解决现场工程弃土或废浆，节省施工现场占地，实现建筑施工现场无废渣管理。最终提供一种利用冶金渣等废弃物为预拌固化剂、工程弃土或废浆为细骨料制备全固废基坑回填材料的方法，为工业固体废弃物在基坑回填中的应用提供理论支撑。

1.2　概　　述

1.2.1　工业固体废弃物的综合利用现状

工业固体废弃物主要是指在常规的工业生产过程中经过各种工艺手段挑选出可利用的物质，所遗留下的无用的废弃物，如采矿过程中废弃的矿石、经过燃烧锻造后剩余的废渣、各种原料的尾矿等。工业固体废弃物和城市建设废弃物数量迅速增加，不但侵占了农田，使环境受到严重污染，还影响了人们的健康[7]。

统计结果显示，工业生产中剩余的工业固体废弃物有逐年增加的趋势，特别是近年来，工业固体废弃物的产量以 10%的惊人速度增长。但其利用率只有 55%左右，剩余的由于得不到高效应用，大量堆积在环境中，目前总量超过 100 亿吨。这些工业固体废弃物的大量堆积，不可避免地使环境受到破坏[8]。

工业固体废弃物除小部分可以研究利用外，大部分以消极方式存放而堆积成山，并且部分危险工业固体废弃物还须进一步加工处理。随着国家对环境保护和污染控制的日益重视，将工业固体废弃物进行研究处理并有效利用已经迫在眉睫[9]。

目前工业固体废弃物的处理方法主要有以下几种：①矿井采空区的充填。许多中小城市在填埋空旷矿业上合理利用工业固体废弃物，一方面可以防止地面沉降，另一方面有助于改善生态环境。②绿色环保材料的生产。大多数工业固体废弃物经过处理后具有活性，再经过压碎或被水浸泡后，通常可被直接用作胶凝材料、墙体材料以及作为矿物掺和料制备高质量、高性能混凝土等[10]。

综上所述，我国的工业固体废弃物产量巨大，由于得不到有效应用，长期堆积使土地受到污染。随着社会的可持续发展，国家环保政策的不断推出，如何将其有效应用成为当下十分关键的任务。将这些固体废弃物作为矿物掺和料广泛使用在建筑材料行业，废物再利用和经济环保成为大量学者不断探索的新方向。

1.2.2　钢渣的综合利用现状

1. 钢渣的产生与应用

钢渣是通过在电弧炉中用高电流熔化废料或通过在碱性氧气炉中用石灰处理热熔融金属、废料和熔剂而获得的。世界上大约 70%的钢铁生产依赖于高炉工艺；由于废料具有可用性，电弧炉产量约占总产量的 30%。在转炉工艺中，每生产 1 吨钢，产生的转炉钢渣量在 0.1～0.2 吨之间[11]。美国、德国和日本的钢渣利用率分别为 50%、30%和 25%；而我国只有 22%的钢渣得到利用[12]。截至 2017 年，全国钢渣累积堆存量超过 16 亿吨，仅一年就产生转炉钢渣约 2.4 亿吨[13, 14]。如此巨大的废弃物产量，已迫切需要有效处理。

图 1.2 中描绘了钢渣的产生和处理。由于钢渣中重金属的浸出，钢渣未经处理直接倾倒或堆积在填埋场，对农田和河流造成严重污染。为降低钢渣潜在的风险，人们进行大量的试验不断探索如何有效地利用钢渣。

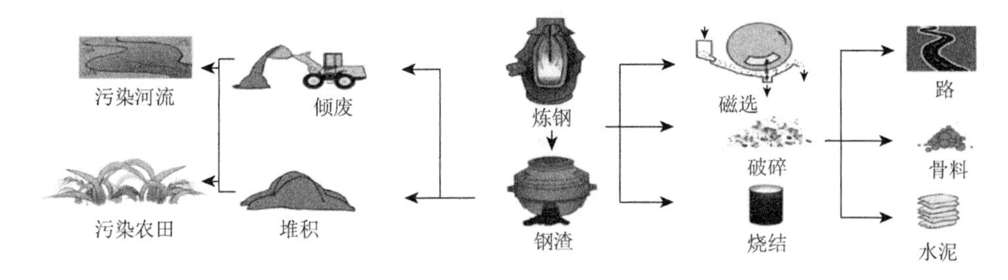

图 1.2　钢渣生产处置路线示意图[11]

大部分钢渣堆积成山，对环境造成了危害，如图 1.3 所示。这造成重金属的浸出，特别是铅（Pb）、镉（Cd）、汞（Hg）、铬（Cr）和砷（As）①的浸出。此外，近年来钢铁产量大幅增加，预计年产量将增长 3.3%，到 2025 年可能达到 24 亿吨的产量。因此，钢渣增产使其处置成为一个严重的问题，充分有效利用钢渣势在

① 砷本身不属于重金属，但因其来源及危害都与重金属相似，故通常列入重金属类进行研究讨论。

必行。日益严格的立法和环境标准促进开发替代可行的再利用和回收方案，以将有害的钢渣转化为环境友好型材料。

(a) 大量钢渣堆放

(b) 环境污染

(c) 钢渣外观形貌

图 1.3　钢渣的危害及形态

钢渣首先在钢铁厂通过破碎、磁选和筛分进行处理。超过 90%的废钢和一些磁极氧化物可以在这些过程中回收[15]。钢渣可直接用作烧结熔剂和炼钢熔剂；预处理后的钢渣可用作混凝土或沥青生产中的骨料（这是主要的回收路线），或用于道路建设（在美国约占 49.7%）[16]。还有一种回收是将钢渣磨成细粉，然后用作水泥生产的原料或混凝土外加剂[17]。钢渣作熔剂导致孔结构变化，钢渣粉反映在复合胶凝材料水化程度的变化上[18, 19]。He 等[20]制备了不同粒径的钢渣粉，并将其掺入复合水泥中，揭示了钢渣粉对复合水泥水化和硬化的作用和贡献，确定钢渣粉在混合水泥中的最佳粒径和掺量，这对于钢渣粉建筑材料的高效利用具有一定的参考价值。武伟娟[21]发现钢渣往往会增加浆体中的大孔，并从水化热的角度研究了钢渣作为凝胶材料的使用价值。结果表明，随着钢渣含量的增加，加速期的水化速率和水化热均有所下降。钢渣能够减少反应过程中热量的释放，使热应力减小，从而降低开裂的可能性。李志伟等[22]研究了钢渣与矿渣混合物对混凝土性能的影响，发现在混凝土中适当加入钢渣与矿渣可以减少水的消耗，提高混凝土的适应性。何良玉等[23]研究发现钢渣∶粒化高炉矿渣 = 2∶3（质量比，后同）作为胶凝材料时，加入各种激发剂可制备高性能砂浆。佘亮等[24]以钢渣为主要原料，与矿渣和脱硫石膏等工业固体废弃物进行复合制备矿物掺和料，并将其应用在混凝土中进行力学性能、坍落度、体积稳定性等性能的研究，使固体废弃物充分得到利用，降低成本。对钢渣进行研究应用，使其堆积量不断减少，降低对环境的污染。同时钢渣由于属于钢铁废弃物，成本低，因此具有很高的经济效益。

2. 钢渣的化学成分与矿物组成

钢渣含有与水泥成分相似的 SiO_2、Al_2O_3、Fe_2O_3 等活性成分，在常温下可再次发生水化反应，并且钢渣也可作为微集料，在水化过程中对其水化产物结构具有很大影响[25]。

钢渣中的主要矿物是 C_2S、C_4AF、C_3S、C_2F、橄榄石和镁橄榄石，它们赋予钢渣用作混合胶凝材料的可能性[26]。但与水泥相比，钢渣显示出相对较弱的水化活性，因为其矿物成分中的 C_3S 和 C_2S 含量较低。

3. 钢渣的活性激发

钢渣中 f-CaO 和 f-MgO 含量过高可能造成混凝土体积稳定性差，并在水化过程中损坏混凝土，这限制了其在建筑中的应用[27, 28]。笔者课题组测得迁安地区钢渣中 f-CaO、f-MgO 的含量分别为 2.97%和 2.26%，其中 f-CaO 含量满足规范中不大于 4%的技术要求。钢渣作为水泥的添加剂，必须表现出它的活性。在制造过程中，采用一些措施来激发钢渣的活性。现阶段最常用的方法有物理激发、化学激发和热力学激发[29]。

物理激发：通过将钢渣物理研磨成更细的粉末来刺激水化活性[30]。对于固体颗粒来说，比表面积越大，其活性越高，因此研磨钢渣可以增强其活性，有效体现混凝土的性能。Wang 等[31]分别以不同比表面积的钢渣粉为原料，研究得出粉磨后的细钢渣较粗钢渣制备的净浆抗压强度提高很多。

化学激发：加入化学激发剂，如 NaOH、Na_2SO_4、H_2SO_4、H_3PO_4 等，以解聚钢渣中的非晶相和活性矿物[32]。利用石膏物质（$CaSO_4 \cdot 0.5H_2O$、$CaSO_4$ 等）这类激发剂的高溶解速度，加速钢渣中钙钒石（AFt）的形成，提高水泥外加剂的活性。

热力学激发：是采用较高的固化温度和水蒸气气压，在高压釜中进行[33]。

三种方法已被广泛用于提高钢渣的反应性，同时降低其对水泥基主体材料的潜在危害。

4. 钢渣的碳化

钢渣的碳化不仅储存了 CO_2，而且产生了碳酸盐产物，有利于提高抗压强度，降低 f-CaO 和 f-MgO 含量，提高耐久性。因此，碳化钢渣的改进性能允许其作为建筑材料得到更广泛的应用。钢渣碳化有两种反应途径。一种是干法碳酸化：在高温下固体钢渣与高浓度 CO_2 直接接触，钢渣被干法 CO_2 气体碳酸化。另一种是水碳酸化：钢渣中的碱性元素（如 Ca/Mg）首先溶解在水溶液中，然后在低温下与 CO_3^{2-} 反应。

当钢渣加速碳酸化时，反应生成的 $CaCO_3$ 具有更高的硬度，并且使钢渣的微观间隙致密化。结果是有害孔的数量减少，机械性能显著提高。更重要的是，加速碳化大大消耗了钢渣中的 f-CaO 和 f-MgO，降低了长期膨胀的可能性，增加了碳化钢渣的稳定性。此外，碳化还可以减少钢渣中重金属的浸出，提高钢渣的可磨性[34]。

钢渣的高碱性使其很容易被碳酸化，可用于碳捕获和储存，因此钢渣被认为是 CO_2 封存和废物利用有前途的替代物[35]。许多研究都集中于钢渣的直接和间接碳化，以达到封存 CO_2 的目的[36, 37]。同时，通过钢渣的加速碳化可以获得具有优异机械性能和耐久性的高强度黏结剂[38]。

Fang 等[39]通过将钢渣暴露于 CO_2 中以加速碳化，制备了含有 30%碳化钢渣的砂浆和糊状物，并测量了它们的抗压强度和体积膨胀。由于钢渣矿物的消耗，抗压强度随碳化时间的增加反而降低。相反，钢渣的体积稳定性强烈依赖于加速预碳化时间，并且与碳化程度呈正相关。Marina 等[40]从技术和环境的角度分析了未经处理的钢渣的用途，将其作为天然骨料的替代品用于路面面层和沥青路面。通过研究发现在沥青混合料中引入转炉钢渣作为粗骨料，导致碳减排率超过 14%。

大量学者试验研究发现，钢铁冶金渣固体废弃物作为矿物掺和料部分甚至全部替代水泥，不仅减少了水泥用量，充分利用长久堆积对环境造成污染的固体废弃物冶金渣，而且积极响应了国家环境保护的号召，对混凝土性能提升以及建筑领域的发展也有较大的作用。因此充分研究利用固体废弃物钢铁冶金渣，对未来环境的改善和经济效益的提升有很大的价值。

1.2.3　预拌固化剂制备基坑回填料的研究现状

在基槽回填过程中，各种工程中经常出现回填空间狭小、回填深度大，从而导致各类施工机器不易施工，并且在施工回填时，经常遇到回填土压实质量不稳定，导致工程质量遇到各类问题，为解决这类问题，需要高质量的基坑回填土。近年来研究者在大量试验基础上对作为新型建筑材料的预拌流态固化土进行研究和创新，为解决上述问题提供了有效途径。它是根据工程需要和岩土技术规范，利用当地钢厂、电厂等工厂产出的对环境造成严重污染的固体废弃物制备的特殊高性能土壤固化剂。在土壤中加入固化剂和水，搅拌至具有满足工程强度、流动性等性能要求的混合物，如图 1.4 所示。现场浇筑完成以后，盖上塑料薄膜养护，待其混合物固化后就得到了实用且耐用的土工材料。

在国外土壤固化剂研究早期，使用水泥、生石灰等无机固化剂和混合物，随后经过不断探索研究，开始大量使用有机土壤固化剂和液体固化剂。另外比较常见的还有土壤固化剂的工程应用，如稳定剂、富士土等，国外应用广泛，可适用于各种类型的土壤。我国对固化剂研究起步晚，且研究不够深入，工程案例中对土壤的固化大多应用国外土壤固化剂。因此，目前很有必要对土壤固化剂进行更深层次的研究，使其在我国可以普遍应用，同时创造更大的经济利润[41, 42]。

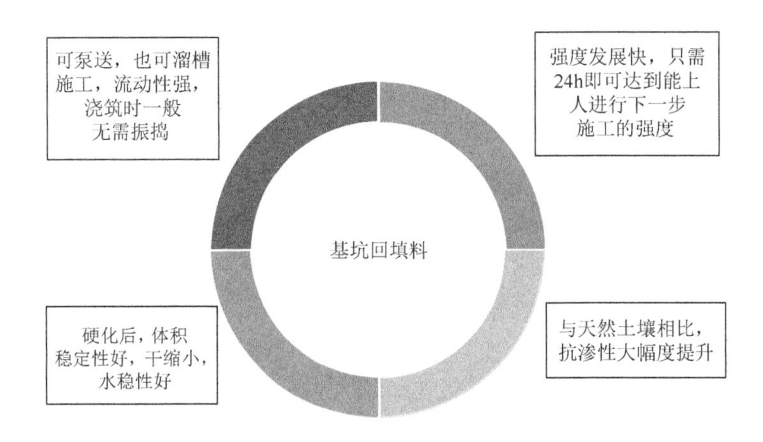

图 1.4　基坑回填料性能

土壤的成分和结构与混凝土中的沙子和砾石有很大不同，这决定了用于固化软土的固化剂与水泥材料的成分不同，也决定了工业废渣在固化土壤的使用中有其独特的规律。使用工业废渣作为固化剂替代水泥、石灰，固化土壤的效果更好，且废弃物再利用，降低二氧化碳的排放量，经济环保[43, 44]。

1. 固化剂的研究现状

选用作为固化剂的材料需符合三原则，即因土制宜、因地制宜和因材制宜。

因土制宜是由于土质分类较多，一般选用的土质为黏土、淤泥质土、盐渍土、尾矿砂等，并且物质含量和粒径大小不同，所需固化剂也应进行相应的调整使其高效地固化各类土质。

丁小龙[45]通过室内模拟试验，揭示了固化剂对土壤的固化机理。张沈裔等[46]研究一种新型固化剂对河道淤泥的固化效果，探讨了该固化剂对河道淤泥进行固化的可行性。Makeen 等[47]用不同的氯化钠剂量和不同用水量在不同的固化时间下对膨胀黏土进行固化研究。结果表明氯化钠可被推荐为膨胀土的一种可行的稳定剂。Öncü 等[48]研究了膨胀土-砂（NS）和膨胀土-沸石（NZ）混合物作为半干旱地区填埋衬垫材料，对 NS 和 NZ 混合物的 28d 固化样品进行循环膨胀-收缩试验和温度变化（25℃、40℃和 60℃）试验，以评估它们对气候和环境变化的耐久性。

由于我国各个省份地质地貌千差万别，矿产资源丰富多彩，为了充分高效利用这些矿产资源和减少运输物料的花费，大量钢厂、电厂等产业公司会在附近建厂生产，由此产生大量工业废弃物和尾矿残渣，如钢渣、矿渣、铁尾矿等固体废弃物。因地制宜，充分利用当地工业厂区排放的粉煤灰、钢渣等工业固体废弃物以及淤泥、污染土等各类土质，不仅经济而且环保。

崔春等[49]结合黑龙江堤防道路特点，将固化剂改良土应用在路堤上，为水利行业提供了依据。孙东彦[50]以吉林省西部镇赉地区盐渍土为研究对象，采取石灰进行固化，为该地区盐渍土的合理利用及工程建设提供了一定的参考依据。杨俊钊[51]以硅酸盐水泥固化剂对黄海淤泥进行固化研究，在不同环境的养护条件下，探究了固化后淤泥的流动度和无侧限抗压强度。沈宇鹏等[52]研究发现矿渣固化剂可以有效提高曹妃甸盐渍吹填土的无侧限抗压强度。刘秀秀等[53]以矿渣和石膏为固化剂主要原料对上海淤泥质黏土进行固化研究，得到固化剂最佳掺量。

不同材料的组合会产生不一样的固化效果，为达到工程要求的目标，因材制宜，根据不同的材料组成，配制高效核心激发剂，成功激发材料之间的相互作用，从而使土壤固化的效果更好。

有大量学者研究不同激发剂对固化土性能的影响。马聪[54]将外加剂分为激发剂和碱助剂，探究水泥中掺外加剂后对黏土的影响，并给出了复合激发剂的制备方法。兰兴阳[55]以重庆沙坪坝区某施工现场的红黏土作为研究对象，仅掺入 7%硫铝酸盐水泥的固化土试件在 3d 养护龄期时无侧限抗压强度值可达到 2.1MPa。张海旭等[56]研究发现以 Na_2SO_4 为激发剂制备的特殊砂浆固化土壤具有较好的性能。Yu 等[57]用无水偏硅酸钠作碱性激发剂，生成用于土壤稳定的地质聚合物黏合剂。研究表明，激发剂的添加增强了活性粉末冶金和固体粉末冶金样品的强度，尤其是短期强度。Rafiean 等[58]研究发现 Na_2SO_4 和 $Ca(OH)_2$ 组合作为低级配砂土的激发剂效果较好。庞文台[59]研究发现采用 NaOH 可以有效激发粉煤灰的活性，从而获得更高性能的复合水泥土。

目前，固化土壤主要使用的是水泥和石灰。但随着社会的发展进步，水泥和石灰固化土壤有着很大弊端，对环境和社会的发展产生不利的影响。不同类别的土质会影响固化剂的固化效果，它们具有较高的塑性指数，水泥对其固化会产生很大的干缩现象，同时表面会产生裂缝。另外，水泥在软土中的固化作用较小，消耗的费用反而较高。当采用石灰作为固化剂固化土时强度形成缓慢，减慢了施工进度，难以按时进行下一步施工任务。而且石灰固化的土壤收缩率大，并且浇筑完成容易开裂、容易软化，耐水性差。它是各种半刚性材料中收缩率最高的材料，也是接触水时最容易发生表面软化的材料。当今国家对环境保护有很高的关注度，但工业生产水泥和石灰时会产生大量对环境有害的气体，不满足国家的环保要求，因此开发新型的土壤固化剂成为当下重要的研究方向和目标。

对于传统的固化材料，国内外研究学者进行了大量的试验研究。宋志伟[60]采用 CaO 激发赤泥的活性，与水泥复掺作为固化剂，固化重金属污染土。Akula 等[61]研究选用石灰固化塑性指数大于 25%的膨胀土，试验结果表明强度显著提高，抗冲击强度显著提高。孙楠[62]对水泥固化土的力学性能以及酸性溶液侵蚀下的性能变化进行了研究。陆惠平等[63]以水泥、石灰作为复合固化剂，通过试验发现固化剂掺量和养护龄期与固化土的强度成正比。He 等[64]采用水泥和石灰固化预处理的六价铬污染土壤，并对冻融循环后的固化土进行强度测试。结果表明冻融循环次数与强度成反比。

大量学者对新型固化剂与传统固化剂进行对比研究，为新型固化剂的应用提供依据[65]。王奕霖[66]对新型土壤固化剂的特性进行分析，使其可以充分发挥利用价值。赵卫全[67]针对传统固化剂制备固化土强度低和性能差等问题，对新型固化剂进行探究，从而获得强度高、不渗透的高性能固化剂。李悦等[68]研制了胶结性能好和活性高的软土固化剂，经试验测得固化土各性能均比水泥固化剂效果好。Shang 等[69]研究碳化活性 MgO 固化土的力学性能，阐述了固化土的电学特性和渗透特性研究成果，分析了固化土的耐久性和耐腐蚀性，介绍了新型固化剂工程应用措施。研究表明，与水泥相比，碳化后的活性 MgO 固化剂具有固化快、稳定性高、抗腐蚀性强等优点。

为改善水泥固化土的韧性及耐久性能，Buritatun 等[70]研究了天然橡胶乳（NRL）替代物对水泥固化土力学强度改善的影响。Ghasemzadeh 等[71]以聚合物为固化剂，对固化的最佳条件、土壤和聚合物的相互作用以及聚合物的各种性能对固化土的影响进行深入的研究。Tiwari 等[72]研究了聚丙烯纤维增强硅灰固化膨胀土路基的微观物理特性，证实了在道路工程应用中加入顺丁橡胶和聚丙烯纤维的可能性，其具有显著的环境效益。

根据以上三原则，可以在工程附近寻找所需材料，将土固化后再运用到工程中，就近取材、就地利用，使固化剂与所研究的黏土更好地黏结在一起，满足工程需要。

2. 固体废弃物预拌固化剂的研究现状

目前，利用工业固体废弃物制备固化剂的研究主要采用盲目试配的方法，由于对固化土中固化剂的水化和硬化特性缺乏基本了解，所以制备的固化剂性能差，适用性窄，这也造成了工业固体废弃物制备的固化剂难以推广应用。

李友良[73]研究发现部分工业固体废弃物在碱性环境中发生水化反应并生成胶凝性物质。Ding 等[74]以水泥和粉煤灰为固化剂对高含水量的淤泥进行固化研究，通过对比抗压强度和坍落度，得出水泥和粉煤灰的最优配合比。Zhou 等[75]探讨粉煤灰和石灰固化膨胀土在冲击荷载作用下的动态力学特性。试验结果表明，当粉煤灰掺量为 20%、石灰掺量为 5%时，动态抗压强度和吸能均达到峰值，并能显著改善膨胀土的动态力学性能。Rivera 等[76]使用天然土壤作为基本原料，低质量粉煤灰作为前驱体，用碱激发工艺制造替代传统铺路材料的砌块。Chindaprasirt 等[77]研究了电石渣稳定红土的工程性质，试验结果表明，随着养护时间的延长，改性红土的工程性质显著发展。王亮等[78]通过碱激发电石渣和粉煤灰制备固化剂固化盐渍土，研究发现固化后的盐渍土满足工程中的规范要求。

Liang 等[79]研究了利用粉煤灰作为添加剂对预处理后的水泥固化土进行加固的可行性，结果表明水泥固化土的无侧限抗压强度和黏聚力随预处理后的粉煤灰掺量的增加而增加。

基于对工业固体废弃物的资源化再利用，人们将工业固体废弃物与水泥、石灰等进行复掺作为复合固化剂。Wang 等[80]探索了钢渣替代石灰用于公路路基路面的可行性，研究结果表明 8%钢渣固化土 7d 无侧限抗压强度达到 0.41MPa，满足公路路基材料要求。Wu 等[81]采用钢渣粉作为海洋软土的胶凝固化剂，研究了钢渣粉掺加水泥固化土在海水离子侵蚀下的性能，并用钢渣粉代替部分水泥，形成一种新的固化剂。研究结果表明，掺入部分钢渣粉比水泥对固化土具有更好的抗海水侵蚀效果。Liu 等[82]对钢渣、水泥和偏高岭土复合材料在不同养护龄期下的固化土抗压强度进行研究。结果表明钢渣、水泥和偏高岭土组成的固化剂能有效固化软黏土，其强度在养护 28d 后可达到 1.0MPa。Ramesh 等[83]将矿渣微粉以不同比例代替水泥掺入黏性土中，通过无侧限抗压强度和击实试验等阐明用矿渣微粉固化黏性土是一种非常简单、经济并能有效控制污染的方法。

3. 固体废弃物预拌固化剂固化机理的研究现状

固体废弃物制备固化剂一般是在水泥或石灰中掺入不同种类的工业固体废弃物制备而成的。由于工业固体废弃物中含有较多的活性物质，在碱性条件下会发生水化反应并产生具有胶结性质的胶凝材料，并将土壤颗粒黏结在一起，密实度增加，强度得到提高。杨小玲等[84]采用粉煤灰、水泥等材料作为固化剂固化含有较多有机质的淤泥，通过微观分析发现固化剂反应过程中生成硅酸钙凝胶和钙矾石，有效黏结并固化淤泥。卢青[85]使用矿渣、粉煤灰、脱硫石膏和水泥作为固化剂，遇水发生水化反应后同样可以观察到硅酸钙凝胶和钙矾石晶体的产生，使结构更致密。Zeng 等[86]研究发现磷石膏可以促进钙矾石的生成，对水泥固化土的强度发展有积极影响。

郭印[87]研究发现矿渣、粉煤灰和煤矸石等材料作为软土固化剂时，遇水发生水化反应，产生 $Ca(OH)_2$ 和 $CaCO_3$ 等物质。石小康[88]以碱渣和矿渣等材料作为固化剂对含水率高的淤泥进行固化，发现碱渣中 SO_4^{2-} 和 Cl^- 在水化过程中可以转化较多自由水，并产生钙矾石等物质，与矿渣水化产物共同黏结并充填淤泥内部，使结构更致密，强度得到提高。

4. 固体废弃物预拌固化剂在建筑基坑回填方面的研究现状

传统分层碾压对机器要求很高，且施工太慢，施工质量也无法完全保证。预拌流态固化土则是可以解决上述问题的新型工程材料，采用就地取材的方式，极大减少了成本的消耗，且固化剂采用工业固体废弃物，废物再利用，经济环保。

在施工过程中该固化土以流态形式对基坑进行回填，流动性好且不需振捣，养护一定龄期后具有满足工程要求的性能。

刘旭东[89]对基坑回填料的材料和施工工艺进行新的探索，发现工业固体废弃物可作为固化剂材料对土壤进行固化，并研究出基槽回填新的施工工艺。周永祥等[90]通过研究发现固化土作为绿色环保的新型材料，具有广阔的应用前景。Huang等[91]以北京市通州城市副中心综合管廊为研究项目，对现场的粉质黏土和砂土试件进行了固化土配方及其制备工艺的研究。结果表明，预拌流态固化土具有强度高、自密实性好、抗渗性好、水稳定性好、施工性好、经济性好等特点。

在上述背景下，结合唐山迁安地区的实际条件，以钢铁冶金废弃物制备全固废预拌固化剂可以有效减少固体废弃物大量堆积对环境造成的危害。本课题组利用钢铁冶金废弃物研发一种新型的建筑基坑回填料，并应用到城市建筑、市政工程的肥槽回填中，同时减少现有推广技术中水泥的使用，利用钢铁冶金废弃物（矿渣、钢渣、脱硫石膏）制备全固废预拌固化剂，完全替代水泥，进而减轻矿区环保压力，形成新的固废综合利用的产业链。通过对唐山迁安地区的钢铁冶金废弃物的综合利用基础研究，初步探索钢铁冶金废弃物代替水泥作为固化剂将固化后的黏土和铁尾矿应用在建筑基坑回填的可行性，实现对迁安地区钢铁冶金废弃物的高效利用。

综上所述，工业固体废弃物大量堆积对环境污染严重，且为了减少现有推广技术中水泥的使用，本课题组的初步研究结果表明[92-94]，以超量脱硫石膏激发的矿渣-钢渣体系充填建筑基坑，具有和普通硅酸盐水泥一样的效果。如能进一步深入了解其水化硬化机理，对其服役的长期稳定性进行预测，还能使其进一步满足基坑回填对新拌浆体流动性、凝结硬化和强度发展的要求，并进行更准确的控制。

1.2.4　预拌固化剂制备基坑回填料研究内容及创新点

1. 研究内容

本课题组以钢铁冶金废弃物为主要原料，进行制备基坑回填料的研究。具体研究内容如下。

（1）原材料矿物学特性研究。通过 X 射线荧光（XRF）光谱、X 射线衍射（XRD）、扫描电子显微镜（SEM）和粒径分布分别分析各材料的化学成分和矿物组成，并进行了各矿物颗粒表面形貌和颗粒大小分析。

（2）材料的机械力活性研究。研究钢铁冶金废弃物的机械力活性趋势，通过对粉磨后的材料 XRF、XRD、SEM、粒径分布、细度、易磨性以及活性指数的分析，最终得出材料机械力活性的最佳粉磨时间。

（3）全固废预拌固化剂的制备。将得到最佳粉磨时间的钢渣与脱硫石膏、矿渣通过正交试验，得出原料最佳配合比和水灰比。

（4）预拌固化剂水化机理分析。以最优配合比方案制备净浆试件，将其做相应处理后运用 XRD 和 SEM 分析手段，观察预拌固化剂水化过程发生的物相变化及微观形貌。

（5）全固废预拌固化剂基坑回填料的制备。在最佳配合比的固化剂中掺入不同掺量黏土，进行强度、流动性、收缩性等性能的测试，得出最佳黏土掺量。为模拟工程中需要的砂土，添加不同掺量铁尾矿，得出铁尾矿最优掺量。最后分析了水料比对基坑回填料性能的影响，从而得出最佳水料比。

2. 创新点

（1）开发出一种新型的全固废预拌固化剂，优化了全固废预拌固化剂用原料掺量，通过正交试验，得出全固废预拌固化剂中各个材料掺量的最佳试验方案：脱硫石膏掺量为 12%，钢渣掺量为 10%，矿渣掺量为 78%。

（2）对全固废预拌固化剂进行水化机理分析，水化后固化剂的矿物相为：C_3S、C_2S、$Ca(OH)_2$、水化硅酸钙（C-S-H）凝胶、AFt 和反渗透（RO）相。随着养护时间的增加，C_3S、C_2S 和 $CaSO_4$ 等物质逐渐消失，AFt 和 C-S-H 凝胶物质含量不断增加。

（3）对固化剂掺量、铁尾矿掺量和水料比研究表明，当基坑回填料中固化剂掺量为 40%，铁尾矿∶黏土 = 7∶3，水料比为 0.35 时，养护 3d、7d、28d 的抗压强度分别为 3.9MPa、12.9MPa 和 18.2MPa，坍落度为 200mm，满足规范要求，且无离析、泌水现象，工作性能好。

1.3 预拌固化剂制备基坑回填料的研究方案

1.3.1 预拌固化剂制备基坑回填料的研究思路及技术路线

1. 研究思路

本章利用钢铁冶金废弃物研发一种新型的建筑基坑回填料，并应用到城市建筑、市政工程的肥槽回填中，同时减少现有推广技术中水泥的使用，利用钢铁冶金废弃物（矿渣、钢渣、脱硫石膏）制备全固废预拌固化剂，完全替代水泥，并研究掺入铁尾矿对基坑回填料性能的影响，进而减轻矿区环保压力，形成新的固废综合利用的产业链。研究方案主要如下。

（1）对多种钢铁冶金废弃物的矿物学特性进行分析。由于物料直径大小对制作试件的强度、流动性等性能会产生影响，因此采用筛分法对黏土、铁尾矿等物质的粒径进行分析，并确定其粒径分布；通过 XRD 分析可以确定各原料中含有的矿物成分，使用 XRF 分析可以确定各原料含有的化学成分和含量，使用 SEM 分析各物料的微观形貌。

（2）钢渣活性研究分析。通过粒径分析粉磨后钢渣的粒径分布，并分析粉磨后钢渣的微观图谱；采用勃氏比表面积测定仪测定钢渣粉磨不同时间的比表面积；最后进行活性试验，选择合理的粉磨时间。

（3）预拌固化剂的制备。本试验以钢铁冶金废弃物 100%替代水泥预拌固化剂制备基坑回填料为目标。通过正交试验研究不同影响因素下钢铁冶金废弃物净浆的制备，并通过净浆的抗压强度测定，获得预拌固化剂中各原料的最佳掺量比和水灰比。

（4）预拌固化剂水化机理的研究分析。结合 XRD 和 SEM 测试方法对反应产物的种类进行判定，并对水化机理进行研究，揭示预拌固化剂制备基坑回填料水化产物的种类和形成过程。

（5）基坑回填料的制备与性能分析。在确定最佳固化剂各材料掺量比和水灰比的基础上，掺入 10%、20%、30%、40%、50%的黏土，通过观察 3d、7d、28d 的抗压强度和流动性等性能确定最佳黏土掺量。

为了模拟基坑回填工程中所用土质含有砂子的情况，在基坑回填料基础上添加不同掺量的铁尾矿，通过强度和流动性等性能研究加入铁尾矿的最佳掺量。这不仅解决固体废弃物的堆积对环境造成的危害，而且满足工程要求。由于水料比对基坑回填料的各性能影响很大，因此探究了水料比对基坑回填料性能的影响。

制备流程如下：按配合比将各原料搅拌均匀，对制品的性能进行检测，研究各原料成分对基坑回填料性能的影响，力求钢铁冶金废弃物代替水泥高达 100%，并且制备的基坑回填料各性能满足单一水泥作为固化剂制备的基坑回填料性能。通过以上制备建筑基坑回填料的室内研究，将进一步探究该基坑回填料在城市建筑、市政工程的肥槽回填中的应用。

2. 技术路线

图 1.5 为全固废预拌固化剂制备基坑回填料的技术路线图。

1.3.2　预拌固化剂制备基坑回填料试验原料及方法

1. 试验原料

（1）钢渣。本研究所用钢渣来源于唐山钢铁集团有限责任公司（以下简称唐钢集团），表面呈灰色，内部为黑色。颗粒大小不一，最大粒径可达 50mm，如图 1.6 所示，其特性和活性研究见 1.4 节。

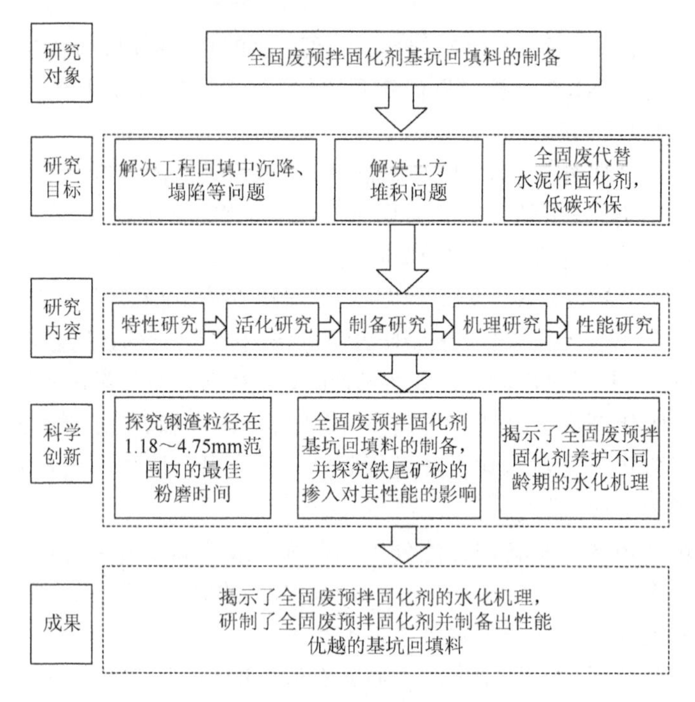

图 1.5　技术路线图

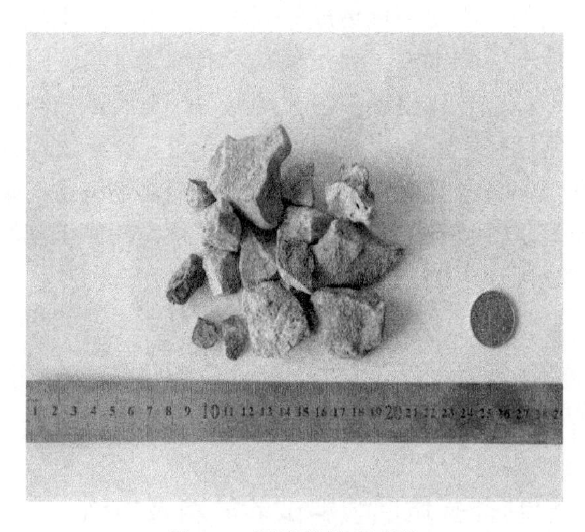

图 1.6　钢渣的外观形貌

（2）土。本研究所用土质为黏土，取自迁安，颜色为淡黄色，如图 1.7 所示。密度为 $2.62g/cm^3$，含水率为 3%。根据《土的工程分类标准》(GB/T 50145—2007) 判断，粗粒类土中粗粒组含量大于 50%，则该土样为粗粒土，粒径分布结果如表 1.1 所示。

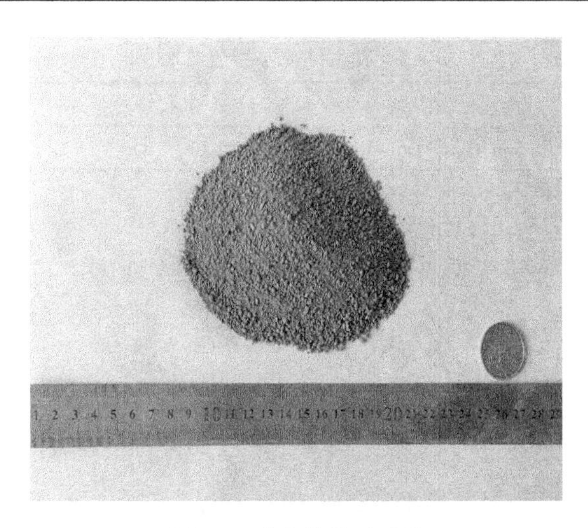

图 1.7　黏土的外观形貌

表 1.1　黏土的粒径分布

粒径 D/mm	2～1	1～0.5	0.5～0.25	0.25～0.1	0.1～0.075	<0.075
含量/%	5.7	19.2	23.5	20	15.6	16

黏土中主要矿物相为石英（图 1.8），化学成分主要包含 71.26%的 SiO_2 和 12.84%的 Al_2O_3，两种物质含量总和已经达到 84.10%。除此之外，黏土中还包含 Fe_2O_3、K_2O、Na_2O、MgO、CaO 以及少量 TiO_2、SO_3 等（表 1.2）。

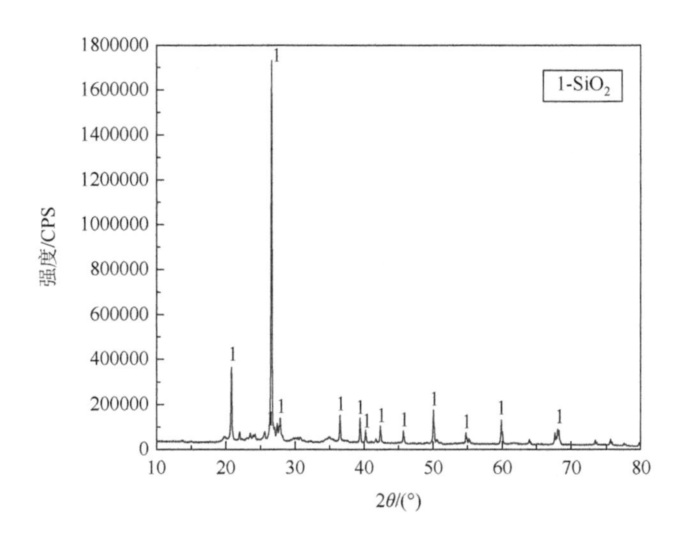

图 1.8　黏土的 XRD 图谱

表 1.2　黏土的化学组分（%）

成分	SiO_2	Al_2O_3	Fe_2O_3	K_2O	Na_2O	MgO	CaO	TiO_2	SO_3	MnO	LOI	总量
含量	71.26	12.84	3.79	2.41	1.65	1.11	1.10	0.57	0.12	0.08	5.07	100

注：LOI 表示烧失量，后同。

（3）铁尾矿。本研究所使用的铁尾矿取自迁安地区，其外观形貌如图 1.9 所示。

图 1.9　铁尾矿的外观形貌

由表 1.3 可以看出，其中主要化学成分是 75.41%的 SiO_2、6.81%的 Al_2O_3、6.52%的 Fe_2O_3，还有少量的 MgO、CaO、Na_2O、K_2O 等。

表 1.3　铁尾矿的化学组分（%）

成分	SiO_2	Al_2O_3	Fe_2O_3	MgO	CaO	Na_2O	K_2O	SO_3	TiO_2	MnO	LOI	总量
含量	75.41	6.81	6.52	3.60	3.05	1.64	1.47	0.19	0.10	0.09	1.12	100

表 1.4 为铁尾矿筛分后的粒径分布，经计算可得细度模数为 $M_x = 2.606$，在 2.3～3.0 范围内，属于中砂。

表 1.4　铁尾矿的粒径分布

筛孔尺寸/mm	筛余量/g	分计筛余/%	累计筛余/%
4.75	0	0	0
2.36	4.0	0.8	0.8

续表

筛孔尺寸/mm	筛余量/g	分计筛余/%	累计筛余/%
1.18	50.6	10.1	10.9
0.60	216.8	43.4	54.3
0.30	204.9	41.0	95.3
0.15	19.6	4.0	99.3

（4）矿渣。本研究所使用的矿渣取自唐钢集团，外观呈白色（图 1.10）。

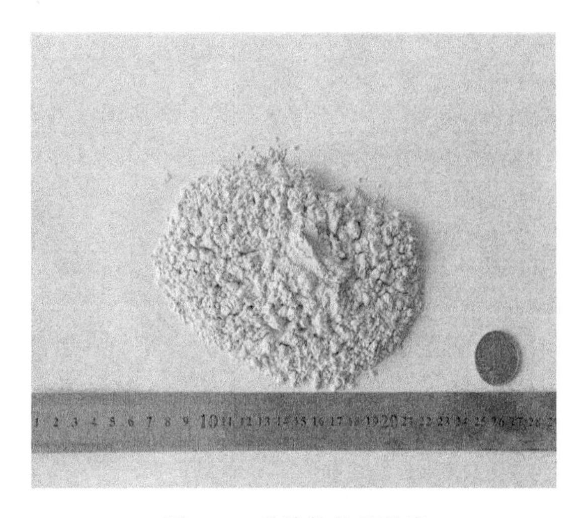

图 1.10　矿渣的外观形貌

矿渣的化学成分列于表 1.5，主要化学组分为 CaO、SiO_2 和 Al_2O_3（含量依次为 38.14%、29.94%、16.90%），以及少量 SO_3、TiO_2 等。

表 1.5　矿渣的化学组分（%）

成分	CaO	SiO_2	Al_2O_3	MgO	SO_3	TiO_2	Fe_2O_3	Na_2O	K_2O	MnO	LOI	总量
含量	38.14	29.94	16.90	9.82	1.66	1.35	0.48	0.70	0.38	0.23	0.40	100

根据矿渣的化学成分分析结果，按照《用于水泥中的粒化高炉矿渣》（GB/T 203—2008）标准计算矿渣的质量指标。

矿渣水硬性系数：

$$b=\frac{w(\mathrm{CaO})+w(\mathrm{MgO})+w(\mathrm{Al_2O_3})}{w(\mathrm{SiO_2})}=\frac{38.14+9.82+16.90}{29.94}=2.2>1.0 \quad (1.1)$$

矿渣活性系数：

$$H_0 = \frac{w(\mathrm{Al_2O_3})}{w(\mathrm{SiO_2})} = \frac{16.90}{29.94} = 0.564 \tag{1.2}$$

矿渣碱性系数：

$$M_0 = \frac{w(\mathrm{CaO}) + w(\mathrm{MgO})}{w(\mathrm{SiO_2}) + w(\mathrm{Al_2O_3})} = \frac{38.14 + 9.82}{29.94 + 16.90} = 1.024 > 1.0 \tag{1.3}$$

计算结果表明，试验选用的矿渣属于碱性矿渣。

矿渣质量系数：

$$K = \frac{w(\mathrm{CaO}) + w(\mathrm{MgO}) + w(\mathrm{Al_2O_3})}{w(\mathrm{SiO_2}) + w(\mathrm{MnO}) + w(\mathrm{TiO_2})} = \frac{38.14 + 9.82 + 16.90}{29.94 + 0.23 + 1.35} = 2.058 \tag{1.4}$$

式（1.4）计算结果大于 1.6，表明选用矿渣为优良矿渣。

由矿渣的质量指标可以看出，矿渣为碱性矿渣，有活性，可以满足水泥配料要求[95]。

从图 1.11 可以看出，矿渣主要组成为钙镁黄长石和钙铝黄长石。

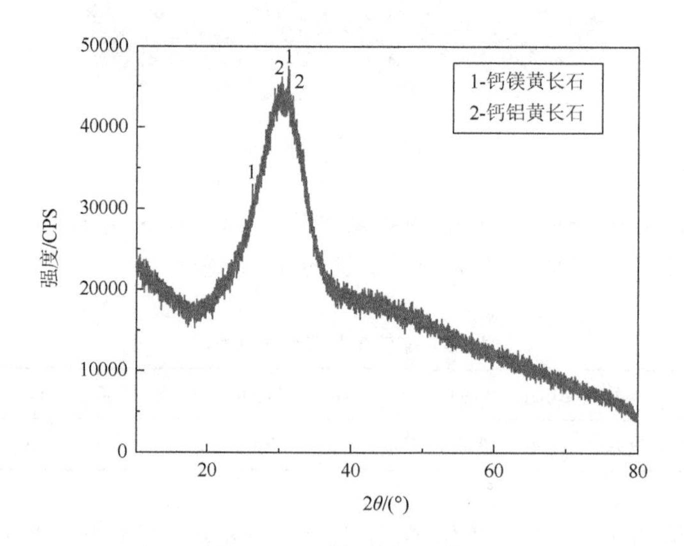

图 1.11　矿渣的 XRD 图谱

（5）脱硫石膏。研究采用电厂烟气脱硫石膏，其颜色为浅黄色，如图 1.12 所示。脱硫石膏的主要矿物相组成为 $CaSO_4 \cdot 2H_2O$ 和 $CaSO_4 \cdot 1/2H_2O$（图 1.13），主要化学成分为 SO_3 和 CaO，此外还含有少量的 Al_2O_3、SiO_2、Fe_2O_3（表 1.6）。

图 1.12　脱硫石膏的外观形貌

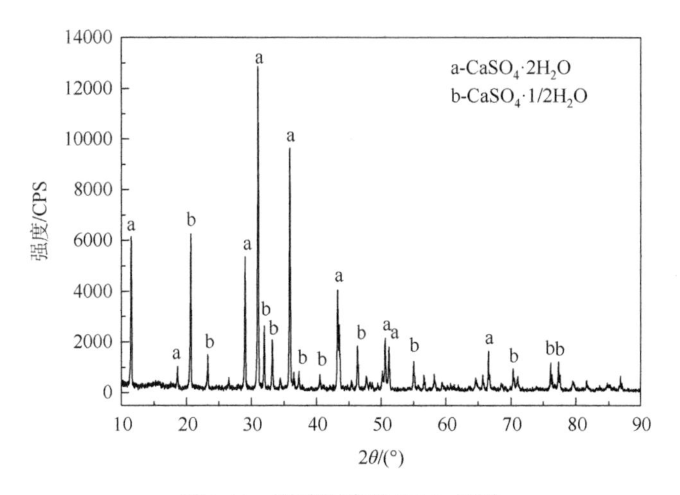

图 1.13　脱硫石膏的 XRD 图谱

表 1.6　脱硫石膏的化学成分（%）

成分	SO_3	CaO	Al_2O_3	SiO_2	Fe_2O_3	K_2O	ZnO	PbO	LOI	总量
含量	51.27	37.98	1.13	0.56	0.45	0.06	0.03	0.01	8.51	100

（6）水泥。试验所用的水泥为金隅集团生产的 P·O42.5 硅酸盐水泥，呈灰色粉状（图 1.14）。

2. 试验方法

1）钢渣活性激发

首先将原钢渣放入粒径 1.18mm 的方孔筛中筛分，去除细小的泥土颗粒。由

图 1.14　水泥的外观形貌

于筛分后钢渣颗粒粒径仍然很大，尺寸超过要求的最大进料粒径 7mm，因此还需将其敲碎至粒径 7mm 以下。采用小于 4.75mm 的细粒钢渣进行研究，首先放入干燥箱内进行烘干，保证含水率低于 1%。将烘干后的钢渣装入球磨机，进行不同时间的粉磨，并测其对应的密度和比表面积。

2）活性指数

活性指数为试验组与对照组胶砂试件抗压强度之比。试验组为不同粉磨时间钢渣掺量 135g、水泥 315g、标准砂 1350g，水灰比采用 0.5；对照组为水泥 450g，标准砂和水灰比与试验组相同。养护龄期为 7d 时活性指数的公式如式（1.5）所示。

$$A_7 = \frac{R_7}{R_{07}} \times 100\% \tag{1.5}$$

3）含水率

称取 30g 土样，放在（105±5）℃的烘箱中 8h，从烘箱拿出自然风干后测得干土质量 m_2，则含水率为

$$\omega = \frac{30 - m_2}{m_2} \times 100\% \tag{1.6}$$

4）密度试验

将待测试件经过 0.90mm 的方孔筛装入托盘中，放入鼓风烘箱中，设置温度为（110±5）℃，烘干 1h 后冷却到室温备用。将无水乙醇倒入李氏瓶中待达到刻度线“0～1mL”停止，将其放入（20±1）℃的恒温水槽中，水位应超过李氏瓶内无水乙醇的位置，放置 30min 后将其取出，擦拭表面水分并放置水平面上，视线应与液面相平，并观察液体凹液面最低处，记下李氏瓶第一次读数 V_1。将待测

试样称取 60g，用滤纸擦拭李氏瓶内壁，防止试样粘在玻璃内壁造成阻塞。用小勺取少量样品，缓慢倒入李氏瓶内。再将李氏瓶放入恒温水槽中，同样水位应超过无水煤油刻度线，放置 30min 后擦拭李氏瓶表面水分，观察并记录第二次读数 V_2。密度公式如下：

$$\rho = \frac{m}{V_2 - V_1} \tag{1.7}$$

5）比表面积试验

先将待测样品放置于烘箱，烘干备用；用滴管吸入自来水后向固定在仪器上的 U 形管内缓慢滴水，并时刻关注显示屏，当出现 S 值、K 值和温度值时，停止滴水，待机备用。仪器 K 值的标定：试验所用容桶标称体积为 1.876mL。采用标准水泥样品（密度为 3.21g/cm^3、比表面积为 382m^2/kg、孔隙率为 0.5）标定仪器常数 K 值。按照式（1.8）计算标准样品质量：

$$W_s = \rho_s V(1 - \varepsilon_s) \tag{1.8}$$

式中，W_s 为标准样品质量，g；ρ_s 为标准样品密度，g/cm^3；ε_s 为标准样品孔隙率；V 为试样圆筒内样品层的体积，cm^3。按式（1.9）计算待测样品质量：

$$w = \rho V(1 - \varepsilon) \tag{1.9}$$

式中，w 为待测样品质量，g；ρ 为待测试样的密度，g/cm^3；ε 为待测样品层孔隙率；V 为试样圆筒内样品层的体积，cm^3。

按照上述 K 值测量的操作步骤将待测样品装入容桶中并放入测比表面积的 U 形管内，在 K 值标定结果出现后，按下 S 值键，设置待测样品密度和待测样品孔隙率，各项参数保存后，按下复位测量键即可测得待测样品的比表面积。

6）粒径分析

试验用细度模数 M_x 来表征铁尾矿的粗细程度，参照 GB/T 14684—2011《建设用砂》规范，公式如下所示：

$$M_x = \frac{(A_{0.15} + A_{0.3} + A_{0.6} + A_{1.18} + A_{2.36}) - 5A_{4.75}}{100 - A_{4.75}} \tag{1.10}$$

式中，$A_{0.15}$ 表示粒径在 0.15mm 上铁尾矿累计筛余百分率，%；其他依次类推。

7）预拌固化剂的净浆试件制备

根据国家标准《水泥标准稠度用水量、凝结时间、安定性检验方法》（GB/T 1346—2022）测得固化剂的标准稠度、凝结时间，并制备试件。首先用搅拌机把水和多种固体废弃物搅拌均匀，然后浇筑到 20mm×20mm×20mm 试验模，再将脱模后的试件放进养护箱养护，将达到龄期的试件敲碎，放入无水乙醇中待水化终止后，取出烘干，进行 XRD 和 SEM 分析试验。

8）基坑回填料的性能测试

抗折、抗压强度按《水泥胶砂强度检验方法（ISO 法）》（GB/T 17671—2021）

执行。抗压强度测试采用水泥全自动抗折抗压一体机时加荷速率为（2400±200）N/s；当试件强度较低时，此仪器测不出数值，采用微机控制保温材料试验机测试压力机，加荷速率为1mm/min。基坑回填料流动性的测定方法按混凝土坍落度执行。

9）相对易磨性

使用球磨机进行相对易磨性试验，在相同粉磨时间下取待测物料与基准物料的比表面积之比，即待测物料的相对易磨性系数，表达式如下：

$$K = \frac{S_1}{S_0} \tag{1.11}$$

式中，S_1、S_0分别为待测物料和基准物料在某一粉磨时间下的比表面积。

1.4 预拌固化剂用原料基本特性及活性研究

1.4.1 唐钢钢渣的基本特性

1. 钢渣的产生

钢渣是由石灰石、铁矿石和煤等物质经过高炉后剩余的熔铁液（含有助熔剂、铁屑和铁合金）送入吹氧转炉中并吹入高压氧气，硅、铁、锰等物质与石灰石相结合进而形成的物质。

钢渣中的f-CaO含量较高，具有一定的微膨胀性，导致钢渣制品稳定性差，并具有一定安全隐患，这为钢渣在建材行业的综合利用带来困难，为此科研人员研发了多种钢渣预处理工艺。研究采用粉磨工艺对钢渣进行处理，并对其处理后的性能进行分析研究。

2. 唐钢钢渣的化学成分分析

钢渣的化学成分是由炼钢的原材料和工艺流程决定的，主要化学成分也存在一定差异，表1.7为取自唐钢集团钢渣（以下简称唐钢钢渣）的主要化学成分。

表1.7 唐钢钢渣的化学组分（%）

成分	CaO	Fe_2O_3	SiO_2	MgO	Al_2O_3	MnO	P_2O_5	SO_3	K_2O	LOI	总量
含量	33.56	27.31	9.00	7.96	4.32	1.29	1.47	0.46	0.06	14.57	100

由唐钢钢渣的化学成分分析可知，唐钢钢渣中含量较高的有CaO、Fe_2O_3、SiO_2、MgO和Al_2O_3，还有MnO、P_2O_5、SO_3、K_2O等，钢渣碱度为

$$M = w(\mathrm{CaO}) / [w(\mathrm{SiO_2}) + w(\mathrm{P_2O_5})] = 3.2 \tag{1.12}$$

钢渣碱度的确定采用 B. Mason 的方法[96]，由此可判断唐钢钢渣属于高碱度渣。钢渣碱度在 3.0～4.5 之间时胶凝性能最好[97]。研究采用唐钢钢渣碱度为 3.2，在此范围内，因此使用唐钢钢渣可以满足作为固化剂材料的要求。

3. *唐钢钢渣的矿物组成分析*

唐钢钢渣的主要矿物组成是 C_2S、C_3S、RO 相、CaO 和 C_2F，如图 1.15 所示。

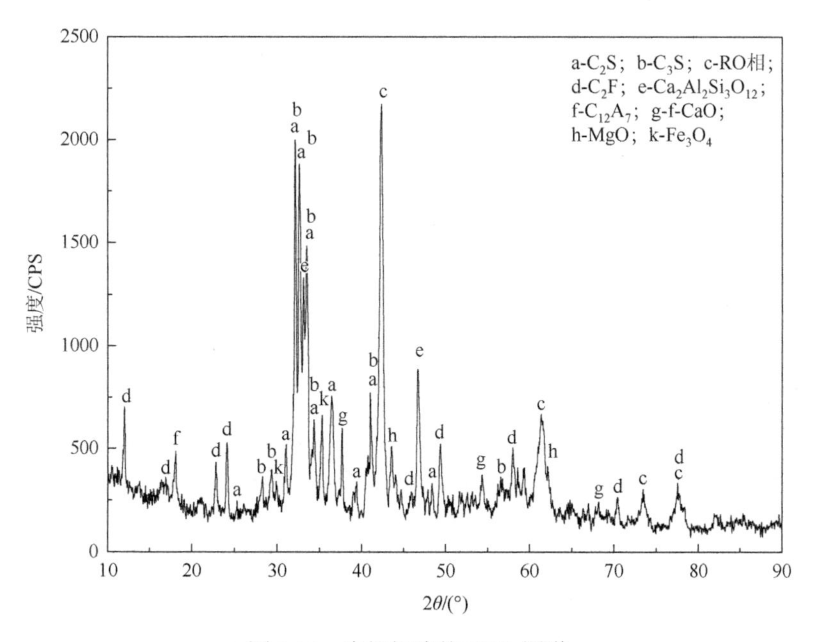

图 1.15　唐钢钢渣的 XRD 图谱

在炼钢过程中随着 CaO 的不断加入，钢渣碱性不断增强，矿物组成也会发生改变，主要化学反应见反应（1.13）～反应（1.15）：

$$2(\mathrm{CaO{\cdot}RO{\cdot}SiO_2}) + \mathrm{CaO} = 3\mathrm{CaO{\cdot}RO{\cdot}2SiO_2} + \mathrm{RO} \tag{1.13}$$

$$3\mathrm{CaO{\cdot}RO{\cdot}2SiO_2} + \mathrm{CaO} = 2(2\mathrm{CaO{\cdot}SiO_2}) + \mathrm{RO} \tag{1.14}$$

$$2\mathrm{CaO{\cdot}SiO_2} + \mathrm{CaO} = 3\mathrm{CaO{\cdot}SiO_2} \tag{1.15}$$

根据反应（1.15）可以看出，随着 CaO 的不断加入，钢渣 C_2S 含量不断减小，而 C_3S 含量不断增加。钢渣中 C_3S 的含量较水泥中的要低很多，这是因为生产水泥熟料采用急速冷却的方法，而钢渣采用的是缓慢冷却的方式。由于 C_3S 只有在

1250℃以上才稳定，当采用急速冷却的方法时，其分解速率十分小因而可以忽略不计；当采用缓慢冷却的方式，C_3S 会不断分解，因此钢渣中 C_3S 的含量较水泥熟料低得多。

唐明述等[98]认为 RO 相中 MgO、FeO 和 MnO 的结晶状态主要取决于钢渣的碱度，由此可知，图 1.15 中的高碱度唐钢钢渣的 RO 相为 MgO 与 FeO、MnO 形成的固溶体。

1.4.2 唐钢钢渣的机械力活性

近年来，搅拌球磨机由于操作简单、结构简单、研磨速度快、能耗低等优点，越来越多地被用于研磨微细颗粒。钢渣的特点是游离钙镁氧化物丰富，胶凝性能低，重金属含量高。钢渣在填埋场的处置不仅浪费了宝贵的资源，而且对环境造成了严重的污染。然而，直接使用未经处理的钢渣对钢渣衍生复合材料的机械性能和耐久性构成了很大的风险。近年来，利用钢渣作为生态友好建筑材料的研究取得了前所未有的进展，特别是发现机械粉磨有利于改善劣质性能。

王强[99]研究了转炉钢渣的胶凝性质及其在水泥基复合凝胶材料水化硬化中的作用，发现钢渣的水化过程与水泥十分相似，但钢渣的水化速度要比水泥慢得多。钢渣细度和水化反应时的碱性环境、温度都会影响钢渣的早期活性。赵计辉等[100]研究发现，钢渣粉磨时间久，比表面积先增大后趋于稳定、筛余量先降低后升高、堆积密度逐渐减小等，这表明机械粉磨对钢渣的性能影响较大。

采用物理激发的方式可以使钢渣颗粒逐渐细化，并且在粉体颗粒的表面出现无定形物质，随着粉磨时间增加，无定形物质增多，能够显著改善钢渣的胶凝性能[101]。对钢渣粉磨，可以使其活性增加，将其作为矿物掺和料回收再利用并成为绿色建筑材料，从而解决钢渣大量堆积对环境造成污染的问题。

1. 不同粉磨时间唐钢钢渣的 XRD 分析

图 1.16 是唐钢钢渣不同粉磨时间的 XRD 图谱，从图中可以看出随着粉磨时间的增加，唐钢钢渣中主要矿物衍射峰的位置和矿物种类并未发生较大变化。说明唐钢钢渣的矿物组成不会经过机械粉磨而发生改变，只有矿物的结晶度发生了改变。经过机械粉磨后的钢渣颗粒变小，细度变大，其各矿物的衍射峰值随着粉磨时间的增加而逐渐减小，部分衍射峰值变化不明显。在衍射角为 15°～20°时，C_3S 的衍射峰有明显的变化。当机械粉磨 15～45min 时，衍射峰逐渐降低，但幅度很小，粉磨 60min 的衍射峰降低明显。当衍射角在 25°～30°时，C_2S、C_3S 对应的衍射峰强度逐渐降低，当粉磨 60min 时，衍射峰强度降低最为明显。当衍射角在 60°～65°时，随着粉磨时间的增加，RO 相的衍射峰变化不明显。分

析认为随着机械粉磨时间不断增加，钢渣矿物组成成分的离子键发生变化，晶体结构发生破坏，降低了晶体程度。

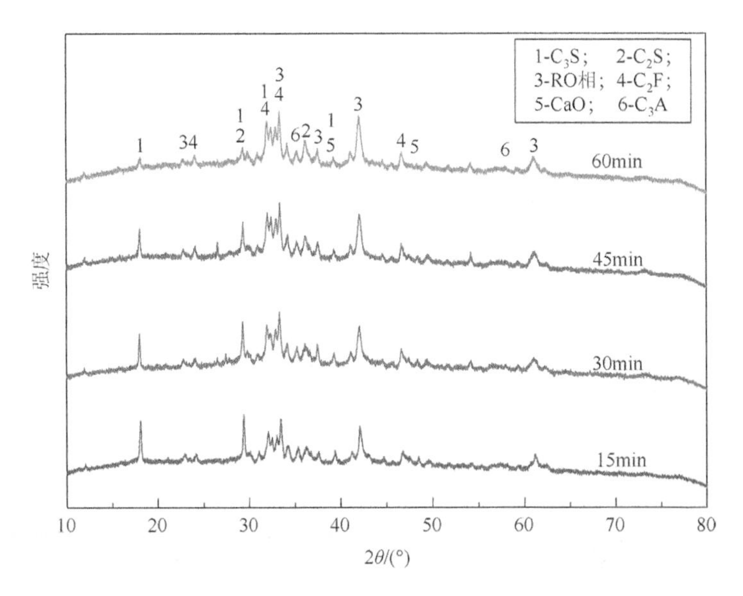

图 1.16　不同粉磨时间唐钢钢渣的 XRD 图谱

综上所述，机械激发不会对钢渣造成矿物成分的改变，通过不同粉磨时间粉磨可以改变其细度并破坏其晶体结构，增加了比表面积，使其钢渣颗粒表面能得到提高，在水化过程中活性增强，反应更迅速。

2. 不同粉磨时间唐钢钢渣的 SEM 分析

图 1.17 是唐钢钢渣粉磨 15min、30min、45min、60min 和 75min 的 SEM 图以及各个粉磨时间段的局部放大图。

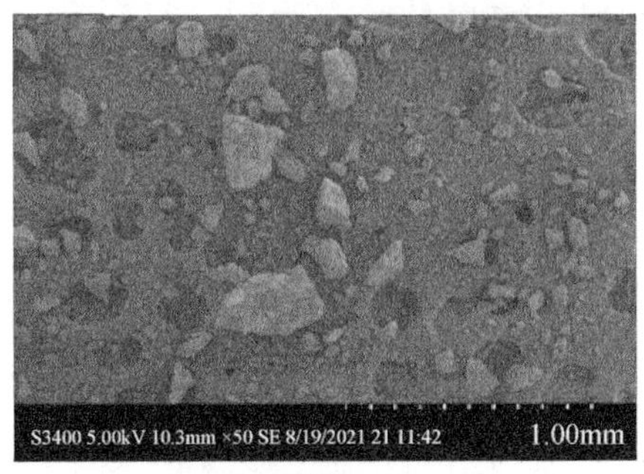

(a) 粉磨15min

(a1) 粉磨15min局部放大图

(b) 粉磨30min　　(b1) 粉磨30min局部放大图

(c) 粉磨45min　　(c1) 粉磨45min局部放大图

(d) 粉磨60min　　(d1) 粉磨60min局部放大图

(e) 粉磨75min　　(e1) 粉磨75min局部放大图

图 1.17　不同粉磨时间唐钢钢渣的 SEM 图

粉磨初期，通过 SEM 图可以看出唐钢钢渣的微观形貌主要呈现块状、棱角状等，表面光滑，尺寸较大。随着粉磨时间的增加，钢渣颗粒的粒径尺寸逐渐减小，表面由光滑逐渐变得粗糙，通过粉磨时间的放大图可以看到钢渣表面以及周围出现较多的微细状小颗粒。当粉磨 60min 时，颗粒棱角基本消失，球状化更加明显，亚微米级以及更细的颗粒开始出现。粉磨时间达到 75min 时，可以更清楚地看出此时颗粒破碎痕迹十分明显，尺寸变得更微小，颗粒表面棱角消失，表面更加圆滑，不同尺寸颗粒相互黏结在一起，颗粒变得蓬松且团聚现象明显。

3. 不同粉磨时间唐钢钢渣的粒径分布

不同粉磨时间唐钢钢渣的分计分布如图 1.18 所示，通过分计分布图可以看到，粉磨时间变长，粒径分布的范围逐渐变宽且所占空间比例逐渐变大，曲线的峰值逐渐降低，并向横坐标左端移动。

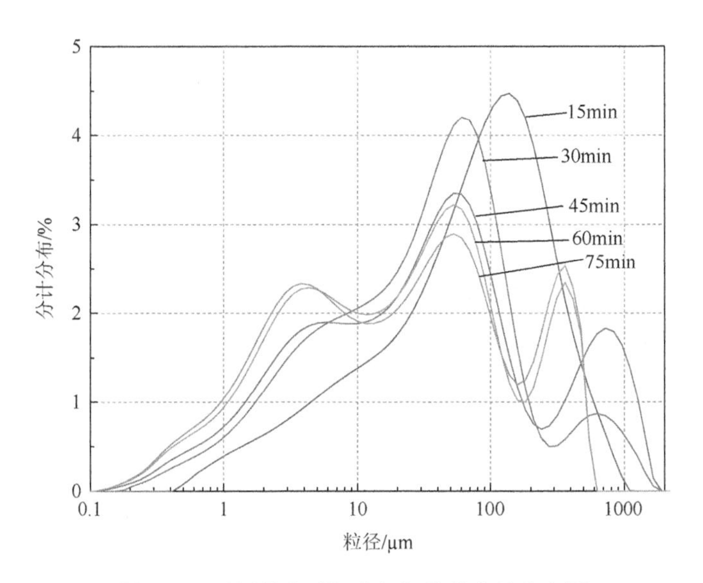

图 1.18　不同粉磨时间唐钢钢渣的分计分布图

由图 1.19 可以看出，当钢渣粉磨 15min 时粒径大于 100μm 的颗粒约占整体颗粒的 40%。粉磨 30min 时粒径大于 100μm 的颗粒约占整体颗粒的 20%，与粉磨 15min 相比降低 20 个百分点。粉磨 45min 时粒径大于 100μm 的颗粒约占整体颗粒的 25%，与粉磨 30min 相比增加了 5 个百分点。由图中曲线可知，粉磨 45min 后，随着粉磨时间的继续增加，粒径大于 100μm 的颗粒占整体颗粒的比例降低但变化不大。从中可以看出，粉磨时间延长，粒径大于 100μm 颗粒所占整体颗粒的比例不断降低，这是由于粉磨时间越久，颗粒粒径越小。随着粉磨时间的增加，钢渣颗粒小于 1μm 所占整体颗粒的比例在逐渐增加，同样可以证明通过物理粉磨可以降低钢渣的粒径，提高钢渣比表面积，增大颗粒细度。

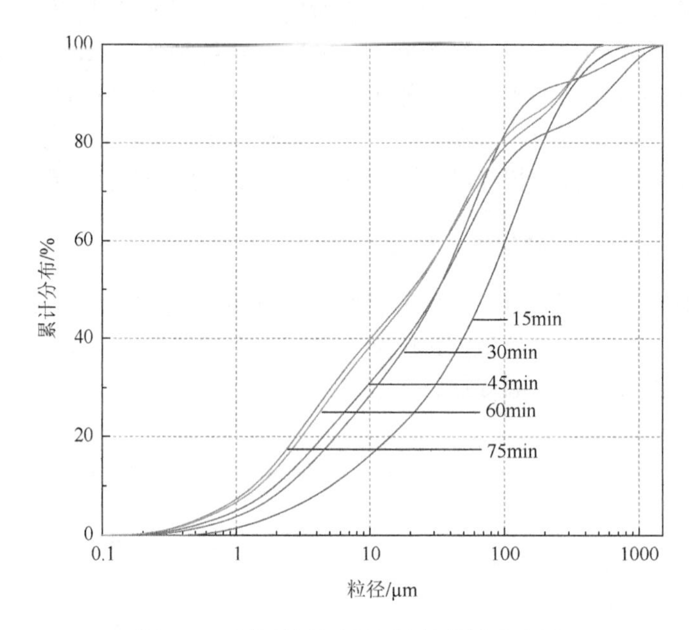

图 1.19　不同粉磨时间钢渣的累计分布图

从图 1.19 中累计分布曲线沿横坐标轴由右向左方向观察，可以更清楚地看出，随着粉磨时间的增加，粒径从 0.1μm 至 1000μm 的区间所占比例也越来越大，分布的范围逐渐变宽，曲线逐渐向小粒径方向偏移，证明钢渣小粒径颗粒不断增多。

4. 不同粉磨时间唐钢钢渣的细度分析

国家标准《通用硅酸盐水泥》（GB 175—2007）中规定水泥细度可以用比表面积法和筛析法检验。

1）不同粉磨时间唐钢钢渣的比表面积分析

物料粉磨时间越长，颗粒会变得越细，与水的接触面越多，水化反应越迅速。早期强度和后期强度也会随着粉磨时间的增加而增高，但达到一定粉磨时间后，粉磨效率逐渐降低。钢渣中铁的含量很高，粉磨过程中互相碰撞会产生磁场，不利于继续粉磨。

唐钢钢渣经过球磨机粉磨 15min、30min、45min、60min、75min 的比表面积如表 1.8 所示。粉磨 15min 时，唐钢钢渣的比表面积仅为 $252m^2/kg$。粉磨到 30min 时，其比表面积达到 $386m^2/kg$，满足《用于水泥和混凝土中的钢渣粉》（GB/T 20491—2017）的要求。粉磨 45min 后，比表面积达到 $457m^2/kg$，比 30min 每分钟增加

4.73m²/kg，较 30min 增加 18.4%。当钢渣粉磨 60min 时，比表面积已经达到 483m²/kg，比 45min 的比表面积每分钟增加 1.73m²/kg，比表面积较 45min 增加 5.7%，第四个 15min 比表面积比第三个 15min 的增长速度降低 3.00m²/kg。由此可见，粉磨时间越久，钢渣比表面积每隔 15min 的增长速度越低。

表 1.8　不同粉磨时间唐钢钢渣的比表面积

编号	1	2	3	4	5
粉磨时间/min	15	30	45	60	75
比表面积/(m^2/kg)	252	386	457	483	516

这是由于钢渣随粉磨时间延长，微米级颗粒增多。粉磨使钢渣颗粒表面键能弱的化学键断裂，断裂所需能量远远大于粒径尺寸减小需要的能量，因此钢渣的比表面积增长速度降低，继续粉磨可能达到平衡状态，出现团聚现象[102]。

当钢渣粉磨 75min 时，比表面积已经达到 516m²/kg，达到最大值，比 60min 的比表面积每分钟增加 2.2m²/kg，比表面积较 60min 增加 6.8%，但第五个 15min 比表面积比第四个 15min 的增长速度仅仅增长了 0.47m²/kg。可见，45min 以后每隔 15min 比表面积增长的速度相差不多。

以粉磨时间为横坐标，比表面积为纵坐标，探究钢渣比表面积与其粉磨时间的相关性。利用 Origin 中的线性拟合，输入粉磨时间以及相对应的比表面积，从而模拟绘成线性相关的曲线，得出函数关系方程（1.16）和拟合图 1.20。

$$y = -0.05951x^2 + 12.95786x + 141.93185 \tag{1.16}$$

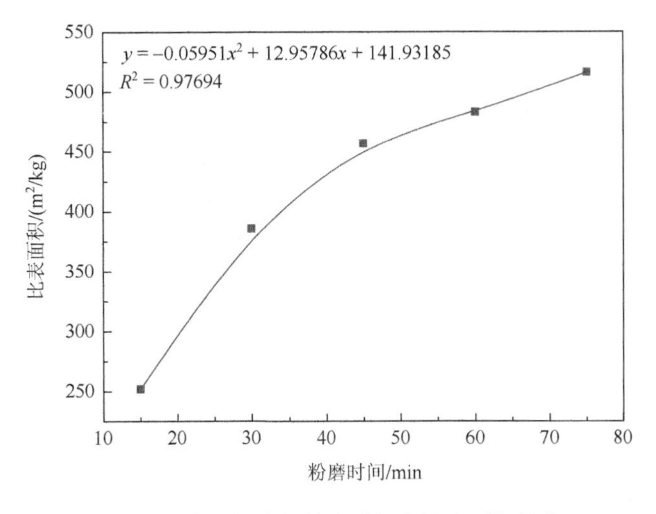

图 1.20　唐钢钢渣的粉磨时间和比表面积拟合

其相关系数 $R^2=0.97694$，大于 0.9，相关度较高，拟合效果较好。拟合方程更好体现了粉磨时间与比表面积的相关性，因此粉磨后的钢渣很有必要通过比表面积来探究，以获得最佳的粉磨时间。

2）不同粉磨时间唐钢钢渣的筛余量分析

不同粉磨时间下唐钢钢渣 45μm 和 80μm 的筛余量如表 1.9 所示。由表 1.9 的趋势可以看出，随着粉磨时间的不断增长，粉磨后钢渣的 45μm、80μm 筛余量都呈现先降低后上升的趋势，其中粉磨 45min 时，筛余量同时下降至最低点，45min 以后，钢渣粉的筛余量开始逐渐上升，因此 45min 是钢渣不同粉磨时间筛余量的拐点。

表 1.9　不同粉磨时间唐钢钢渣的筛余量

编号	1	2	3	4	5
粉磨时间/min	15	30	45	60	75
45μm 筛余量/%	61	43	40	48	55
80μm 筛余量/%	43	24	23	26	37

这是由于钢渣在粉磨到一定程度后，其颗粒表面处于亚稳态，表面存在许多活性点（颗粒越细，其表面的活性点越多），容易造成颗粒相互黏结。而且粉磨过程中颗粒内部产生裂纹，并在裂纹处发生化学键断裂，产生大量的静电荷使其颗粒相互吸引，重新组合在一起形成新的颗粒[100]。因此，唐钢钢渣在粉磨 45min 之后颗粒发生团聚，粉磨效率下降[103]。钢渣颗粒间产生相反极性的静电表面电荷，从而发生吸附和团聚现象，降低了研磨效率[104]。

5. 不同粉磨时间唐钢钢渣的相对易磨性

钢渣需要磨细成粉后才能作为矿物掺和料应用在建材行业，易磨性则是其粉磨电耗、磨机产量等生产参数的直接依据[103]。本章采用上述方法对钢渣的相对易磨性进行了分析，基准物料选取河砂，其 15min、30min、45min、60min、75min 的比表面积分别为 323m²/kg、483m²/kg、548m²/kg、617m²/kg、678m²/kg。通过计算得出对应粉磨时间的相对易磨性系数分别为 0.78、0.80、0.83、0.78 和 0.76，如图 1.21 所示。

由图 1.21 不同粉磨时间唐钢钢渣的相对易磨性系数柱状图发现，粉磨时间不断增加，钢渣的相对易磨性系数先增大后减小，说明钢渣粉磨 45min 之前相对易磨性逐渐提高，而在 45min 后相对易磨性逐渐变差。

各物料粉磨 30min 的比表面积：河砂为 483m²/kg，钢渣为 386m²/kg，矿渣为 430m²/kg，铁尾矿为 420m²/kg，水泥为 504m²/kg，粉煤灰为 590m²/kg。经计算各物料粉磨 30min 时钢渣、矿渣、铁尾矿、水泥、粉煤灰的相对易磨性系数分别为 0.80、0.89、0.87、1.04、1.22。

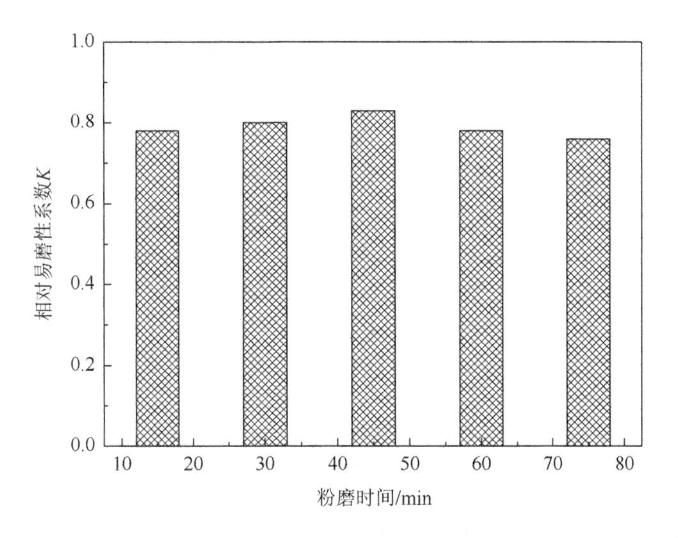

图 1.21　唐钢钢渣的相对易磨性

图 1.22 为粉磨 30min 时不同物料之间的相对易磨性柱状图，通过对比可以看到各物料间相对易磨性大小关系为：粉煤灰＞水泥＞矿渣＞铁尾矿＞钢渣，由此证明唐钢钢渣的相对易磨性与其他物料相比较差。

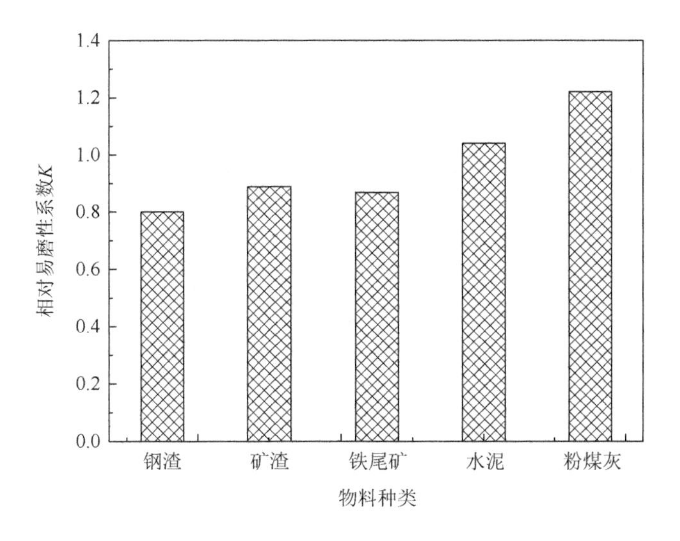

图 1.22　不同物料相对易磨性比较

6. 不同粉磨时间唐钢钢渣的火山灰活性

以下是唐钢钢渣不同粉磨时间的火山灰活性分析，分别对胶砂试件的流动度以及活性指数进行分析，以选择钢渣的最优粉磨时间。表 1.10 是钢渣不同粉磨时间胶砂试件的配合比。其中编号 1 为对照组水泥砂浆配合比，编号 2～6 为不同粉磨时间唐钢钢渣的胶砂试件配合比。

表 1.10　不同粉磨时间唐钢钢渣胶砂试件配合比（g）

编号	配合比			
	水泥	标准砂	水	钢渣
1（对照组）	450	1350	225	0
2（15min）	315	1350	225	135
3（30min）	315	1350	225	135
4（45min）	315	1350	225	135
5（60min）	315	1350	225	135
6（75min）	315	1350	225	135

1）不同粉磨时间唐钢钢渣胶砂浆体流动度分析

随着粉磨时间的增长，唐钢钢渣比表面积逐渐增大，对砂浆的流动度可能存在较大的影响。目前有关不同粉磨时间钢渣流动度比的文献较少，且为满足规范要求，很有必要探索不同粉磨时间钢渣浆体流动性的变化规律。不同时间粉磨钢渣胶砂流动度测试结果如表 1.11 所示，不同粉磨时间唐钢钢渣与水泥的胶砂流动度比见图 1.23。

表 1.11　不同粉磨时间唐钢钢渣的流动度

编号	1	2	3	4	5	6
流动度/mm	164	166	188	193	185	183

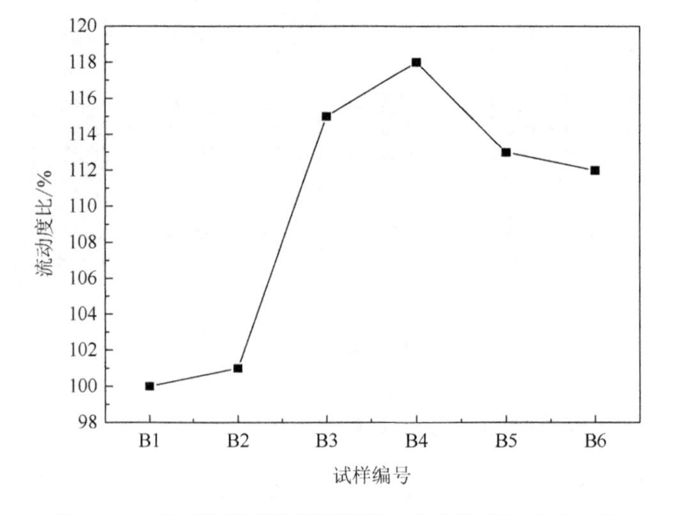

图 1.23　不同粉磨时间唐钢钢渣与水泥的胶砂流动度比

如图 1.23 所示，不同粉磨时间钢渣制备的胶砂浆体流动度比均高于基准组纯水泥胶砂浆体，且满足规范要求。粉磨 15min 钢渣的胶砂浆体的流动度比接近基准组纯水泥胶砂浆体，其流动度比为 101%，满足规范流动度比大于 95%的要求。随着唐钢粉磨时间的增加，其胶砂浆体流动度比较水泥基准组流动度比提高较多，粉磨 30min 钢渣的胶砂流动度比达到 115%，较粉磨 15min 钢渣的胶砂浆体流动度比每分钟增加 0.93 个百分点，总体达到 14 个百分点。粉磨 45min 钢渣的胶砂浆体流动度比达到 118%，较粉磨 30min 钢渣胶砂浆体流动度比每分钟增加 0.2 个百分点，增长了 3 个百分点。15～30min 流动度比增长速度达到最快，相比 30～45min 每分钟流动度比提高 0.73 个百分点，粉磨 45min 的钢渣胶砂浆体的流动度比达到最大。

通过不同粉磨时间钢渣的 SEM 形貌图可知，大多数钢渣粉表面密闭光滑，虽然可以看到一些钢渣粉表面上具有残余空隙结构，但仍较为致密，这些微小的钢渣粉填充到水泥颗粒之间的空隙内，从而将更多自由水置换出来，因此胶砂浆体流动度得到提高[105]。

粉磨 45min 后的钢渣浆体流动度比逐渐降低，但降低速度逐渐减弱，粉磨 60min 时，流动度比降低为 113%，较 45min 流动度比每分钟减少 0.33 个百分点，流动度比较 45min 减少 5 个百分点。继续粉磨 15min 以后，流动度比降低为 112%，达到最低流动度比，75min 较 60min 流动度比每分钟减少 0.07 个百分点，流动度比较 60min 减少 1 个百分点。60～75min 的流动度比降低速度最弱，较 45～60min 每分钟下降速度降低 0.27 个百分点，可见继续粉磨，流动度比并不会下降很多，图中曲线趋于平缓。60min、75min 的流动度比虽然相较于 30min 稍微降低，但比 15min 仍然提高很多。

随着研磨时间的延长，钢渣细度逐渐增加，胶砂浆体的流动性不断减小。随着钢渣细度的增加，钢渣粉的总比表面积也增加，覆盖其表面的水需求增加，从而造成钢渣颗粒间的浆体减少，导致胶砂浆体流动性降低。

2）不同粉磨时间唐钢钢渣活性指数分析

通过测得唐钢钢渣不同粉磨时间胶砂试件养护龄期分别为 3d、7d 和 28d 的抗压强度，获得各个龄期的活性指数，测试结果见表 1.12。

表 1.12　不同粉磨时间唐钢钢渣的抗压强度与活性指数

编号	抗压强度/MPa			活性指数/%		
	3d	7d	28d	3d	7d	28d
1	16.6	39.0	53.2	100	100	100
2	9.0	21.8	33.5	54	56	63
3	8.7	23.0	41.5	52	59	78
4	8.2	26.5	43.6	50	68	82
5	7.8	26.1	42.0	47	67	79
6	7.0	24.6	39.4	42	63	74

从表 1.12 可知，不同粉磨时间唐钢钢渣的活性指数存在较大差异。随着龄期的增长，钢渣的活性指数逐渐增长。钢渣粉磨 15min 时，3d、7d 的活性指数相差不大，28d 的活性指数较大。随着粉磨时间的增加，28d 钢渣的活性指数与 7d 的活性指数差值先增大随后逐渐减小。当钢渣粉磨 30min 时，28d 活性指数与 7d 活性指数相差最大，随后活性指数相差逐渐减少，粉磨 75min 时钢渣活性指数差距最小。然而 3d 和 7d 的活性指数随着粉磨时间的增加差值逐渐变大，粉磨 75min 钢渣的活性指数相差最大。

养护龄期为 3d 时，随着钢渣粉磨时间的增加，掺钢渣胶砂试件强度逐渐降低，钢渣的活性指数呈下降趋势。原因是养护龄期较短时，钢渣自身短时间水化速率较慢。钢渣在胶砂试件中起到的是骨架支撑作用。随着粉磨时间的增加，钢渣颗粒比表面积逐渐增大，颗粒细度变小，粉磨 15min 钢渣较粉磨 75min 比表面积相差较大，因此粉磨 15min 钢渣颗粒较大且作为骨架支撑的效果更明显，制备的胶砂试件强度也较大。

养护龄期为 7d 和 28d 时，钢渣的活性指数随着粉磨时间的增长整体呈上升趋势，粉磨 45min 钢渣活性指数同时达到最大值，7d 活性指数为 68%，28d 活性指数高达 82%，满足一级钢渣的技术要求。

对比 7d、28d 活性指数变化可以看出，养护龄期 7d 时，粉磨 15min 钢渣的活性指数仅达到 56%；粉磨 30min 钢渣的活性指数为 59%，较粉磨 15min 钢渣活性指数每分钟增加 0.2 个百分点，增加并不明显；粉磨 45min 钢渣的活性指数最大，达到 68%，较粉磨 30min 钢渣活性指数增加了 9 个百分点；粉磨第三个 15min 比第二个 15min 每分钟增加了 0.4 个百分点，随后活性指数开始降低。然而相较于 28d 养护龄期的活性指数，30～45min 曲线上升幅度变得缓慢，活性指数上升速度低 0.73 个百分点；粉磨 45min 钢渣活性指数达到最大值 82%，随后开始降低。养护龄期 7d、28d 时，钢渣粉磨 60～75min 时间段活性指数曲线较粉磨 45～60min 时间段活性指数曲线下降幅度均变快，养护 7d 的两个时间段活性指数曲线每分钟下降速度相差 0.13%，而养护 28d 的两个时间段活性指数曲线下降速度相差 0.13 个百分点，由此可见粉磨 45min 钢渣养护 7d 和 28d 的活性指数下降幅度均不明显。

1.4.3　S95 矿渣的活性指数

矿渣需研磨至一定细度后才可以更有效发挥早期的活性，以济钢集团有限公司生产的钢渣为例，在正常 450m^2/kg 的比表面积下，7d 抗压强度可媲美纯水泥胶砂试件强度，活性指数达到 100%。矿渣后期活性不需要研磨很细便可体现出来，28d 抗压强度超过标准水泥胶砂试件，活性指数远超过 100%[106]。

表 1.13 为制备预拌固化剂用 S95 矿渣粉 7d、28d 活性指数，由表中可以看出，

随着养护龄期的延长，活性指数呈上升趋势，早期活性很高，7d 活性指数已经达到 106%，28d 活性指数为 110%，符合规范 GB/T 18046—2017《用于水泥、砂浆和混凝土中的粒化高炉矿渣粉》要求。

表 1.13　S95 矿渣粉的抗压强度及活性指数

组别	抗压强度/MPa		活性指数/%	
	7d	28d	7d	28d
水泥基准组	39.0	53.2	100	100
矿渣	41.4	58.5	106	110

矿渣活性较钢渣要好，这是因为矿渣具有更多活性物质，发生水化反应形成的物质填充试件孔隙，孔隙率降低，密实度得到提高。钢渣中 C_3S、C_2S 等矿物结晶较好，早期只有很少一部分发生水化作用，产生的水化产物较少，不能及时填充试件间的孔隙，结构不密实，因此钢渣的活性低于矿渣的活性。

1.5　预拌固化剂制备与水化机理的研究

1.5.1　预拌固化剂的配合比设计

1. 正交试验概述

正交试验是研究多因素、多水平的一种试验方法。当试验因素≥3 个时，各因素之间会相互影响，采用全面试验工作量会大大增加，工作难以实施，而采用正交试验从全面试验中挑选具有代表性的点，不仅试验量减小，还获得和全面试验相同的最优试验结果。由于本章研究的固化剂是由不同矿物原料组成的，当发生水化反应时影响因素较多，因此采用正交试验，可以更好地分析各因素对固化剂性能的影响程度[107, 108]。

2. 因素水平的确定

对预拌固化剂进行配合比优化时，采用 $L_9(3^3)$ 正交表，通过正交试验研究钢渣掺量、脱硫石膏掺量、水灰比三个因素对抗压强度的影响，每个因素设置三个水平。

经过前期探索试验发现，当选取脱硫石膏掺量 8%～12%，水灰比 0.35～0.41，钢渣掺量 20%～40%制作净浆时，除 20%钢渣掺量养护时无裂缝，掺 25%、30%、40%钢渣随着养护龄期的增长均出现不同程度的裂缝破坏，原因是净浆中钢渣掺量过多，黏结力太低，强度不够，从而引起膨胀产生裂缝，现象如图 1.24 所示，因此需减少钢渣掺量进行下一步探究。

(a) 试件的膨胀裂缝

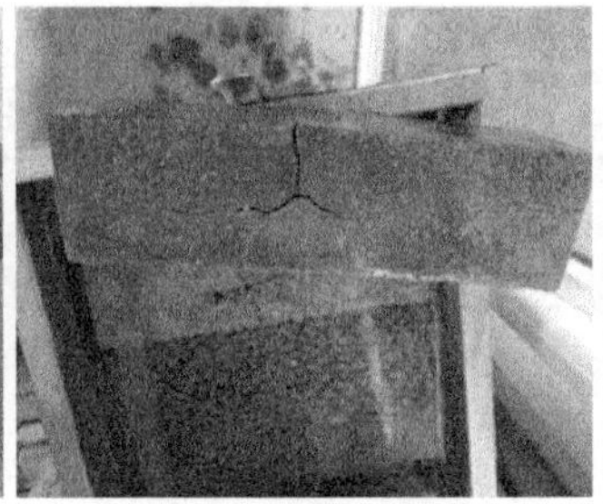

(b) 试件的中部裂缝

(c) 试件的边缘裂缝

图 1.24　净浆试件水养时出现的裂缝

当脱硫石膏掺量不变时，钢渣掺量 10%～20%，0.35～0.41 的水灰比制作净浆时，由于矿粉较多，具有较强吸水性，且黏结性较好，从而导致净浆流动性很差，搅拌不均匀，不易振捣，如图 1.25 所示。因此本试验所需水灰比不应过低，最终确定该试验各因素水平如表 1.14 所示。

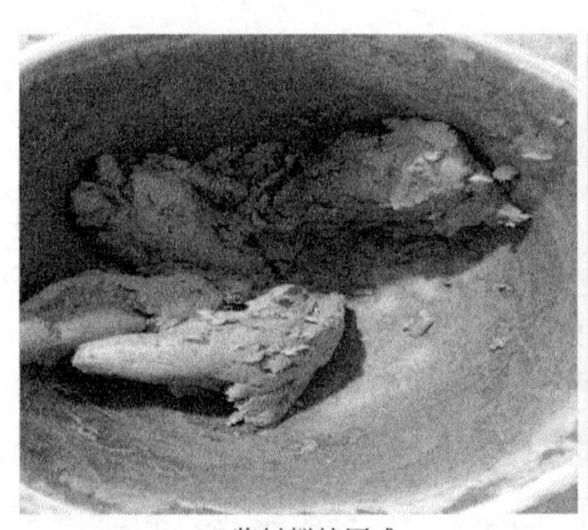

(a) 浆料搅拌困难

(b) 试件内部不密实

图 1.25　浆料黏稠现象及后果

表 1.14　预拌固化剂正交试验因素和水平

水平	因素		
	A 脱硫石膏/%	B 钢渣/%	C 水灰比
1	8	10	0.51
2	10	15	0.48
3	12	20	0.45

3. 试验方案及结果

根据正交试验因素水平表中每个因素的不同水平值计算出固化剂原材料配合比，正交试验部分共 9 组配合比，试验方案见表 1.15 和表 1.16。

表 1.15　预拌固化剂正交试验方案

编号	因素			试验方案
	A 脱硫石膏	B 钢渣	C 水灰比	
1	1	1	1	$A_1B_1C_1$
2	1	2	2	$A_1B_2C_2$
3	1	3	3	$A_1B_3C_3$
4	2	1	2	$A_2B_1C_2$
5	2	2	3	$A_2B_2C_3$
6	2	3	1	$A_2B_3C_1$
7	3	1	3	$A_3B_1C_3$
8	3	2	1	$A_3B_2C_1$
9	3	3	2	$A_3B_3C_2$

表 1.16　预拌固化剂具体正交试验方案

编号	因素				试验方案
	A 脱硫石膏/%	B 钢渣/%	C 水灰比	矿渣/%	
1	8	10	0.51	82	$A_1B_1C_1$
2	8	15	0.48	77	$A_1B_2C_2$
3	8	20	0.45	72	$A_1B_3C_3$
4	10	10	0.48	80	$A_2B_1C_2$
5	10	15	0.45	75	$A_2B_2C_3$
6	10	20	0.51	70	$A_2B_3C_1$
7	12	10	0.45	78	$A_3B_1C_3$
8	12	15	0.51	73	$A_3B_2C_1$
9	12	20	0.48	68	$A_3B_3C_2$

试件振捣成型后，首先盖上塑料薄膜在自然条件下放置 2d，然后放到（20±1）℃恒温水养箱中，再次分别养护 1d、5d、26d，当试件养护达到 3d、7d、28d 龄期后，以抗压强度作为考核指标，试验结果见表 1.17。

表 1.17　预拌固化剂正交试验结果

编号	抗折强度/MPa			抗压强度/MPa		
	3d	7d	28d	3d	7d	28d
1	2.9	3.9	6.4	16.3	19.8	26.5
2	2.9	5.7	6.2	15.8	19.9	23.9
3	1.9	2.0	6.0	12.7	17.0	19.4
4	2.7	5.4	6.9	20.5	29.3	31.7
5	5.0	8.1	7.1	20.7	26.0	33.9
6	1.9	3.6	6.2	13.1	15.8	23.0
7	3.8	5.9	7.0	21.0	37.9	42.1
8	2.7	6.5	7.6	13.9	23.1	25.5
9	2.0	4.7	7.2	14.1	18.3	24.2

4. 试验结果讨论及分析

根据上述试验结果，计算各列水平号相同的试验结果之和 K_i，并计算极差 R，极差的大小不仅反映了试验中各因素对抗压强度影响的显著性，而且表示各个因素对抗压强度影响的主次顺序。

表 1.18 为钢渣、脱硫石膏掺量以及水灰比对净浆试件强度影响的正交试验极差分析结果。从中可以看出，龄期为 3d 时，影响抗压强度因素依次为：钢渣掺量＞水灰比＞脱硫石膏掺量；龄期为 7d 时，影响抗压强度因素依次为：钢渣掺量＞脱硫石膏掺量＞水灰比；龄期为 28d 时，影响抗压强度因素依次为：钢渣掺量＞脱硫石膏掺量＞水灰比。

表 1.18　预拌固化剂正交试验抗压强度极差分析

养护龄期	因素	K_1	K_2	K_3	R
3d	脱硫石膏	44.8	54.3	49.0	9.5
	钢渣	57.8	50.4	39.9	17.9
	水灰比	43.3	50.4	54.4	11.1
7d	脱硫石膏	56.7	71.1	79.3	22.6
	钢渣	87.0	69.0	51.1	35.9
	水灰比	58.7	67.5	80.9	22.2
28d	脱硫石膏	69.8	88.6	91.8	22.0
	钢渣	100.3	83.3	66.6	33.7
	水灰比	75.0	79.8	95.4	20.4

当各项有 3 个强度考核指标时，为了反映其综合影响，可以采用功效系数法。此方法规定考核指标值最高的其功效系数为 1，其余指标的功效系数为该考核指标值与最高指标值之比。总功效系数：

$$D=\sqrt[3]{D_1D_2D_3} \tag{1.17}$$

式中，D_1、D_2、D_3 分别为试件养护 3d、7d、28d 的抗压强度的功效系数，其大小反映了 3 个考核指标的总体情况。

表 1.19 为钢渣、脱硫石膏掺量以及水灰比对净浆试件正交试验抗压强度以及功效系数计算结果。由表中数据可以看出第 7 组（脱硫石膏掺量 12%，钢渣掺量 10%、矿渣掺量 78%、水灰比为 0.45）3d、7d、28d 的功效系数最大，因此确定其功效系数为 1，其余功效系数为该抗压强度与各龄期抗压强度最高值的比值。各龄期功效系数计算结果如表 1.19 所示。

表 1.19 预拌固化剂正交试验抗压强度、功效系数、总功效系数

编号	A	B	C	抗压强度/MPa			功效系数			总功效系数
				3d	7d	28d	d_1	d_2	d_3	
1	(1) 8	(1) 10	(1) 0.51	16.3	19.8	26.5	0.78	0.52	0.63	0.64
2	(1) 8	(2) 15	(2) 0.48	15.8	19.9	23.9	0.75	0.53	0.57	0.61
3	(1) 8	(3) 20	(3) 0.45	12.7	17	19.4	0.61	0.45	0.46	0.5
4	(2) 10	(1) 10	(2) 0.48	20.5	29.3	31.7	0.98	0.77	0.75	0.83
5	(2) 10	(2) 15	(3) 0.45	20.7	26	33.9	0.99	0.69	0.81	0.82
6	(2) 10	(3) 20	(1) 0.51	13.1	15.8	23	0.62	0.42	0.55	0.52
7	(3) 12	(1) 10	(3) 0.45	21	37.9	42.1	1	1	1	1
8	(3) 12	(2) 15	(1) 0.51	13.9	23.1	25.5	0.66	0.61	0.61	0.63
9	(3) 12	(3) 20	(2) 0.48	14.1	18.3	24.2	0.67	0.48	0.58	0.57

通过上表可以观察到第 7 组的总功效系数最大，第 4 组（脱硫石膏掺量 10%、钢渣掺量 10%、矿渣掺量 80%、水灰比为 0.48）总功效系数次之，总功效系数为 0.83，第 5 组（脱硫石膏掺量 10%、钢渣掺量 15%、矿渣掺量 75%、水灰比为 0.45）与第 4 组总功效系数接近，只相差 0.01。其中第 4 组 7d 的功效系数比第 5 组功效系数大 0.08，然而第 5 组 3d、28d 功效系数相较于第 4 组分别增加 0.01、0.06。

表 1.20 为试验结果的总功效系数极差分析，$\bar{K}_1$、$\bar{K}_2$、$\bar{K}_3$ 分别为各影响因素水平号相同的总功效系数之和。

表 1.20 预拌固化剂正交试验总功效系数极差分析

因素	$\bar{K}_1$	$\bar{K}_2$	$\bar{K}_3$	R
脱硫石膏	1.75	2.17	2.20	0.45
钢渣	2.47	2.06	1.59	0.88
水灰比	1.79	2.01	2.32	0.53
$\bar{K}_1+\bar{K}_2+\bar{K}_3=6.12$ 最佳 $A_3B_1C_3$（脱硫石膏 162、钢渣 135、水灰比 0.45）				

通过表 1.20 中各列水平号相同的总功效系数之和（K_i）的计算结果可以得出 $A_3B_1C_3$ 为优化试验方案，通过对比上述试验方案发现，该优化方案与第 7 组试验方案相同，因此取第 7 组为最佳试验方案：脱硫石膏掺量为 12%，钢渣掺量为 10%，矿渣掺量为 78%，水灰比为 0.45。

上表中钢渣掺量的总功效系数极差最大，达到 0.88；其次是水灰比的总功效系数极差，为 0.53；脱硫石膏掺量的总功效系数极差最小，仅为 0.45。因此各因素影响次序是：钢渣掺量＞水灰比＞脱硫石膏掺量。

5. 固化剂标准稠度用水量、凝结时间、流动度的研究

固化剂标准稠度用水量、凝结时间根据《水泥标准稠度用水量、凝结时间、安定性检验方法》（GB/T 1346—2011）来检测。流动度按照《预拌流态固化土填筑工程技术标准》（T/BGEA 001—2019）测试。

选取上述 12%脱硫石膏、10%钢渣、78%矿渣，测得标准稠度用水量为 0.41mL/kg，初凝时间＞45min。初始流动度为 150mm，大于规范中的 100mm。

1.5.2 预拌固化剂水化机理

将各物料按最佳配合比倒入搅拌锅中，将充分搅拌后的净浆浇筑到试验模内并振动成型，进行 1d 的标准养护后拆模。净浆试件拆模后放置在 HBY-64 型水泥恒温水养护箱中养护。将养护 3d、7d、28d 的净浆试件破碎，然后放入无水乙醇中终止水化反应。

1. 预拌固化剂水化产物的 XRD 分析

SSB（钢渣、矿渣、脱硫石膏）水化机理被证实为碱激发、硫酸盐激发和火山灰效应的组合[109]。矿渣发生水化时会吸收钢渣含有的 f-CaO 和 f-MgO，试件膨胀开裂发生的风险降低，从而使两种材料优势互补。

图 1.26 为预拌固化剂水化产物养护不同龄期的 XRD 图谱。从图中可以看到养护不同龄期水化产物的物相主要包含 C_3S、C_2S、$Ca(OH)_2$、AFt 和 RO 相。图中 25°～35°有明显的“凸包”现象，证明此刻有 C-S-H 凝胶产生。养护龄期为 1d 时，可以看到较多 C_3S、C_2S 和 $CaSO_4$ 等物质，AFt 和 C-S-H 凝胶相对较少。但随着养护龄期的增加，当养护龄期达到 3d 时，水化产物中 C_3S、C_2S 和 $CaSO_4$ 的物质含量下降明显，相对地 AFt 和 C-S-H 凝胶物质含量提高较多。这是由于各材料之间发生水化作用不断消耗 C_3S、C_2S 和 $CaSO_4$ 等物质，养护 1d 时，C_3S、C_2S 水化反应较慢，消耗的 $CaSO_4$ 不多，因此 1d 时可以观察到大量 C_3S、C_2S 和 $CaSO_4$。养护龄期达到 3d 时，C_3S、C_2S 水化反应加快，不断生成 C-S-H 凝胶物质，同时水化铝酸钙在 $CaSO_4$ 存在的同时，会进一步发生反应消耗 $CaSO_4$，产生钙矾石。当养护 7d 时，XRD 图谱中各物质含量有略微的增加，说明水化反应还在继续。继续养护到 28d 时，各物质含量基本保持不变，表明水化终止。

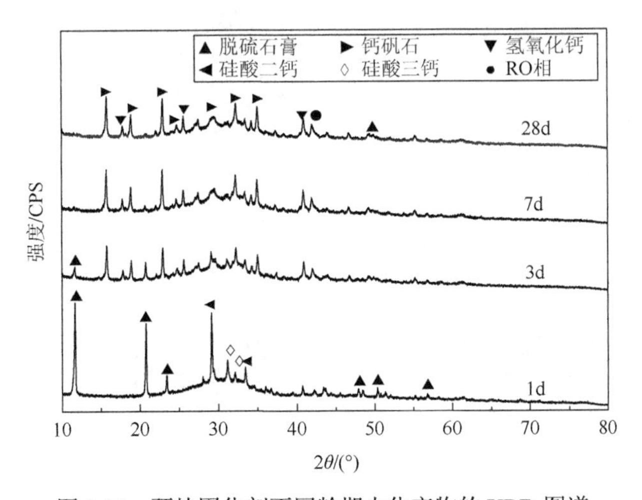

图 1.26　预拌固化剂不同龄期水化产物的 XRD 图谱

石膏和钢渣可以激发矿渣水化，矿渣、钢渣及石膏能够产生以生成钙矾石为驱动力的协同作用，主要水化产物是 AFt 和 C-S-H 凝胶[110]。钢渣在早期反应生成的 $Ca(OH)_2$ 结晶度低，且部分会被矿渣水化时吸收[111]，因此衍射峰较低。随着龄期的增加，水化更加充分，产生的 $Ca(OH)_2$ 含量增多，从而导致 3d 时 $Ca(OH)_2$ 衍射峰比较明显。随着继续养护，$Ca(OH)_2$ 激发矿渣-钢渣体系进一步发生水化反应，但是其产生和消耗保持一致，因此养护 3d 龄期后 $Ca(OH)_2$ 含量基本保持不变，衍射峰也无明显变化。

2. 预拌固化剂水化产物的 SEM 分析

图 1.27 是预拌固化剂不同龄期水化产物的 SEM 图，其中图（a）为净浆试件

养护 3d 时的 SEM 图，图（b）为净浆试件养护 7d 时的 SEM 图，图（c）为净浆试件养护 28d 时的 SEM 图。当试件养护 3d 时，从图中可以看到一些团簇状和层状的物质，经过查阅相关文献[112]，该物质为 C-S-H 凝胶。从图 1.27（a）中可以看到试件表面不密实，有大小不一的孔洞，这是因为反应初期水化产物较少，不能充分填充颗粒之间的缝隙。从微小空隙中可以观察到有些许针棒状物质，分析为水化产物钙矾石，钙矾石与硅酸钙凝胶物质相互交织在一起，形成网状结构，连接并填充在颗粒之间，使结构更加密实。图 1.27（a）中还可以看到层片状物质堆积在一起，经分析该物质为 $Ca(OH)_2$ 晶体。随着养护时间增加，水化产物不断增加，从 7d 的 SEM 图可以看到，试件表面出现更多的团簇状和针棒状连接的团聚物，表面孔洞减少，且可以看到结构更密实。养护 28d 时，更多水化产物生成，硅酸钙凝胶将钙矾石包裹起来，形成紧密的网状结构，并且填充到孔洞内，表面

(a) 3d龄期水化产物

(b) 7d龄期水化产物

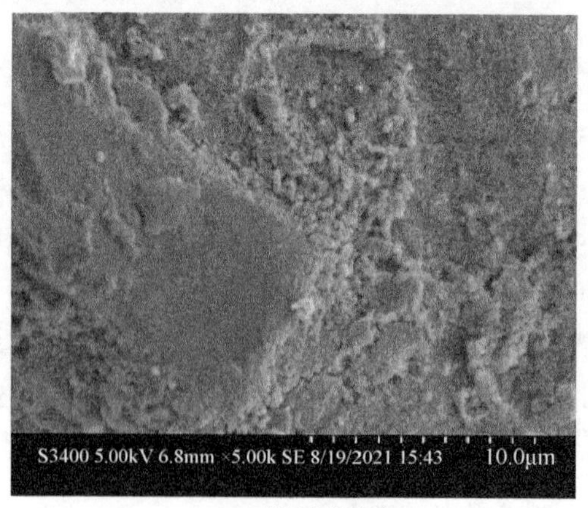

(c) 28d龄期水化产物

图 1.27　预拌固化剂不同龄期水化产物的 SEM 图

孔洞基本消失，可以看到试件表面光滑密实，形成一个完整的硬化体系，从而使强度得到更大的提升。

1.6　基坑回填料的制备与性能研究

1.6.1　预拌固化剂掺量对基坑回填料性能的影响

1. 预拌固化剂掺量对基坑回填料力学性能的影响

采用 1.5 节中优化后的固化剂配合比，进行回填料的配合比试验，基坑回填料组成及配合比见表 1.21，回填料的力学性能测试指标见表 1.22。

表 1.21　基坑回填料的组成及配合比

编号	脱硫石膏/%	钢渣/%	水料比	矿渣/%	黏土/%
1	1	1	0.45	8	90
2	2	2		16	80
3	3	3		24	70
4	4	4		32	60
5	5	5		40	50

表 1.22　基坑回填料的力学性能

编号	抗折强度/MPa			抗压强度/MPa		
	3d	7d	28d	3d	7d	28d
1	0	0	0	0	0	0
2	0	0	0.7	0.02	0.40	3.7
3	0	0.3	1.9	0.15	2.07	8.9
4	0	1.0	3.2	0.30	3.35	12.0
5	0.2	2.6	4.7	0.60	5.26	17.1

随着固化剂掺量的增加以及黏土掺量相对减少，基坑回填料的抗压强度逐渐升高。在同一养护龄期内，固化剂掺量越多，抗压强度越高。养护 3d 时，10%～40%掺量的固化剂制备基坑回填料抗压强度上升幅度并不明显。50%固化剂掺量制备基坑回填料的抗压强度达到最大，但与 10%掺量固化剂相比较，抗压强度仅提高 0.6MPa。钢渣-矿渣-脱硫石膏体系组成的固化剂经过 XRD 分析可以看出熟料矿物中 C_2S 含量较多。熟料矿物水化时会产生具有凝胶功能的物质，查阅相关书籍发现 C_2S 水化速率较慢，从而生成水化产物速度缓慢。且早期生成凝胶物质

较少，达不到胶结黏土的效果。钙矾石可以填充黏土的空隙，使黏土内部颗粒间空隙逐渐减少，结构更加致密，经 1.5 节养护龄期 3d 的 XRD、SEM 图可以观察到只有少量钙矾石出现，因此养护 3d 时，基坑回填料抗压强度上升速度缓慢。当固化剂掺量达到 40%时，抗压强度满足一般工程《成都大府国际机场航站区基槽流态固化土回填》规定的 3d 强度达到 0.3MPa 的要求。

试件养护 7d 时，随着固化剂掺量的增加，抗压强度上升幅度较 3d 提高较多，当掺量为 50%时，达到最大值 5.26MPa。随着固化剂掺量的不断增加，养护 28d 时抗压强度，相较 3d、7d 提高明显，其中以掺量 50%的固化剂最为明显，较 3d 提高 16.50MPa，较 7d 提高 11.84MPa。随着固化剂掺量增多，参加水化反应的物质增多，从而具有胶凝能力的水化产物也不断增多，黏土颗粒与固化剂黏结效果加强，黏土的含水率变低，颗粒之间孔隙越来越少，黏土的密实度增大，从而使固化土的抗压强度提高更明显。

养护不同龄期时，10%掺量固化剂制备基坑回填料抗压强度均为 0，50%固化剂掺量制备基坑回填料强度均达到最大值。养护时间越久，在同一掺量下的抗压强度越大，从图中可以看出当养护 28d，各掺量下的抗压强度提高最为明显。这与固化剂水化产物有关，水化产物 C_2S 主要提高试件的后期强度，养护 28d 时水化反应更加剧烈，同时水化产物中生成较多的硅酸钙凝胶和钙矾石，凝胶将黏土颗粒之间连接更紧密，而生成的钙矾石填充在黏土孔隙中充当骨架作用，并将黏土颗粒挤压更密实，从而使基坑回填料抗压强度得到提高。

2. 预拌固化剂掺量对基坑回填料工作性能的影响

从表 1.23 可以看出，水料比相同时，随着固化剂掺量的增多，固化土的流动度逐渐降低，掺量为 10%～20%时，流动度很大，流动度测量可见图 1.28（a）、（a1）。振捣成型后，试件表面泌水十分严重，泌水对比现象如图 1.28（b）、（b1）、（b2）所示，按标准在模具上方盖上塑料薄膜放置 2d 后，收缩严重，收缩对比现象如图 1.28（c）、（c1）、（c2）所示。

表 1.23 固化剂掺量对基坑回填料的性能影响

编号	固化剂掺量/%	水料比	流动度/mm	工作性能		
				流动性	泌水性	收缩性
1	10	0.45	＞300	好	严重	严重
2	20		＞300	好	严重	严重
3	30		275	较好	轻微	轻微
4	40		250	一般	无	轻微
5	50		232	差	无	轻微

(a) 50%固化剂掺量流动度（自流）　(a1) 40%固化剂掺量流动度（自流）

(b) 严重泌水　(b1) 轻微泌水　(b2) 不泌水

(c) 严重收缩　(c1) 收缩较大　(c2) 轻微收缩

图 1.28　基坑回填料工作性能对比图

通过上述抗压强度、流动度以及其他工作性能的结果分析，选取 40%固化剂掺量、60%黏土掺量和 0.45 水料比进行下一步试验。

3. 基坑回填料抗压强度预测

本章探究了固化剂掺量 10%～50%时基坑回填料抗压强度，50%以后的抗压强度需要进行预测。刘世昌[113]研究发现随着胶凝材料掺量的增多，混凝土的抗压强度会先增加而后逐渐降低，究其强度降低的原因是胶凝材料掺量过多，大量水化热在反应时产生，从而导致试件内部空隙较多，结构不密实。由于固化土属于素混凝土的一种，因此随着固化剂掺量的增加，抗压强度可能会下降，因此需要对固化剂掺量对基坑回填料抗压强度的影响进行预测。

常用的抗压强度的预测方法有线性拟合和非线性拟合，通常非线性拟合包括指数函数拟合、多项式拟合和幂函数拟合等。对表 1.23 中固化剂掺量 10%～50%时基坑回填料抗压强度进行线性拟合和多项式拟合对比发现，养护龄期为 3d、7d、28d 的抗压强度多项式拟合效果明显较线性拟合效果好，因此将对各龄期的基坑回填料抗压强度进行多项式拟合，如式（1.18）所示。

$$y = B_1x^2 + B_2x + D \tag{1.18}$$

按照多项式获得养护 3d、7d、28d 不同龄期的固化剂掺量 50%以后的基坑回填料抗压强度趋势，如图 1.29 所示。

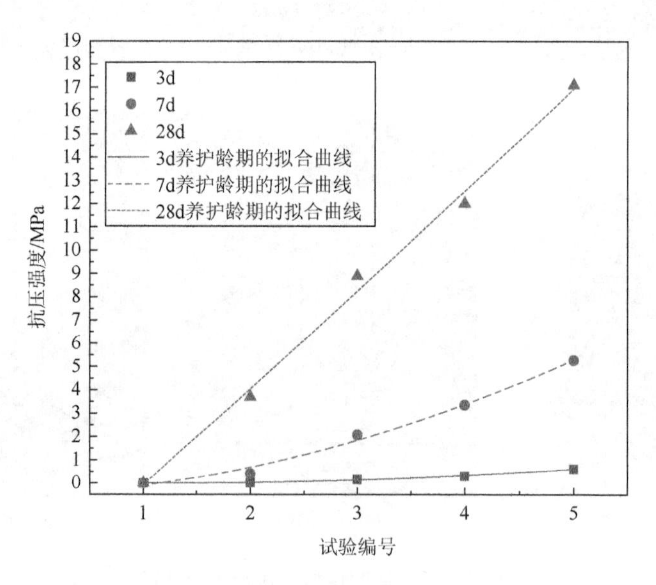

图 1.29　固化剂不同掺量在不同龄期下的回归曲线图

综合上述图中数据，由 Origin 软件拟合得到表 1.24 中 3d、7d、28d 不同龄期时基坑回填料的抗压强度拟合方程以及相关系数 R^2。

表 1.24　不同龄期下基坑回填料抗压强度的拟合方程

养护龄期/d	抗压强度拟合方程	相关系数 R^2
3	$y_1 = 0.04694x^2 - 0.06685x + 0.10425$	0.99651
7	$y_2 = 0.25947x^2 + 0.065777x - 0.06463$	0.99236
28	$y_3 = 0.222647x^2 + 5.02923x - 2.64381$	0.99520

由 y_1、y_2、y_3 可以得出养护 3d、7d、28d 龄期下基坑回填料抗压强度拟合方程中的 B_1 系数均大于 0，因此不同龄期的多项式均属于递增曲线，纵坐标数值随着横坐标增加逐渐增加，且斜率随横坐标增加而逐渐增加。养护不同龄期时抗压强度拟合曲线 y_1、y_2、y_3 的相关系数均接近 1，抗压强度拟合方程是可行的，可以有效预测 3d、7d、28d 各龄期下固化剂掺量 50%以后的基坑回填料抗压强度。

1.6.2　铁尾矿掺量对基坑回填料性能的影响

由于黏土掺量过多会发生泌水现象，因此需要找到不泌水且强度满足要求的黏土掺量，并加入铁尾矿分析其对基坑回填料各性能的影响。

工程肥槽回填中所需土质常用砂土，且陈鑫等[114]研究发现水泥固化砂土比固化黏土的无侧限抗压强度高。因此为了充分利用工业固体废弃物，掺入不同含量的铁尾矿替代黏土，既能提高强度，还可响应环保政策。Pongsivasathit 等[115]通过试验研究发现 4%水泥稳定砂土的无侧限抗压强度约为 2.5MPa，高于公路路面基层的最低标准要求 2.4MPa。并且发现砂土、红土和黏土的最佳水泥掺量分别为 4%、6%和 7.5%，同样证明水泥固化砂土比固化黏土的效果好。

通过基坑回填料抗压强度、流动度和工作性能结果的综合分析，选取满足 24h 可站人进行下一步施工的强度，且 3d 强度达到 0.3MPa、工作性能良好的 40%的固化剂掺量进行铁尾矿的试验研究。

固定固化剂掺量（40%）和水料比（0.45），剩余 60%的黏土和铁尾矿配合比见表 1.25，试验结果如表 1.26 所示。

由表 1.26 可知，在固化剂掺量和水料比固定的前提下，随着铁尾矿掺量的增加，黏土掺量的减少，基坑回填料养护 3d、7d 龄期的抗压强度不断增大，且增长速度逐渐加快。但养护 7d 时，60%～70%的铁尾矿掺量对基坑回填料抗压强度的上升幅度影响最大，提高了 34.6%。当掺量达到 90%时，抗压强度分别达到最大值，3d 抗压强度为 2.63MPa，7d 抗压强度为 9.23MPa。试件养护 28d 时，随固化剂掺量的增加，抗压强度上升幅度并不明显。当 60%～70%铁尾矿掺量时，抗压强度增长速度较快；抗压强度在掺量为 80%时，达到最大值 14.0MPa，随后继续掺入铁尾矿，抗压强度开始降低。试件在养护过程中，随着水化速率的加快，产生的水化热也逐渐增多，使基坑回填料内部产生空隙，密实性降低，使抗压强度降低；同时当铁尾矿掺量超过最佳配合比以后，固化剂掺量所占比例较少会导致无法完全胶结铁尾矿，从而使铁尾矿之间黏结性降低，进而使试件抗压强度降低。

表 1.25 掺铁尾矿基坑回填料的配合比

编号	脱硫石膏/%	钢渣/%	水料比	矿渣/%	黏土/%	铁尾矿/%
1					90	10
2					80	20
3					70	30
4					60	40
5	4	4	0.45	32	50	50
6					40	60
7					30	70
8					20	80
9					10	90

表 1.26 不同铁尾矿掺量制备基坑回填料的强度结果

编号	抗折强度/MPa			抗压强度/MPa		
	3d	7d	28d	3d	7d	28d
1	0	1.0	2.5	0.34	3.51	12.4
2	0	1.0	2.6	0.36	3.89	12.6
3	0	1.1	3.4	0.37	3.90	12.7
4	0	1.2	3.0	0.41	4.51	13.1
5	0	1.3	2.8	0.48	5.31	13.2
6	0.2	1.7	2.8	0.55	5.35	13.3
7	0.2	1.8	3.1	0.75	7.20	13.9
8	0.5	1.9	3.0	1.46	7.85	14.0
9	0.9	2.4	2.8	2.63	9.23	13.3

制作试件的试验过程中，将模具放置在振捣台振捣时，会发现当铁尾矿掺量达到 80%时，铁尾矿沉降到模具底部，而浆体出现在上方，出现了严重的离析现象。当试件养护到指定龄期，从测完强度试件的断面图可以更加清楚地看到离析现象。离析现象对比如图 1.30（a）和（b）所示。

(a) 严重离析（80%铁尾矿）　　(b) 轻微离析（70%铁尾矿）

图 1.30　不同铁尾矿掺量下基坑回填料试件离析现象

1.7　本 章 小 结

本章以钢渣为主要研究对象，脱硫石膏、矿渣为辅助材料制备预拌固化剂对黏土进行固化研究，并探究了铁尾矿掺量、水料比对基坑回填料性能的影响，最终制备出满足抗压强度、坍落度和收缩性等性能要求的填料。通过对原材料特性分析、机械激发研究、预拌固化剂制备、水化机理研究和制备的基坑回填料性能探究，得出以下结论。

（1）钢渣化学成分主要有 CaO、SiO_2、Fe_2O_3、MgO 和 Al_2O_3，还有少量 MnO、P_2O_5、SO_3 等。其碱度为 3.2，属于高碱度渣。

（2）通过分析粒径在 1.18～4.75mm 钢渣细度和易磨性可以得出：当钢渣粉磨 30min 时，其比表面积达到 386m^2/kg，满足规范要求。粉磨后钢渣的 45μm、80μm 筛余量都呈现先降低后上升的趋势，其中粉磨 45min 时，筛余量同时下降至最低点，45min 是钢渣不同粉磨时间筛余量的拐点。而且粉磨 45min 后相对易磨性逐渐变差，由此可见钢渣粉磨 45min 时，粉磨达到瓶颈，经济效益最好。

（3）机械激发对钢渣不会造成矿物成分的改变，通过粉磨可以改变其细度并破坏其晶体结构，增加了比表面积，使其在水化过程中活性增强。当粉磨 45min 时活性指数达到最大值，7d 活性指数为 68%，28d 活性指数高达 82%，属于一级钢渣。

（4）通过对正交试验结果功效系数以及极差分析，得出制备全固废预拌固化剂中各个材料掺量的最佳试验方案：钢渣掺量为 10%，矿渣掺量为 78%，脱硫石膏掺量为 12%。该配合比制备的固化剂 3d、7d、28d 的抗折强度分别为 3.8MPa、5.9MPa 和 7.0MPa，3d、7d、28d 的抗压强度分别达到 21.0MPa、37.9MPa 和 42.1MPa。各因素影响次序是：钢渣掺量＞水灰比＞脱硫石膏掺量。

（5）对全固废预拌固化剂进行水化机理分析，水化后固化剂的矿物相为：C_3S、C_2S、$Ca(OH)_2$、C-S-H 凝胶、AFt 和 RO 相。随着养护龄期的增加，水化产物中 C_3S、C_2S 和 $CaSO_4$ 的物质含量不断下降，相对的钙矾石和 C-S-H 凝胶物质含量不断增加。C-S-H 凝胶将 AFt 包裹起米，形成十分严密的网状结构，并填充到孔洞内，使结构更密实。

（6）通过探究固化剂掺量、铁尾矿掺量、水料比对基坑回填料性能的影响，发现随着固化剂掺量、铁尾矿掺量的增加，基坑回填料的抗压强度逐渐增大，但当铁尾矿掺量为 80%后，离析现象严重，通过调节水料比，最终得出满足 T/BGEA 001—2019《预拌流态固化土填筑工程技术标准》要求的基坑回填料，其中固化剂掺量为 40%，黏土掺量∶铁尾矿掺量＝3∶7，水料比为 0.35。

参 考 文 献

[1] Hanein T，Galvez-Martos J L，Bannerman M N. Carbon footprint of calcium sulfoaluminate clinker production[J]. Journal of Cleaner Production，2018，172（11）：2278-2287.

[2] Xu D L，Cui Y S，Li H，et al. On the future of Chinese cement industry[J]. Cement and Concrete Research，2015，78（6）：2-13.

[3] Binesh U，Wen L C，Wei C H，et al. A review on metal nanozyme-based sensing of heavy metal ions：challenges and future perspectives[J]. Journal of Hazardous Materials，2021，401：123397.

[4] Singh A，Sampath P V，Biligiri K P. A review of sustainable pervious concrete systems：emphasis on clogging，material characterization，and environmental aspects[J]. Construction and Building Materials，2020，261：120491.

[5] 钱怡婷，祝家能，杨通，等. 工业固体废弃物资源综合利用技术现状分析[J]. 中国资源综合利用，2020，38（6）：111-113.

[6] Qi C，Fourie A. Cemented paste backfill for mineral tailings management：review and future perspectives[J]. Minerals Engineering，2019，144：106025.

[7] 孙业华. 固体废弃物资源化的发展趋向分析[J]. 环境与发展，2019，31（4）：146，148.

[8] 赵娜，赵柯蘅. 工业固体废弃物资源综合利用技术现状解析[J]. 中国资源综合利用，2019，37（6）：58-60.

[9] 倪红. 固体废弃物的资源化利用——评《固体废弃物在绿色建材中的应用》[J]. 混凝土与水泥制品，2020（12）：96-97.

[10] 王晓丽，李秋义，陈帅超，等. 工业固体废弃物在新型建材领域中的应用研究与展望[J]. 硅酸盐通报，2019，38（11）：3456-3464.

[11] Hasanbeigi A，Arens M，Cardenas J C R，et al. Comparison of carbon dioxide emissions intensity of steel production in China，Germany，Mexico，and the United States[J]. Resources，Conservation & Recycling，2016，113（6）：127-139.

[12] Pang B，Zhou Z H，Xu H X. Utilization of carbonated and granulated steel slag aggregate in concrete[J]. Construction and Building Materials，2015，84（3）：454-467.

[13] 孙建伟. 碱激发钢渣胶凝材料与混凝土的性能[D]. 北京：中国矿业大学（北京），2019.

[14] World Steel Association. Steel Statistical Yearbook 2018[R]. Brussels：World Steel Association，2018：1-5.

[15] 赵俊学，李小明，唐雯聃，等. 钢渣综合利用技术及进展分析[J]. 鞍钢技术，2013（3）：1-6，24.

[16] Guo J L，Bao Y P，Wang M. Steel slag in China：treatment，recycling，and management[J]. Waste Management，

2018，78（4）：318-330.

[17] Tianming G，Tao D，Lei S，et al. Benefits of using steel slag in cement clinker production for environmental conservation and economic revenue generation[J]. Journal of Cleaner Production，2021，282：124538.

[18] Li J X，Yu Q J，Wei J X，et al. Structural characteristics and hydration kinetics of modified steel slag[J]. Pergamon，2011，41（3）：324-329.

[19] Zhao J H，Wang D M，Yan P Y，et al. Self-cementitious property of steel slag powder blended with gypsum[J]. Construction and Building Materials，2016，113（3）：835-842.

[20] He W，Zhao J H，Yang G Q，et al. Investigation on the role of steel slag powder in blended cement based on quartz powder as reference[J]. Advances in Civil Engineering，2021，2021：5547744.

[21] 武伟娟. 钢渣-水泥复合胶凝材料水化过程及性能研究[D]. 北京：北京化工大学，2016.

[22] 李志伟，陈征征. 钢渣矿渣掺和料对混凝土配合比的影响[J]. 河南工程学院学报（自然科学版），2020，32（2）：54-57.

[23] 何良玉，谯理格，赵日煦，等. 钢渣作胶凝材料和细集料制备高性能砂浆的研究[J]. 矿产综合利用，2019（6）：94-100.

[24] 佘亮，温煦，汤畅，等. 钢渣-矿粉复合掺和料制备及其对混凝土的性能影响[J]. 绿色环保建材，2019（6）：7-8，12.

[25] 谢迁，陈小平，温丽媛. 用于水泥砂浆矿物掺和料的发展现状及展望[J]. 混凝土，2016（3）：89-93.

[26] Bodor M，Santos R M，Kriskova L，et al. Susceptibility of mineral phases of steel slags towards carbonation：mineralogical，morphological and chemical assessment[J]. European Journal of Mineralogy，2013，25（4）：533-549.

[27] Belhadj E，Diliberto C，Lecomte A. Properties of hydraulic paste of basic oxygen furnace slag[J]. Cement and Concrete Composites，2014，45（9）：15-21.

[28] Brand A S，Roesler J R. Steel furnace slag aggregate expansion and hardened concrete properties[J]. Cement and Concrete Composites，2015，60（4）：1-9.

[29] 刘亚妮. 复掺钢渣微粉水泥混凝土性能研究[D]. 西安：长安大学，2018.

[30] Liu Q，Liu J X，Qi L Q. Effects of temperature and carbonation curing on the mechanical properties of steel slag-cement binding materials[J]. Construction and Building Materials，2016，124（8）：999-1006.

[31] Wang Q，Yang J W，Yan P Y. Cementitious properties of super-fine steel slag[J]. Powder Technology，2013，245（4）：35-39.

[32] Huo B B，Li B L，Huang S Y，et al. Hydration and soundness properties of phosphoric acid modified steel slag powder[J]. Construction and Building Materials，2020，254：119319.

[33] Li B L，Huo B B，Cao R L，et al. Sulfate resistance of steam cured ferronickel slag blended cement mortar[J]. Cement and Concrete Composites，2019，96：204-211.

[34] Song Q F，Guo M Z，Wang L，et al. Use of steel slag as sustainable construction materials：a review of accelerated carbonation treatment[J]. Resources，Conservation & Recycling，2021，173：105740.

[35] Humbert P S，Castro-Gomes J. CO_2 activated steel slag-based materials：a review[J]. Journal of Cleaner Production，2019，208：448-457.

[36] Baciocchi R，Costa G，Bartolomeo E D，et al. Carbonation of stainless steel slag as a process for CO_2 storage and slag valorization[J]. Waste and Biomass Valorization，2010，1（4）：467-477.

[37] Huijgen W J J，Witkamp G J，Comans R N J. Mechanisms of aqueous wollastonite carbonation as a possible CO_2 sequestration process[J]. Chemical Engineering Science，2006，61（13）：4242-4251.

[38] Ghouleh Z，Guthrie R I L，Shao Y. High-strength KOBM steel slag binder activated by carbonation[J]. Construction and Building Materials，2015，99（9）：175-183.

[39] Fang Y F，Su W，Zhang Y Z，et al. Effect of accelerated precarbonation on hydration activity and volume stability of steel slag as a supplementary cementitious material[J]. Journal of Thermal Analysis and Calorimetry，2021，30：1-11.

[40] Marina D，Marta T，Valeriano Á J，et al. Comprehensive analysis of steel slag as aggregate for road construction：experimental testing and environmental impact assessment[J]. Materials（Basel，Switzerland），2021，14（13）：3587.

[41] 李红梅. 新型固化剂加固土的试验研究[D]. 青岛：青岛理工大学，2011.

[42] 刘志琦，董宝中. 土壤固化剂研究进展[J]. 四川建材，2018，44（12）：112-113.

[43] 李琴，孙可伟，徐彬，等. 土壤固化剂固化机理研究进展及应用[J]. 材料导报，2011，25（9）：64-67.

[44] 李战国，黄新，孟洁. 利用废渣制备软土固化剂及技术经济环境分析[J]. 路基工程，2011（3）：33-36.

[45] 丁小龙. 固化剂对几种土壤物理性质的影响[D].咸阳：西北农林科技大学，2011.

[46] 张沈裔，张国防. 一种新型土体固化剂用于河道淤泥固化的应用研究[J]. 绿色环保建材，2020（1）：222-223.

[47] Makeen G M H，Awad S A，Dilawar H. Amelioration of soil expansion using sodium chloride with long-term monitoring of microstructural and mineralogical alterations[J]. Arabian Journal for Science and Engineering，2020，46（5）：1-16.

[48] Öncü S，Bilsel H. Characterization of sand and zeolite stabilized expansive soil as landfill liner material under environmental and climatic effects[J]. E3S Web of Conferences，2020，195：03034.

[49] 崔春，陈德前. 固化剂改良土在堤防道路施工中的应用[J]. 中国新技术新产品，2010（11）：83.

[50] 孙东彦. 冻融循环下镇赉地区非饱和盐渍土及石灰固化土的力学特性及机理研究[D]. 长春：吉林大学，2017.

[51] 杨俊钊. 普通硅酸盐水泥对海底淤泥固化效果影响因素试验研究[J]. 中国港湾建设，2020，40（9）：26-30.

[52] 沈宇鹏，李平，郑晓悦，等. 矿粉固化剂处理盐渍吹填土地基效果研究[J]. 铁道工程学报，2020，37（1）：1-5，49.

[53] 刘秀秀，吴俊. 高含水率软土固化剂材料的性能研究[J]. 湖南文理学院学报（自然科学版），2019，31（1）：85-89，94.

[54] 马聪. 饱和软土高效固化剂及固化土强度特性研究[D]. 上海：上海交通大学，2017.

[55] 兰兴阳. 硫铝酸盐水泥固化土性能及机理分析研究[D]. 重庆：重庆大学，2019.

[56] 张海旭，张国防，王博，等. 土壤固化用特种砂浆的物理力学性能研究[J]. 新型建筑材料，2020，47（7）：1-3.

[57] Yu J R，Chen Y H，Chen G，et al. Experimental study of the feasibility of using anhydrous sodium metasilicate as a geopolymer activator for soil stabilization[J]. Engineering Geology，2020，264：105316.

[58] Rafiean A H，Kani E N，Haddad A. Mechanical and durability properties of poorly graded sandy soil stabilized with activated slag[J]. Journal of Materials in Civil Engineering，2020，32（1）：0002990.

[59] 庞文台. 掺合粉煤灰的复合水泥土力学性能及耐久性试验研究[D]. 呼和浩特：内蒙古农业大学，2013.

[60] 宋志伟. 改性赤泥协同水泥固化铜污染土的性能及机理研究[D]. 太原：太原理工大学，2017.

[61] Akula P，Little D N. Analytical tests to evaluate pozzolanic reaction in lime stabilized soils[J]. MethodsX，2020，7：100928.

[62] 孙楠. 水泥砂浆固化土在酸性条件下物理特性的研究现状[J]. 河南建材，2020，（1）：30-32.

[63] 陆惠平，邢渊，肖景平，等. 建筑弃土无机复合固化技术在道路工程中的应用[J]. 工程技术研究，2020，5（7）：12-14.

[64] He L，Wang Z，Gu W B. Evolution of freeze-thaw properties of cement-lime solidified contaminated soil[J]. Environmental Technology & Innovation，2020，21：101189.

[65] 王广政，马青娜，刘亚文. CHF 固化剂在软土地基加固中的试验研究[J]. 山西建筑，2016，42（27）：72-73.

[66] 王奕霖. 分析土壤固化剂在地基处理中的应用[J]. 科技视界，2019（24）：129-130.

[67] 赵卫全. 新型固化剂加固土试验研究[D]. 咸阳：西北农林科技大学，2004.

[68] 李悦，李学辉，张务民，等. 一种新型软土固化剂及其固化机理研究[J]. 市政技术，2010，28（4）：142-144.

[69] Shang Z H，Du G Y，Zhang D W，et al. A review of carbonated reactive MgO-stabilized soil[J]. MATEC Web of Conferences，2020，319：08001.

[70] Buritatun A，Takaikaew T，Horpibulsuk S，et al. Mechanical strength improvement of cement-stabilized soil using natural rubber latex for pavement base applications[J]. Journal of Materials in Civil Engineering，2020，32（12）：0003471.

[71] Ghasemzadeh H，Mehrpajouh A，Pishvaei M，et al. Effects of curing method and glass transition temperature on the unconfined compressive strength of acrylic liquid polymer stabilized kaolinite[J]. Journal of Materials in Civil Engineering，2020，32（8）：0003287.

[72] Tiwari N，Satyam N，Singh K. Effect of curing on micro-physical performance of polypropylene fiber reinforced and silica fume stabilized expansive soil under freezing thawing cycles[J]. Scientific Reports，2020，10（1）：7624.

[73] 李友良. 工业废料固化剂在淤泥质土处理中的应用研究[J]. 建筑技术开发，2020，47（2）：132-133.

[74] Ding J H，Feng Z M，Sun D X，et al. Analysis of influencing factors of silt solidified soil in flowing state[J]. World Journal of Engineering and Technology，2019，7（3）：455-464.

[75] Zhou S Q，Zhou D W，Zhang Y F，et al. Study on physical-mechanical properties and microstructure of expansive soil stabilized with fly ash and lime[J]. Advances in Civil Engineering，2019，2019：4693757.

[76] Rivera J F，Gutiérrez R M D，Ramirez-Benavides S，et al. Compressed and stabilized soil blocks with fly ash-based alkali-activated cements[J]. Construction and Building Materials，2020，264：120285.

[77] Chindaprasirt P，KampalaA，Jitsangiam P，et al. Performance and evaluation of calcium carbide residue stabilized lateritic soil for construction materials[J]. Case Studies in Construction Materials，2020，13：e00389.

[78] 王亮，慈军，杨志豪，等. 电石渣-火山灰质胶凝材料固化盐渍土试验研究[J]. 新型建筑材料，2020，47（5）：46-49，67.

[79] Liang S H，Chen J T，Guo M X，et al. Utilization of pretreated municipal solid waste incineration fly ash for cement-stabilized soil[J]. Waste Management，2020，105（2）：425-432.

[80] Wang S G，Li X M，Ren K B，et al. Experimental research on steel slag stabilized soil and its application in subgrade engineering[J]. Geotechnical and Geological Engineering，2020，38：1-13.

[81] Wu Y K，Shi K J，Yu J L，et al. Research on strength degradation of soil solidified by steel slag powder and cement in seawater erosion[J]. Journal of Materials in Civil Engineering，2020，32（7）：0003205.

[82] Liu L，Zhou A N，Deng Y F，et al. Strength performance of cement/slag-based stabilized soft clays[J]. Construction and Building Materials，2019，211（3）：909-918.

[83] Ramesh B，Bindu P H. An experimental study on stabilization of clayey soil by using granulated blast furnace slag[J]. International Journal of Trend in Scientific Research and Development，2019，3（5）：203001066.

[84] 杨小玲，胡湛波，涂晓杰. 淤泥质土固化与强度特性试验研究[J]. 人民黄河，2020，42（4）：36-41.

[85] 卢青. 基于固弃物的土壤固化剂配合比设计及固化土路用性能研究[D]. 济南：山东大学，2019.

[86] Zeng L L，Bian X，Zhao L，et al. Effect of phosphogypsum on physiochemical and mechanical behaviour of

cement stabilized dredged soil from Fuzhou，China[J]. Geomechanics for Energy and the Environment，2021，25：100195.

[87] 郭印. 淤泥质土的固化及力学特性的研究[D]. 杭州：浙江大学，2007.

[88] 石小康. 基于碱渣的高含水率疏浚淤泥固化土的力学性质研究[D]. 武汉：湖北工业大学，2020.

[89] 刘旭东. 预拌流态固化土技术在地下综合管廊基槽回填工程中的应用[J]. 建筑技术开发，2018，45（4）：61-62.

[90] 周永祥，王继忠. 预拌固化土的原理及工程应用前景[J]. 新型建筑材料，2019，46（10）：117-120.

[91] Huang M L，Sun T，Wang L H. Application of premixed solidified soil in backfilling of foundation trench[J]. IOP Conference Series：Earth and Environmental Science，2020，510（5）：052062.

[92] Zhang G Q，Wu P C，Gao S J，et al. Preparation of environmentally friendly low autogenous shrinkage whole-tailings cemented paste backfill material from steel slag[J]. Acta Microscopica，2019，48（5）：961-971.

[93] Wang F，Zheng Q Q，Zhang G Q，et al. Preparation and hydration mechanism of mine cemented paste backfill material for secondary smelting water-granulated nickel slag[J]. Journal of New Materials for Electrochemical System，2020，23（1）：52-59 .

[94] Wang C L，Ren Z Z，Huo Z K，et al. Properties and hydration characteristics of mine cemented paste backfill material containing secondary smelting water-granulated nickel slag（SWNS）[J]. Alexandria Engineering Journal，2021，60（6）：4961-4971.

[95] 唐卫军. 钢渣矿渣复合微粉对水泥和混凝土性能影响的试验研究[D]. 北京：中国地质大学，2009.

[96] 吴少华. 影响钢渣矿渣水泥强度的主要因素[J]. 硅酸盐建筑制品，1994，（6）：19-22.

[97] 许谦，徐银芳，高琼英. 利用钢渣生产 425 号钢渣道路水泥的研究[J]. 水泥，1993，（2）：1-4.

[98] 唐明述，韩苏芬. 混凝土碱含量过高将导致严重碱骨料反应[J]. 混凝土，1991，（5）：9-12，46.

[99] 王强. 钢渣的胶凝性能及在复合胶凝材料水化硬化过程中的作用[D]. 北京：清华大学，2010.

[100] 赵计辉，王栋民，王学光. 现代水泥工业中高效节能的粉磨技术[J]. 中国粉体技术，2013，19（4）：65-71.

[101] 崔孝炜，冷欣燕，南宁，等. 机械力活化对钢渣粒度分布和胶凝性能的影响[J]. 硅酸盐通报，2018，37（12）：3821-3826.

[102] 崔孝炜，狄燕清，南宁. 钢渣的机械力粉磨特性[J]. 矿产保护与利用，2017，（5）：77-81.

[103] 赵计辉. 钢渣的粉磨/水化特征及其复合胶凝材料的组成与性能[D]. 北京：中国矿业大学，2015.

[104] Zhang T L，Gao J M，Hu J C. Preparation of polymer-based cement grinding aid and their performance on grindability[J]. Construction and Building Materials，2015，75（10）：163-168.

[105] 王帅，吕淑珍，赵杰，等. 高钛矿渣制备混凝土用矿物掺和料研究[J]. 西南科技大学学报，2021，36（1）：28-34.

[106] 管玉萍，单卫良. 超细矿粉掺和料的产品性能研究[J]. 粉煤灰，2016，28（5）：22-24.

[107] 陈烈. 金尾矿胶凝材料的制备及其固氯机理研究[D]. 邯郸：河北工程大学，2018.

[108] 刘欣. 工业废渣复合固化重金属污染土及路用性能研究[D]. 重庆：重庆交通大学，2019.

[109] Xiao B L，Wen Z J，Miao S J，et al. Utilization of steel slag for cemented tailings backfill：hydration，strength，pore structure，and cost analysis[J]. Case Studies in Construction Materials，2021，15：e00621.

[110] 李颖，吴保华，倪文，等. 矿渣-钢渣-石膏体系早期水化反应中的协同作用[J]. 东北大学学报（自然科学版），2020，41（4）：581-586.

[111] 许远辉，陆文雄，王秀娟，等. 钢渣活性激发的研究现状与发展[J]. 上海大学学报（自然科学版），2004，（1）：91-95.

[112] 崔孝炜，倪文，任超. 钢渣矿渣基全固废胶凝材料的水化反应机理[J]. 材料研究学报，2017，31（9）：687-694.
[113] 刘世昌. 极细颗粒钼尾矿制备高强混凝土的研究[D]. 邯郸：河北工程大学，2017.
[114] 陈鑫，俞峰，洪哲明，等. 新型 GS 固化土与水泥土的力学特性对比研究[J]. 工程地质学报，2020，10：1-11.
[115] Pongsivasathit S，Horpibulsuk S，Piyaphipat S. Assessment of mechanical properties of cement stabilized soils[J]. Case Studies in Construction Materials，2019，11：e00301.

第2章　钢渣-矿渣基全尾砂矿井胶结充填料制备及性能

2.1　引　　言

随着矿物资源开发利用的持续进行，大部分矿山都面临深度的资源开发，但同时也需要面临一些棘手的问题，这些问题阻碍着资源开发的进程，如地应力、资源浪费、安全及环保问题[1, 2]。胶结充填技术可避免矿产资源可持续发展中的安全问题，及时将充填料浆输送到地下采空区，从而快速提供一定的强度，防止上覆岩层的变形导致的安全问题；胶结充填技术也可解决资源浪费的问题，充填料中掺入未被利用的工业废渣，从而减少资源的浪费。矿山充填的作用主要包括如图 2.1 所示的几个方面。

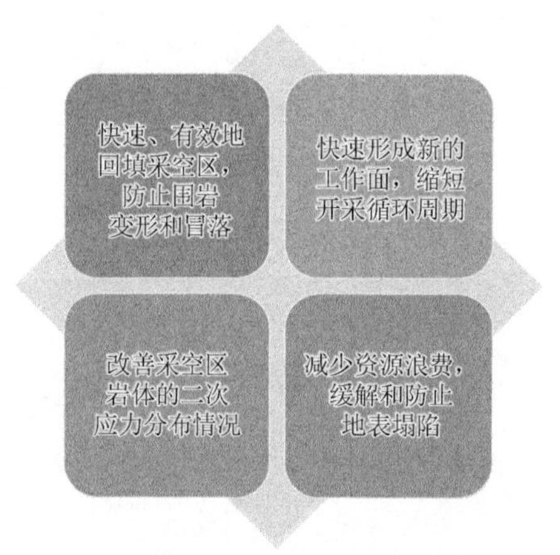

图 2.1　矿山充填的作用

矿产资源的开发及利用虽然带来了经济效益，但也有大量固体废弃物产生，如废石和尾砂等。大宗工业固体废弃物含有很多有毒有害物质，对生态环境和人体健康产生危害。针对这些废弃物二次利用率较低的问题，国内外的研究学者对尾矿的研究表明[3-5]，其主要用途有：①回收有价组分；②作土壤改良剂；③作填充材料；④作建筑材料。但大部分是被堆存起来。在过去，传统综合利用固体废弃物的手段主要集中在某一种固体废弃物，将两种及以上的固体废弃物综合起来运用的相对较少，少部分研究学者研究了将水泥和其他废物结合制备高性能混凝土[6-9]。因此在这方面的技术创新和更大规模的实施没有被发掘。

矿山充填所使用的胶凝材料主要分为三类：①传统矿山充填中使用的是硅酸盐水泥，但是经过实践和大部分学者的研究探讨，发现当胶结剂为水泥时，会存在两方面的缺点，出现分层及泌水的情况；水泥价格并不便宜，所以其充填成本相对较高。②高水材料的优点是其制备成的料浆坍落度大，便于灌输，料浆的凝结时间短，灌输完成后能快速凝结，及时产生所需的强度，用来充填的料浆使用量相对较少，降低了成本。其缺点为进行充填时所用的系统非常复杂；高水材料的配合比相对较严格，不容易控制量的多少；充填料浆所用的原料来源不充足，制备成的充填体的相对长期稳定性也不能得到保证。③地聚物类胶凝材料中所使用的物料大多是固体废弃物，这些废弃物经过了一系列的反应，其含有的成分及结构等很难把控，所以产品质量更加难以控制。针对这些问题，研发出成本低、强度和输送性能满足充填要求的胶结剂成为重大目标。

由此，运用固体废弃物制备胶结剂，充填在矿井中，可以综合解决大量固体废弃物堆存和胶结剂成本昂贵这两大问题。本研究的开展主要有以下几个优点：①解决了大量固体废弃物堆存问题，改善了生态环境；②使固体废弃物得以重复使用，实现了二次循环利用；③充填成本大幅度降低。

2.2 概 述

2.2.1 钢渣的国内外研究现状

1. 钢渣的产生及活性激发

钢渣是转炉炼钢或电炉炼钢或冶炼废钢的过程中产生的工业副产品。由于其在产生过程中需要除去各类杂质，如采用氧化剂将生铁中过量的碳和其他杂质氧化，生成固态熔渣或气体分离出去，而这些熔渣等各类物质，使钢渣化学成分很复杂。钢渣化学成分有：CaO、SiO_2、Al_2O_3、MgO、Fe_2O_3 和 FeO，同时还存在少量的 P_2O_5、MnO 和 TiO_2 等[10]。

转炉钢渣在我国现有钢渣中占 50%以上，含有硅酸盐、铝酸盐和铁铝酸盐矿物，具有水硬性。赵计辉[11]研究了纯钢渣浆体的主要水化产物中基本无钙钒石的生成，发现在综合利用钢渣时需要激发其活性，促使水化产物大幅度增加。

利用化学、机械或热力学的方式激发钢渣的活性。张同生等[12]指出，化学激发是提供一个碱性环境，使钢渣内部玻璃体解聚，激发其进行水化；机械激发是增大钢渣接触面积，从而使其水化产物大幅度增多；热力学激发主要是使钢渣在热力学的作用下，部分键发生断裂，促使解聚，从而提高活性。在现有报道中，大部分是将其中两种激发方法相结合对钢渣进行研究。刘满超等[13]以化学激发和机械粉磨两种方法，使其水化产物大幅度增加；林宗寿等[14]以热力激发和机械粉磨两种方法，于100℃压蒸养护，从而使得制备的试件活性得到很大程度的提升，即使将钢渣掺入35%～40%，仍可满足生产钢渣水泥的要求。

2. 钢渣的应用方向

发达国家开始着手研究钢渣的时间相对较早，钢渣在产生后能够被及时重复利用，不会引起大量环境问题，如日本的钢渣利用率在90%以上[15-18]。

钢渣的应用主要包括以下几个方面：①道路建设[19, 20]，由于钢渣硬度较大，相对耐磨，因此可以将 f-CaO 和 f-MgO 相对含量较少的钢渣用在路基材料中；②生产钢渣水泥和混凝土[21-24]，但由于其活性低，需要进行激发，还存在安定性问题，所以钢渣在这一领域无法大规模使用；③生产微晶玻璃[25]，掺入一定比例的钢渣粉，制备出的微晶玻璃性能相对更好；④制备烧结料[26]，钢渣代替部分石灰石和白云石，从而使得制备试件的成本降低，但在国内，其用量很低；⑤土壤修复[27]，钢渣含有的碱性氧化物正好和酸性土壤反应，中和反应后的土壤得以修复；⑥吸附污水中的重金属[28]，钢渣所具有的多孔、比表面积大和自由能高的优点使其能够脱除污水环境中的有害元素，其密度大又保证了自身可以从污水中脱离出来，通过钢渣和石灰两种材料对污水重金属处理效果的研究得出相较于石灰，钢渣更优良，去除效果好、产生污泥量小及含水率低；⑦CO_2 捕集和存储[29, 30]，钢渣化学成分中的氧化物与 CO_2 发生反应，生成碳酸钙和碳酸镁，从而将 CO_2 固化到钢渣中，达到捕集和存储的效果。

2.2.2 矿山胶结充填的国内外研究现状

1. 胶结充填材料的应用

充填胶凝材料体系主要可以分为：普通硅酸盐水泥及复合水泥、高水速凝及超高水充填材料和碱激发胶凝材料体系[31-33]。

硅酸盐水泥是用于矿山回填的胶凝材料，也是最常见的水泥基回填技术基础的材料。作为一种传统的水泥基回填材料，具有可广泛使用、高稳定性、快速固化和初始强度高的优势。然而，水泥对细粒级尾砂的固结性差、料浆容易离析分层及水泥价格高致使充填成本也高等劣势，使它的应用受到限制。

高水速凝材料是对胶凝材料进行创新时产生的，有助于解决料浆的生产和运输等问题。高水速凝材料具有良好的料浆填充性、较短的凝结时间和较低的充填料使用量，由两种材料组成，单独储存不会凝固，但当两种物料混合后速凝，所以应单独储存、制浆和运输。高水速凝材料缺点为运输高水速凝材料需要双管齐下给充填带来了问题，以及充填系统复杂、高水材料的严格比例、原材料资源的稀缺性以及充填体的长期稳定性值得怀疑，都成为其大规模应用的障碍。由两种骨料和两种辅料组成的超高水充填材料具有明显的优势，即良好的浆体填充性、较小的填料体积和较短的凝结时间，这在胶结充填进程中大大提升了速度。

碱激发胶凝材料是固体废弃物被碱性激发剂激发产生的胶凝材料，具有火山灰活性或水硬性，能提供强度。碱激发胶凝材料具有施工作业时快速达到所需硬度、高强度和综合利用固体废弃物的优势，实现保护环境和二次利用固体废弃物的双重效果。目前，碱活性胶凝材料被广泛用于矿山充填胶凝材料领域。

矿产资源对于我们来说，是不可再生资源，就现在形势来看，主要问题有以下三个方面：其资源开发中矿物利用率低，资源浪费，所以当下主要任务就是提高其利用率；我国矿山废弃物中的伴生矿物的价值占据主矿物价值的 0.3～0.4[34]，在采选过程中由于技术问题，浪费资源导致资源短缺；随着资源开发和规模增大，地质灾害频发、土地资源减少和地下水资源受到污染等矿区生态问题愈发严重[35]。

矿山胶结充填使得采矿工业逐渐满足矿山工业的生态环境系统的要求，它的优势主要有：回收高品质的矿山资源使得经济效益更高；可提高对矿山资源的利用效率，提高回采率和降低采矿贫化率；对环境的破坏力度得以降低、对自然环境的保护得以提升[36]。胶结充填保护围岩不破坏，通过充填将作为废料的有用矿物保存下来到被再次利用，也为未来可能的重复利用提供了开采环境[37-39]。

2. *矿山胶结充填的发展现状*

胶结充填法是指将充填料搅拌均匀后，通过输送管道将充填料输送到采空区的方法[40]。胶结充填所需提供的强度不是固定不变的，通常处于 1～5MPa[41]。胶结充填有强度高、工艺简单和速度快的优点，在充填料中大量使用尾砂作为骨料，从而也促进了尾砂堆存问题的解决[42-46]。

1）国外矿山胶结充填的发展现状

20 世纪 50 年代末，采用胶结充填提高矿柱回采率，降低损失贫化率[47]；20 世纪 70 年代，应用块石胶结充填工艺充填体强度和稳定性好，减少水泥用量[48]；20 世纪 80 年代，由于采矿业的快速崛起，现有的胶结充填技术不能满足需求，进而催生出高浓度胶结充填技术和利用全尾砂作为充填材料的研究，符合回采工艺、降低采矿成本、保护环境和易于料浆输送的理念[49, 50]；20 世纪 90 年代，在国外一些发达国家，胶结充填技术在技术和装备上都快速发展，且朝着效率高和成本低的方向发展[51]。

2）国内矿山胶结充填的发展现状

20 世纪 60 年代，充填料主要是混凝土，部分矿山初步开展尾砂胶结充填的试验，采取尾砂胶结充填并取得一定成效[52]；20 世纪 80 年代，孙恒虎等[53]提出胶结充填中的胶结剂使用高水材料和开展块石胶结充填技术的试验，并进行推广应用；20 世纪 90 年代，胶结充填技术进入发展加速期，在众多矿山得到应用[54]。

进入 21 世纪，针对充填料中的骨料性质、料浆浓度、流变特性以及力学特性展开研究。鲍军涛等[55]针对各类尾砂进行研究，全尾砂充当充填骨料时其性能最佳；Klein 等[56]提出研究充填体力学特性的方法，如流变特性和单轴压缩；Fall 等[57]研究了尾砂的粒径和胶砂比大小对试件强度的影响，得出胶凝材料的含量和尾砂中细颗粒含量同时增大，其强度会相应得到提高；韩斌等[58]对充填体的料浆浓度、水泥掺量、人工砂与尾砂比值进行非线性回归分析，得出在不同的充填系统和配合比下的试件强度。

3. 固体废弃物在胶结充填料中的应用

工作人员对我国排放的钢渣、粉煤灰和赤泥等废弃物中具有胶凝活性的物料进行研究，制备成胶结剂以部分或全部替代水泥，进而制备充填料应用到矿山充填中，提高固体废弃物利用率和降低胶结剂成本。通过矿山胶结充填中的不同胶凝体系对固废基胶结充填料进行分类，以赤泥、高炉矿渣、钢渣、粉煤灰和镍渣为主要研究对象对胶结充填料进行总结。

1）赤泥

Chen 等[59]研究了赤泥和煤矸石等胶凝材料制备充填体，试件 7d 和 28d 的抗压强度分别为 0.23MPa 和 0.95MPa。Zhu 等[60]以赤泥为主要胶凝材料制备了全尾矿胶结充填材料，28d 试件抗压强度达 7MPa，满足矿山充填材料要求，具有良好的工作性、适用流动塑性好、保水性能好、不泌水及成本低的优点。Huang 等[61]研究了激发剂和水泥熟料对赤泥渣充填材料性能的影响，结果表明脱硫石膏对体系的增产效果最好，提高了试件的强度，脱硫石膏占充填材料总量的适宜含量为 1.5%；水泥熟料的添加可以提高充填材料的早期强度，当添加量占充填材料总量的 1.5%时，强度达到峰值；研究表明，用赤泥为主要胶凝材料，其中 1d、3d 和 7d 试块强度增长幅度分别为 72.9%、60.8%和 42.6%，而由四种不同粒径组成的全尾砂充当骨料的试块强度在 1d 和 3d 的涨幅分别为 89.4%和 74.3%，其体积稳定性也优于普通硅酸盐水泥[62, 63]。

2）高炉矿渣

用矿渣、脱硫石膏及石灰等材料以合适的比例，在胶砂比从 1∶10 变为 1∶8，料浆浓度为 72%～68%时，试件 28d 强度增长幅度达到 5.8%[64, 65]。Ercikdi 等[66]

利用废玻璃、高炉矿渣和硅灰作为火山灰添加剂，结果表明，工业废渣如高炉矿渣和硅灰可适当用作矿物添加剂，以改善由富含硫化物的尾矿生产的胶结膏体充填料的长期机械性能，并降低胶结膏体充填装置的黏结剂成本。肖柏林[67]制备矿渣、钢渣及氟石膏所含比例分别为 45%、35%和 20%的胶结剂，所制成的充填体强度远超水泥；在经过粉磨磨细和碱激发双重促进作用下，矿渣的活性得到大幅度提升，从而制备出了更高强度的碱激发胶凝材料[68, 69]。

3）钢渣

钢渣是钢铁冶炼产生的副产品，产量大及利用低，导致其只能占据大量土地去堆放，从而造成周围环境污染和土地资源浪费[70, 71]。周超等[72]研究大掺量掺入钢渣制备充填料，其钢渣掺量达到 63.16%，在激发剂如水泥熟料、元明粉及纯碱等的激发下制备胶结剂，按照 1∶5 的质量比制备成胶结充填料，其 3d 和 28d 强度的增长幅度分别为 143.1%和 63.5%。另有研究表明[11, 73]，采用钢渣、矿渣等材料制备胶结剂，在脱硫石膏的激发下，制成的充填料试件的 28d 强度在 1～3.72MPa 之间。Zhang 等[74]探讨了无熟料钢渣胶凝体系中影响矿山回填材料流动性的主要因素，试验结果表明，添加粉煤灰可以显著改善流动度，虽然矿渣对充填料浆流动性的改善程度不及粉煤灰，但可以提高充填料体各阶段的抗压强度，可根据实际充填要求选择粉煤灰或矿渣。

4）粉煤灰

由于粉煤灰的火山灰性质，制备高强度的胶凝材料时，可以有效地替代水泥。杨宝贵等[75]研究了在粉煤灰∶水泥∶煤矸石∶水＝2∶1∶5∶2 下制备的充填材料流动性较好且 3d 强度为 1.19MPa，28d 强度为 4.68MPa，增长幅度达到 293.3%；王斌云等[76]研究将粉煤灰和矿渣作为主要胶凝材料，钢渣为充填时的集料，制备成的料浆具有良好的流动性，满足矿山充填要求；董璐等[77]研究发现，粉煤灰掺量在 10%～20%之间，砂浆浓度在 68%～70%之间，制成试件强度满足充填采矿要求，且制成的砂浆能够实现高浓度自流输送。

5）镍渣

高术杰等[78]大掺量利用镍渣，采用电石渣、Na_2SO_4 等制备成复合激发剂进行激发，当脱硫石膏和电石渣的质量比为 1∶1 时，其试件的 7d 和 28d 抗压强度分别达到 2.2MPa 和 3.3MPa，增长幅度为 50%；Wang 等[79]研究镍渣在地下矿山充填中作为主要原料，镍渣占胶结剂总量的 85%，料浆浓度 82%，添加 0.156% PC 减水剂后，28d 抗压强度为 7.94MPa；杨志强等[80]研究大掺量的镍渣尾砂，采用脱硫石膏、电石渣及硫酸钠等激发剂进行复合激发，胶砂比拟定为 1∶4，充填料的料浆浓度为 79%，得到的充填体 7d 和 28d 强度分别达到 2.9MPa 和 6.3MPa，增长幅度为 117.2%，该新型充填胶凝材料得到了充分的应用；温震江等[81]研究了镍渣掺量为 85%，采用复合激发的方式，制成自流输送且强度也满足矿山要求的充填料。

上述固体废弃物综合利用的相关文献，都证实了这些废弃物可以综合利用到矿山充填的充填料中，不仅提高固体废弃物利用率和降低胶结剂成本，而且可提高对矿山资源的利用效率、提高回采率、降低采矿贫化率、降低对环境的破坏力度及保护自然环境，也为未来可能的重复利用提供了开采环境。

综上所述，钢渣、矿渣、粉煤灰及赤泥等可广泛应用于矿山充填胶结剂中。本课题组的初步研究结果表明[82-87]，以超量脱硫石膏激发的矿渣-钢渣体系胶凝固化剂具有比普通硅酸盐水泥强 5～10 倍的固化砷和铅的能力。如能进一步深入了解其水化硬化机理，对其服役的长期稳定性进行预测，还能使其更进一步适合胶结充填采矿对新拌浆体流动性、流变性、凝结硬化和强度发展的要求，并进行更准确的控制。本课题组以钢渣和矿渣为主要原料制备矿井胶结充填料，由于钢渣含硅酸盐、铝酸盐及铁铝酸盐具有一定胶凝性，运用复合激发的方式（机械力激发 + 化学激发），将钢渣、矿渣、脱硫石膏调配至优化的比例，完全替代水泥，与骨料搅拌制块，采用粒径分析、X 射线衍射（XRD）、扫描电子显微镜（SEM）、能量色散 X 射线谱（EDS）和傅里叶变换红外光谱（FTIR）等测试手段对钢渣-矿渣基胶结剂的工作性能、力学性能、硬化机理及微观结构进行研究。

2.2.3 钢渣-矿渣基全尾砂矿井胶结充填料的研究内容

本研究以冶金渣（钢渣和矿渣）为主要原料制备矿井胶结充填料，利用钢渣含硅酸盐、铝酸盐及铁铝酸盐具有一定胶凝性的特性，运用复合激发的方式（机械力激发 + 化学激发），机械力激发为对钢渣进行粉磨，化学激发为添加脱硫石膏激发剂，将钢渣、矿渣、脱硫石膏调配至优化的比例，完全替代水泥，同时掺入铁尾矿砂制备钢渣-矿渣基全尾砂矿井胶结充填料。主要研究内容如下。

1. 胶结剂原料的特性研究

胶结充填材料主要由胶结剂和骨料组成，胶结剂中各组分物料的化学性质、矿物属性都会对充填材料的强度性能及工作性能产生影响，所以首先应对原料进行分析检测，包括钢渣、矿渣、脱硫石膏和铁尾矿砂。测试的内容主要有化学成分、矿物学成分、微观结构和部分物理性质分析。

2. 胶结剂的制备及强度优化

胶结剂所用到的材料包括钢渣、矿渣、脱硫石膏，通过单因素试验确定胶结剂中的原料配合比，再通过正交试验对原料配合比进行优化，采用力学性能测试其强度。

3. 胶结充填料的工作性能研究

充填料在矿山中是用输送管道输入到矿井下的，所以对流动性能的考察能直接反映充填浆体的工作性能。流动性可以表达料浆体以非牛顿流体的形态流动，主要以坍落度来表征；初终凝时间可确保具有足够的输送时间去灌输到矿井中并及时凝结提供所需强度；制备的充填料的成本与普通水泥进行对比，计算出可以降低的充填成本。

4. 胶结充填料的水化机理研究

通过 XRD、SEM、EDS 及 FTIR 等测试手段对钢渣-矿渣基胶结剂的硬化机理及微观结构进行研究，总结出其胶凝材料的水化产物种类和形成机理，揭示胶凝材料的水化过程。

2.3　钢渣-矿渣基全尾砂矿井胶结充填料的研究方案

2.3.1　钢渣-矿渣基全尾砂矿井胶结充填料的研究思路及技术路线

本研究遵循着“特性研究→活性研究→制备研究→性能研究→机理研究”的思路，结合全尾砂胶结充填技术，设计出制备钢渣-矿渣基全尾砂矿井胶结充填料的方案。基于钢渣所具有的内部存在的 f-CaO 和 f-MgO 引起膨胀等问题，对钢渣进行粉磨，综合利用钢渣、矿渣和脱硫石膏，制备成胶结剂以全部代替普通硅酸盐水泥，应用到矿井充填中。研究方案主要如下。

1. 原料的矿物学特性分析

通过 XRF、XRD 和 SEM 测试分析可以确定各原料中含有的化学成分和含量、矿物成分和物料的微观形貌。

2. 钢渣粉磨特性研究

对粉磨后钢渣进行激光粒径分析，并分析粉磨后钢渣的 XRD、SEM 图谱，进行活性试验，选择合理的粉磨时间，确定其 f-CaO 和 f-MgO 含量。

3. 胶结剂的制备研究

多种固体废弃物制备胶结充填料，完全取代水泥作胶结剂。通过单因素和正交试验研究不同影响因素下胶结剂中各原料的占比，并通过抗压强度测定，获得胶结剂各原料的最佳掺量比、胶砂比和料浆浓度。

4. 胶结充填料的性能研究

在确定最佳胶结剂各材料掺量比、胶砂比及料浆浓度的基础上，测定其坍落度来表示流动度，初终凝时间来确保具有足够的输送时间去灌输到矿井中；所制备的充填料的成本与普通水泥进行对比，计算出可以降低的充填成本，得出其经济效益和环境效益。

5. 胶结剂的水化机理研究

结合 XRD、SEM、EDS 和 FTIR 测试方法对胶结剂净浆试件进行分析，并对水化机理进行研究，揭示矿井充填中胶结剂的水化产物种类和形成过程。

6. 技术路线

根据研究思路，绘制了技术路线图，如图 2.2 所示，首先对钢渣进行了矿物学特征研究，对其物理特征、化学组成和矿物组成进行分析，然后对钢渣进行不同时间的粉磨，采用 XRD、SEM、比表面积分析等手段来表征研究不同粉磨时间

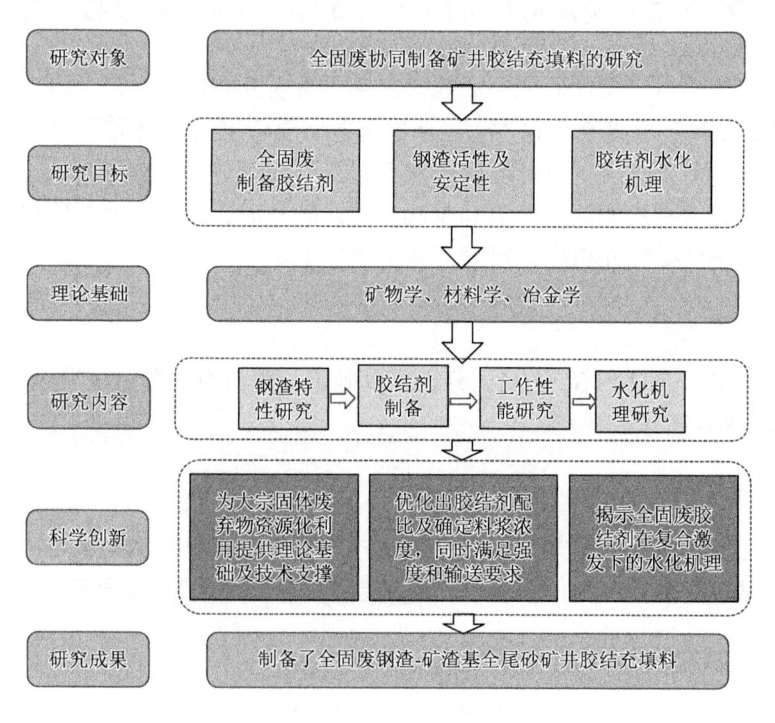

图 2.2　技术路线

钢渣的粉磨特性及活性；通过优化原料配合比、胶砂比和料浆浓度，确定胶结剂中各组分对其性能的影响规律；研究各物料最佳掺量情况下制备的净浆试件在不同水化龄期的水化产物，阐述其水化反应机理。

2.3.2　钢渣-矿渣基全尾砂矿井胶结充填料的试验原料及方法

本试验制备胶结剂的原材料有钢渣、矿渣和脱硫石膏，与铁尾矿砂和水搅拌后制备成钢渣-矿渣基全尾砂矿井胶结充填料。

1. 钢渣

试验用钢渣取自唐钢集团。唐钢钢渣的基本特性见 1.4 节介绍，图 2.3 为钢渣的外观形貌。

图 2.3　钢渣的外观形貌

2. 矿渣

所采用的 S95 矿渣粉由首钢集团提供，图 2.4 为矿渣的外观形貌，颜色为白色。由表 2.1 可以看出矿渣的主要化学成分为 CaO（38.14%）、SiO_2（29.94%）、Al_2O_3（16.90%）、MgO（9.82%），这四种物质的含量达到 94.80%，另外还有少量其他物质（如 Fe_2O_3、K_2O、Na_2O 等），矿渣的烧失量（LOI）为 0.70%。由其化学成分可知：碱度系数 $M_0 = 1.024$，属于碱性矿渣；质量系数 $K = 2.058$，K 值越大越好，不应小于 1.2；活性指数 $M_a = 0.564$，$M_a > 0.3$ 属于高活性矿渣。图 2.5 为矿渣的 XRD 图谱，得出矿渣主要为玻璃态物质。

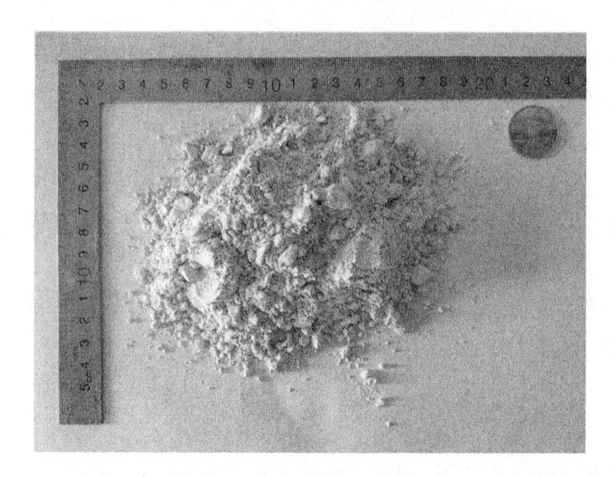

图 2.4　矿渣外观形貌

表 2.1　矿渣的化学组分（%）

成分	CaO	SiO_2	Al_2O_3	MgO	SO_3	TiO_2	Fe_2O_3	Na_2O	K_2O	LOI	总量
含量	38.14	29.94	16.90	9.82	1.66	1.35	0.48	0.70	0.38	0.63	100

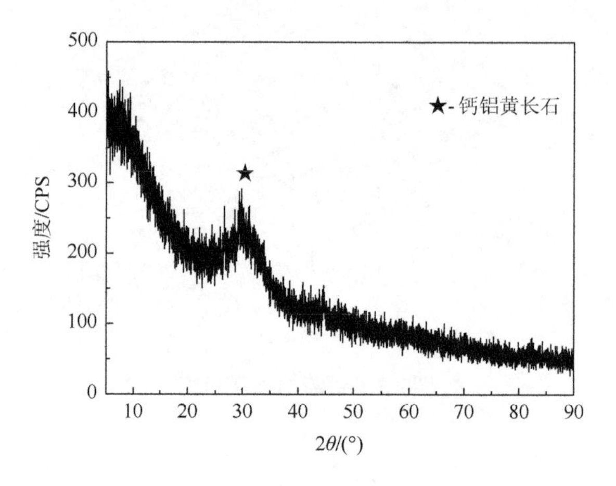

图 2.5　矿渣的 XRD 图谱

3. *脱硫石膏*

采用市售脱硫石膏，其外观形貌如图 2.6 所示，呈淡黄色，主要化学成分如表 2.2 所示。由表 2.2 中能看出脱硫石膏的化学成分主要有 CaO（37.98%）、SO_3（51.27%）、Al_2O_3（1.32%）等，其烧失量为 8.2%。图 2.7 为脱硫石膏的 XRD 图谱，$CaSO_4$ 所占比例相对较大。

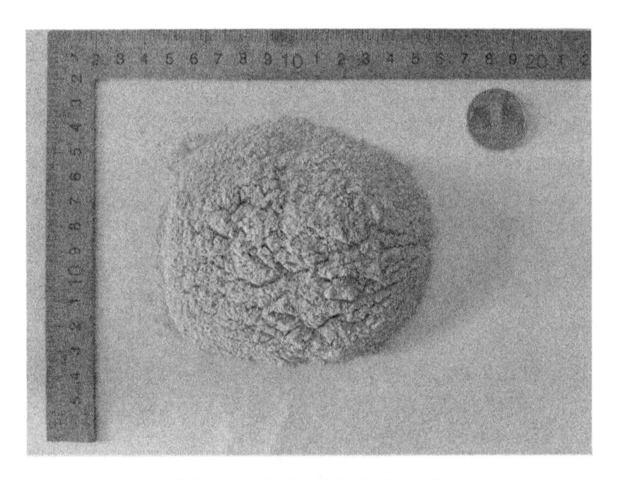

图 2.6　脱硫石膏外观形貌

表 2.2　脱硫石膏的化学组分（%）

成分	CaO	SO_3	Al_2O_3	SiO_2	Fe_2O_3	Cl	K_2O	ZnO	LOI	总量
含量	37.98	51.27	1.32	0.56	0.45	0.13	0.06	0.03	8.2	100

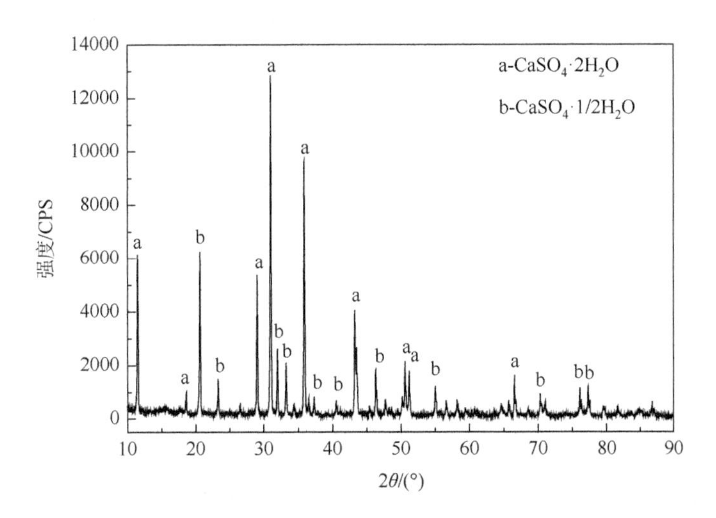

图 2.7　脱硫石膏的 XRD 图谱

4. 铁尾矿砂

铁尾矿砂来自河北迁安，外观形貌如图 2.8 所示。根据规范，采用仪器数显鼓风恒温干燥箱，对铁尾矿砂先进行烘干处理，然后称取 500g，倒入按筛孔尺寸依次摆放的标准筛，时间定为 10min，铁尾矿砂的筛分结果见表 2.3 所示。铁尾矿砂的累计筛余百分率为 97.98%，颗粒主要分布在 0.30～0.60mm，在这一区间内颗粒占 45.16%。根据此表，代入 GB/T 31288—2014《铁尾矿砂》公式中计算得出细度模数为 2.44，属于中砂。

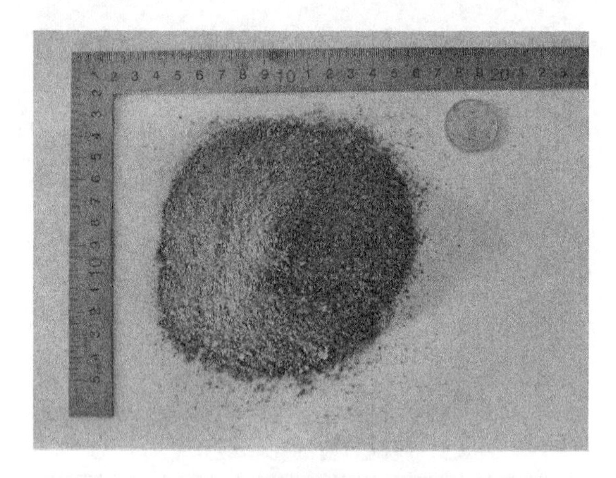

图 2.8　铁尾矿砂的外观形貌

表 2.3　铁尾矿砂的筛分结果

筛孔尺寸/mm	筛余量/g	分计筛余/%	累计筛余/%
＞4.75	0	0	0
4.75～2.36	2.2	0.44	0.44
2.36～1.18	26.2	5.24	5.68
1.18～0.60	207.9	41.58	47.26
0.60～0.30	225.8	45.16	92.42
0.30～0.15	27.8	5.56	97.98
＜0.15	10.1	2.02	100

5. 其他原料

采用水泥为 P·I42.5 硅酸盐水泥，灰色粉状物质，水泥的主要化学成分有 CaO、SiO_2、Al_2O_3 和 MgO 等，水泥主要矿物有 C_3S、C_2S、CaO 和 MgO，以及少量的 C_3A 和 C_4AF。比表面积为 363m^2/kg，标准稠度用水量为 0.265。试验采用 ISO 标准砂。

6. 试验方法

1）钢渣的粉磨处理

首先将原始钢渣进行破碎处理，获得粒径在 4.75～7mm 之间的钢渣颗粒，称取 25kg，放置于干燥箱中，对温度和烘干时间进行设定，分别为 105℃和 4h，自然冷却至室温，分为五份，在磨机中分别进行洗料和不同时间段的粉磨，然后过 0.9mm 的筛子并放入干燥桶中备用。

2）密度试验

试验参照《水泥密度测定方法》（GB/T 208—2014）。将待测试件放入托盘中，放置烘箱中烘干，设置温度为（110±5）℃，冷却至室温开始进行密度试验。向李氏瓶中倒入无水煤油，用量控制在刻度线 0～1mL，将其放置在恒温水槽中，水槽温度控制在（20±1）℃，静置 30min。静置时间过后，将李氏瓶取出，擦干李氏瓶表面水分，视线与凹液面最低处平齐，读数记录为 V_1。将冷却至室温的待测试件称取 60g，倒入李氏瓶中，摇匀至无气泡产生，再放入恒温水槽中静置 30min，静置时间过后取出李氏瓶，再次进行读数 V_2。密度公式如下：

$$\rho = \frac{m}{V_2 - V_1} \tag{2.1}$$

3）比表面积试验

试验参照《水泥比表面积测定方法 勃氏法》（GB/T 8074—2008）。测定前准备工作：先将待测样品钢渣放置在数显鼓风恒温干燥箱中烘干，将比表面积测定仪打开，拿起滴定管吸入水，向 U 形管中滴水，直到测定仪显示屏出现数值时停止。

由仪器标定后的数据可得 V 值为 1.876，仪器设定孔隙率为 0.5，由密度试验得知的密度，进行 K 值标定和待测样品钢渣比表面积的测定。根据下述公式称取标准水泥的质量[式（2.2）]和待测物品质量[式（2.3）]。

$$W_s = \rho_s V(1 - \varepsilon_s) \tag{2.2}$$

式中，W_s 为标准样品质量，g；ρ_s 为标准样品密度，g/cm^3；ε_s 为标准样品孔隙率；V 为试件圆筒内样品层的体积，cm^3。

$$w = \rho V(1 - \varepsilon) \tag{2.3}$$

式中，w 为待测样品质量，g；ρ 为待测试样的密度，g/cm^3；ε 为待测样品层孔隙率；V 为试样圆筒内样品层的体积，cm^3。

按照说明书中 K 值测量的操作步骤及 S 值测量的操作步骤进行操作即可。

4）活性检验方法

根据《水泥胶砂强度检验方法（ISO 法）》（GB/T 17671—2021）将粉磨时间依次为 20min、40min、60min 和 80min 的钢渣分别按照 3∶7 与水泥混合。

将混合后物料、水及标准砂按照要求倒入搅拌锅进行搅拌，将搅拌好的料浆填入标准试模，经振实台振实。经过 24h 后脱模，放入标准水泥水养箱继续进行养护，最后对不同龄期试件进行抗折抗压测试。根据《用于水泥和混凝土中的钢渣粉》（GB/T 20491—2017）测定钢渣的活性指数。式（2.4）为活性指数公式：

$$A = \frac{R_t}{R_0} \times 100\% \tag{2.4}$$

式中，A 为钢渣粉的活性指数，%；R_t 为钢渣与水泥混合制备试件强度，MPa；R_0 为纯水泥试件强度，MPa。

5）净浆试件的制备

试验根据《水泥标准稠度用水量、凝结时间、安定性检验方法》（GB/T 1346—2011）进行。按照比例将各原料称量好搅拌均匀，使用水泥净浆机进行搅拌，将胶结剂和水按照比例加入到搅拌锅中进行搅拌，搅拌完成后装入标准模具中进行振实台振实，24h 后拆模，放入水养箱中养护。养护至规定龄期后破碎，浸泡在无水乙醇溶液中终止水化，进行水化机理的测试。

6）钢渣中 f-MgO 含量的测定

首先称取 0.3g 钢渣，称取完成后将其放入锥形瓶中，将 30mL 的乙二醇-乙醇溶液以及 1.5g 氯化铵称量并倒入装有上述钢渣的锥形瓶中，与冷凝管相连，进行加热并搅拌，观察溶液的变化，当出现微微沸腾且稍许回流时，结束加热并观察其回流现象，当回流这一过程完成后，将液体倒出，盛放在离心管中，进行离心操作，离心完成后，将上层的离心清液倒入锥形瓶中，用去离子水进行稀释，直到其容量接近 100mL。

先称取 25mL 待测溶液、3mL KOH、5mL 三乙醇胺溶液和少量的钙指示剂，称取完成后倒入锥形瓶中，选用 EDTA 标准溶液滴定，滴定开始后时刻关注溶液颜色，当其颜色从红色变成蓝色后，把消耗的 EDTA 的量记录为 V_1，此过程为钙含量的测定。

先称取 25mL 待测溶液、10mL 氯化铵-氨水缓冲溶液、5mL 三乙醇胺溶液和少量的 KB 指示剂，标准溶液滴定，观察溶液颜色，由紫红色变为蓝黑色后，消耗 EDTA 的量记录为 V_2，测量钙镁总含量。计算方法如式（2.5）所示。

$$W_{\text{f-MgO}} = \frac{T_{\text{EDTA}} \times (V_2 - V_1) \times 4 \times 40.30}{m \times 1000} \times 100\% \tag{2.5}$$

式中，$W_{\text{f-MgO}}$ 为游离氧化镁的质量分数，%；T_{EDTA} 为标准滴定溶液对氧化镁的滴定度，mg/mL；V_1 为滴定钙含量时消耗 EDTA 体积，mL；V_2 为滴定钙镁总含量时消耗 EDTA 体积，mL；m 为试料的质量，g。

7）坍落度测定

试验根据《混凝土质量控制标准》（GB 50164—2011）进行，试验前将坍落桶及捣棒用湿抹布擦拭干净，将坍落桶放置在水平位置。将物料按照比例称取后，倒入砂浆搅拌机中搅拌，搅拌完成后，开始装入坍落桶中，将漏斗放置在桶口，踩住踏板。将料浆装入坍落桶中，分三次装入，每次装完后用捣棒插捣 25 次，从边缘往中间插捣，插捣深度至上次装料结束的表面，第三次要将料浆装至高出漏斗，插捣完成后，将漏斗拿掉，将多余料浆用刮刀刮除，将坍落桶垂直提起，该时间控制在 5～10s，量取坍落后的高度 h。整个试验过程时间控制在 2.5min。坍落度值 h_t 计算如式（2.6）所示。

$$h_t = h - 30 \tag{2.6}$$

式中，h_t 为坍落度值，cm；30 为桶高，cm；h 为坍落后的高度，cm。

8）凝结时间测定

试验根据《水泥标准稠度用水量、凝结时间、安定性检验方法》（GB/T 1346—2011）进行。将维卡仪放置在水平试验台上，检查试验仪器，确保滑动杆能够顺利垂直下滑，装上测量初凝时间的试针。将物料按照比例称取后，进行搅拌，搅拌完毕后，将料浆装入试模中，用直边刀拍打浆体，去除料浆中的空气，刮去多余部分，抹平后放置在维卡仪上，等待料浆凝结硬化，当试针距离底板（4±1）mm 时，达到初凝状态，记录时间。将试模上下翻转，进行终凝时间的测量，换上终凝试针，让试针自由下落，当自由下落后，试针沉入深度小于 5mm 或不会在料浆表面留下痕迹后记录时间，为终凝时间。

9）水化热分析

将钢渣等原材料放入烘箱中，温度设定为 105℃，烘干时间定为 3h。对钢渣∶水泥＝3∶7、胶结剂及纯水泥这三组方案进行水化热检测。

2.4　钢渣-矿渣基胶结充填料的制备与性能

矿山回填的胶凝材料通常是硅酸盐水泥，作为一种传统的水泥基回填材料，其具有可广泛使用、高稳定性、快速固化和初始强度高的优势。由于水泥对细粒级尾砂的固结性差、料浆容易离析分层及水泥价格高致使充填成本也高等劣势，它的应用受到限制。综合利用固体废弃物，提高固体废弃物利用率和降低胶结剂成本，胶结充填可使围岩不被破坏，通过充填将废弃物保存下来，直到能够被再次利用，也为未来可能的重复利用提供了开采环境。

主要原材料为钢渣、矿粉、脱硫石膏及铁尾矿砂等，进行以下一系列的试验。基于钢渣-矿渣基、矿渣-脱硫石膏基胶结剂的基本原理，结合全尾砂胶结充填技术，本节主要对钢渣、矿渣的配合比进行优化，选取脱硫石膏的最佳掺量以提高胶结充填料的强度，通过对胶结剂用量和料浆浓度的确定，制备出强度和工作性能达到标准矿山充填料的要求，通过正交试验对试验配合比进行优化，通过充填料浆的坍落度和初终凝时间的测定确定充填料是否满足输送要求，对制备出的充填料进行成本分析。

2.4.1 原料用量对胶结充填料的性能影响

1. 钢渣/矿渣配合比对充填料强度的影响

根据参考文献[37, 62, 66, 67]，胶砂比的比值通常满足 1∶4～1∶15，以此为条件形成充填体的强度在 0.5～15MPa 之间，料浆浓度在 75%～88%之间。在本试验中，充填料由胶结剂、骨料和水混合制成，胶结剂由钢渣、矿渣和脱硫石膏组成，骨料为铁尾矿砂，胶砂比为胶结剂与铁尾矿砂的比值，料浆浓度的含义为（胶结剂 + 铁尾矿砂）/（水 + 胶结剂 + 铁尾矿砂）。以上述文献的结论为基础，针对本试验，由于脱硫石膏掺入过多会导致试件快速凝结，不便于制块及应用于实际工程时的灌输，脱硫石膏的一般掺量在 6%～26%范围内，先拟定脱硫石膏掺量为中间值，即 16%，钢渣和矿渣的总比例为 84%。在钢渣和矿渣之和的总比例固定的情况下，依次增加钢渣含量，由于本试验主要目的是尽量多地使用钢渣，所以钢渣掺量不再从 0%开始，当钢渣掺入量太大时，其体积不稳定性也会造成不良后果，所以在钢渣掺量递增到 49%后，增量扩大为 14%，只是观察钢渣掺量对强度影响的大小。最终钢渣的掺量范围为 14%～63%，脱硫石膏为 16%，胶砂比暂时拟定为 1∶4，料浆浓度为 82%。其试验配合比如表 2.4 所示，试验结果如图 2.9 所示。

表 2.4 钢渣/矿渣的配合比优化方案

编号	钢渣	矿渣	脱硫石膏	胶砂比	料浆浓度
B1	14%	70%	16%	1∶4	82%
B2	21%	63%	16%	1∶4	82%
B3	28%	56%	16%	1∶4	82%
B4	35%	49%	16%	1∶4	82%
B5	42%	42%	16%	1∶4	82%
B6	49%	35%	16%	1∶4	82%
B7	63%	21%	16%	1∶4	82%

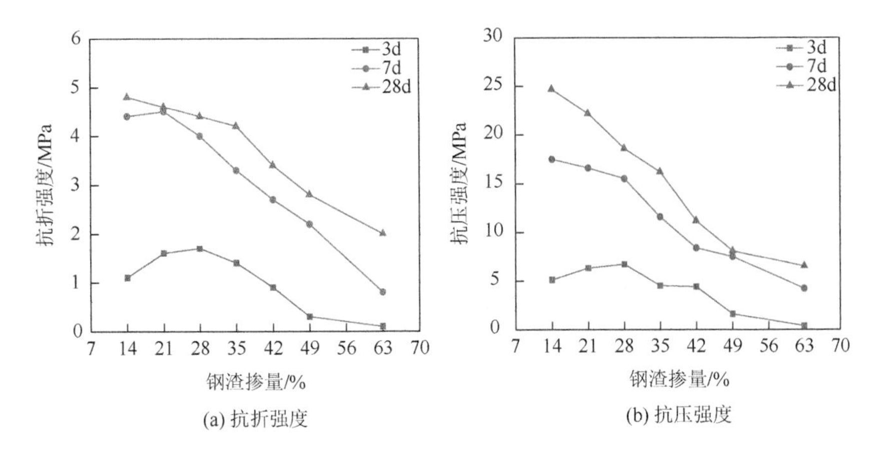

(a) 抗折强度 (b) 抗压强度

图 2.9 钢渣掺量对充填料试件力学性能的影响

由图 2.9 可以看出，在钢渣掺量由 28%增加到 35%时，试件的 7d 抗折强度由 4.0MPa 降至 3.3MPa，抗压强度由 15.5MPa 迅速降至 11.6MPa，降低幅度分别达到 17.5%和 25.2%；钢渣掺量由 35%增加到 42%时试件的 28d 抗折强度由 4.2MPa 降至 3.4MPa，抗压强度由 16.2MPa 迅速降至 11.2MPa，降低幅度分别达到 19.0%和 30.9%。早期强度主要由矿渣提供，因此各个龄期的强度均是钢渣掺量较少的强度更大。当钢渣掺量过大时，就会膨胀，如图 2.10 所示。

图 2.10 钢渣掺量为 63%时养护 3d 的试件

不同地区的矿山对所需充填料提供强度大小的要求不同，对于一些开采条件比较复杂、矿体埋藏较深的矿山，所需的早期和后期的强度都较高，这时可以选取 B3 组的配方，试件的 3d 抗压强度为 6.7MPa，7d 抗压强度为 15.5MPa，28d 抗压强度为 18.6MPa。但是针对一些对其强度要求不高的矿山，可以选取 B6 和 B7 组的配方，试件的 3d 抗压强度分别为 1.6MPa 和 0.4MPa，7d 抗压强度分别为 7.5MPa 和 4.2MPa，28d 抗压强度分别为 8.1MPa 和 6.5MPa，但选取 B7 时，首先要考虑其体积不稳定性。本节接下来的部分试验中主要以 B3 组（钢渣 28%，矿渣 56%）的配方进行试验。

2. 脱硫石膏掺量对充填料强度的影响

钢渣-矿渣胶结剂选取的化学激发剂为脱硫石膏，为硫酸盐激发，研究其掺量的比例不同对充填料强度的影响。根据确定的钢渣28%和矿渣56%的比例，以脱硫石膏掺入比例为变量，胶砂比暂时拟定为1∶4，料浆浓度82%，配方如表2.5所示，配料时以100%计，具体钢渣、矿渣和脱硫石膏用量还需换算。依此配方得到的胶结剂与水和铁尾矿砂按料浆浓度82%和胶砂比1∶4制块，试验结果如图2.11所示。

表2.5　脱硫石膏掺入比例方案

编号	钢渣	矿渣	脱硫石膏	胶砂比	料浆浓度
C1	28%	56%	6%	1∶4	82%
C2	28%	56%	11%	1∶4	82%
C3	28%	56%	16%	1∶4	82%
C4	28%	56%	21%	1∶4	82%
C5	28%	56%	26%	1∶4	82%

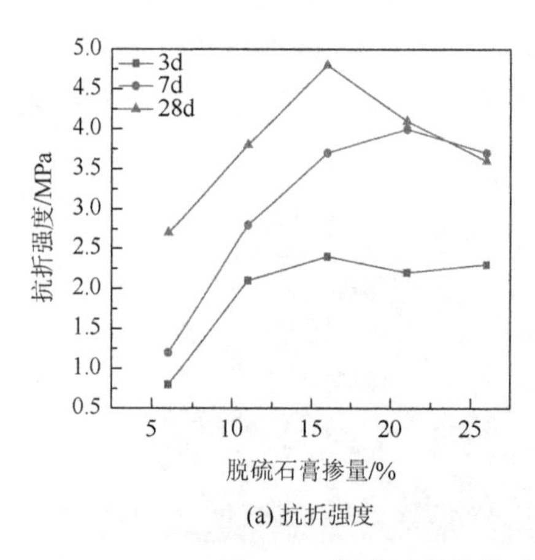

(a) 抗折强度

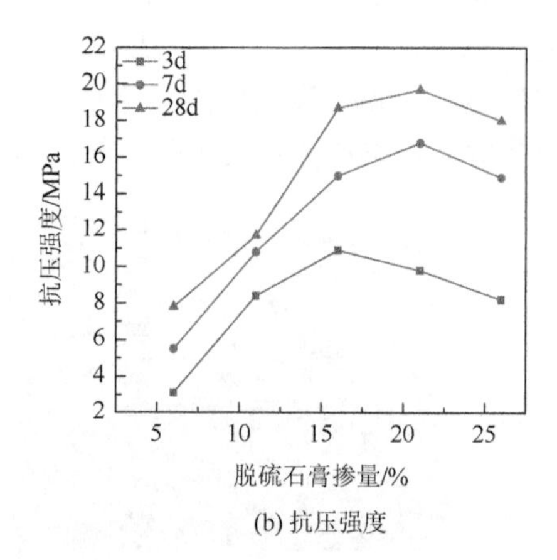

(b) 抗压强度

图2.11　脱硫石膏掺量对充填料试件力学性能的影响

由图2.11可以看出，随着脱硫石膏比例的增大，其抗折和抗压强度均呈现先增大后变小的趋势，其抗折和抗压强度在脱硫石膏掺入量为16%～21%间达到最大：在脱硫石膏比例由11%增加到16%时试件的3d抗折强度和抗压强度分别由2.1MPa升至2.4MPa和由8.4MPa迅速升至10.9MPa，升高幅度分别达到14.3%和29.8%；在脱硫石膏比例由11%增加到16%时试件的7d抗折强度和抗压强度分别由2.8MPa升至3.7MPa和由10.8MPa迅速升至15.0MPa，升高幅度分别达到32.1%和38.9%；由11%增加到16%时试件的28d抗折强度和抗压强度分别由3.8MPa升至4.8MPa和由11.7MPa迅速升至18.7MPa，升高幅度达到26.3%和59.8%；由

16%增加到 21%时，试件的 7d 和 28d 抗压强度均升高，但增长幅度变小；由 21%增加到 26%时，其抗折和抗压强度大多降低。由此结果，本试验可以暂时拟定胶结剂中钢渣掺量为 28%，矿渣为 56%时，脱硫石膏比例为 21%，由此进行下述试验。

3. 胶结剂用量对充填料强度的影响

胶结剂用量决定了试件的强度大小，本节讨论在胶结剂不同掺量的情况下，试件强度的变化。周爱民[88]统计了国内外矿业文献中报道的矿山充填工艺参数，胶结剂与尾砂配合比为 1∶4～1∶15，充填料强度为 0.5～15MPa。根据上述文献的结论，本试验合理选择，将胶砂比定在 1∶4～1∶10 范围之间。固定胶结剂优化后的试验配合比：钢渣、矿渣和脱硫石膏掺量分别为 26%、53%和 21%，料浆浓度为 82%。试验配合比如表 2.6 所示。其抗折抗压强度的结果如图 2.12 所示。

表 2.6　胶砂比配合比方案

编号	钢渣	矿渣	脱硫石膏	胶砂比	料浆浓度
D1	26%	53%	21%	1∶4	82%
D2	26%	53%	21%	1∶5	82%
D3	26%	53%	21%	1∶6	82%
D4	26%	53%	21%	1∶7	82%
D5	26%	53%	21%	1∶8	82%
D6	26%	53%	21%	1∶9	82%
D7	26%	53%	21%	1∶10	82%

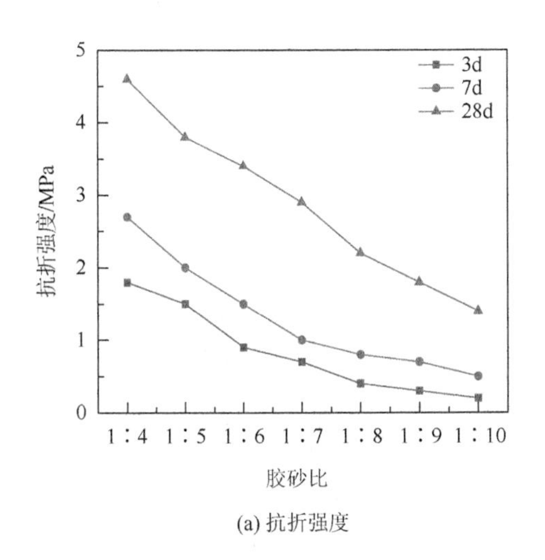

(a) 抗折强度

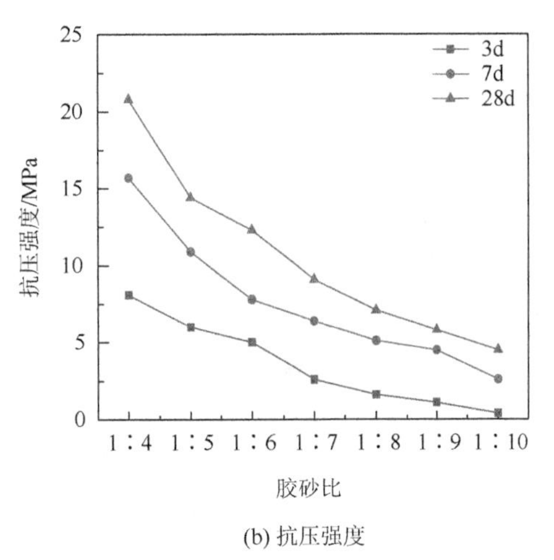

(b) 抗压强度

图 2.12　胶砂比对充填料力学性能的影响

由图 2.12 可得，随着胶砂比数值的减小，即铁尾矿砂含量的逐渐增大，试件的强度逐渐降低。胶砂比 1∶4、1∶7 和 1∶10 的试件其 3d、7d 和 28d 的强度变化为：抗折强度 1.8MPa、2.7MPa 和 4.6MPa 分别变化为 0.7MPa、1.0MPa 和 2.9MPa 再变化为 0.2MPa、0.5MPa 和 1.4MPa，降低幅度从 61.1%、63.0%和 37.0%分别到 71.4%、50.0%和 51.7%；抗压强度 8.1MPa、15.7MPa 和 20.8MPa 分别变化为 2.6MPa、6.4MPa 和 9.1MPa 再分别为 0.4MPa、2.6MPa 和 4.5MPa，降低幅度从 67.9%、59.2%和 56.3%分别到 84.6%、59.4%和 50.5%。胶砂试件的强度逐渐降低的主要诱导因素就是随着胶砂比比值的减小，在试件中铁尾矿砂所占的比例逐渐增大，胶结剂反之减少，水化产生的能够提高其强度的胶凝性物质随着胶结剂的减少而减少，铁尾矿砂被胶结剂水化所产生的胶凝性物质覆盖面减小，从而导致试件的结构不严密、松散和强度降低。对于一些强度要求不高的矿山可选择方案 D6 和 D7，胶砂比小，提供的强度也较小；对于强度要求较高的矿山可选择 D1～D3 组，提供的强度相对较大，能够满足矿体深度较大、开采条件复杂等强度较高的矿体。

4. 料浆浓度对充填料强度的影响

周爱民[88]总结出通常充填料浆浓度在 75%～88%之间，根据这一范围，进行试验。在前期探索试验中可知，料浆浓度 83%以上的浆体流动性很差，较干并难以振动成型，79%以下分层、离析严重。如图 2.13 所示，料浆浓度为 78%时，明显出现了分层、离析现象，当充填到矿井中时就需要考虑其水分蒸发问题，水分蒸发使得充填体体积缩小，不满足要求；当料浆浓度为 84%时，经过振动台振动后，物料较干难以成型，不满足矿井胶结充填的灌输要求。因此，本试验只讨论在 79%～83%之间的料浆浓度对矿井充填料强度的影响。固定胶结剂优化后的配合比（钢渣 26%、矿渣 53%、脱硫石膏 21%和胶砂比 1∶4）。试验配合比如表 2.7 所示。结果如图 2.14 所示。

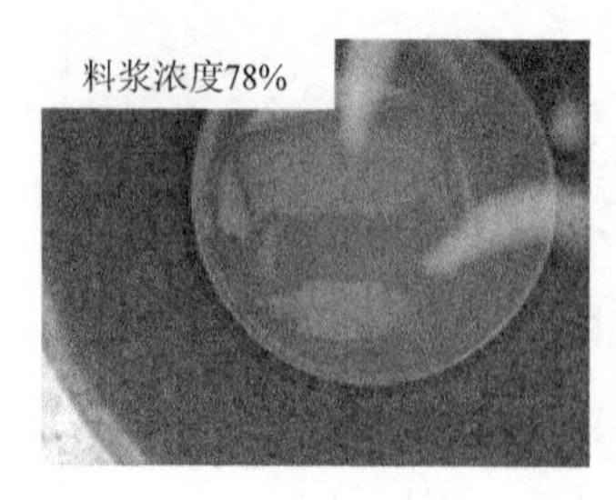

图 2.13　料浆浓度对胶砂试件的影响

表 2.7　不同料浆浓度配合比方案

编号	钢渣	矿渣	脱硫石膏	胶砂比	料浆浓度
E1	26%	53%	21%	1∶4	79%
E2	26%	53%	21%	1∶4	80%
E3	26%	53%	21%	1∶4	81%
E4	26%	53%	21%	1∶4	82%
E5	26%	53%	21%	1∶4	83%

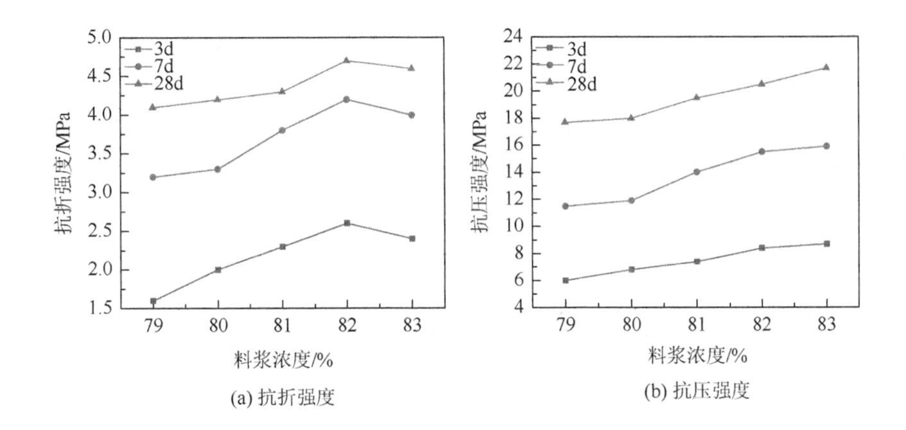

(a) 抗折强度　(b) 抗压强度

图 2.14　料浆浓度对充填料力学性能的影响

由图 2.14 可以得到，随着料浆浓度的增大，其流动度是逐渐减小的，但是强度是呈现递增趋势的：料浆浓度在 79%～80%之间，料浆流动性相对较好，经过振动台振实后，密实程度相对也更好，相对应强度也会受到影响，所以料浆浓度在 79%～80%区间内，抗压强度变化不大，3d、7d 及 28d 的抗折强度的增长幅度分别为 25.0%、3.0%和 24.2%，抗压强度的增长幅度分别为 13.3%、3.4%、2.0%；料浆浓度在 80%～82%之间，各个龄期的抗压强度斜率大多明显变大，强度得到很大的提升，3d、7d 及 28d 的抗折强度的增长幅度分别为 13%～15%、10.5%～15.2%及 2.3%～9.3%，抗压强度的增长幅度分别为 8.8%～13.5%、17.6%～10.7%、8.3%～5.1%；料浆浓度在 82%～83%之间，3d 和 7d 抗压强度增加变得缓慢，3d、7d 及 28d 的抗折强度的增长幅度分别为–7.7%、–4.8%和–2.1%，抗压强度的增长幅度分别为 3.6%、2.6%、5.9%。由此可以看出，在钢渣 26%、矿渣 53%、脱硫石膏 21%和胶砂比 1∶4 时，料浆浓度为 82%时，抗折及抗压强度最优。

2.4.2 钢渣-矿渣基胶结充填料的性能优化

1. 钢渣-矿渣基胶结充填料正交优化

1）因素水平确定

根据上述试验，确定采用三因素三水平正交试验对脱硫石膏用量、胶砂比和料浆浓度的影响因素进行评定，得出其优化方案。脱硫石膏用量、胶砂比和料浆浓度为三个因素。由 2.4.1 节的试验结果确定钢渣和矿渣的配合比，固定其比例为 28∶56；由 2.4.1 节可知，当脱硫石膏占比为 21.0%时，其抗折和抗压强度是相对较大的，所以在 21%左右各取一个值 19.0%和 23.0%；由于胶砂比为 1∶4～1∶6 已被大量试验研究过，再结合应大量使用铁尾矿砂和 2.4.1 节得出的结论，胶砂比的因素水平确定为 1∶8、1∶9、1∶10；料浆浓度由 2.4.1 节确定，其为 82%时，抗折和抗压强度相对最大，左右各取 81%和 83%。试验原料经干燥后按照比例制备成胶结剂，然后与尾矿砂和水拌制成块，再测其强度，正交试验各影响因素和水平见表 2.8。

表 2.8　钢渣-矿渣基胶结充填料的正交试验方案

水平	因素		
	A 脱硫石膏/%	B 胶砂比	C 料浆浓度/%
1	19.0	1∶8	81
2	21.0	1∶9	82
3	23.0	1∶10	83

2）试验结果讨论与分析

通过表 2.9 正交试验分析表进行直观数据分析及方差分析，对钢渣-矿渣基胶结充填料力学性能进行比较。由表 2.9 的正交试验结果分析可以得出：在养护龄期 3d、7d 和 28d 时，影响最显著的一直是胶砂比；在 3d 和 7d 时排在第二位的影响因素是脱硫石膏用量，但是在 28d 时发生了变化，其变成了影响最小的因素。脱硫石膏用量和料浆浓度对后期强度没有显著性影响，胶砂比对早期和后期强度的影响都最为显著。在不同配合比方案下，充填料试件 3d、7d 和 28d 的强度数值变化规律反映了以下两点：第一点是在充填料试件水化反应期间，胶砂比数值越小，则试件内所用到的胶结剂越少，生成的水化产物也越少，水化产物即胶凝性物质，其越少充填料试件的抗折和抗压强度也会随之减小，所以胶砂比这一影响因素对试件的强度影响最为显著；第二点是脱硫石膏用量和料浆浓度的影响效果是越来越小的，说明其反应到后期时，这两种因素影响不大。

表2.9　钢渣-矿渣基胶结充填料的正交试验测试结果

编号	A	B	C	抗折强度/MPa			抗压强度/MPa		
				3d	7d	28d	3d	7d	28d
1	1	1	1	0.6	1.6	2.3	4.2	5.6	6.8
2	1	2	2	0.4	1.5	1.9	3.7	4.7	5.5
3	1	3	3	0.3	1.1	1.7	2.5	3.1	4.4
4	2	1	2	0.6	1.6	2.4	3.7	4.6	6.9
5	2	2	3	0.5	1.4	2.0	2.5	4.1	5.7
6	2	3	1	0.3	1.2	1.6	1.2	2.2	4.3
7	3	1	3	0.6	1.9	2.3	3.9	5.3	7.1
8	3	2	1	0.3	1.4	1.9	1.9	4.0	5.6
9	3	3	2	0.3	0.7	1.3	1.1	2.4	4.2
K_1	10.40	11.8	7.30	3d影响程度：B＞A＞C，最优$A_1B_1C_3$					
K_2	7.40	8.10	8.50						
K_3	6.90	4.80	8.90						
R	3.50	7.00	1.6						
K_1^*	13.4	15.5	11.8	7d影响程度：B＞A＞C，最优$A_1B_1C_3$					
K_2^*	10.9	13.1	11.7						
K_3^*	11.7	7.7	12.5						
R^*	2.5	7.8	0.8						
K_1^{**}	16.7	20.8	16.7	28d影响程度：B＞C＞A，最优$A_2B_1C_3$或$A_3B_1C_3$					
K_2^{**}	16.9	16.8	16.6						
K_3^{**}	16.9	12.9	17.2						
R^{**}	0.2	7.9	0.6						
其中	$A_1=19.0\%$			$B_1=1:8$			$C_1=81\%$		
	$A_2=21.0\%$			$B_2=1:9$			$C_2=82\%$		
	$A_3=23.0\%$			$B_3=1:10$			$C_3=83\%$		

根据3d和7d的强度可以优化出最优方案是$A_1B_1C_3$，也就是胶结剂配合比钢

渣 27.0%、矿渣 54.0%、脱硫石膏 19.0%、胶砂比 1∶8 和料浆浓度 83%，该方案中钢渣用量也是相对最多的，正好符合综合利用钢渣的理念；根据 28d 强度可以优化出的最优方案是 $A_2B_1C_3$ 或 $A_3B_1C_3$，也就是胶结剂配合比钢渣 26.3%、矿渣 52.6%、脱硫石膏 21%、胶砂比 1∶8 和料浆浓度 83%或钢渣 25.6%、矿渣 51.3%、脱硫石膏 23%、胶砂比 1∶8 和料浆浓度 83%，但由于第 1 组和第 7 组试验 28d 抗折和抗压强度并没有很大差距，所以最终还是选择方案 $A_1B_1C_3$，胶结剂配合比钢渣 27.0%、矿渣 54.0%、脱硫石膏 19.0%、胶砂比 1∶8 和料浆浓度 83%，以此方案进行下面部分充填料工作性能的研究。

2. 优化试验验证

由正交试验结果经方差分析法分析后，可以得出最优方案为 FG，即 $A_1B_1C_3$，可以直观看出正交试验结果中的编号 1 和 7 抗折和抗压强度相差不大，与其他组相比较值也较大，所以选取上述三组进行正交试验结果的验证，编号 1 为 F1，编号 7 为 F2。验证结果见表 2.10。

表 2.10　钢渣-矿渣基胶结充填料优化方案的验证

编号	3d		7d		28d	
	抗折强度/MPa	抗压强度/MPa	抗折强度/MPa	抗压强度/MPa	抗折强度/MPa	抗压强度/MPa
F1	0.6	4.2	1.6	5.6	2.3	6.8
F2	0.6	3.9	1.9	5.3	2.3	7.1
FG	0.6	4.5	1.8	5.6	2.5	7.5

由表 2.10 可知，综合而言 FG 得出的 3d、7d 和 28d 抗折及抗压强度相对高，其 3d、7d 和 28d 的抗压强度相比于 F1 和 F2，增加幅度为 7.1%、0%、10.3%和 15.4%、5.7%、5.6%。由此可得，对于判断标准抗折及抗压强度来说，最优方案为 FG，即 $A_1B_1C_3$。

3. 充填料的工作性能研究

1）充填料浆的坍落度

想要将充填料运用到实际工程中，就需要考虑其运输问题，所以当制备充填料时，就要考虑其流动度，流动度用坍落度来表征，它的大小反映了物料流动性能与流动阻力的大小。已有研究表明[88, 89]，坍落度达到 80mm 的就可以泵送，而良好可泵送的坍落度为 120～240mm。因此本节对配方胶结剂配合比钢渣 27.0%、矿渣 54.0%、脱硫石膏 19.0%、胶砂比 1∶8 和不同料浆浓度进行试验，试验方案及结果如表 2.11 所示。

表 2.11　料浆浓度对钢渣-矿渣基胶结充填料工作性能的影响

编号	料浆浓度/%	坍落度/mm	现象
G1	79	140	流动性好，轻微泌水，轻微离析
G2	80	125	流动性一般，不泌水，不离析
G3	81	115	流动性一般，不泌水，不离析
G4	82	80	流动性差，不泌水，不离析
G5	83	55	流动性极差，不泌水，不离析

由表 2.11 可以看出，随着料浆浓度的增大，其坍落度是逐渐降低的，满足良好泵送的坍落度 140mm 和 125mm 所对应的料浆浓度分别是 79%和 80%，但料浆浓度为 79%时，流动性虽好，但出现轻微泌水和离析现象。如图 2.15 所示，G1、G3 及 G5 的料浆浓度为 79%、81%和 83%，坍落度逐渐减小。针对不同类型的矿山，要分类处理：对于输送距离短、阻力小、易于输送又需要较高强度的矿井，提高料浆浓度；其相反要求时，就需要降低料浆浓度；当出现运输距离长、阻力大、不易输送又需要较高强度时，就需要降低料浆浓度并且增加胶结剂的使用量（增大胶砂比）。

(a) 79%料浆浓度时的坍落度

(b) 81%料浆浓度时的坍落度

(c) 83%料浆浓度时的坍落度

图 2.15　不同料浆浓度对充填料工作性能的影响

2）充填料浆的凝结时间

制备充填料时，需要考虑的重要因素是凝结时间，如果凝结时间过短，则不满足输送要求，但若凝结时间太长，则又不能及时提供所需的强度要求。所以本试验选择正交试验验证组中的三组试验，对其进行初终凝时间测定，根据 2.2 节中试验方法进行表 2.12 中的三组试验，其初终凝时间结果如表 2.12 所示。

表 2.12　钢渣-矿渣基胶结充填料的初终凝时间

编号	料浆浓度/%	初凝时间/min	终凝时间/min
F1	81	173	232
F2	83	138	193
FG	83	146	205

由表 2.12 试验结果可得，方案 F1 的初终凝时间分别为 173min 和 232min，提供了足够的时间去输送和操作，并且终凝时间 232min 又保证了充填结束后快速凝固，及时提供矿山充填所需的强度。方案 F2 和 FG 初终凝时间比方案 F1 相应减少了，但也满足要求。

2.5　钢渣-矿渣基胶结剂的水化机理

研究以冶金渣（钢渣和矿渣）为主要原料制备胶结剂，胶结剂与水混合后研究其水化机理。利用钢渣含硅酸盐、铝酸盐及铁铝酸盐，使钢渣具有一定胶凝特性，脱硫石膏含有硫酸根而构成硫酸盐激发体系，运用复合激发的方式（机械力激发 + 化学激发），通过水化热分析、XRD、SEM、EDS 和 FTIR 测试手段研究了钢渣-矿渣基胶结剂的水化机理，通过水化热分析确定其水化放热阶段及其与纯水泥组的区别，通过 SEM 图谱观察净浆块所产生的水化产物的微观结构，结合 XRD、EDS 和 FTIR 分析鉴别各水化龄期生成的水化产物，研究胶结剂在进行水化的过程中哪些物质发生了反应和生成了哪些新的物相，通过以上试验分析得出钢渣-矿渣基胶结剂的水化过程及其水化模型。

净浆试件制备时采用的胶结剂配合比为：钢渣、矿渣和脱硫石膏分别为 27.0%、54.0%和 19.0%，制浆过程中水胶比为 0.32，进行水化热分析、XRD、SEM、EDS 和 FTIR 测试，得出相应数据进行分析。

2.5.1　胶结剂的水化热分析

纯水泥、钢渣∶水泥＝3∶7 及钢渣-矿渣基胶结剂的水化热分析曲线如图 2.16 所示，水化速率及水化放热量如表 2.13 所示。由图 2.16 可以看出，钢渣∶水泥＝3∶7 及钢渣-矿渣基胶结剂的水化热曲线和水泥的水化热曲线的走势是相似的，因此可知其也同样存在五个水化阶段：诱导前期、诱导期、加速期、减速期及稳定期。纯水泥、钢渣∶水泥＝3∶7、钢渣-矿渣基胶结剂及 0.55 倍纯水泥编号为 H1、H2、H3 及 H4。

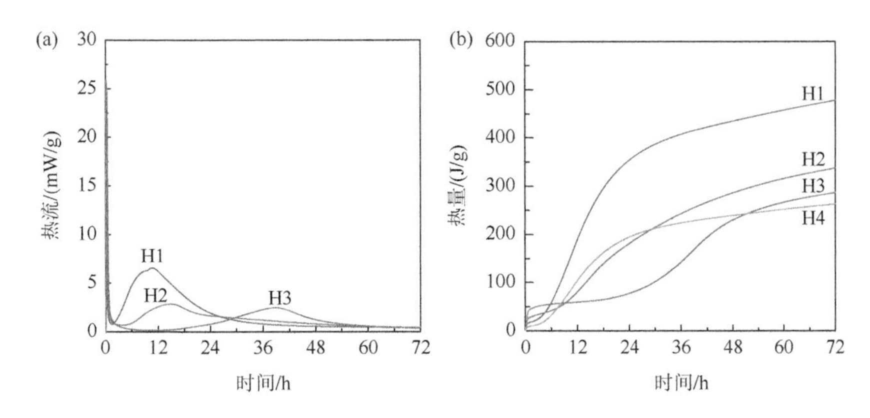

图 2.16　水泥和钢渣-矿渣基胶结剂的水化热分析

（a）水化放热速率；（b）水化热总量

表 2.13　不同水化时间的水化速率与水化放热总量

	不同水化时间/h	12	24	36	48	60
H1	水化速率/(mW/g)	6.21	1.94	0.81	0.56	0.50
	放热总量/（J/g）	188.98	354.21	407.30	435.41	458.03
H2	水化速率/(mW/g)	2.58	1.66	1.20	0.81	0.57
	放热总量/(J/g)	80.36	181.45	242.96	286.07	315.55
H3	水化速率/(mW/g)	0.17	0.8	2.28	1.24	0.59
	放热总量/(J/g)	59.41	77.37	142.48	229.86	266.40

由图 2.16（a）可知钢渣-矿渣基胶结剂水化过程。诱导前期：钢渣-矿渣基胶结剂与水混合初期，钢渣和矿渣中的 C_2S、C_3S 矿物离子表面释放 Ca^{2+}和 OH^-，在激发剂的激发下，放出大量热。水化反应进入诱导期：钢渣-矿渣基胶结剂的水解速率变慢，该胶结剂的速率相对于纯水泥、钢渣∶水泥＝3∶7 较低。加速期：由水化放热速率图可知，H1 和 H2 两组的第二个放热峰分别在水化 10h 和 15h 出现，但钢渣-矿渣基胶结剂的该放热峰值出现时的水化反应时间相较于钢渣∶水泥＝3∶7 时，推迟了 24h。减速期：水化速率值与其他两组趋于一致，水化反应速率值慢慢减小，此时，水化速率变慢的原因是 C_2S、C_3S 表面有 $Ca(OH)_2$ 和 C-S-H 凝胶包裹层，包裹层从溶液中结晶析出。稳定期：此时水和 C_2S、C_3S 的水化受扩散速率的控制，进入稳定状态。

由图 2.16（b）将水泥的放热量乘以系数 0.55 得出的曲线与钢渣-矿渣基胶结剂、钢渣：水泥＝3：7 的比较，可以看出，后两者的放热量分别在水化龄期 51h 和 29h 后高于前者，在水化龄期为 72h 时，后两者分别比 0.55 倍纯水泥所释放的热量高出 23.33J/g 和 74.15J/g，因此也证实了钢渣不是惰性材料，其提供了一部分的放热量[90]。可得出以下结论：相对于水泥，钢渣-矿渣基胶结剂的水化诱导期明显延长很多，是因为相同量的钢渣中的 Ca^{2+} 含量低于水泥，Ca^{2+} 浓度达到临界值所需时间增加，因此当钢渣代替部分水泥时，其凝结时间也会变长，且取代量越大，凝结时间越长，其到达临界值的时间也越久；水泥的第二个放热峰持续的时间较短，在 10h 左右，而胶结剂的第二个放热峰在 39h 左右，放热峰较宽，持续时间较久。由表 2.13 明显看出，胶结剂水化期间的放热量是低于纯水泥的，在其水化反应龄期分别为 12h、24h、36h、48h 和 60h 时，其放热量依次降低了 68.56%、78.16%、65.02%、47.21%和 41.84%，原因主要是钢渣的水化活性点相比于纯水泥来说较少，虽然有矿渣和脱硫石膏的激发等，但整体水化活性低于纯水泥，在水化龄期达到 72h 时，钢渣-矿渣基胶结剂水化放热量仅为纯水泥放热量的 60%。

2.5.2 胶结剂水化产物组成及结构分析

1. XRD 分析

由图 2.17 可得，钢渣-矿渣基胶结剂净浆试件水化产物的物相主要包括 AFt、$Ca(OH)_2$、C_2S、C_3S 和 RO 相。图中 25°～35°出现一个“小鼓包”，该小鼓包的出现说明该体系中存在 C-S-H 凝胶[91]。由图谱可以得出：水化产物的主要物相的衍射峰在其 3d 时就已经出现，AFt 的衍射峰随着龄期的增长而增强，衍射峰的增强说明其生成量逐渐增多；由钢渣的矿物组成成分可知，其含有 C_2S 和 C_3S 矿物，钢渣在不断水化过程中，两种矿物在脱硫石膏的激发下，生成 AFt，因此与上述 AFt 衍射峰的逐渐增强及 C_2S、C_3S 和脱硫石膏衍射峰强度逐渐降低吻合；$Ca(OH)_2$ 的衍射峰随水化龄期的增长逐渐增强的原因在于钢渣虽能水化生成 $Ca(OH)_2$，但其结晶度较差，在同一体系中，矿渣在水化过程中也需要消耗 $Ca(OH)_2$，致使 $Ca(OH)_2$ 处于不饱和的状态。

当水化进行到 7d 和 28d 时，矿渣所消耗的 $Ca(OH)_2$ 量已经相对少，所以由 $Ca(OH)_2$ 和脱硫石膏一起促进钢渣的水化反应，生成大量的 AFt，也因此说明脱硫石膏是不断被消耗的，所以其衍射峰的强度是逐渐降低的。由此得出在钢渣-矿渣基胶结剂净浆试件水化过程中，脱硫石膏对钢渣进行激发，使得水化环境呈现出碱性，而矿渣的水化过程中又需要 Ca^{2+}，所以将钢渣产生的 $Ca(OH)_2$ 中的 Ca^{2+} 充分吸收，反而又促进了钢渣的水化程度，钢渣和矿渣是共同促进，从而大量的水化产物产生，整个体系被 C-S-H 凝胶和 AFt 交织充填。

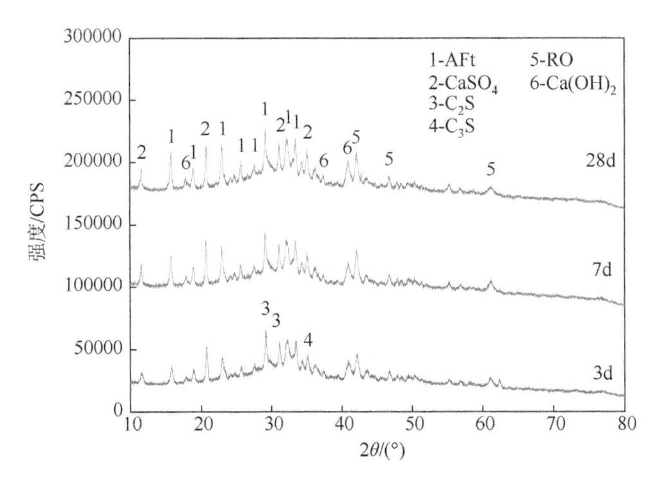

图 2.17　胶结剂不同龄期水化产物 XRD 图谱

2. SEM 分析

由图 2.18～图 2.20 可得，净浆试件在不同龄期下的微观形貌，每个龄期有四张图片，分别是放大的不同倍数。

(a) 放大5000倍水化产物　(b) 放大10000倍水化产物

(c) 放大20000倍水化产物　(d) 放大40000倍水化产物

图 2.18　胶结剂 3d 水化产物 SEM 图

由图 2.18 可知，在 3d 龄期时体系中已经有大量的 AFt，形成网状结构，使得强度大幅度提升，但其中能够看出存在的孔隙量较多且尺寸也较大，图 2.18（a）中的区域 5 及区域 6 分别为 $Ca(OH)_2$ 和未水化反应的钢渣，图 2.18（b）中的区域 7 为 $Ca(OH)_2$。

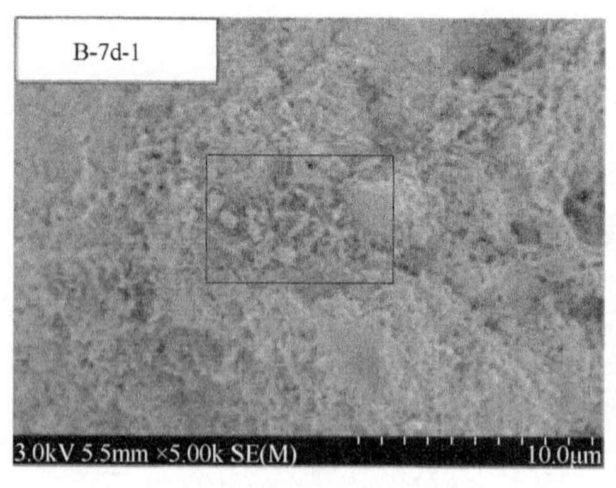

(a) 放大5000倍水化产物

(b) 放大10000倍水化产物

(c) 放大20000倍水化产物

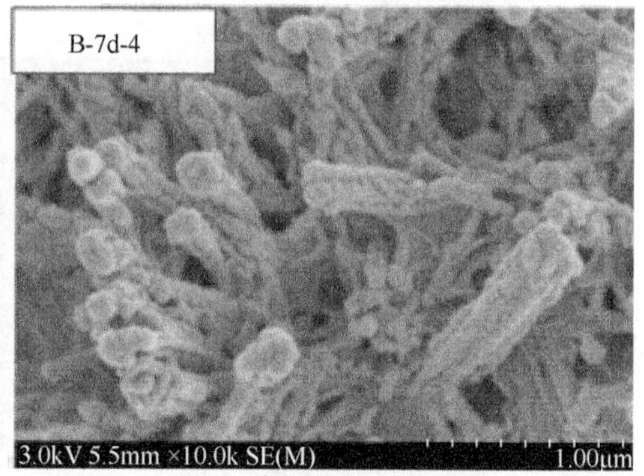

(d) 放大40000倍水化产物

图 2.19　胶结剂 7d 水化产物 SEM 图

从图 2.19 可以看出，体系中的 AFt 尺寸也明显更加粗壮，图 2.19（b）中的区域 8 为填充满的 C-S-H，已生成较完整 C-S-H 凝胶，同时可以从 3d 到 7d 的 SEM 图看出其孔洞量明显变少和尺寸明显变小。

从图 2.20 可以看出，体系中形成了大量的凝胶，水化浆体的孔隙几乎不存在了，AFt 晶体相互堆叠在一起，使得整个体系非常致密，从而其力学强度及稳定性也达到最大。

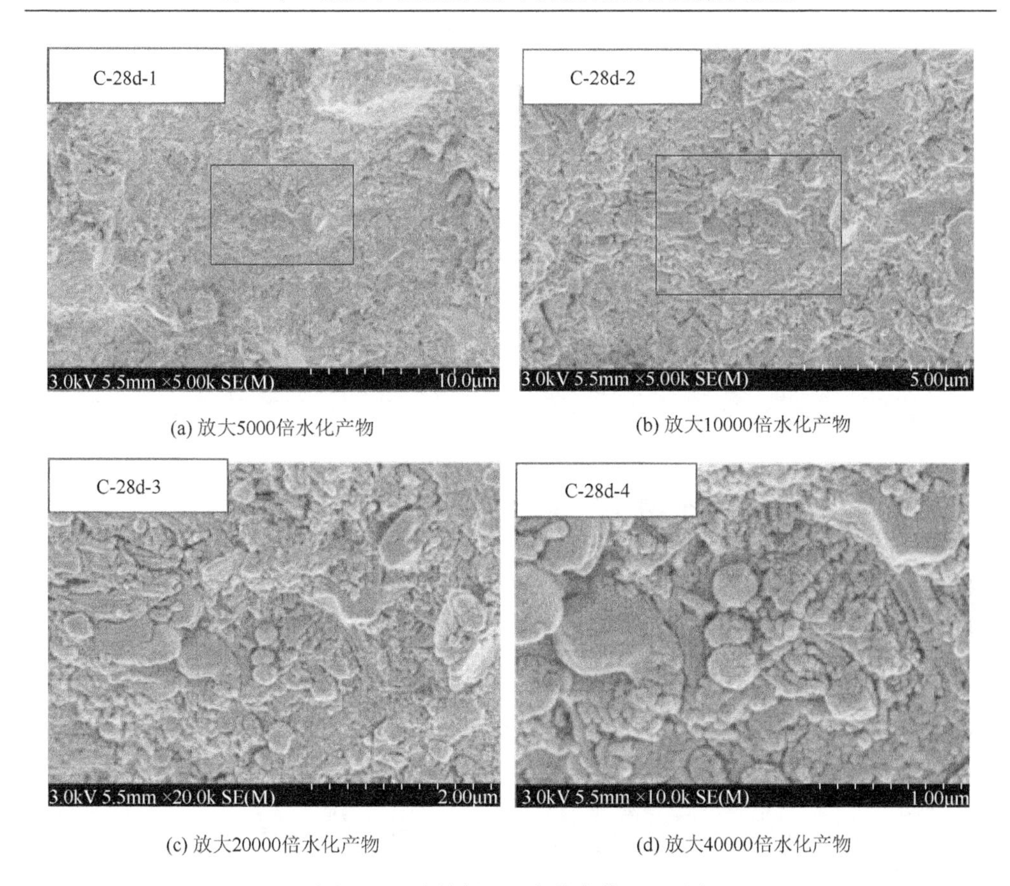

(a) 放大5000倍水化产物　(b) 放大10000倍水化产物

(c) 放大20000倍水化产物　(d) 放大40000倍水化产物

图 2.20　胶结剂 28d 水化产物 SEM 图

3. EDS 分析

钢渣-矿渣基胶凝材料水化产物的微观形貌及水化产物所选区域的能谱分析如图 2.21 所示。图 2.21（a）是 7d 水化产物，图 2.21（b）和（c）是 28d 的水化产物 SEM 图，对应 7d 凝胶水化产物的 EDS 图可知，其主要由 Ca 和 Si 元素组成，Ca 和 Si 原子分数分别为 38.57%和 32.41%，可以得出水化产物为 C-S-H 凝胶；对应六方板状的水化产物[图 2.21（b）]的能谱分析可知，其化学成分主要是 Ca，其他含量很少，基本可以确认是 $Ca(OH)_2$，在测试过程中，也发现六方板状-$Ca(OH)_2$ 的含量较少；对应针棒状的水化产物[图 2.21（c）]的能谱分析可知，化学成分主要是 Ca、Si、S 及 Al 等元素，基本可以确定该水化产物是 AFt，由图 2.21（c）能够看出浆体结构中存在大量的针棒状水化产物。

因此能够得出，钢渣-矿渣基胶结剂的净浆水化产物主要由 C-S-H 凝胶、AFt 和 $Ca(OH)_2$ 组成。这些结论与上述 XRD 图和 SEM 图所呈现的结果相一致，水化产物的大量产生使得体系更加密实和稳定。

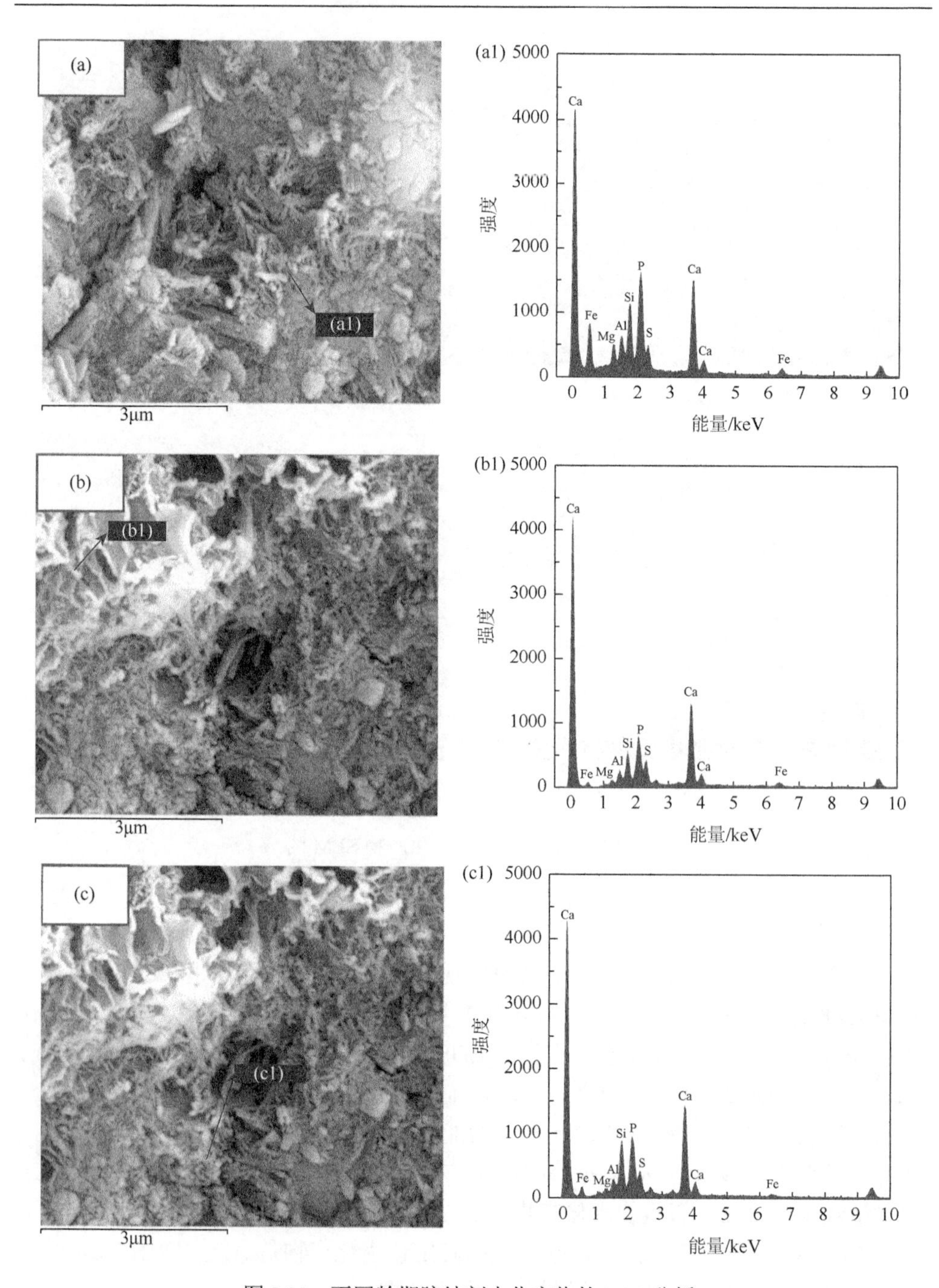

图 2.21　不同龄期胶结剂水化产物的 EDS 分析

（a）7d 水化产物的 SEM 图；（a1）7d 水化产物的 EDS 分析；（b）28d 六方板状水化产物的 SEM 图；（b1）28d 水化产物的 EDS 分析；（c）28d 针棒状水化产物的 SEM 图；（c1）28d 水化产物的 EDS 分析

4. FTIR 分析

图 2.22 所示为钢渣-矿渣基胶结剂净浆试件的 FTIR 谱图。由图 2.22 可知，在 3406cm^{-1} 和 1622cm^{-1} 处是 O—H 键的弯曲振动峰，O—H 基团主要来源于水和氢氧化物，从 3d、7d 到 28d 这三个龄期谱图可以看出，吸收峰有明显的增大，其水化反应是在不断进行的，水参与水化反应变为吸附水或产生了含结晶的物质，体系中羟基的含量逐渐增多，水化产物也逐渐增多[92]；1402cm^{-1} 属于 CO_3^{2-} 的非对称伸缩振动谱带，说明试件发生了碳化，在制备样品时样品和空气中的 CO_2 发

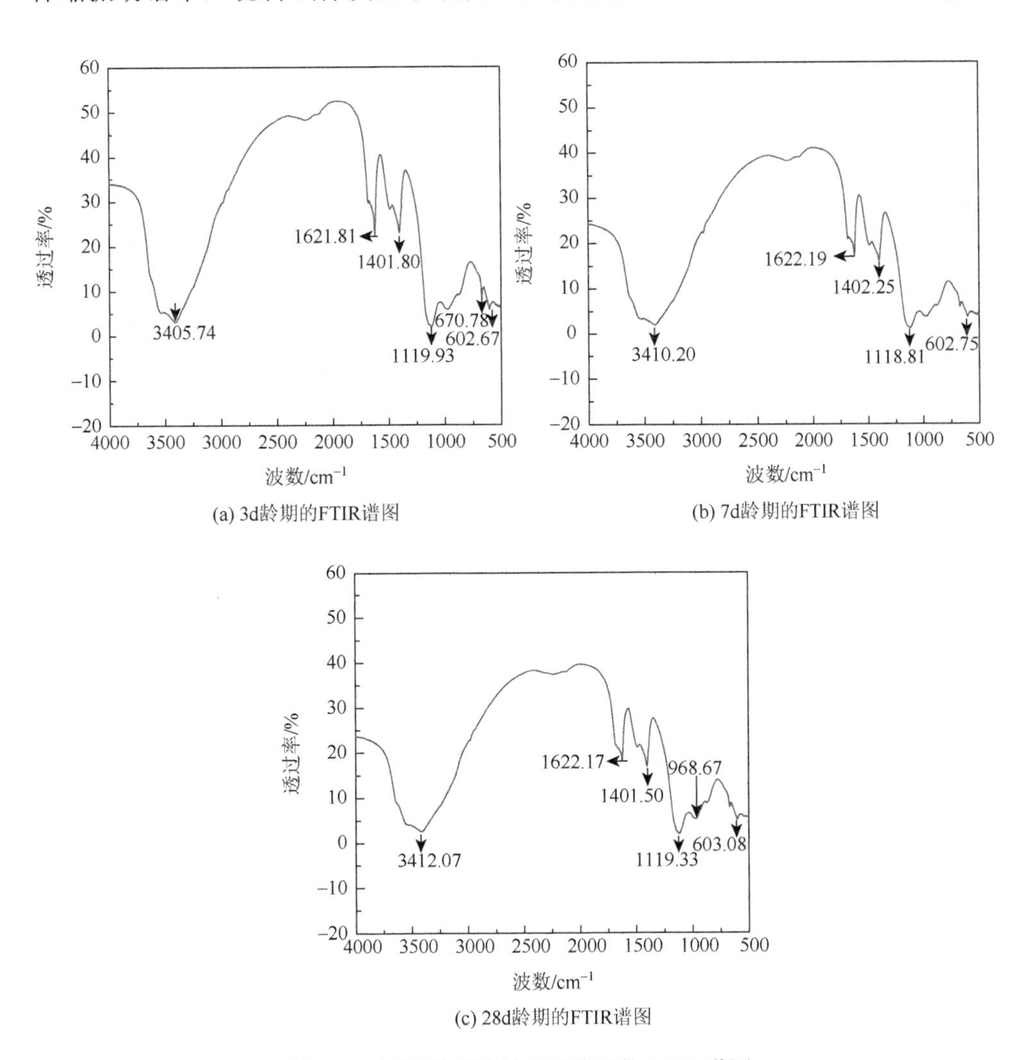

(a) 3d龄期的FTIR谱图

(b) 7d龄期的FTIR谱图

(c) 28d龄期的FTIR谱图

图 2.22　不同龄期胶结剂净浆试件 FTIR 谱图

生反应，使试件碳化，但后续水化中，该吸收峰的峰高无明显变化；1120cm^{-1}处是 Si—O 的不对称伸缩振动谱带，可以看出其 3d 的 Si—O 的透过率比 28d 大，说明随着养护龄期的增加，更多的 Si—O 断裂，键能降低，吸收峰减弱，生成了更多的 AFt 晶体和 C-S-H 凝胶[93]。

在 969cm^{-1}处是 Si—O 对称伸缩振动的吸收峰，该特征峰逐渐变缓，说明此时的净浆体系中的硅酸盐矿物更加复杂，生成水化硅铝酸钙（C-A-S-H）凝胶和 C-S-H 凝胶；671cm^{-1}处为 Si—O—Si 键的弯曲振动谱带，7d 和 28d 时该处的特征峰几乎消失不见；随着水化反应的不断进行，从 3d、7d 到 28d 603cm^{-1}处吸收峰不断变化，表明胶凝体系中生成了更多的 AFt 晶体和 C-S-H 凝胶。

5. 水化反应机理

如图 2.23 所示为钢渣-矿渣基胶结剂水化过程模型。由此模型可以看出，脱硫石膏在钢渣-矿渣基胶结剂体系中，充当着激发剂的角色。反应初期：在激发剂脱硫石膏的激发下，矿渣颗粒中部分键断裂，释放 Ca^{2+}、Mg^{2+}及 Al^{3+}进入液相，当阳离子释放到液体环境后，留下大量阴离子，呈现负电荷，正负电荷需要平衡，因此由溶液中的水电离产生 H^{+}来平衡，H^{+}附着在矿渣表面，与 Si—O—断键反应形成 Si—OH。反应中期：水化时间逐渐增加，溶液的 pH 值由于水电离出 OH^{-}不断增多而不断提高。在红外光谱的结论中，3406cm^{-1}和 1622cm^{-1}吸收峰增大，也证实了 OH^{-}不断增多。硅的氧化物的溶解度增大，溶液中 $H_2SiO_4^{2-}$、$HSiO_4^{3-}$和 SiO_4^{4-}不断增多，矿渣中的 Al—O 键也会发生断裂。钢渣中活性较高的颗粒在碱性环境条件下迅速溶解，并释放出 OH^{-}、Ca^{2+}、硅溶解物等，形成了富含 Ca^{2+}、$[Al(OH)_6]^{3-}$和 SO_4^{2-}等离子的液相。这些矿物经历溶解后又重新结合，钢渣也不断地溶解。反应后期：$H_2SiO_4^{2-}$、SiO_4^{4-}和 Ca^{2+}等在溶液中发生液相反应，生成 C-S-H 凝胶和 AFt，水化产物的物相组成中的小鼓包和 AFt 的衍射峰逐渐增强，都表明 C-S-H 凝胶和 AFt 的存在。其中，水化反应生成 C-S-H 凝胶和 AFt 的水化反应式见式（2.7）、式（2.8）和式（2.9）。根据文献了解到 C-S-H 凝胶和 AFt 的模型如图 2.24 所示[93, 94]。钢渣-矿渣基胶结剂水化过程模型体现了其矿物的溶解与离子间的重新组合，钢渣和矿渣两者间的水化反应是相互促进的，在激发剂脱硫石膏的激发下，水化产物的生成量大幅度提高，整个体系被 C-S-H 凝胶和 AFt 交织充填。

$$2C_3S + 6H(\text{水}) \longrightarrow C_3S_2H_3(\text{水化硅酸钙}) + 3CH(\text{氢氧化钙}) \tag{2.7}$$

$$2C_2S + 4H(\text{水}) \longrightarrow C_3S_2H_3(\text{水化硅酸钙}) + CH(\text{氢氧化钙}) \tag{2.8}$$

$$C_3A + 3CS \cdot H_2 + 26H(\text{水}) \longrightarrow C_3A \cdot 3CS \cdot H_{32}(\text{钙矾石}) \tag{2.9}$$

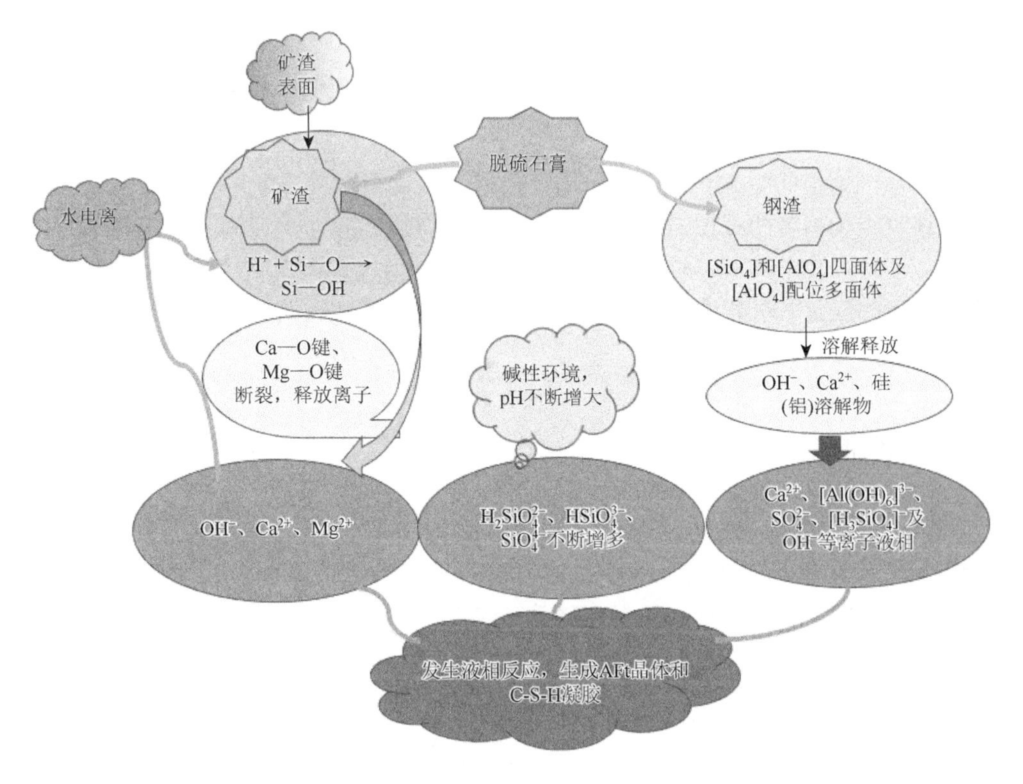

图 2.23　钢渣-矿渣基胶结剂水化过程模型

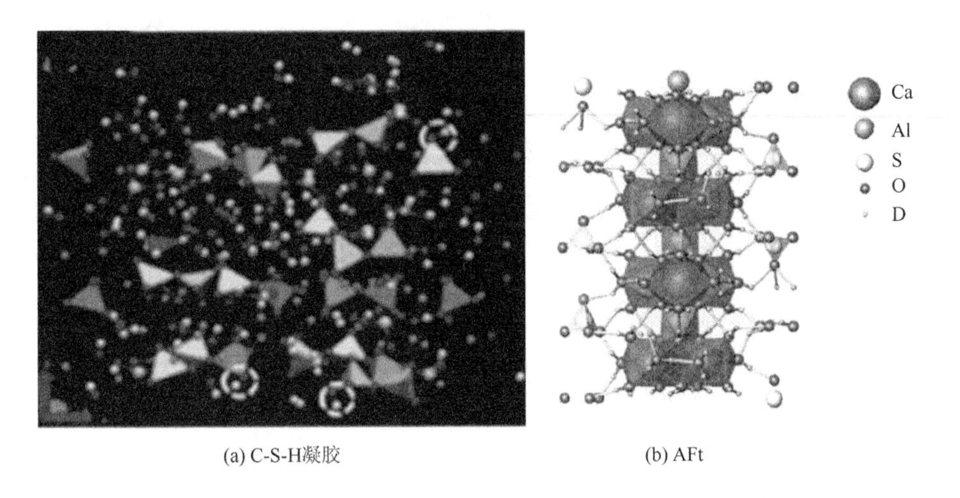

(a) C-S-H凝胶　　(b) AFt

图 2.24　C-S-H 凝胶和针棒状的 AFt 晶体的模型[93, 94]

2.6　钢渣-矿渣基全尾砂充填料的效益分析

本章讨论工业废弃物钢渣、矿渣及脱硫石膏制备矿井充填中使用的胶结剂，对比该胶结剂制备的充填料和同等掺量的42.5普通硅酸盐水泥为胶结剂制备的充填料，从而降低充填采矿的成本。建设年产为50万吨钢渣-矿渣胶结剂的生产线，投入生产和运营，对其进行估算，得出钢渣-矿渣基矿井胶结充填对于矿山的经济效益和环境效益。

2.6.1　经济效益分析

本节成本分析参考文献[67]，拟定基建费1500万，设备费1099.4万，安装费250万，合计2849.4万。按照河北省2021年试验原料的总体价格，对钢渣-矿渣及矿井充填料的成本进行核算，见表2.14和表2.15。

表2.14　钢渣-矿渣基胶结剂成本预算

原料名称	占比/%	单价/(元/吨)	价格/(元/吨)
钢渣	27	0	0
矿渣	54	180	97.2
脱硫石膏	19	290	55.1
硅酸盐水泥	100	400	400

表2.15　设备购置经费估算

设备名称	电机功率/kW	数量	单价/万元	总价/万元
水泥球磨机	140	2台	396	792
原料输送设备	13.3	1套	8.3	8.3
喂料系统	1.5	1套	3.9	3.9
控制系统	2	1套	50	50
水泥运输车		5辆	40	200
除尘器	180	2套	22.6	45.2
合计	656.8			1099.4

1. 成本估算

原料成本费用：由表2.14知，生产1吨钢渣-矿渣基胶结剂费用为152.3元，年产量 50 万吨，合计为 7615 万元；生产 1 吨水泥胶结剂费用为 400 元，年产量 50 万吨，合计为 20000 万元。

原料运输费用：矿渣和脱硫石膏需要外购，运费按 50 元/吨计算，则运费为 1825 万元（钢渣在唐山本地，不额外计算运费）；水泥运费 2500 万元。

动力费：钢渣需粉磨 60min，根据其功率和生产能力，电费按 0.8 元/度，计算年生产 50 万吨胶结剂运行费用：656.8×24×0.8×365 = 460.3 万元；水泥不需要粉磨，只算其他消耗，拟定 350 万元。

设备维修费：生产过程中，设备会出现一些问题，存在一定的损耗，经费初步拟定 180 万元；水泥不需要使用水泥球磨机，维修费拟定 130 万元。

劳务费：雇佣工人 120 名轮班，每班 40 人，每日三班，每人工资在 3000 元/月左右，共计每年 432 万元，销售加管理人员，初步拟定劳务费用 250 万元，共 682 万年元；水泥同样拟定 682 万元。

其他费用：日常经营的管理费用、办公费用和卡车运输费用等，两者都拟定 600 万元。

2. 营业收入估算

由表 2.16 可知，制备的钢渣-矿渣基胶结剂和水泥胶结剂第一年所需成本分别为 13112.3 万元和 26012 万元，增长幅度为 98.37%。

表 2.16　生产不同种类胶结剂总成本

胶结剂种类	钢渣-矿渣基/万元	水泥/万元
原料成本费用	7615	20000
原料运输费用	1825	2500
动力费	460.3	350
设备维修费	180	130
劳务费	682	682
其他费用	600	600
基建费	1500	1500
安装费	250	250
总成本	13112.3	26012

在钢渣-矿渣基胶结剂产品第二年投产后，试验制备的钢渣-矿渣基以 250 元/吨出售，则营业额收入为 12500 万/年，且该胶结剂中的固体废物超过 30%，可享有国家免税政策。由表 2.16 可得，在投入该项目第三年就可实现盈利 525.4 万元，三年后可实现每年利润为 1137.7 万元，且该项目利用的固体废弃物减少了污染、

保护了环境、降低了充填成本并将胶结充填技术进一步推广。

此外，拟定的 250 元/吨的胶结剂为市场上 42.5 硅酸盐水泥均价的 60%左右，如果胶结剂生产厂家售卖水泥类胶结剂，其每吨出售价需高于 400 元才能有利润，使用水泥大大提升了充填成本，当其定价为 500 元/吨，直到第四年才能盈利 464 万元，四年后可实现每年利润 738 万元，其开始盈利期限相较于钢渣-矿渣延后一年，盈利后每年比钢渣-矿渣基胶结剂少 399.7 万元。

2.6.2 环境效益分析

钢渣-矿渣基胶结剂中所含的固体废弃物包括钢渣、矿渣和脱硫石膏，占比 100%；在充填中，铁尾矿砂占 87.5%。整个胶结充填中的材料都是固体废弃物，本研究内容的实施，为钢渣的综合利用和矿山低成本充填提供了一条新路径，具有经济和环境效益。解决了钢渣的堆积污染问题，也使得钢渣二次利用，同时也发展了钢渣再生资源综合利用产业，有望成为钢渣资源化大宗利用的根本途径，大量的废弃物得以综合利用，充填到矿井中，有效缓解了尾矿库库存的压力，为没有废物存留的矿山建设提供了一个方案。

以往用的胶结剂-硅酸盐水泥，每生产 1 吨，向大气排放二氧化碳 0.8 吨。使用新型胶结剂使得每年减排 40 万吨二氧化碳，为国家节能减排做出贡献。将胶结剂以 250 元/吨的价格销售给矿山企业，相较于水泥，其价格降低幅度为 50%，也降低了其矿山充填的成本，同时生产钢渣-矿渣基胶结剂可为胶结剂生产单位和矿山带来巨大的收益且适当缓解了固体废弃物对环境的压力，减排二氧化碳，具有重大的经济效益和环境效益。

2.7 本 章 小 结

本章以冶金渣（钢渣和矿渣）为主要材料制备矿井胶结充填料，并探究了充填料的力学性能、工作性能、成本分析和水化机理。通过对原材料特性分析、机械活化、胶结剂制备和水化机理研究，得出以下结论。

（1）矿渣化学成分主要有 CaO、SiO_2、Fe_2O_3、MgO 和 Al_2O_3，还有少量 Na_2O、SO_3 等。碱度系数 $M_0 = 1.024$，属于碱性矿渣；质量系数 $K = 2.058$；活性指数 $M_a = 0.564$，属于高活性矿渣。

（2）由钢渣粉磨活性结果可得钢渣最佳粉磨时间为 60min，7d 和 28d 抗压强度为 26.08MPa 和 43.13MPa，活性指数为 65.61%和 78.71%；钢渣的 f-CaO 和 f-MgO 含量分别是 2.85%和 2.29%。

（3）通过正交试验可知：在养护龄期 3d、7d 和 28d 时，影响最显著的是胶砂比，最优方案是 $A_1B_1C_3$，当钢渣∶矿渣∶脱硫石膏的比例为 27∶54∶19，胶砂比为 1∶8，料浆浓度 83%时，制备的充填料试件抗压强度达到最高，其 3d、7d 和 28d 抗压强度分别为 4.5MPa、5.6MPa 和 7.5MPa；根据工作性能的研究，料浆浓度为 81%时，坍落度为 115mm，其初凝和终凝时间分别为 173min 和 232min，提供了足够的时间用于充填料的输送和操作，并且保证了充填结束后快速凝固。

（4）钢渣-矿渣基胶结剂水化热曲线可分为诱导前期、诱导期、加速期、减速期和稳定期五个阶段。相对于水泥，钢渣-矿渣基胶结剂的水化诱导期明显延长，胶结剂的第二个放热峰在 39h 左右，放热峰较宽，持续时间较久。在净浆试件水化过程中，脱硫石膏对钢渣进行激发，使得水化环境呈现出碱性，而矿渣的水化过程中又需要 Ca^{2+}，所以将钢渣产生的 $Ca(OH)_2$ 中的 Ca^{2+}充分吸收，反而又促进了钢渣的水化程度，两者共同促进水化。

参 考 文 献

[1] 陈永伟. 浅谈矿资源回收与尾矿综合利用[J]. 世界有色金属，2018，(3)：4，6.

[2] 侯林，汪雄武. 西部矿产资源开发利用存在的问题及对策[J]. 国土资源科技管理，2009，26（4）：131-134.

[3] 廖晨雅，黎姝洵，肖鹏. 工业固体废弃物在建筑材料中的应用及展望[J]. 四川建材，2021，47（9）：32-33.

[4] 王雪，刘亚改，于常亮. 建设资源节约型社会与尾矿再利用[J]. 中国国土资源经济，2008，21（5）：26-27，31.

[5] Pourghahramani P，Palson B，Forssberg E. Multivariate projection and analysis of microstructural characteristics of mechanically activated hematite in different grinding mills[J]. International Journal of Mineral Processing，2008，87（3/4）：73-82.

[6] 童艳光，王亚伟，张亿凯，等. 固体废弃物联合水泥固化疏浚淤泥的试验研究[J]. 广东土木与建筑，2021，28（5）：46-50.

[7] 苏敦磊，王新波，李秋义，等. 固废制备高贝利特硫铝酸盐水泥的研究进展[J]. 混凝土，2020（3）：81-84.

[8] 申铁军. 铁尾矿渣代换碎石用于水泥混凝土的可能性研究[J]. 青海交通科技，2021，33（3）：150-158.

[9] 李洁文，马凌宇，李桂芹. 粉煤灰和矿粉对混凝土力学与耐久性能的影响研究[J]. 当代化工，2021，50（3）：545-548.

[10] Wu X R，Wang P，Li L S，et al. Distribution and enrichment of phosphorus in solidified BOF steelmaking slag[J]. Ironmaking and Steelmaking，2013，38（3）：185-188.

[11] 赵计辉. 钢渣的粉磨/水化特征及其复合胶凝材料的组成与性能[D]. 北京：中国矿业大学，2015.

[12] 张同生，刘福田，王建伟，等. 钢渣安定性与活性激发的研究进展[J]. 硅酸盐通报，2017，26（5）：980-984.

[13] 刘满超，冯艳超，赵风清. 利用钢渣、矿渣生产全尾砂充填胶凝材料[J]. 钢铁，2017，52（7）：89-95，103.

[14] 林宗寿，陶海征，涂成厚. 钢渣粉煤灰活化方法研究[J]. 武汉理工大学学报，2001，23（2）：4-7.

[15] 伍秀群，王阳. 浅谈钢渣的综合利用现状[J]. 低碳世界，2021，11（3）：10-11.

[16] 赵立杰，张芳. 钢渣资源综合利用及发展前景展望[J]. 材料导报，2020，34（2）：1319-1322，1333.

[17] 吴跃东，彭犇，吴龙，等. 国内外钢渣处理与资源化利用技术发展现状综述[J]. 环境工程，2021，39（1）：161-165.

[18] 隗一，马丽萍，王立春，等. 钢渣的综合利用现状及应用前景[C]. 《环境工程》2019 年全国学术年会论文集（下册），2019：761-765.

[19] 何亮，詹程阳，吕松涛，等. 钢渣沥青混合料应用现状[J]. 交通运输工程学报，2020，20（2）：15-33.
[20] Guo J L，Bao Y P，Wang M. Steel slag in China：treatment，recycling，and management[J]. Waste Management，2018，78（4）：318-330.
[21] 张添华，刘冰，李惊涛，等. 钢渣粉磨工艺技术现状及发展方向[J]. 环境工程，2016，34（1）：704-706.
[22] 李瑞雪. 钢渣混凝土发展的技术及经济评价研究[D]. 成都：西华大学，2018.
[23] 吴龙，郝以党，张凯，等. 熔融钢渣资源高效化利用探索试验[J]. 环境工程，2015，33（12）：147-150.
[24] Jiang Y，Ling T C，Shi C J，et al. Characteristics of steel slags and their use in cement and concrete—a review[J]. Resources，Conservation and Recycling，2018，136：187-197.
[25] 罗智宏，何峰，张文涛，等. 熔融法转炉钢渣微晶玻璃的结构与性能研究[J]. 人工晶体学报，2018，47（3）：514-521.
[26] 庞锦琨. 钢渣作烧结熔剂配加兰炭生产烧结矿优化试验研究[D]. 西安：西安建筑科技大学，2019.
[27] 杨刚，李辉，陈华. 钢渣微粉对重金属污染土壤的修复及机理研究[J]. 建筑材料学报，2021，24（2）：318-322.
[28] 包勇超. 钢渣粉末处理含重金属废水试验[J]. 环境工程，2018，36（9）：125-127.
[29] 魏超. 钢渣-冷轧废水捕集 CO_2 动力学及碳酸化渣资源利用研究[D]. 赣州：江西理工大学，2021.
[30] Humbert P S，Castro-Gomes J. CO_2 activated steel slag-based materials：a review[J]. Journal of Cleaner Production，2019，208：448-457.
[31] 槐衍森. 矿山充填胶凝材料发展现状与方向[J]. 煤炭与化工，2016，39（2）：88-90.
[32] Cihangir F，Ercikdi B，Kesimal A，et al. Paste backfill of high-sulphide mill tailings using alkali-activated blast furnace slag：effect of activator nature，concentration and slag properties[J]. Minerals Engineering，2015，83：117-127.
[33] 杨志强，苏林，高谦，等. 铁矿全尾砂新型充填胶凝材料的开发及应用研究[J]. 金属矿山，2015，44（8）：163-168.
[34] 宋书巧，周永章. 矿业可持续发展的基本途径探讨[J]. 矿业研究与开发，2002，22（4）：1-5.
[35] 王亚平，鲍征宇，王苏明. 矿山固体废物的环境地球化学研究进展[J]. 矿产综合利用，1998，（3）：30-34.
[36] 周爱民. 矿山充填与矿业可持续发展[J]. 世界采矿快报，1997，13（4）：3-4.
[37] 袁积余，郭生茂. 矿山井下低成本充填胶凝材料的开发研究[J]. 甘肃冶金，2008，30（1）：18-21.
[38] 赵传卿，胡乃联. 充填胶凝材料的发展与应用[J]. 黄金，2008，29（1）：25-29.
[39] 张璐，吕广忠. 金属矿山充填采矿法中充填材料的应用及展望[J]. 现代矿业，2010，26（1）：20-22.
[40] 张静文. 铁矿矿山充填采矿用胶结充填料的研究[D]. 北京：北京科技大学，2015.
[41] 吴爱祥. 膏体充填与尾矿处置技术研究进展[J]. 矿业装备，2011，（4）：32-35.
[42] 王湘桂，唐开元. 矿山充填采矿法综述[J]. 矿业快报，2008，（12）：1-5.
[43] Benzaazoua M，Marion P，Picquet I，et al. The use of pastefill as a solidification and stabilization process for the control of acid mine drainage[J]. Minerals Engineering，2004，17（2）：233-243.
[44] 梁志强. 新型矿山充填胶凝材料的研究与应用综述[J]. 金属矿山，2015，（6）：164-170.
[45] 吴爱祥，杨盛凯，王洪江，等. 超细全尾膏体处置技术现状与趋势[J]. 采矿技术，2011，11（3）：4-8.
[46] 苏亮，张小华. 用充填技术促进矿山资源开发与环境保护协调发展[J]. 矿冶工程，2013，33（3）：117-121.
[47] Prashant M，Kumbakar D. Design and development of cemented fill system[J]. Indian Mining and Engineering Journal，2001，40（5-6）：29-36.
[48] 陈尚文. 充填采矿法的发展[J]. 有色金属：矿山部分，1981，（1）：18-21.
[49] 何哲祥. 中国充填采矿法现状与未来[J]. 世界采矿快报，1990，（13）：18-21.
[50] 谢龙水. 矿山胶结充填技术的发展[J]. 湖南有色金属，2003，19（4）：1-5.

[51] 路世豹，李晓，廖秋林，等. 充填采矿法的应用前景与环境保护[J]. 有色金属：矿山部分，2004，(1)：2-4.

[52] 于润沧. 我国胶结充填工艺发展的技术创新[J]. 中国矿山工程，2010，(5)：1-3，9.

[53] 孙恒虎，黄玉诚，毕华照.综采大断面巷道泵送高水速凝材料护巷技术[J]. 煤炭学报，1994，19 (1)：49-57.

[54] 庞博，程坤，王玉凯. 矿山胶结充填发展现状及展望[J]. 现代矿业，2015，31 (11)：28-30，33.

[55] 鲍军涛，臧元东，李广华. 高浓度全尾砂充填在上向水平分层胶结充填采矿法中的应用[J]. 世界有色金属，2018，(24)：27-29.

[56] Klein K，Simon D. Effect of specimen composition on the strength development in cemented paste backfill[J]. Canadian Geotechnical Journal，2006，43 (3)：310-324.

[57] Fall M，Benzaazoua M，Ouellet S. Experimental characterization of the influence of tailings fineness and density on the quality of cemented paste backfill[J]. Minerals Engineering，2005，18 (1)：41-44.

[58] 韩斌，王贤来，肖卫国. 基于多元非线性回归的井下采场充填体强度预测及评价[J]. 采矿与安全工程学报，2012，29 (5)：714-718.

[59] Chen S J，Du Z W，Zhang Z，et al. Effects of red mud additions on gangue-cemented paste backfill properties[J]. Powder Technology，2020，367：833-840.

[60] Zhu L P，Ni W，Zhang X F，et al. Performance and microstructure of cemented whole-tailings backfilling materials based on red mud，slag and cement[J]. Journal of University of ence and Technology Beijing，2010，32 (7)：838-842.

[61] Huang D，Ni W，Zhu L P，et al. Research on influence of activator on performance of red mud-slag cemented backfilling materials[J]. Mining Research and Development，2011，31 (4)：13-16，51.

[62] 黄迪，倪文，祝丽萍. 烧结法赤泥全尾砂胶结充填料[J]. 北京科技大学学报，2012，34 (3)：246-252.

[63] 祝丽萍，倪文，高术杰，等. 赤泥-矿渣-脱硫石膏-少熟料胶结剂的适应性及早期水化[J]. 工程科学学报，2015，37 (4)：414-421.

[64] 李瑞龙，何廷树，何娟. 全尾砂胶结充填材料配合比及性能研究[J]. 硅酸盐通报，2015，34 (2)：314-319.

[65] 魏微，杨志强，高谦. 全尾砂新型胶凝材料的胶结作用[J]. 建筑材料学报，2013，16 (5)：881-887.

[66] Ercikdi B，Cihangir F，Kesimal A，et al. Utilization of industrial waste products as pozzolanic material in cemented paste backfill of high sulphide mill tailings[J]. Journal of Hazardous Materials，2009，168 (2-3)：848-856.

[67] 肖柏林. 钢渣矿渣制备胶结剂及其在全尾砂胶结充填的应用[D]. 北京：北京科技大学，2020.

[68] 李北星，陈梦义，王威，等. 粉磨方式对铁尾矿-矿渣基胶凝材料的性能影响[J]. 硅酸盐通报，2013，32 (8)：1463-1467.

[69] 孙小巍，吴陶俊. 碱激发矿渣胶凝材料的试验研究[J]. 硅酸盐通报，2014，33 (11)：3036-3040.

[70] Xu G，Yang W，Huang Y. The application of fuzzy mathematical method in the evaluation of the steel slag utilization[J]. Procedia Environmental Sciences，2016，31：668-674.

[71] Wang K，Qian C，Wang R. The properties and mechanism of microbial mineralized steel slag bricks[J]. Construction and Building Materials，2016，113：815-823.

[72] 周超，李媛，常立忠，等. 铁矿山尾矿回填用钢渣基胶结剂的研究[J]. 中国矿业，2016，25 (1)：173-176.

[73] 胡文，倪文，张静文. 高掺量钢渣无熟料体系制备全尾砂胶结充填料[J]. 金属矿山，2012，(10)：165-168.

[74] Zhang J W，He W D，Ni W，et al. Research on the fluidity and hydration mechanism of mine backfilling material prepared in steel slag gel system[J]. Chemical Engineering Transactions，2016，51：1039-1044.

[75] 杨宝贵，韩玉明，杨鹏飞，等. 煤矿高浓度胶结充填材料配合比研究[J]. 煤炭科学技术，2014，42 (1)：30-33.

[76] 王斌云，邹小平，揭晓东. 粉煤灰-矿渣-水泥基钢渣胶结充填料试验研究[J]. 江西建材，2020，(5)：9-11.

[77] 董璐，高谦，南世卿，等. 粉煤灰对矿渣胶结充填材料性能的影响[J]. 金属矿山，2012，(10)：162-164.

[78] 高术杰，倪文，李克庆，等. 用水淬二次镍渣制备矿山充填材料及其水化机理[J]. 硅酸盐学报，2013，41（5）：612-619.

[79] Wang F，Zheng Q Q，Zhang G Q，et al. Preparation and hydration mechanism of mine cemented paste backfill material for secondary smelting water-granulated nickel slag[J]. Journal of New Materials for Electrochemical Systems，2020，23（1）：52-59.

[80] 杨志强，高谦，王永前，等. 利用金川水淬镍渣尾砂开发新型充填胶凝剂试验研究[J]. 岩土工程学报，2014，36（8）：1498-1506.

[81] 温震江，高谦，杨志强，等. 金川镍渣充填胶凝材料力学性能与水化机理[J]. 中国有色金属学报，2021，31（4）：1074-1083.

[82] Zhang G Q，Wu P C，Gao S J，et al. Properties and microstructure of low-carbon whole-tailings cemented paste backfill material containing steel slag，granulated blast furnace slag and flue gas desulphurization gypsum[J]. Acta Microscopica，2019，28（4）：770-780.

[83] Zhang G Q，Wu P C，Gao S J，et al. Preparation of environmentally friendly low autogenous shrinkage whole-tailings cemented paste backfill material from steel slag[J]. Acta Microscopica，2019，28（5）：961-971.

[84] Cui H L，Zhang K F，Zhang G Q，et al. Grinding characteristics and cementitious properties of steel slag[J]. Acta Microscopica，2019，28（4）：835-847.

[85] Wang S，Wang C L，Wang Q H，et al. Study on cementitious properties and hydration characteristics of steel slag[J]. Polish Journal of Environmental Studies，2018，27（1）：357-364.

[86] Wu P C，Wang C L，Zhang Y P，et al. Properties of cementitious composites containing active/inter mineral admixtures[J]. Polish Journal of Environmental Studies，2018，27（3）：1323-1330.

[87] Wang C L，Ren Z Z，Huo Z K，et al. Properties and hydration characteristics of mine cemented paste backfill material containing secondary smelting water-granulated nickel slag（SWNS）[J]. Alexandria Engineering Journal，2021，60（6）：4961-4971.

[88] 周爱民. 矿山废料胶结充填[M]. 北京：冶金工业出版社，2006.

[89] 解飞翔，徐志远，刘春英. 膏体充填特点及其现状分析[J]. 科学实践，2004，14（4）：12-14.

[90] 王强，阎培渝. 大掺量钢渣复合胶凝材料早期水化性能和浆体结构[J]. 硅酸盐学报，2008，36（10）：1406-1416.

[91] 崔孝炜，倪文，任超. 钢渣矿渣基全固废胶凝材料的水化反应机理[J]. 材料研究学报，2017，31（9）：687-694.

[92] Criado M，Femandez-Jimenez A，Palomo A. Alkali activation of fly ash：effect of the SiO_2/Na_2O ratio：Part Ⅰ：FTIR study[J]. Microporous and Mesoporous Materials，2007，106（1-3）：180-191.

[93] 施惠生，叶钰燕，吴凯，等. 基于不同理论的 C-S-H 凝胶模型及结构参数表征研究进展[J]. 粉煤灰综合利用，2017，（5）：69-75.

[94] Hartman M R，Berliner R. Investigation of the struclure of ettringite by time-of-flight neutron powder diffraction techniques[J]. Cement and Concrete Research，2006，36：364-370.

第 3 章　铜尾矿复合胶凝材料的制备及水化机理

3.1　引　　言

大气环境污染，全国民众深受其害。根据《中国气候公报（2015 年）》，自从有现代全球气象数据记录以来的 141 年内，当年的平均气温是历年来最高的，同样也是国内完整气象数据中最高的。不仅气温高，雾霾天气程度和数量同样居高不下：连续的中度到重度的大范围雾霾天气发生了 11 次，最严重的是华北、黄淮等地持续 5 天“白雾茫茫”。而在北京更是全年中有 179 个污染天数，冬季期间 $PM_{2.5}$ 指数高于同期 76%以上。《大气环境气象公报（2019 年）》指出，尽管大气污染扩散气象条件偏差，但雾霾天数已大幅度降低至全国平均 25.7 天，京津冀地区 $PM_{2.5}$ 平均浓度也降为 50μg/m^3。2017 年全国两会上国务院总理李克强强调，雾霾严重影响民众生活，应把雾霾形成机理和危害性作为科研首要研究方向。在 2020 年 9 月 11 日国务院新闻办公室举行的国务院政策例行吹风会上，正式公布大气攻关项目相关成果：重度污染的根本原因是污染物排放量超出环境容量的 50%以上；主要原因为重化工产业的高度聚集和公路运输，并且在重污染期间污染物排放量呈现二次增长；主要来源是散煤和柴油能源的消耗，对应 $PM_{2.5}$ 指数占比分别为 53%和 16%。区域污染严重是因为污染物排放量是全国平均水平的 2～5 倍。因此要降低能源消耗、减少污染物排放，节能减排则是首要任务。

随着社会工业化的日趋完善，工业废弃物的种类和数量也与日俱增，其增长速率整体呈现上升趋势。工业原料的品种不同及生产技术的多样化（主要来源于矿物冶金、煤电利用等行业），造成废弃物成分复杂，能及时以流水线形式再利用而形成产业的常见于建材行业粉煤灰、矿渣粉等，其他废弃物多数大量堆存，等待技术发展后再利用，但对于有害的固废依旧以传统方式处理，如焚烧、填埋、倾倒于海洋等，对环境继续施加压力，影响生态平衡。

以堆存方式处理的废弃物不仅造成土地的浪费，并且对企业的人力、物力、经营造成极大的压力。我国大宗工业固废 2014 年产量达到顶峰，为 39.93 亿吨，“十二五”期间，堆存量净增 100 亿吨，“十三五”期间，因经济放缓、产业结构调整等因素，固废年产值呈下降趋势，2018 年下降至 34.49 亿吨，截至 2019 年总堆存量达 600 亿吨，预计“十四五”期间，平均年产值为 35 亿吨。2020 年 4 月

29 日，十三届全国人大常委会第十七次会议表决通过了新修订后的《中华人民共和国固体废物污染环境防治法》，国家主席签署第 43 号主席令，并于 2020 年 9 月 1 日起实行。法律的修订表明国家对污染防治的决心，也明确了相关方的具体责任和义务，即在政府的引导和监管下，由排放的工业部门、工厂自行处理和利用。2020 年工业和信息化部印发《京津冀及周边地区工业资源综合利用产业协同转型提升计划（2020—2022 年）》，指出要推动京津冀及周边地区工业资源综合利用产业协同转型升级。区域协同机制基本形成大宗集聚、绿色高值、协同高效的资源循环利用产业发展新格局。

根据国家统计局发布的《中华人民共和国 2018 年国民经济和社会发展统计公报》，当年全国水泥产量 22.1 亿 t，同比下滑 5.3%，根据美国地质调查局统计，2018 年全球水泥产量约 39.5 亿 t，较上年减少 2.7%。可见，虽然全球的水泥产量在降低，但国内生产量占全球的 55.95%，依旧是生产大国。而中商产业研究院发布的数据显示，2019 年全国水泥产量为 23.3 亿 t，同比增长 6.1%。虽然国家统计局与各研究院存在统计方式等差异，但大体上相近，整体上可以作为参考依据。根据《水泥单位产品能源消耗限额》（GB 16780—2021），可比熟料综合煤耗不高于 112kg/t，可比熟料综合电耗不高于 64kWh/t，可比水泥综合电耗不高于 90kWh/t。由此可观我国生产水泥的总能耗和节能减排的巨大潜力。按照财税 2015[78]号文件要求，42.5 等级及以上水泥的原料 20%以上需来自废渣。

因此，由于环境压力、能源限额、企业成本上涨等问题，在建材方面提升固废资源循环利用是一条经济可行的途径。根据现有技术手段，固废经过适当的处理过程可以提取有价原料或转化为其他能源形式，以减少对现有资源的消耗。例如，固废可以提取少量多样的常用金属和高价稀有金属，也可以转化为建筑材料等。对于固废综合利用的巨大潜力，建材水泥混凝土仍是最有效途径。

3.2　铜尾矿的综合利用

尾矿是选矿场厂经现有技术手段提取有价成分后，排放出暂时不能再利用的固体废弃物，是工业固废料的主要部分。通常情况下，尾矿中含有少量的有价金属及硅酸盐类或碳酸盐类矿物，可以作为水泥的备选原料。根据国家发展和改革委员会《中国资源综合利用年度报告（2014）》及工业固废网计算，2018 年我国尾矿总产量约为 12.11 亿 t，其中铜尾矿产量约为 3.02 亿 t，约占 24.94%。《2019 年中国固废处理行业分析报告》的数据显示，我国铜尾矿排放量已经达到 2.24 亿 t/a[1]。铜金属因其良好的物理性能及相对稳定的化学性能，广泛应用于现代电气、机械制造等行业，在现代工业化中具有不可替代的作用。铜尾矿是将铜矿石提取有价元素后产生的固废。随着工业的发展，矿石开采技术和选矿工艺也趋向多元化，提升了对有价元素的提取率。而在铜矿石中每提取 1t 铜，会产生约 400t 废石和尾矿[2]，由此亦可看出，国内固废存储之大。虽然国内铜矿石总储存量巨大，但矿物成分杂乱，多为共伴生元素，且品位基本上在 1%以下。加之，大量铜尾矿中也蕴藏着未提取的有价元素，随着尾矿的积聚，未提取的有价元素也是一种宝藏。尾矿带来诸多环境问题：铜尾矿的露天风干堆积，造成田地重金属污染；大型的尾矿坝存在溃坝的风险；等等。因此，如果可以拓展铜尾矿的利用途径或提升利用率，就可以有效缓解环保压力。

国际上拥有较高水平的企业对铜尾矿的利用率为 80%以上，数据显示，国内综合利用率不足 20%[1]，而国内可以将尾矿回收再利用的铜矿生产企业约占 10%，其中可以将尾矿利用率达 80%以上的，占比不到 2%。因此在尾矿利用率上，我国还是要大力向外国学习相关技术和经验。

国内对铜资源的需求逐年增大，尾矿产量日益增多且再次利用率低，造成铜尾矿存储量饱和式上涨。因此，可以通过两个发展方向减轻其危害：提升二次利用率和工业化式大量使用。目前主要研究方向有以下三方面。

3.2.1　铜尾矿中有价成分回收利用研究

企业对尾矿中金属再回收是一条经济效益可观的利用途径。尾矿中不仅含有常见的金属元素，还有稀有金属。稀有金属相当贵重，而金、镍、钨等常见元素同样价格不菲。这样的利用途径既响应了国家号召，又树立企业形象；既减少了尾矿排放量，又得到了有价金属；既降低了尾矿库维护成本，又增加了企业收益，一举两得。但由于选矿技术、设备运转等原因，金属回收率普遍较低[3]。邵爽等根据不同产地的铜尾矿，采用不同的分选方式，回收相应的有价元素，提高了尾矿的利用率[4-7]。Sarfo 等[8]从铜渣中回收有价金属，并对二次残渣进行再利用，在 1440℃进行的碳热还可回收钢渣中大多数金属（如 Fe、Cu 和 Mo），回收的铁合金可作为炼钢原料。金属回收后剩余的非金属残留物可作为玻璃和陶瓷生产的原料。试验表明还原时间、温度和碳含量是最重要的反应过程变量，这些变量经过优化可以确定最有利的操作方式，该操作方式可最大程度地提高金属回收率，同时使次生渣的硬度最大化，并使其密度最小。

3.2.2　铜尾矿用作玻璃和陶瓷原料

铜尾矿可用作陶瓷、玻璃、微晶玻璃原料。微晶玻璃具有玻璃和陶瓷两者的优点，是在生产玻璃时控制煅烧机制以保证晶化制得的多晶材料。刘倩等[9]利用经高温煅烧、湿法球磨后的铜尾矿，以 Cr_2O_3 为晶核剂，研究出最优煅烧温度为1100℃，使其密实度最好，力学性能最佳，且化学性能稳定。但没有分析原料化学成分。廖力[10]利用低硅高钙高铁铜尾矿，以钙镁铝硅四元系统中透辉石为主晶相配制微晶玻璃，通过不同尾矿掺入量及不同烧结温度，确定掺入 40%尾矿、烧结温度 1150℃，制得符合质量标准的样品。施麟芸等[11]以铜尾矿最大化利用率为原则，采用压延法制备钙镁铝硅体系微晶玻璃，根据不同晶化温度及时间对结构及性能的影响，研究出力学性能较优的产品。张雪峰等[12]以山西低钙高硅铜尾矿为主要原料，SiC 为发泡剂，测定尾矿和发泡剂含量以及煅烧机制对泡沫玻璃结构与性能的影响。杨航等[13]利用铜尾矿制备发泡陶瓷，采用 7 因素 3 水平正交试验，测定力学性能、吸水率及孔隙率等指标，发现烧成温度是对各指标的重要影响因素。这些应用基础的研究为铜尾矿的高附加值综合利用提供了一条新路径。

3.2.3　铜尾矿在水泥混凝土中应用

水泥生料烧制时会加入可以加速生料结晶化合的矿化剂，常用的是萤石和石膏复合物。而金属尾矿中以 Si、Ca 为主要元素，同时含有多种微量元素。当金属尾矿用于替代水泥生料时，在烧制过程中微量元素就起到了矿化剂的作用，可以提升晶格活化能力、降低生料烧成温度、促使反应物断键等，加速生料的固相反应，从而改善水泥熟料性能。铜尾矿不仅具有以上特点，而且因其粒度较细，用于水泥生产可降低物料破碎、粉磨等所需的能源成本[14]。不同地区的成矿条件不同，造成尾矿中的化学成分、矿物组成不一。若尾矿中有氢硫酸盐，那么在煅烧阶段会发生放热反应，能够降低生料的烧成温度，从而节约能源消耗。因此金属尾矿用作水泥矿化剂将具有重要的意义[15, 16]。通常水泥生料是硅铝酸盐矿物，因此对碳酸盐型尾矿应谨慎考虑。若是根据生料的化学成分，调整、补充尾矿的化学成分，那么也可以根据传统水泥生产过程，调整煅烧机制后，生产尾矿水泥。铜尾矿中硅钙铝含量比较高，可以代替部分石灰石作水泥熟料的原料，且其含有微量元素，有利于提高生料的易烧性，进一步降低水泥的生产成本。此外，铜尾矿中含有部分氧化物，可以稳定 β-C_2S 成型，减少 γ-C_2S 形成[17]（注：γ-C_2S 物理性质比 β-C_2S 稳定，β-C_2S 向 γ-C_2S 转变时会发生体积膨胀）。

混凝土中应用的固废主要有：粉煤灰、矿渣粉和钢渣。铜尾矿的使用多数还处于研究阶段，主要研究方向有：铜尾矿颗粒较细，可以直接代替部分细骨料；经不同方式激活尾矿后作掺和料。

Shirdam 等[18]使用铜尾矿砂作为水泥的部分替代品，结合硅粉配制混凝土，并优化混凝土配合比设计以改善混凝土的耐久性。结果表明，用硅粉和尾矿砂代替了7%和20%的水泥，水胶比为0.4时，提升了混凝土的强度和耐久性。但以硅粉和尾矿砂代替部分水泥，其综合成本并不一定降低；且尾矿砂中Fe含量较高，应先回收后再作固废利用。Esmaeili等[19]使用铜渣作混凝土中水泥的部分替代品，代替15%的水泥可获得最佳结果，其机械强度显著提高。当代替30%时，仅提高了耐久性，而代替15%的水泥，吸水率、水渗透深度和氯离子渗透率方面表现出最佳性能。但该尾矿是高硅低钙型，活性较低，在制备混凝土时没有将尾矿激活，因此替代水泥比例较低。宋军伟等[20]采用机械粉磨及热激发的激活方式激发铜尾矿粉的活性，并代替部分水泥制备复合胶凝材料体系，同样也是代替15%的水泥为最优掺量。但如果采用标准养护模式，体系早期强度低，而有利于后期增长；如果采用蒸养模式，体系早期强度高，而不利于后期增长。付翔等[21]将少量硅藻土加入铜尾矿粉-硅酸盐水泥复合胶凝材料体系中，改善了原体系的部分性能，但对后期的影响尚未研究。Zhang等[22]研究了含铜尾矿砂的微团聚物填充对含铜尾矿的水泥浆孔结构的影响。在养护初期，随着铜尾矿替代水泥量的增加，含铜尾矿的水泥砂浆的抗压强度降低。而在水泥水化后期，铜尾矿的微聚集体很好地填充了孔隙并紧密结合于周围的水合产品。在水泥水化的后期，铜尾矿的微骨料填充是导致铜尾矿强度增加的原因。

Zhang等[23]以铜尾矿砂改性人工砂制备高性能混凝土（HPC），测定力学性能、干缩率、氯离子渗透等指标。结果表明，铜尾矿砂可以填充混凝土间隙，降低了孔隙率和氯离子渗透系数，混凝土后期强度发展迅速。鲁亚等[24]利用低钙高硅铜尾矿制备超高性能混凝土（UHPC），磨细铜尾矿粉根据不同的细度分别替代12%的水泥及40%粉煤灰，而铜尾矿原矿替代50%的天然河砂，其力学性能满足施工要求，并且可以适量减少钢纤维的掺量，进一步降低混凝土成本，但其中没有数量化磨细后铜尾矿的活性及对混凝土的强度发展的微观分析。Rajasekar等[25]利用铜尾矿替代石英砂制备UHPC，将原矿全部替代石英砂是满足需求的，而用粉磨后原矿制备UHPC力学性能优于石英砂，且耐久性也得到了提高。邹先杰等[26]利用铜尾矿和机制砂复合，研究混凝土相关性能。机制砂-河砂混凝土收缩行为最好，主要是因为优化了颗粒级配，提高了密实性。而机制砂-铜尾矿混凝土的抗氯离子渗透性最好，主要是因为增加了细骨料中的粉料含量，降低了孔隙率。而机制砂-铜尾矿混凝土的需水量最大，主要是因为铜尾矿中的粉料含量较高，增加了混凝土的比表面积。徐汪杨[27]使用铜尾矿为再生细骨料，通过复合粉煤灰及碱性激发剂制备再生骨料地聚物，探索成型工艺、物料配合比及养护制度等，制备出综合性能指标最优的再生骨料地聚物。但因养护阶段需要在密闭80℃养护2d，在实际应用中增加操作困难；虽然地聚物基再生骨料的综合性能优于水泥基再生骨料，但物料成本也高，在工业化中不具备竞争力。

叶晓冬[28]使用铜尾矿粉和石粉作矿物掺和料，通过机械粉磨铜尾矿和其他原料的复合掺量在15%以下、水灰比低于0.35，力学性能有所改善，并建立抗折强度与抗压强度的数学拟合模型，在满足指标的同时可以节约成本。但对相关的机理分析并不明确，如机械粉磨提升物料活性、力学性能的微观发展等，虽然混凝土的生产成本有所降低，但工程价值有待提高。施麟芸等[29]利用铜尾矿渣粉作掺和料，研究其活性规律，并采用粉煤灰和矿粉分别与铜尾矿渣粉双掺、三掺分析水化产物。但对铜尾矿的激活可以考虑复合方式，并且如果考虑增加铜尾矿对水泥的替代率，28d的强度也可能达到普通水泥42.5级。李巧玲[30]使用铜尾矿和氧化石墨烯作矿物掺和料，通过分析机械粉磨后的粒径分布，计算得出尾矿的粉磨动力学方程，可以定量解释粉磨过程。氧化石墨烯铜尾矿水泥胶凝体系中，氧化石墨烯可以加速C-S-H的结晶成核和晶体生长，提高早期强度。但机械粉磨对尾矿活性提升较弱，可以考虑复合方式激活；氧化石墨烯-铜尾矿-水泥胶凝体系中的耐久性还有待验证。李新健[31]使用铜/铁尾矿为主要原料制备了复合胶凝材料，并应用于建筑3D打印材料。通过力学性能、重金属浸出性能和放射性验证了3D打印材料的可行性，并降低了建筑材料的成本。但在工业化应用中还需研究大构件的可行性。

钱嘉伟等[32-34]利用低硅低钙低铝铜尾矿与硅砂、石灰等原料，经粉磨后制备出符合A3.5、B06级规范要求的加气混凝土。黄晓燕等[35]利用同一铜尾矿与矿渣、风积砂等原料同样制备出了同一等级的加气混凝土。而从成本上看，黄晓燕等的技术方案较为经济。祝丽萍等[36]阐释了铜尾矿在蒸压养护下的水化过程及强度发展。申盛伟[37]使用铜尾矿高掺量应用于加气混凝土，通过机械粉磨和碱性激发剂改性原尾矿后，提高了水热反应能力；优化各原料的配合比后，促进了水化产物的形成，提高了铜尾矿蒸压制品的综合性能。但限定了机械粉磨方式，对工业化还需再研究；加气混凝土的收缩性、抗碳化性等相关指标没有测试，相关的理论尚需完善。陈坤[38]使用铜尾矿等固废制作复合蒸压加气混凝土，通过机械粉磨和碱性激发剂激发铜尾矿等固废活性，探索最佳颗粒级配、最佳掺量，优化水灰比和不同养护制度后，测定相关混凝土宏观指标，分析微观机理。但对抗碳化性能等指标没有进一步的研究；对孔结构的研究也不够细致。

综合以上分析可知，铜尾矿的大宗利用还是用于水泥和混凝土中，用作细骨料主要优化了颗粒级配，增加了密实性。铜尾矿中虽然含有一定量的活性氧化物，但属于低火山灰活性。研究表明，游离CaO可与具有火山灰活性物质的矿物掺和料反应生成水硬性胶凝能力的水化物，掺和料的加入可以促进水泥水化产物的二次水化反应[29, 39]。而用于水泥或掺和料，则要根据不同原料采用不同的激活方式或者复合激活方式。当用于水泥，则需要通过煅烧方式激活，将复合物料经过相变、固相反应等复杂的物理化学过程，生成与水泥熟料相近的矿物成分C_3S、玻璃体等。当用于掺和料，激活方式需要根据实际情况判断。激活后的铜尾矿与粉煤灰、矿渣粉协同工作，作为掺和料与水泥相互促进，抑制水化反应，改善了胶体的力学性能和微观结构，提高了硬化浆体的强度。虽然利用尾矿于混凝土中，在学术研究上百花齐放，但目前可以工业化生产的只有粉煤灰、矿渣粉等少数几种固废。因此，大力提高固废的利用率，不仅需要技术进步，也需要国家加大政策支持。

3.2.4　铜尾矿复合胶凝材料的研究内容及创新点

1. 研究内容

将铜尾矿作为矿物掺和料替代水泥，不仅可以提高尾矿的利用率，而且可以减少水泥的使用量，直接减缓环保压力，并为绿色混凝土的发展提供参考思路。本研究以河北省承德地区铜尾矿为对象，在其物理化学性质及矿物学特征基础上，采用耦合激发方式提升其活性，结合激发效果分析得出最优激发方案。以活化铜尾矿辅以水泥、粉煤灰、矿渣粉配制复合胶凝材料，并研究了复合胶凝材料的性能和水化机理。具体研究内容如下。

（1）铜尾矿特性研究。因原材料及生产工艺的差别，尾矿的成分各不相同，影响其物理化学性质，所以研究其基本性质是不可或缺的。采用了 XRF、XRD 和 SEM 等测试手段分析铜尾矿的物理、化学和矿物组成，为后续激发方案奠定基础。

（2）铜尾矿的耦合激发研究。采用机械力激发、高温激发及化学激发的耦合激发方式。首先采用机械力激发，增大物料的比表面积，优化颗粒级配；然后采用高温激发，破坏其中的化学键后，进行矿物重组，提升物料的活性；最后采用化学激发，加速物料的化学反应，从而提升物料活性。

（3）活性胶凝材料的 MgO 水化安定性和金属固化效果研究。以铜尾矿最优活性指数的胶砂配合比，分析 MgO 的水化速率，测定膨胀性，同时测定活性胶凝材料对 Cu、Mn、Zn 的固化效果。

（4）铜尾矿复合胶凝材料水化机理分析。以水泥、粉煤灰、矿渣粉和活性铜尾矿为原料配制复合胶凝材料，并优化配合比以满足 42.5 普通硅酸盐水泥的要求，并分析其水化动力学、水化产物和微观结构。

2. 创新点

（1）以工业废弃物铜尾矿为主要原料，通过耦合激发方式激活潜在活性：机械粉磨 30min 后，比表面积达 428kg/m^2；700℃高温激发 2h，加入复合碱性激发剂后，活性指数达 111.66。

（2）活性胶凝材料中 MgO 含量约 7.79%，经常温养护 224d 后试件膨胀率满足国标要求；活性胶凝材料提升 Cu、Zn 重金属固化效果。

（3）采用激活铜尾矿辅以粉煤灰、矿渣、水泥制备了铜尾矿复合胶凝材料，复合胶凝材料的安定性、需水量等指标达到 42.5 级硅酸盐水泥标准，28d 胶砂抗压强度达 49.2MPa，制备出多固废矿物掺和料协同利用复合胶凝体系。

（4）铜尾矿复合胶凝材料的水化机理分析表明，胶凝材料的水化过程分为：结晶成核与晶体生长（NG）→相边界反应（I）→扩散（D）三个基本阶段；在整个水化过程中，体系中各物料及水化产物存在着协同作用，主要水化产物为：C-S-H 凝胶、AFt 和 $Ca(OH)_2$ 等。

3.3 铜尾矿复合胶凝材料的研究方案

3.3.1 铜尾矿复合胶凝材料的研究思路及技术路线

1. 研究思路和方法

以河北省承德地区的铜尾矿为研究对象，采用耦合激发方式对铜尾矿进行激活，激发后的铜尾矿辅以粉煤灰、矿渣粉和水泥，制备复合胶凝材料，以降低水泥的使用量。研究按照“特性分析→活性研究→制备研究→性能研究→机理研究”思路展开。试件采用 XRD、SEM 等测试手段，对不同龄期的水化产物做物相测试并分析，通过胶凝材料水化产物的物相变化及水化热差异，揭示复合胶凝材料的水化机理。具体研究内容有以下几个方面。

（1）分析铜尾矿矿物学特性。成矿原因、选矿工艺等多种复杂变量，造成不同地区矿物成分差异较大，为了实现尾矿的充分利用，需先分析其基本物理化学性质，检测化学成分、矿物组成、粒径分布等，为下一步的试验方案打基础。

（2）尾矿活性耦合激发。耦合激发是机械力激发、高温激发和化学激发的复合激发。一般情况下，复合激发的效果高于单一激发，所以采用复合激发方式并探讨各个激发方式的效果，为铜尾矿在复合胶凝体系中的应用奠定基础。

（3）探索以多固废为原料的胶凝体系制备技术。在最大程度利用铜尾矿的基础上，协同利用粉煤灰、矿渣粉，配制复合胶凝材料，并检测基本性能。通过测定复合胶凝材料水化放热速率，辅助 Krustulovic-Dabic 水化动力学模型，分析水化特性，并采用微观测试手段表征复合胶凝材料在不同水化龄期的水化产物。

2. 技术路线

本研究的工艺技术路线如图 3.1 所示。在铜尾矿矿物学特性分析的基础上，通过耦合激发手段处理得到激活原料，而后配合粉煤灰、矿渣粉等其他固废配制出复合胶凝材料。具体研究工作有以下几方面：①采用 XRF 等多种手段表征铜尾矿的矿物学特性、粒径分布等基本特性；②明确耦合激发方案；③将激活铜尾矿、水泥、粉煤灰和矿渣粉等复合制备胶凝材料；④根据复合胶凝材料水化热和微观检测手段，分析水化硬化过程。

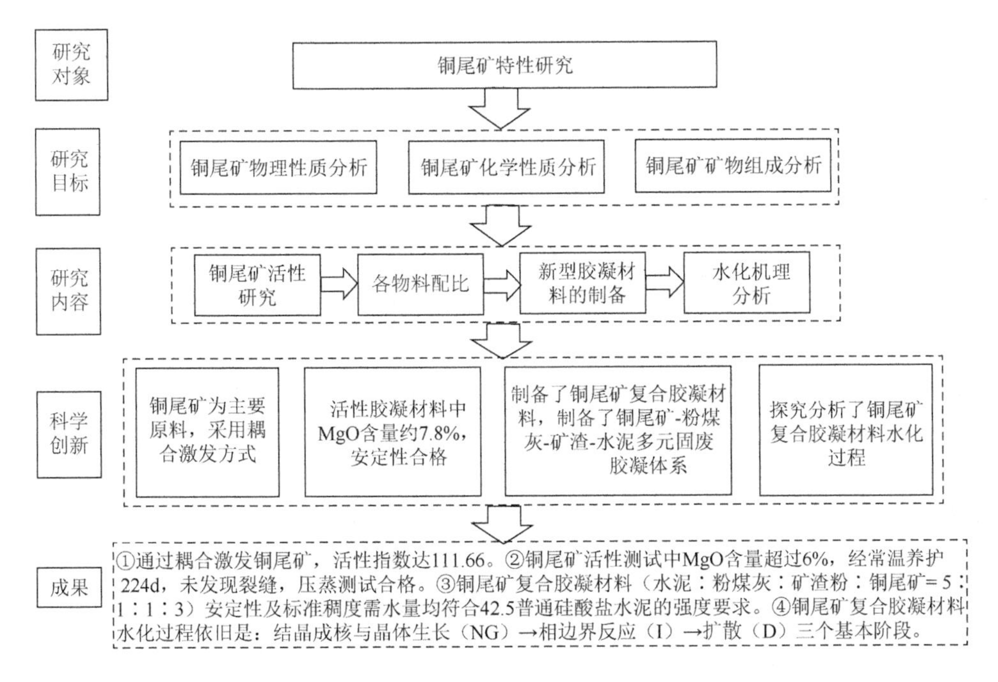

图 3.1　工艺技术路线图

3.3.2　铜尾矿复合胶凝材料的试验原料及方法

1. 试验原料

（1）铜尾矿。试验所用铜尾矿源自河北承德地区尾矿库，相关性质见 3.4.1 节。

（2）水泥。试验所用水泥是金隅集团生产的 42.5 级的 P·I 硅酸盐水泥，主要化学成分见表 3.1，物理性能见表 3.2，主要矿物成分有 C_3S、C_2S、C_3A 等。

表 3.1　P·I42.5 水泥的主要化学组分（%）

成分	SiO_2	Al_2O_3	Fe_2O_3	K_2O	Na_2O	MgO	CaO	TiO_2	SO_3	LOI	总量
含量	22.47	4.81	2.59	0.64	0.17	2.43	62.63	0.38	2.52	1.36	100

表 3.2 水泥物理性能

原料	标准稠度/%	凝结时间/min		安定性	抗折强度/MPa		抗压强度/MPa	
		初凝	终凝		3d	28d	3d	28d
水泥	26.6	85	205	合格	5.7	8.9	31.7	58.4

（3）粉煤灰。试验所用粉煤灰由北京金隅混凝土有限公司提供，比表面积为352m^2/kg，表观密度为 2.39×10^3kg/m^3，细度≥45μm 的为 19.2%、≥80μm 的为7.5%，标稠用水量为 34.7%，28d 活性指数为 86%，化学成分见表 3.3。

表 3.3 粉煤灰的主要化学组分（%）

成分	SiO_2	Al_2O_3	Fe_2O_3	K_2O	Na_2O	MgO	CaO	TiO_2	SO_3	LOI	总量
含量	46.68	33.66	4.59	0.74	0.06	1.84	5.12	1.25	0.47	5.59	100

（4）矿渣粉。试验所用 S95 矿渣粉由首钢集团提供，矿粉的表观密度是3.21×10^3kg/m^3，标稠用水量为 30.8%。根据《用于水泥和混凝土中的粒化高炉矿渣粉》（GB/T 18046—2017），矿渣粉 7d 的活性指数为 79%。表 3.4 为矿渣粉的主要化学成分。

表 3.4 矿渣粉的主要化学组分（%）

成分	SiO_2	Al_2O_3	Fe_2O_3	K_2O	Na_2O	MgO	CaO	TiO_2	SO_3	LOI	总量
含量	33.13	16.15	0.63	0.38	0.57	6.29	39.59	0.70	1.92	0.64	100

（5）脱硫石膏。试验所用脱硫石膏由北京石景山热电厂提供，密度为2.73g/cm^3，呈灰白色，化学组分见表 3.5，主要为二水硫酸钙（$CaSO_4 \cdot 2H_2O$）。

表 3.5 脱硫石膏主要化学组分（%）

成分	SiO_2	Al_2O_3	Fe_2O_3	K_2O	Na_2O	MgO	CaO	TiO_2	SO_3	LOI	总量
含量	4.59	1.74	0.83	0.43	0.08	0.75	44.74	0.07	46.61	0.16	100

（6）标准砂。采用厦门艾思欧标准砂。

（7）水。试验所用水由北京自来水集团有限责任公司提供。

（8）试验所用主要化学试剂如表 3.6 所示。

表 3.6　主要化学试剂

试剂名称	分子式	级别
无水乙醇	CH_3CH_2OH	分析纯
氢氧化钠	NaOH	分析纯
硅酸钠	$Na_2SiO_3·9H_2O$	分析纯
硝酸	HNO_3	优级纯
盐酸	HCl	优级纯
氟化氢	HF	优级纯

2. 试验方法

（1）铜尾矿粉磨处理。首先将原矿放入 110℃干燥箱内烘干 2h，保证含水率低于 1%，自然冷却至室温后，进行方孔筛筛分，去除含泥大颗粒，保留（<0.3mm）铜尾矿细粒，再称重 5kg 装入水泥球磨机，分别粉磨 20min、30min、40min、50min、60min、70min。

（2）铜尾矿高温煅烧处理。将粉磨铜尾矿装入坩埚后，放入马弗炉中煅烧，分别设置为 500℃、600℃、700℃、800℃、900℃，升温速度为 5℃/min，保温 2h，随炉降温后取出备用留样。

（3）铜尾矿化学激发。将粉磨和高温煅烧处理得到的最优活性指数的激活物料，加入多种、不等量的碱性激发剂，运用正交试验法，获得最终激活铜尾矿。

（4）激活铜尾矿的活性指数计算。将机械粉磨不同时间、不同温度高温煅烧及添加不同含量碱性激发剂的铜尾矿粉以掺和料的方式加入基准水泥中，并制备水泥砂浆试件，研究不同激发方式的活性指数，判断最优激活工艺技术。

（5）铜尾矿复合胶凝材料性能测试。将活性铜尾矿、粉煤灰、矿渣粉、水泥等复合制备胶凝材料，揭示不同掺和料对胶凝体系的活性指数，并通过双掺、三掺得出利于固废利用的配合比。再测试复合胶凝材料耐久性。

（6）样品测试及微观分析。利用 XRD、SEM 等手段测试复合胶凝材料的水化产物，揭示复合胶凝体系的水化硬化反应中各原料的协同作用。

3. 测试方法

（1）密度测定。在烘干后的李氏瓶中加入无水煤油，达到刻度线 0～1mL 的位置；再盖上玻璃瓶塞，并于恒温水槽（20±0.2）℃内静置 30min 以上；直到刻度线低于水平面，记读数为 V_1。从恒温水槽中取出李氏瓶，用滤纸擦干瓶体，称取质量，记为 M_1。称取 60g 铜尾矿后，使用小勺将其加入李氏瓶内。其间不停摇晃或手动转圈李氏瓶，直到粉料下沉至底部，轻磕李氏瓶底部直至无气泡出现，再清理瓶口附着的尾矿粉后，盖上瓶塞称取质量，记为M_2。再次将李氏瓶静置于恒温水槽中，保持30min以上，再次观察读数，记为V_2。最后根据式（3.1）进行计算。

$$\rho = \frac{M_2 - M_1}{V_2 - V_1} \tag{3.1}$$

式中，ρ为密度，g/m^3；M_1为瓶子和煤油质量，g；M_2为煤油和原材料以及瓶子质量，g；V_1为未加入样品时的体积，mm^3；V_2为加入样品后的体积，mm^3。

（2）比表面积测定。使用QBE-9型全自动比表面积测定仪测定样品的比表面积。工作环境要求：温度8～34℃，湿度＜85%，工作电压220V，50Hz，无腐蚀性气体及强电磁场辐射场合。根据《水泥比表面积测定方法 勃氏法》（GB/T 8074—2008）操作，试件所用质量根据式（3.2）确定。

$$w = \rho V(1-\varepsilon) \tag{3.2}$$

式中，w为试样量，g；ρ为试样密度，g/m^3；V为试料层体积，cm^3；ε为试料层孔隙率，尾矿取值为0.53。

（3）活性指数测试。掺和料活性的测试方法有多种形式：①强度测试[40, 41]；②水化热测试，根据《水泥水化热测定方法》（GB/T 12959—2008）规定的两种测试方法；③火山灰活性测试，根据《用于水泥中的火山灰质混合材料》（GB/T 2847—2005）规定的火山灰性测试方法[42]。采用强度测试不仅可以测定活性指数，也可以获得力学性能。但缺点也是明显的：测试周期长、水泥的强度可能会影响测试材料火山灰活性的直接表示。采用水化热测试和火山灰活性测试可以明确反映出活性是否合格，但试验操作复杂和严谨。结合试验实际，本章采用强度测试法。

根据《用于水泥混合材的工业废渣活性试验方法》（GB/T 12957—2005），参照尾矿粉与水泥按质量比3∶7配制胶凝材料450g，并拌和均匀后，倒入盛有225g水的搅拌锅内；开启搅拌流程：低速搅拌30s后，加入标准砂1袋再高速搅拌30s，停顿90s，最后高速搅拌60s，关机停电。将拌制完成的胶砂分2次加入胶砂试模（40mm×40mm×160mm）：装第一层时，放入约一半的量，启动振动机器，振捣约30s时用勺子搅拌模具内的砂浆，60s后装入另一半的砂浆。胶砂振捣完成后，用刮刀磨平模具，这就完成胶砂搅拌环节；下面进入养护阶段：室温（20±1）℃、湿度不低于95%，养护24h后拆模，试件放入标准养护室继续养护至3d、7d、28d，测试试件的抗折、抗压强度，并根据式（3.3）计算活性指数。

$$A_i = \frac{R_i}{R_c} \times 100\% \tag{3.3}$$

式中，A_i为龄期i天活性指数，%；R_i为试验组龄期i天抗折或抗压强度，MPa；R_c为对比组龄期i天抗折或抗压强度，MPa。

（4）胶凝材料复合水泥胶砂试件的制备。根据《水泥胶砂强度检验方法（ISO法）》（GB/T 17671—1999）将制备好的胶凝材料与水泥混合溶液放入搅拌机中拌和均匀，然后浇筑到 40mm×40mm×160mm 试模中，振动成型，置于标准条件下养护。测定方法同（3）所述。

（5）胶砂试件测试。胶砂试件的制备和力学性能测试依据《水泥胶砂强度检验方法（ISO 法）》（GB/T 17671—1999）进行，其力学性能通过式（3.4）和式（3.5）方法计算得出。

$$R_{\mathrm{f}} = 1.5F_{\mathrm{f}}L / b^3 \tag{3.4}$$

式中，R_{f}为试件抗折强度，MPa；L为支撑圆柱间距离，mm；F_{f}为破坏荷载，N；b为棱柱体正方形截面边长，mm。注：加荷速率为（50±10）N/s。

$$R_{\mathrm{c}} = F_{\mathrm{c}} / A \tag{3.5}$$

式中，R_{c}为试件抗压强度，MPa；F_{c}为破坏荷载，N；A为受压面积，$1600\mathrm{mm}^2$。注：加荷速率为（2400±200）N/s。

（6）安定性试验。胶凝材料体积安定性测定依据《水泥标准稠度用水量、凝结时间、安定性检验方法》（GB/T 1346—2011）中代用法（试饼法）。①准备两块边长为 100mm、厚度大于 4mm 的正方形玻璃板，光滑面朝上水平放置后，刷上润滑油；②将胶凝材料倒入玻璃板中心点上，使之形成球形，再轻微振动玻璃板边，直到无气泡排出，用微湿的取土刀沿胶材边缘向中间抹去，制成直径大于70mm，中心厚度为 10mm 的光滑试饼；③将试饼放入标准养护箱养护 24h 后，取出试饼并拆下玻璃板后，将试饼放入沸煮箱，加入常温水至淹没试件，并加热至沸腾，保温（180±5）min 后停止，随着沸煮箱冷却至室温；④取出试件观察表面是否有裂缝、总体积是否有明显变化、底部平面是否有弯曲等现象。

（7）抗冻试验。根据《普通混凝土长期性能和耐久性能试验方法标准》（GB/T 50082—2009）中 4.2 节快冻法，将（4）中试件标养至 24d 后取出，放入（20±2）℃的水中养护 4d，取出试件并擦干表面水分后，观察表面完整度并测量质量。将试件放入冻融循环机内，试件中心温度分别控制在（−17±2）℃和（8±2）℃，每25 个循环周期取出试件观察表面完整度和测量质量，通过式（3.6）计算试件的质量损失率。

$$\Delta W_{ni} = \frac{W_{0i} - W_{ni}}{W_{0i}} \times 100\% \tag{3.6}$$

式中，ΔW_{ni}为n次冻融循环后试件质量损失率，%；W_{0i}为冻融循环试验前第i个试件的质量，g；W_{ni}为n次冻融循环试验后第i个试件的质量，g。

（8）金属含量分析。用微波消解法（HNO_3/HCl/HF）提取原料的重金属。称取 0.2g 干燥研磨过筛后的样品，置于消解罐中，加入 3mL 的 65%硝酸（HNO_3）、1mL 的 35%盐酸（HCl）和 3mL 的 40%氢氟酸（HF），消解罐置于微波消解装置进行消解。消解完成后在加热器用 150℃赶酸至液体剩余 1mL，再加入 49mL 的 1% HNO_3，稀释 10 倍后采用电感耦合等离子体质谱仪（ICP-MS）检测原料中金属含量。

4. 分析表征

试验样品所用到的测试分析主要有：X 射线荧光光谱（XRF）分析、X 射线衍射（XRD）相分析、差示扫描量热法-热重分析（differential scanning calorimeter-thermogravimetric analysis，DSC-TG）、扫描电子显微镜（SEM）等，仪器的具体操作及功能介绍如下。

（1）X 射线荧光光谱分析。主要用于测定各物料的化学成分。样品被 X 射线照射时，原子内的电子发生碰撞、跃迁，使电子层发生变化，产生不同能量和数量的辐射，进而测定元素及含量。

（2）X 射线衍射。主要用于定性和定量分析样品物相和晶体结构。样品中物相的鉴定是根据点阵平面间距、衍射强度与标准物相的衍射数据比对后确定的。根据特征峰衍射图谱、强度，分析晶体的结晶程度。X 射线衍射满足布拉格（Bragg）方程式（3.7）：

$$2d\sin\theta = n\lambda \tag{3.7}$$

式中，d 为结晶面间隔，mm；λ 为 X 射线的波长，mm；θ 为衍射角，°；n 为整数。

本试验采用荷兰帕纳科公司所生产的帕纳科 X’Pert Powder 型 X 射线衍射仪，仪器工作条件为：工作电压 40kV，电流 40mA，$2\theta/\theta$ 偶合连续扫描，Cu 靶扫描，速度 5°/min，扫描范围 10°～80°，步长 0.02°。

（3）热重分析。热重分析是样品在加热过程中因受热使晶体产生的吸热或放热反应及样品质量变化的测试方法。通过样品热量的变化可以判断其物理化学变化。测试条件：空气气氛、温度范围为 0～1200℃、升温速率为 10℃/min。

（4）扫描电子显微镜。主要用来观察原状、粉磨铜尾矿表面形貌及水化硬化后产物形貌；分析铜尾矿原状与粉磨后颗粒形状、粒径及表面光滑情况，以及胶凝材料体系中水化后密实度及主要水化成分。

（5）粒径分布分析测定。主要用来测定铜尾矿的粒径分布。根据光散射和颗粒布朗运动原理，测定颗粒粒径，激光粒度分析仪量程为 0.02～2000μm。

（6）比表面积分析。根据《水泥比表面积测定方法 勃氏法》（GB/T 8074—2008），表征各原料及粉磨不同时间的铜尾矿粉的粗细程度，以比表面积数值为判断依据。而测定仪是根据空气通过料桶的时间来判定的。

3.4　铜尾矿的特性及活性

3.4.1　铜尾矿的基本特性

1. 铜矿地质特征

试验所用铜尾矿取自河北省承德地区尾矿库，该地区铜矿矿床地质特征为：铜矿在花岗岩与石灰岩的胚胎上着矿床。因地质条件的不同矿床可分为三种：①以磁铁矿为主，其次是黄铜矿；②在石灰岩裂隙中的绿泥石和黄铜矿细脉；③在震旦纪石灰岩中夹有角页岩中的矽卡岩黄铜矿。矿体主要是由磁铁矿构成的大矿体，在磁铁石中分布有绿泥石、蛇纹石等。矿体组分主要由铜铁共生、铜钼共生，矿体中的脉石主要由透辉石、透闪石等矽卡岩矿物构成。有用矿物主要有磁铁矿、黄铜矿。脉石矿物主要有透闪石、透辉石、钙镁辉石、绿泥石等，脉石中 60%以上是含镁矿物[43-45]，矿石硬度系数为：8～12。根据《水泥密度测定方法》（GB/T 208—2014），测得铜尾矿的密度为 2.79g/cm^3，略低于普通硅酸盐水泥密度，因此当应用于混凝土中时，可以降低容重。

2. 铜尾矿粒径分析

原状铜尾矿颗粒筛分结果见表 3.7。参照《建设用砂》（GB/T 14684—2011）中 7.3 节要求，采用标准方孔筛，称重、筛分、统计数据并分析。采用细度模数 $M_x = [(A_{0.15} + A_{0.30} + A_{0.60} + A_{1.18} + A_{2.36}) - 5A_{4.75}]/(100 - A_{4.75})$（$A_i$ 表示粒径在 i 毫米以上颗粒累计筛余百分率）。计算出细度模数为 0.94，属于特细砂；其中 D_{10} 为 32.45μm，D_{50} 为 152.00μm，D_{90} 为 337.85μm[①]，平均粒径为 171.56μm，颗粒离散度：$(D_{90}-D_{10})/D_{50} = 2.01$；且参照《建设用砂》（GB/T 14684—2011）中 7.4 节要求，测得含泥量为 13.4%；再依据《普通混凝土用砂、石质量及检验方法标准》（JGJ 52—2006）中 3.1 节颗粒级配对照表，该尾矿砂不符合相关要求。因此从粒径角度来分析，该尾矿不宜作建设用砂使用，可以考虑细化处理后用于胶凝材料。

---

① D_{10} 指样品的累计粒度分布达到 10%时所对应的粒径，它的物理意义是粒径小于它的颗粒占 10%。

② D_{50} 指样品的累计粒度分布达到 50%时所对应的粒径，它的物理意义是粒径大于它的颗粒占 50%，小于它的颗粒也占 50%，D_{50} 也称中位或中值粒径，D_{50} 常用来表示粉体的平均粒度。

③ D_{90} 指样品的累计粒度分布数达到 90%时所对应的粒径，它的物理意义是粒径小于它的颗粒占 90%。

表 3.7　铜尾矿的筛分结果

筛孔尺寸/mm	筛余量/g	分计筛余/%	累计筛余/%
4.75	0	0	0
2.36	0	0	0
1.18	0	0	0
0.6	0	0	0
0.3	136.49	27.3	27.3
0.15	196.12	39.2	66.5
<0.15	167.39	33.5	—

3. 铜尾矿组成分析

（1）化学成分分析。尾矿的特点之一就是不同产地、不同地质环境、不同选矿工艺等因素造成其物理化学特性存在很大差异。从力学上分析为：一种矿物晶体中存在两种或以上的化学键，晶格内部与晶面上的聚合力就不同；不同晶体中的化学键更是以多种形式存在，不同晶格中聚合力就更复杂了，力学性质的多样化，也就影响了化学性质的差异化。上面虽然介绍了地质特征，但对化学成分只是初步了解，为了提高工作效率，依旧需要借助相关试验分析仪器了解该尾矿明确的基本特性，为后续的活性研究提供数据支持。

表 3.8 为铜尾矿通过 XRF 的分析结果。从分析结果可知，该尾矿的主要化学成分为 SiO_2，但含量低于 45%，属于低硅（SiO_2<60%）矿物材料；且 CaO 含量不足 15%，属于低钙矿物（我国传统水泥的生产采用 CaO>48%的高品位石灰石）；而 MgO 含量高达 26%，属于富镁矿物。综合分析该铜尾矿属于低硅低钙富镁矿物，用于胶凝材料时需与其他原料协同利用。

表 3.8　铜尾矿化学成分（%）

成分	SiO_2	Al_2O_3	Fe_2O_3	K_2O	Na_2O	MgO	CaO	TiO_2	SO_3	LOI	总量
含量	44.59	4.08	5.50	1.16	0.65	25.98	11.71	0.08	0.27	5.98	100

（2）XRD 分析。铜尾矿 XRD 图谱见图 3.2。由图谱分析可知，铜尾矿中多种矿物属于硅酸盐矿物，其中滑石和蛇纹石属于富镁硅酸盐矿物，而正长石的莫氏硬度最高，未检测到方镁石。图中各矿物特征衍射峰尖锐而明显，各矿物结晶度好，物理化学性质稳定。然而该尾矿几乎没有石英，且 SiO_2 含量不足 45%，为制备胶凝材料带来困难。

绿泥石一般为辉石、角闪石、黑云母等蚀变的产物，化学式可表示为 $Y_3[Z_4O_{10}](OH)_2 \cdot Y_3(OH)_6$（Y 主要代表 Mg^{2+}、Fe^{2+}、Al^{3+}和 Fe^{3+}，Z 主要是 Si^{4+}和 Al^{3+}），属单斜晶系，层状结构。莫氏硬度为 2～2.5。

滑石是硅酸盐矿物，化学式为 $Mg_3[Si_4O_{10}](OH)_2$，属单斜晶系，层状结构。滑石单元层内因电荷平衡而结合牢固，化学性质稳定。滑石在600～700℃时，开始失水，900℃时几乎所有结构水析出。莫氏硬度为1。

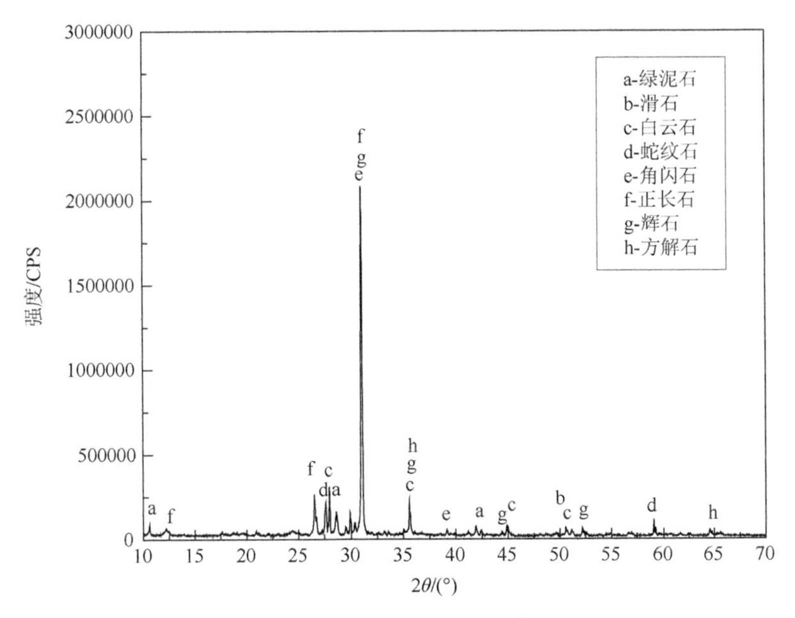

图3.2　铜尾矿XRD图谱

白云石是碳酸盐矿物，化学成分为 $CaMg(CO_3)_2$。莫氏硬度为3.5～4。加热到700～900℃时分解为CaO、MgO和 CO_2。

蛇纹石是含水的富镁硅酸矿物，理想化学式为 $Mg_6[Si_4O_{10}](OH)_8$，因存在多种不饱和键，其具有很高的化学活性[46]。在600～630℃失去结晶水，放热效应在800～810℃，相当于橄榄石矿物的结晶。莫氏硬度为2.5～4。

角闪石属于镁、铁、钙、钠、铝等的硅酸盐或铝硅酸盐，莫氏硬度为5～6。

正长石是一种含有钙、钠、钾的铝硅酸盐矿物，莫氏硬度为6～6.5。

辉石是一种常见的链状结构硅酸盐，化学式为 $Ca(Mg, Fe, Al)[(Si, Al)_2O_6]$，莫氏硬度为5～6。

方解石主要成分为 $CaCO_3$，其母岩是石灰岩。在各种地质作用中均能形成，方解石的形成一般是沉积作用，有大气降水成因，也有火山热液作用沉积的。松散系数为1.5～1.6，莫氏硬度为3。

（3）热重分析。热重分析结果如图3.3所示。TG曲线出现持续下降的趋势，可以得到铜尾矿从加热开始到结束是连续失重的，大致可分为三个明显失重阶段。第一阶段为：26～200℃，失重率为0.2487%，此阶段失重速率缓慢，原因如下：

铜尾矿干燥后含有少量的吸附水，对应吸热曲线中脱去尾矿中的物理吸附水和游离水。第二阶段为：200～500℃，失重率为 0.9471%，DSC 曲线呈现平缓的放热曲线。第三阶段为：500～850℃，失重率为 14.04%，DSC 曲线在该区间出现一处吸热峰和两处放热峰。在 550℃的放热峰是绿泥石的水镁石层脱氢所致[47, 48]；800℃的放热峰是滑石层脱氢。760℃的吸热峰是白云石中 $MgCO_3$ 和部分 $CaCO_3$ 的分解导致的。具体的反应过程如式（3.8）～式（3.10）所示[49]。如果采用高温激活，应着重研究 600～800℃的活性。

600～650℃：

$$CaMg(CO_3)_2 \longrightarrow CaCO_3 + MgCO_3 \tag{3.8}$$

650～750℃：

$$CaMg(CO_3)_2 \longrightarrow CaCO_3 + MgCO_3 \tag{3.9}$$

$$MgCO_3 \longrightarrow MgO + CO_2 \tag{3.10}$$

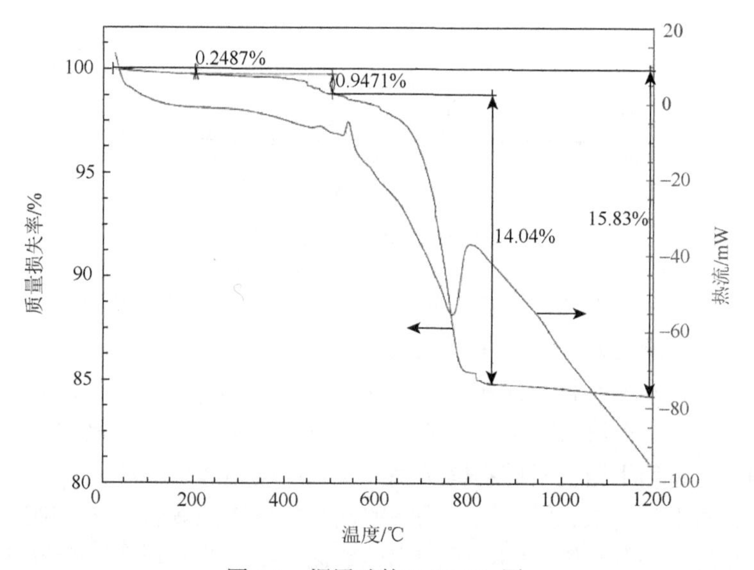

图 3.3　铜尾矿的 DSC-TG 图

3.4.2　铜尾矿的粉磨特性

自 20 世纪 80 年代以来，工业技术的跨越式发展及对原材料的高标准要求，迫使材料科学向着极端参数发展。使材料粒度的微小化甚至超细化，可以改变材料的原物理化学性质，提升各方面性质。物理性质变化有：颗粒细化使得比表面积增加、表面能提高；结晶变化有：晶格产生缺陷或畸变，降低了结晶度。化学变化有：形成新的化合物晶核，或因化学键破坏而发生晶形变化。提升的性能有：

物料粒度细化后致使化学反应速率提升、烧结温度和时长降低等。当物料粒径处于纳米级别时，比表面积与体积比值较大，晶体结构不稳定情况增多，使得物料的活性提升。故铜尾矿通过粉磨也应该可以提升其反应活性。物料粉磨是降低物料粒径的过程，通过粉磨介质与物料之间做功和能量的转移，达到提升物料资源利用率的目的。磨矿作业分为四类：擦洗性磨矿、粉碎性磨矿、超细粉碎、解离性磨矿[50]。磨矿作业的影响因素主要有：矿石性质、磨机参数、操作条件等[51]。磨矿方式有：干磨与湿磨、球磨、高压辊磨、水射流磨等[52]。磨矿介质在材质上大体分为三类：第一类是岩矿类介质，因自身多项缺点，逐步被淘汰；第二类是目前应用广泛的金属介质，可因适用环境的不同，而定制不同质量和形状，且便于生产；第三类是新发展起来的非金属介质，主要适用于特殊要求的环境[53]。

磨矿介质的形状主要有：棒状、球形、锥形及其他不规则形态[54, 55]。而在试验室中以棒状和球形较为常见，主要原因有：两种形状结构简单，尺寸便于选择，制造容易、配件通用；两种形状搭配使用通用性好。球形可以在三维空间均匀转动，产生点撞击，使得对物料的破碎力往往过大，造成过粉碎现象（物料粒径小于 10μm）。而棒状属于线、面破碎，可以有效缩减物料的粒径，且粒度均匀，但是适用于粗磨阶段（大于 0.1mm）。

为提高磨矿效率，磨矿介质尺寸应与物料粒径相适应。当磨矿介质尺寸偏大时，相对应于介质数量降低，减少了介质的总表面积，撞击物料的次数少且动能偏大，造成磨矿后粗粒级含量偏高，并出现过粉碎现象；当磨矿介质尺寸偏小时，单个介质的动能小于物料的弹性势能，便不能通过一次撞击将物料撞碎，且对于大颗粒物料来说，撞击后物料未破碎发生的概率偏高，即便可以撞碎，也需要多次撞击后超出物料的疲软极限时才破碎，同样造成磨矿后粗粒级含量偏高，增加了磨矿能耗[56, 57]。邦德经验方程式为式（3.11）和式（3.12）。

对棒磨机：

$$K_{wr}=1.752D^{\frac{1}{3}}(6.3-5.4V_p)C_s \tag{3.11}$$

对球磨机：

$$K_{wb}=4.879D^{0.3}(3.2-3V_p)\,C_s\left(1-\frac{0.1}{2^{9-10C_s}}\right)+S_s \tag{3.12}$$

式中，K_{wr}、K_{wb} 分别为每吨钢棒及钢球所需的功率，kW；D 为磨机内径，m；V_p 为介质充填率，%；C_s 为磨机转速率，%；S_s 为球径影响系数。

根据式（3.11）和式（3.12），内径大于 3.0m 时，球的最大直径对功率的影响为

$$S_s=1.102\left(\frac{B-12.5D}{50.8}\right) \tag{3.13}$$

内径小于 3.0m 时，球的最大直径对功率的影响为

$$S_s = 1.102\left(\frac{B - 45.72D}{50.8}\right) \tag{3.14}$$

式中，B 为最大球径，mm。

由此可知，当介质充填率一定时，介质尺寸越小，磨机单位电量消耗也就越低。所以磨矿介质尺寸应适配于物料粒径。

根据铜尾矿的基本特性可以推出，如果将原状铜尾矿直接作为胶凝材料使用，是不具备水硬性活性的。为了提高惰性材料的活性，机械粉磨是提高火山灰性的方法之一。通过机械粉磨的方式，对物料做功，将能量转移于物料中，使得物料细微化、晶体结构变化以及聚集、再结晶和微晶化[58]。当铜尾矿的晶格尺寸变小时，一方面相当于体积不变时增加了比表面积，另一方面会增大应变能力，因此通过这两方面增大铜尾矿的水化活性。而当晶格产生缺陷或畸变时，因晶胞空间异样，造成化学键失衡，更容易吸收 H^+、OH^-，进而加速水化反应[59]。当物料颗粒足够细微，当原稳定的晶体结构发生破坏，当物料储存的能量增大，则原惰性物料就增加了活性。但是当粉磨后的粉体发生聚集、再结晶和微晶化，则消耗储备的能量，就使得提高了的活性开始降低。为获得最高活性，就需抑制粉体聚集，常用方式是控制粉磨时长。

结合铜尾矿基本特性及试验室条件，采用水泥球磨机 SM Φ500mm×500mm 型，装载粉磨介质钢球及钢锻，具体尺寸及数量参考标准模式，见表 3.9。在此条件下，将铜尾矿分别粉磨 20min、30min、40min、50min、60min、70min，并制作胶砂试件计算活性指数。另根据相关文献[55]，调整粉磨介质的级配可以提高粉磨效率，调整后的级配见表 3.10，并粉磨 20min，观测粉磨曲线。

表 3.9　粉磨介质尺寸及数量

钢球直径/mm	质量/kg	数量
40	11.85	43
50	17.80	37
60	21.30	24
70	12.60	9
钢锻（Φ25mm×30mm）	40	374

表 3.10　粉磨介质尺寸及数量（调整后）

钢球直径/mm	质量/kg	数量
40	11.85	67
50	17.80	49
60	21.30	27
70	12.60	10
钢锻（Φ25mm×30mm）	40	187

1. 不同粉磨时间铜尾矿的粒径分布

由图 3.2 分析出各个矿物化学性能及其硬度，初步判断粉磨时长分别为 20min、30min、40min、50min、60min、70min，并研究各时间段粉磨效果。通过图 3.4 可以看出随着粉磨时间的延长，粒径峰值由 1 个主峰演变为 2 个峰值再过渡到 1 个主峰的趋势，且主峰也是由右侧慢慢向左侧移动。在主峰左移过程中出现 2 个峰值，也体现对粉磨时长基本判断正确。原矿的体积平均粒径为 171.56μm，其中 D_{50} 为 152.00μm，D_{90} 为 337.85μm，粒径分布狭小，主要分布在 100～400μm，且没有 1μm 以下颗粒，图像曲线变化陡峭。而粉磨 20min 的体积平均粒径为 44.89μm，其中 D_{50} 为 23.74μm，D_{90} 为 109.22μm，粒径分布范围稍有扩散，主要分布在 1～200μm，图像曲线变化缓和，有凸显第二峰值的趋势，表明粉体得到细化，粉磨效率较高。粉磨 30min、40min 效果与粉磨 20min 相似，均有出现第二峰值的趋势。粉磨 50min 时图像出现双峰值，D_{50} 为 11.46μm，主要分布在 1～150μm，分布范围有缩小趋势，且粉磨效率下降。粉磨 60min、70min 的图像中，右边的峰值慢慢向左边峰值过渡，粉磨效率进一步降低。通过分析粉磨 70min 数据发现，在 0.158μm 以下的细小颗粒没有了，这可能是发生了团聚现象，即将达到粉磨平衡状态。从做功和能量转移来分析，尽管粉磨仍在做功，机械能依旧消耗，然而粉磨物料贮存的能量不再增加，从而达到一定的极限值。考虑到粉磨效率下降，不再分析通过延长粉磨时间对粉体激发效果的研究。

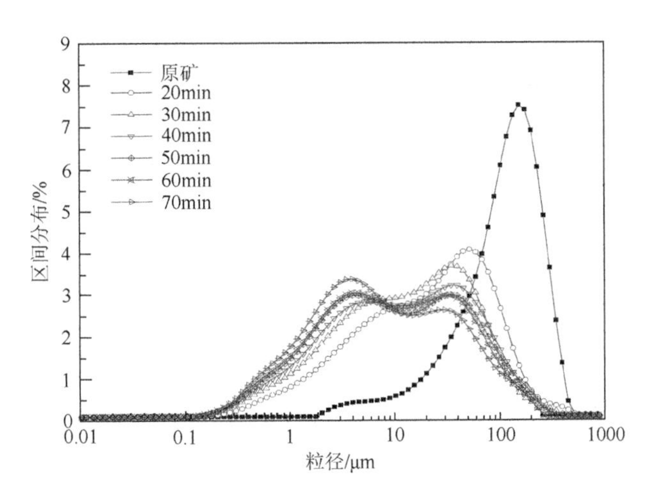

图 3.4　不同粉磨时间铜尾矿的粒径分布

由图 3.5 可知，在粉磨介质尺寸调整后，同样的粉磨时长，曲线峰值向右侧偏移且 D_{50} 和 D_{90} 也降低了，表明粉体得到细化，粉磨效率比原尺寸的提高了，达到了预期效果。因本研究主题是活性分析，在此关于粉磨介质尺寸对粉磨效率的具体影响和分析，不再叙述。

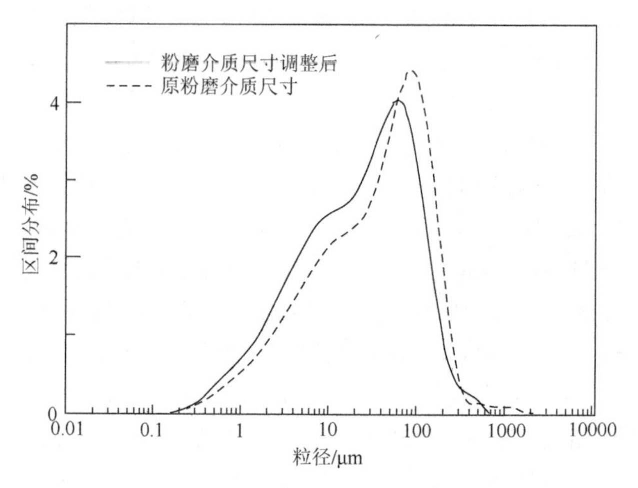

图 3.5　不同介质尺寸的粒径分布

2. 不同粉磨时间铜尾矿的细度分析

比表面积是物料粒径另一种衡量指标，并与化学活性呈正相关性。通过粒径分布及颗粒比表面积，即可大致判断物料活性指数的发展趋势。从图 3.6 中可见，随着粉磨时间的延长，比表面积的增长率逐渐降低直至负值出现。其中由粉磨 20min 的比表面积值可以验证出：通过对物料特性的研究，对粉磨时长的预测与试验结果大体上一致。由上面的粒径分布数值发现，在粉磨 70min 时出现了团聚现象，而通过比表面积测定，可以显著发现，粉磨 50min 是比表面积的最高点，其后就出现了

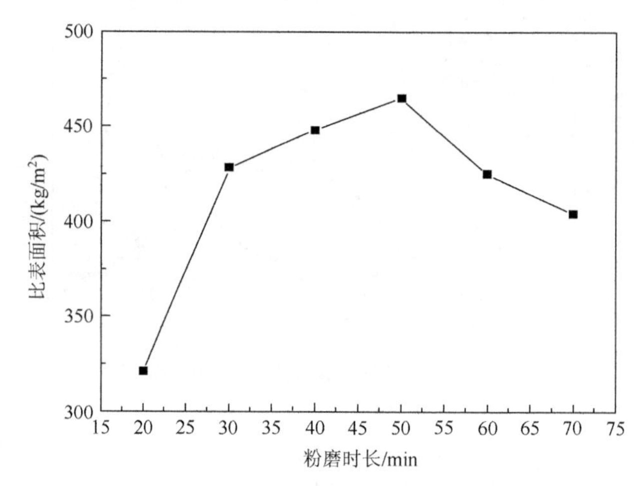

图 3.6　不同粉磨时间铜尾矿的比表面积

团聚现象。由此可以预测不同粉磨时长物料的活性指数发展趋势：粉磨 20min 的活性指数最低；粉磨 40min 或 50min 的活性指数最高；粉磨 60min 或 70min 的早期活性指数偏低，后期强度发展快速。而粉磨时长与粉磨后粒径及比表面积之间的粉磨动力学特征，有多种不同的粉磨动力学方程及分布模型[60-66]，在此不再分析。

3. 不同粉磨时间铜尾矿组成分析

1）XRD 分析

图 3.7 是不同粉磨时长的 XRD 图谱，图谱中各个矿物名称不再标注，可参考并结合图 3.2。整体对比发现，不同粉磨时长的曲线几乎无变化，包括矿物种类、不同矿物衍射峰位置，即便是延长粉磨时长，改变的只是部分矿物的衍射峰峰值、峰宽，这说明机械力粉磨对晶相没有质的改变。峰值的降低说明削弱了晶格的有序化，提升了无定形化，降低了矿物结晶度；峰宽的增大说明晶格内部应力及应变增大，产生应力失衡，造成晶格缺陷。

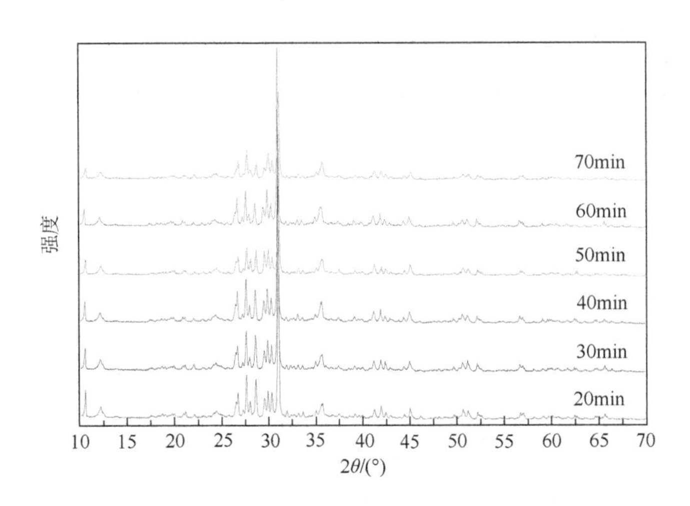

图 3.7　不同粉磨时间铜尾矿 XRD 分析

粉磨机通过提升钢球及钢锻的重力势能，当钢球及钢锻下落时，将势能转移为动能释放给粉体，对粉体做功，此时钢球及钢锻是能量媒介。得到动能的粉体首先克服自身的应变能，再提升自身的内能，打破晶面上的结合力及部分稳定的化学键，使得粉体形体发生变形、破裂。变形、破裂后的粉体将原内能一部分转移为新生表面的表面能；一部分转移为其他不同形式的能量，损失于外界环境中，如热能，随着粉磨时长的延长，球磨机筒体温度持续升高[67-69]。通过图 3.7，可以判断出粉体的破碎面多数处于粉体的晶面之间，而化学键的破裂是少量的。因此，晶面间的表面能及破裂化学键是提升粉体活性的主要原因。而随着颗粒能量不断累积、表面吸附力持续增大到超过颗粒自身重力时，就会发生颗粒团聚现象，此时颗粒难以粉碎，降低了粉磨效率，直至出现粉磨平衡状态，颗粒比表面积降低就是验证。

2）SEM 分析

由图 3.8 中扫描电子显微镜下铜尾矿形貌可以看出，原矿的颗粒粒径较小，分布也不匀称；颗粒形状多为不规则体，含有少量片状，初步判断可以直接作为细骨料用于混凝土中；表面粗糙纹理杂乱，无明显孔隙、气泡，若作为细骨料可以与浆体有较好的黏结度，增强物料机械力。随着粉磨时间的延长，颗粒尺寸下降明显，粒度缩小，形状趋向于球形。仔细观察图 3.8（e），发现在大颗粒表面出现了少量的团聚现象，且再延长粉磨时长，团聚现象越发明显，这是由于采用撞击或摩擦等方式，颗粒新生面会存储累积大量能量，在静电力或范德瓦耳斯力作用下，便发生团聚。

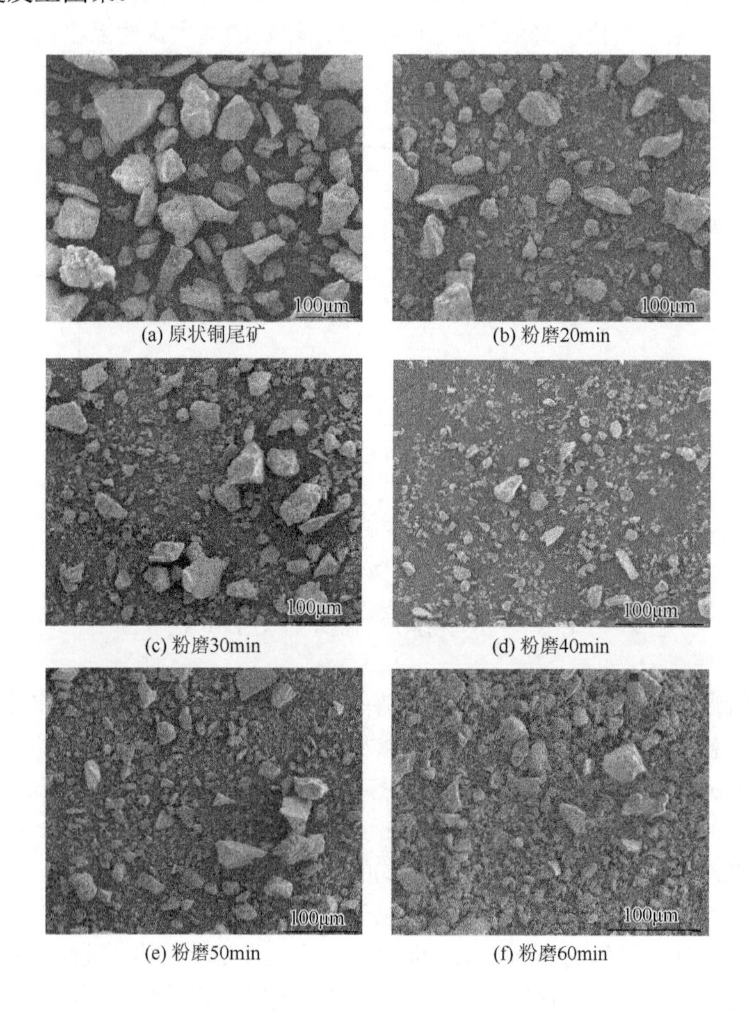

(a) 原状铜尾矿　(b) 粉磨20min
(c) 粉磨30min　(d) 粉磨40min
(e) 粉磨50min　(f) 粉磨60min

(g) 粉磨70min

图 3.8　铜尾矿 SEM 图

4. 不同粉磨时间铜尾矿的火山灰活性

活性指数按照《用于水泥混合材的工业废渣活性试验方法》(GB/T 12957—2005)的要求测定;胶砂试件的制备按照《水泥胶砂强度检验方法(ISO 法)》(GB/T 17671—1999) 的要求制备。

试验方案配合比如表 3.11 所示，A0 为对比组，A1～A7 分别为掺入原尾矿、粉磨（20min、30min、40min、50min、60min、70min）尾矿，标准养护至测定龄期，测定力学性能并计算活性指数 R_{28}。试验结果见表 3.12。

表 3.11　铜尾矿活性指数测试用配料（g）

编号	水泥	铜尾矿	标准砂	水
A0	450	—	1350	225
A1～A7	315	135	1350	225

表 3.12　不同粉磨时间铜尾矿活性指数

编号	抗折强度/MPa			抗压强度/MPa			R_{28}/%
	3d	7d	28d	3d	7d	28d	
A0	4.9	6.2	9.3	22.5	30.8	48.9	100
A1	3.4	4.7	6.8	16.3	21.6	39.7	81.19
A2	4.3	5.5	7.0	19.1	24.9	43.0	87.93
A3	5.5	5.7	7.5	19.8	27.0	44.4	90.80
A4	4.9	5.6	6.1	20.0	27.5	40.9	83.64
A5	4.8	5.1	8.1	20.1	28.4	44.8	91.62
A6	5.3	5.5	7.7	19.8	27.6	44.9	91.82
A7	4.2	5.3	7.5	19.8	27.8	42.8	87.53

从表 3.12 中可以看出，强度发展的趋势大体上是随着粉磨时长先增大后减小，各试件的活性指数均达标（活性指数≥65%），即便是没有粉磨的原状尾矿活性指数也高达 81.19%。粉磨 60min 铜尾矿 28d 抗压强度最高，活性指数高达 91.82%。由粉磨后的粒径和比表面积的测定结果，预测粉磨 50min 后铜尾矿的活性指数最高，而实操的试验结果显示粉磨 60min 活性指数最高，但粉磨 50min 铜尾矿的活性指数与其相差 0.2 个百分点，结合试验实操的误差，可以说两者活性指数不相上下，也证实了预测的准确性。但是，如果结合实际应用与经济效果，粉磨 30min、40min、50min、60min 的活性指数也是几乎相同的。

如果从经济性上分析，A1 组的活性指数高达 81.19%，而通过 20min 的机械粉磨后铜尾矿活性指数约 88%，那么机械粉磨的能耗，对物料活性的提高是否值得？对比不同粉磨时间铜尾矿的活性指数，若 A3 组为较优选择，那么 A3 组比 A2 组多出来的能耗和强度是否值得？若最后优先 A2 组，那么可以提高活性指数的其他方式、技术，是否还有再利用的必要？

本章以活性研究为目的，暂以 A3 组为最优进行下一步研究。

3.4.3　铜尾矿的热活化

热活化主要方式有煅烧活化和蒸养活化，本章采用煅烧原材料的方式进行激发效果研究。原材料在高温环境下可以提升活性的原因主要有两个：一是矿物吸热后化学键的重建和排序，形成热力学不稳定形态；二是化学成分分解。根据铜尾矿的热重分析判断煅烧温度设定为：500℃、600℃、700℃、800℃、900℃。煅烧程序为：空气氛围，起始温度为常温，升温速度为 5℃/min，保温时长 2h，随炉降温。虽然当物料从高温快速转冷时，大量热能不能及时传导，转而形成玻璃体形式的化学能，在宏观上表现出物料的活性，并且温度越高，冷却速度越快，活性越大，但综合考虑实验室环境及相关资源，降温过程采用保守方式。

根据文献研究结果[70-72]，不同矿物经过不同激发方式，活性变化不等，因此采用不同粉磨时长及不同煅烧温度两个变量复合测定全部活性指数的试验思路。试验试件编号见表 3.13，试验结果见表 3.14。

表 3.13　铜尾矿煅烧试验编号设计

煅烧温度	粉磨 20min	粉磨 30min	粉磨 40min	粉磨 50min	粉磨 60min	粉磨 70min
500℃	B25	B35	B45	B55	B65	B75
600℃	B26	B36	B46	B56	B66	B76
700℃	B27	B37	B47	B57	B67	B77
800℃	B28	B38	B48	B58	B68	B78
900℃	B29	B39	B49	B59	B69	B79

表 3.14　煅烧后铜尾矿活性指数

编号	抗折强度/MPa		抗压强度/MPa		R_{28}/%
	7d	28d	7d	28d	
B25	6.7	8.5	30.2	41.6	85.07
B26	6.3	8.3	30.0	44.3	90.59
B27	6.2	8.3	29.4	44.4	90.80
B28	6.0	9.1	29.1	43.4	88.75
B29	5.8	7.0	28.2	41.7	85.28
B35	6.6	8.5	30.6	43.3	88.55
B36	6.4	6.4	30.4	45.2	92.43
B37	6.7	9.0	32.4	50.6	103.48
B38	6.4	6.1	31.4	41.6	85.07
B39	6.2	6.9	30.8	41.1	84.05
B45	6.7	8.6	32.4	44.2	90.39
B46	6.3	6.4	31.7	43.8	89.57
B47	6.2	8.4	31.6	46.1	94.27
B48	6.2	6.0	31.4	38.4	78.52
B49	5.7	5.8	26.3	38.4	78.52
B55	6.5	8.7	30.6	43.9	89.78
B56	6.5	8.8	32.3	44.4	90.80
B57	6.1	9.6	31.0	42.7	87.32
B58	6.1	5.9	29.4	38.5	78.73
B59	5.9	10.3	29.2	45.2	92.43
B65	6.3	8.7	31.2	44.6	91.21
B66	6.1	9.2	30.8	44.3	90.59
B67	6.1	9.2	30.3	45.1	92.23
B68	6.4	9.5	29.7	47.0	96.11
B69	6.7	10.0	28.8	48.7	99.59
B75	6.0	8.4	31.2	44.7	91.41
B76	6.3	8.5	31.0	45.0	92.02
B77	7.0	8.5	31.0	45.6	93.25
B78	5.6	8.9	27.2	48.1	98.36
B79	5.9	9.6	26.9	44.5	91.00

1. 煅烧前后颜色变化

如图 3.9 所示，粉磨后未煅烧样品呈现灰色，与基准水泥的颜色相近，并且随着粉磨时间的延长，颜色几乎无变化。如图 3.10 所示，煅烧后颜色变化明显，各组颜色均匀。整体上随着温度的升高，颜色由亮黄色逐渐变为橘黄色，这可能是高温氧化条件下 FeO 转化为 Fe_2O_3。而 B28 出现两种颜色，是因为未烧透。后经查阅文献及试验验证，未烧透的原因是：细圆柱形坩埚底部物料密实，使得气流流通不畅，致使物料受热不均匀，经更换坩埚形状，再未出现此现象。从形态上观察，在 500℃和 600℃时，各物料粉末较为松散，而再随温度的升高，物料与坩埚出现不同程度的粘黏情况，且物料出现不同程度的结块现象，在 900℃时出现了烧结现象（图 3.11），因此判断 900℃已不适合于热激发。

图 3.9　粉磨后铜尾矿颜色

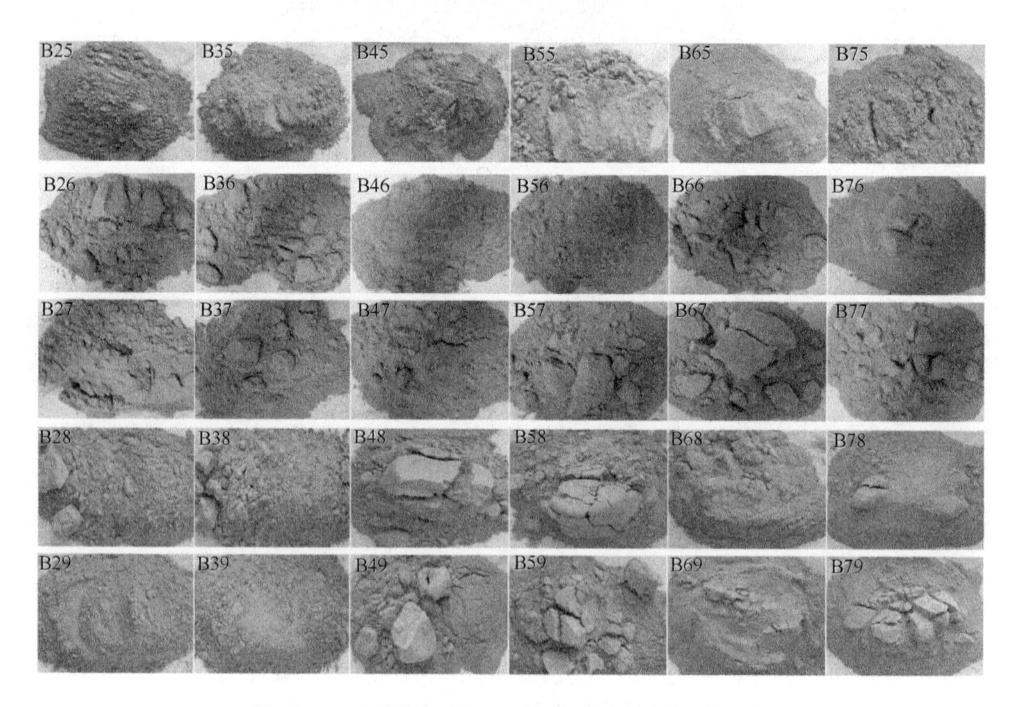

图 3.10　不同粉磨时间、不同煅烧温度铜尾矿颜色

图 3.11　铜尾矿烧结现象

2. 煅烧后铜尾矿的活性分析

从表 3.14 中可以看出，大体上强度发展的趋势是：在同一粉磨时间内，随温度升高，强度先升高后下降；在同一煅烧温度内，强度随粉磨时间的发展规律性不明显。煅烧后的活性指数较粉磨后的也是部分有所提升，部分有所降低。采用最高活性指数 103.48%的 B37 组为最优选择，继续研究。

3.4.4　铜尾矿的化学活化

化学活化主要采用碱性激发剂和酸性激发剂提升活性指数。酸性激发剂可以提升矿物掺和料的早期活性，因为酸性可以中和水泥的碱性水化产物，有利于碱性物质的分解，加速水泥水化的进行[73-76]。结合研究目的，本章采用碱激发剂。碱激发剂主要有：氢氧化物、碱的无硅酸弱酸盐、碱的硅酸盐等[77]。Duxson 等[78]分析碱激发反应为：物料与 OH^-反应析出硅铝；硅铝聚合为低聚合物；大量的低聚合物继续聚合，并体现物料的凝结；低聚合物不断发生结构重构，形成大分子，再形成硅铝聚合胶体。碱激发剂主要是对这些固体废弃物中含有热力学不稳定的玻璃相或非结晶相起作用，使其溶解释放硅铝和铝氧体，以$[SiO_4]$和$[AlO_4]$或$[AlO_6]$的形式存在并在碱性环境中解聚。$[SiO_4]$、$[AlO_4]$、$[AlO_6]$不断解聚，使得玻璃体不断解离，提高水化活性。

复合激发是指采用两种或以上的激发剂同时激活的方式。文献指出[79, 80]，复合激发剂效果优于单一激发剂。因此本章以脱硫石膏、NaOH 和 Na_2SiO_3 为复合激发剂，其掺量分别为胶凝材料的 6%～12%、1%～2%、0.75%～1.25%。

1. 正交试验设计

以脱硫石膏、NaOH 和 Na_2SiO_3 为复合激发剂，并通过正交试验以确定各原料的掺量。现以每种激发剂选取 3 个不同掺量，掺量值见表 3.15。根据正交试验因素水平的排列得出试验方案表 L_9（3^3），如表 3.16 所示。

表 3.15　铜尾矿化学活化正交试验设计

水平	A NaOH/%	B 脱硫石膏/%	C Na_2SiO_3/%
1	1	6	0.75
2	1.5	8	1
3	2	10	1.25

表 3.16　铜尾矿化学活化正交试验方案表

编号	因素			试验方案
	A	B	C	
C1	1	1	1	$A_1B_1C_1$
C2	1	2	2	$A_1B_2C_2$
C3	1	3	3	$A_1B_3C_3$
C4	2	1	2	$A_2B_1C_2$
C5	2	2	3	$A_2B_2C_3$
C6	2	3	1	$A_2B_3C_1$
C7	3	1	3	$A_3B_1C_3$
C8	3	2	1	$A_3B_2C_1$
C9	3	3	2	$A_3B_3C_2$

对标准养护的胶砂试件，测定养护龄期 3d、7d、28d 的抗折、抗压强度，试验结果见表 3.17。计算试验结果的抗压强度的极差，方法如下。

（1）对各列水平号相同的试验结果累积加和，记为 K_{ij}，再分别求出平均值。

（2）计算水平的试验指标中最大平均值和最小平均值之差，记为极差 R。

（3）为体现综合影响程度，采用功效系数法考核各养护龄期抗压强度指标。功效系数法：以各龄期的最高抗压强度指标为各自龄期的功效系数 1，其余抗压强度与最高抗压强度的比值为各项功效系数 d_i，则 $0 \leqslant d_i \leqslant 1$，总功效系数 $d=\sqrt[3]{d_1 d_2 d_3}$，其中，d_1、d_2、d_3 分别为养护龄期 3d、7d、28d 的功效系数。

（4）计算功效系数，判断最高影响因素并选出最佳配合比。

表 3.17　铜尾矿化学活化正交试验测试结果

编号	抗折强度/MPa			抗压强度/MPa			试验方案
	3d	7d	28d	3d	7d	28d	
C1	6.0	6.8	9.2	24.9	29.2	54.6	$A_1B_1C_1$
C2	5.9	6.8	9.3	23.6	28.4	51.4	$A_1B_2C_2$

续表

编号	抗折强度/MPa			抗压强度/MPa			试验方案
	3d	7d	28d	3d	7d	28d	
C3	6.0	7.0	9.7	23.4	28.1	51.3	$A_1B_3C_3$
C4	6.0	7.1	9.7	23.6	28.2	51.3	$A_2B_1C_2$
C5	5.6	6.3	8.9	22.4	27.0	48.5	$A_2B_2C_3$
C6	5.4	6.0	8.3	23.0	26.4	47.8	$A_2B_3C_1$
C7	5.6	6.1	8.3	22.4	27.0	48.6	$A_3B_1C_3$
C8	6.0	6.5	8.6	22.4	25.9	44.7	$A_3B_2C_1$
C9	5.8	6.4	8.5	22.7	26.5	45.6	$A_3B_3C_2$

极差的大小反映了相应因素的显著性，即因素对指标影响的主次顺序。正交试验极差分析表见表 3.18。3d 的抗压强度影响因素主次为：NaOH＞脱硫石膏＞Na_2SiO_3，最佳优化组合方案为 $A_1B_1C_2$；7d 的抗压强度影响因素主次为：NaOH＞脱硫石膏＞Na_2SiO_3，最佳优化组合方案为 $A_1B_1C_2$；28d 的抗压强度影响因素主次为：NaOH＞脱硫石膏＞Na_2SiO_3，最佳优化组合方案为 $A_1B_1C_3$，即 NaOH 为 1%，脱硫石膏为 6%，Na_2SiO_3 为 1.25%。

表 3.18　铜尾矿化学活化正交试验测试的抗压强度极差分析表

组别	因素	A NaOH	B 脱硫石膏	C Na_2SiO_3
3d 抗压强度	K_1	108.7	70.9	68.8
	K_2	69	68.4	69.9
	K_3	67.5	69.1	68.2
	R	41.2	2.5	1.7
7d 抗压强度	K_1	85.7	84.4	81.5
	K_2	81.6	81.3	83.1
	K_3	79.4	81	82.1
	R	6.3	3.4	1.6
28d 抗压强度	K_1	157.3	154.5	147.1
	K_2	147.6	144.6	148.3
	K_3	138.9	144.7	148.4
	R	18.4	9.9	1.3

结合表 3.18 和表 3.19 分析结果，包括不同龄期的抗压强度指标可以得出，编

号 C1 试件功效系数最高。通过表 3.20 中 K 值的计算得出 $A_1B_1C_2$ 为优化试验条件，总功效系数 d 主次顺序是 A＞B＞C。

表 3.19　铜尾矿化学活化功效系数

编号	功效系数			总功效系数
	d_1	d_2	d_3	$d=\sqrt[3]{d_1d_2d_3}$
C1	1	1	1	1
C2	0.95	0.97	0.94	0.95
C3	0.94	0.96	0.94	0.95
C4	0.95	0.97	0.94	0.95
C5	0.90	0.92	0.89	0.90
C6	0.92	0.90	0.88	0.90
C7	0.90	0.92	0.89	0.90
C8	0.90	0.89	0.82	0.87
C9	0.91	0.91	0.84	0.89

表 3.20　铜尾矿化学活化功效系数极差分析表

编号	A	B	C
$\bar{K}_1$	2.9	2.8	2.77
$\bar{K}_2$	2.75	2.72	2.79
$\bar{K}_3$	2.66	2.74	2.75
R	0.24	0.08	0.02

2. 平行试验

现以正交试验中得出的最优化配合比与功效系数分析中的优化配合比进行平行试验，其最终试验方案以及试验结果见表 3.21。

表 3.21　铜尾矿化学活化平行试验测试结果

编号	NaOH	脱硫石膏	Na_2SiO_3	28d 抗折强度/MPa	28d 抗压强度/MPa
C10	1%	6%	1%	9.2	53.1
C11	1%	6%	1.25%	9.3	52.3

由表 3.21 可以看到，两组试验方案的 28d 抗压强度大致相同，并且都低于表 3.17 中试验方案 $A_1B_1C_1$ 的结果。这显然与正交试验法的分析有误差，但正交

试验法的优点也是明显的，结合最后的试验数据分析得出：虽然试验的分析结果与实际的操作结果有出入，但考虑到误差范围是可接受的；再考虑经济成本，最终选用 $A_1B_1C_1$ 组作为最优方案。

通过对比碱激活的最高强度 54.6MPa 与高温煅烧后的 50.6MPa 发现，高温煅烧后再经过化学激发，强度提升并不显著。

3.5 铜尾矿复合胶凝材料的性能

水泥的烧制应符合《通用硅酸盐水泥》(GB 175—2007)，其中 MgO≤5%（质量分数），在压蒸安定性合格时，MgO≤6%。而在传统水泥生产中对石灰石中 MgO 的品位要求是低于 3%，主要是考虑到如果石灰石中 MgO 含量过高，在煅烧过程中会影响石灰石的烧成过程，并因 f-MgO 含量过高而影响最终熟料性能[81-83]，并且生料中 MgO 含量越高，在一定范围内熟料中方镁石的转化率越高。烧制水泥生料是一个复杂的物理化学反应过程：①生料干燥与脱水；②碳酸盐分解；③固相反应；④熟料烧成；⑤熟料冷却。其中各个反应过程可能按顺序进行，也可能多种过程同时进行[84]。因原料中矿物种类和数量不同，反应进程不一，造成各批次熟料的性质也略有不同，如 A 矿、B 矿、f-CaO、f-MgO 等成分的含量及晶粒尺寸，当然煅烧机制也是影响质量的重要因素。有文献指出[85, 86]，当熟料中 MgO＜3%时，可以促进熟料烧成；当 MgO＞3%时，部分 MgO 转变为方镁石。在水泥水化过程中，方镁石水化速率慢，形成 $Mg(OH)_2$ 并伴随体积膨胀至 148%[87]，因此水泥安定性不良，由 $CaO\text{-}MgO\text{-}Al_2O_3\text{-}SiO_2$ 四元相图（图 3.12）[88]可知煅烧温度高于 1650℃时，MgO 与其他氧化物合成 Mg_2SiO_4 或 $MgAl_2O_4$ 等化合物，液相和 Ca_3SiO_4、Ca_2SiO_4、$Ca_3Al_2O_6$ 与 MgO 平衡共存的温度为 1380℃。而在 1380～1650℃之间，MgO 基本处于稳定状态，不参与化学反应，或溶于 C_3S，或溶于玻璃体，或以游离态的方镁石存在，而溶入水泥矿物中的 MgO 和玻璃态的 MgO 都没有膨胀性[89, 90]。

3.5.1 铜尾矿胶凝材料膨胀性

不同生成条件形成的方镁石，其水化速率不同，进而影响了膨胀性。翟学良等[91]轻烧（煅烧温度低于 1200℃）不同镁源材质，得到不同活性 MgO。采用测定 CAA 数值方法，分析得到 MgO 水化动力学方程式，如式（3.15）所示：

$$-\ln(1-\alpha)=kt \tag{3.15}$$

式中，α 为方镁石的水化率；k 为水化反应速率常数；t 为水化时间。

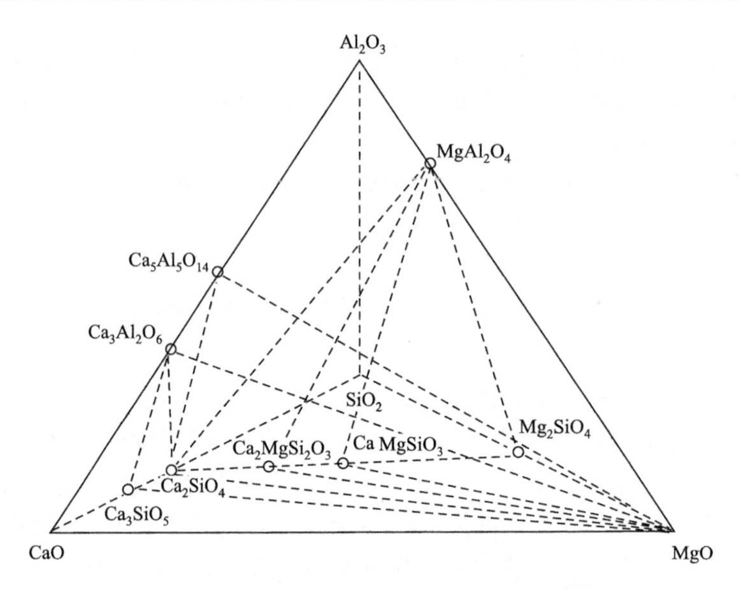

图 3.12　CaO-MgO-Al_2O_3-SiO_2 四元相图[88]

刘欣伟等[92]轻烧菱镁矿，优化了水化动力学方程式，如式（3.16）所示：

$$1-\frac{2}{3}\alpha-(1-\alpha)^{\frac{2}{3}}=kt \tag{3.16}$$

而上述水化动力学方程适用于高纯度的 MgO 的水化，与生料通过烧制经复杂的物理化学反应过程后形成的熟料中含有的 MgO 的水化是不同的，与在水泥中掺入 MgO 的情况也不同。因此对于适用于混凝土中 MgO 的膨胀性的水化动力学，该方程需要补充其他反应因素。

影响氧化镁膨胀性能的主要因素有：①煅烧机制；②养护方式；③掺入掺和料。

煅烧温度是应首要考虑的因素：煅烧温度会影响晶体的结晶度，结晶度越高，水化速率越慢，体积膨胀的可能性越大。而对于 MgO 水化速率，煅烧 800℃时水化较快；1200℃时，水化较慢[93]。随着温度的升高，水化后期体积膨胀越大。MgO 晶体尺寸是随煅烧温度的升高而增大：在 1250℃时为 1.0～2.0μm，在 1450℃时为 15.0～20.0μm[94]。而 MgO 的晶粒尺寸越大，反应活性越低，膨胀性则会延迟。同样地，如果保温时间越长、升温速度越快，MgO 晶体越完整、晶粒尺寸越大，反应活性越低。

水泥煅烧机制中降温方式同样影响方镁石含量，在生料中 MgO 含量固定时，冷却速度越快，方镁石的含量越低[95]。如果冷却速度慢，新形成的矿物有足够的能量成长为晶体，使得水化活性降低。同时 MgO 以结晶态从高温中析出，随着方镁石含量增加，水泥的体积稳定性越发突出；如果快速降温，熟料内玻璃体含量增多，f-MgO 含量降低且晶粒尺寸减小（尺寸越小，水化越快）[96]，有助于早期水化速率和后期的体积稳定性。因实验室环境资源有限，急冷条件不再测试。目前主要通过掺入矿渣粉和粉煤灰改善 $Mg(OH)_2$ 膨胀性[97-99]。胶凝材料中加入粉煤灰可以中和 OH^-，降低方镁石水化反应所需 OH^-，抑制方镁石水解，从而抑制膨胀性，并且碱性的强弱也影响 $Mg(OH)_2$ 晶粒的尺寸[100]。掺入矿渣粉和粉煤灰的胶凝材料，其早期强度低，对 $Mg(OH)_2$ 膨胀产生的应力差较小，可以缓解膨胀变形。

由 3.4 节得出的 C1 组的配合比中，掺量 30%铜尾矿的胶凝材料中 MgO 含量大于 7.79%，超过国标中含量 5%的要求，因此有必要测试复合胶凝的安定性。

综合以上 MgO 膨胀机理的研究可知，高温高压可以加速方镁石水化并显示出膨胀性。再结合激活铜尾矿活性特点，采用《水泥压蒸安定性试验方法》(GB/T 750—1992) 测试掺量 30%激活后铜尾矿胶凝材料的安定性是否合格。经反复测定复合胶凝材料的标准稠度为 29.3%，压蒸膨胀率为 0.424%，满足标准 11.2 节中小于 0.50%的要求。因此，在宏观方面可以判定胶凝材料的体积膨胀性稳定。而在实际工程中，浇筑混凝土构件的内部水化热温度通常高达 60℃，再考虑到硬化混凝土的耐久性，那么仅考虑养护温度为 20℃是片面的，因此有必要考虑在不同温度养护下，水泥硬化后长期的体积变化规律，膨胀率结果如图 3.13 所示。因时间关系养护龄期测试只到 224d。

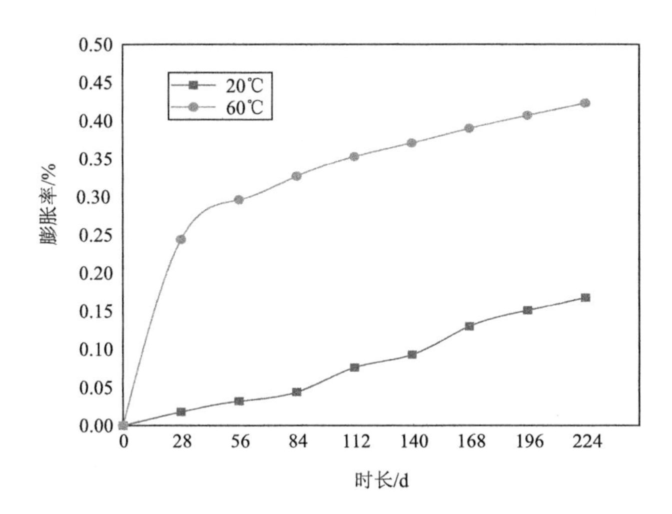

图 3.13　不同养护温度铜尾矿复合胶凝材料的膨胀率

依据《膨胀水泥膨胀率试验方法》(JC/T 313—2009)，图 3.13 为 20℃和 60℃的长期膨胀率发展趋势，水化硬化后膨胀率随养护温度和龄期的增大而增大。20℃的膨胀率起点低、斜率小，60℃的膨胀率起点高。而 20℃龄期 224d 的膨胀率还不及 60℃龄期 28d 的，说明养护温度可以明显加速体积膨胀。60℃龄期 224d 的膨胀率也没有超过 0.50%，可以判断，掺入 30%铜尾矿的胶凝材料可以应用于实际工程中。

MgO 后期的膨胀主要是因为含有游离态的方镁石，如果以 MgO 含量来测定膨胀率是不够精确的，方镁石的定量分析一般有：化学分析法和仪器分析法[87, 101, 102]。化学分析法有：BT 法、ANM 法等；仪器分析法有：电导法、XRD 分析法。化学分析法不能有效分离固溶体和游离态的 MgO，使得测定结果偏大[103, 104]；仪器分析法可以不考虑固溶体 MgO，但仪器存在系统误差，导致结果不够稳定[102]。因此本章通过延长养护时间，持续观测膨胀率，从宏观上判断试件是否存在裂缝而影响耐久性，来判断 MgO 含量是否超标，并不再做试件的微观分析。

本次试验的设定条件有诸多限定因素，如降温方式的选择。考虑到实操的安全性，采用了保守的处理方式。如果应用于工业生产，那么采用急速降温方式，熟料中 f-MgO 的含量会再次降低，相对地在混凝土生产过程中可以降低水泥的用量。因此，在试验的测试环节没有采用多样式、精准化的系统检验，只是根据实际应用结果的最低标准，推测试验原假设条件是否成立。

3.5.2 铜尾矿胶凝材料对重金属的固化

随着国内工业化的发展，重金属对环境的污染越来越明显。重金属指密度大于 $4g/cm^3$，在元素周期表上原子序数一般不小于 24 的金属，如镉、铬、锌、铅、铜、汞、铁、镍、锰等。随着重金属对人们危害事件频发，如何避免废弃重金属污染的问题越发重要。目前，对于工业废渣中重金属的处置一般是回收有用元素或者固化处置。固化处置一般有：水泥固化法、塑料固化法、水玻璃固化法、沥青固化法等。水泥固化是将废弃重金属掺入水泥胶体中，在水泥胶体发生水化反应的过程中，将重金属离子融入其内部，在胶体硬化过程中将重金属稳固，减少对外界环境影响。水泥固化法由于工艺简单、水泥水化产物稳定、固化效果好等特点，引起国内外诸多关注。王登权等[105]指出在水泥基材料中，水泥水化时溶液 pH 值较高，促使金属离子与 OH^-形成可溶化合物，与$[SiO_4]^{2-}$、$[CO_3]^{2-}$等形成不溶物。水泥水化产物之一 C-S-H 凝胶，与外界接触的固体有较强的结合能力，其化学组成并不固定，为硅氧四面体链层与钙氧层交替的层状结构，并且比表面积大，使得 C-S-H 凝胶可以吸附、替代和封裹金属阳离子。该研究为固化机理做出了理论指导。王晶等[106]测定粉煤灰代替不同比例水泥对重金属固化能力的影响。随着粉煤灰掺量的增大，在同一龄期时重金属浸出浓度增大，表示胶凝材料对重金属的固化能力降低，虽然粉煤灰的掺量与固化能力成反比，但比值范围波动较大。而随着养护龄期的延长，重金属浸出浓度降低。

根据本课题组大量利用铜尾矿的研究目的，暂定以掺量为 30%激活铜尾矿、70%水泥为胶凝材料测定配合比对重金属的固化能力。若测定结果满足要求，则以此胶凝材料配合比为基础，进行后续相关优化。本试验中采用欧共体标准局（BCR）连续提取法测定尾矿中重金属的浸出毒性。

经测定铜尾矿中重金属铜、锰和锌含量较高，分别为 1437.54mg/kg、727.51mg/kg、136.47mg/kg，各含量均高于《水泥窑协同处置固体废物技术规范》（GB/T 30760—2014）规定的水泥熟料中重金属含量的最高值，因此以该铜尾矿作胶凝材料时，应考虑各元素的被固化能力，防止给环境和人们带来长期危害。利用 BCR 连续提取法测定出铜尾矿浸出量，如表 3.22 所示。

表 3.22　铜尾矿样品浸提结果

化学形态	浸出含量/(μg/g)		
	Cu	Mn	Zn
酸可交换态	75.483	96.473	25.665
Fe-Mn 氧化态	25.594	124.472	21.725
有机态	63.593	152.387	15.397
残渣态	1256.3	263.841	19.595
总计	1420.97	637.173	82.382

由表 3.22 可以看出，Zn 和 Mn 元素在酸可交换态的浸出达到了 30%和 15%左右，Cu 较低。酸可交换态浸出含量高，说明重金属的可迁移性非常强，经过雨水、气流等常见条件即可向周围迁移，易迁移流向自然界，对环境影响较大。所以应尽可能减少元素在酸可交换态的迁移。对于该尾矿应注意 Zn 对自然的影响。Zn 是人体必需元素，少量或过量都会引起人体不适；Mn 是人体必需的微量元素，对人体有多重影响。

Mn 和 Zn 元素在 Fe-Mn 氧化态和有机态时的浸出达到了 45%和 43%左右，Cu 较低。Fe-Mn 氧化态和有机态的浸出含量高，说明重金属的固化能力受土壤 pH 值和氧化还原电位的影响，由惰性转化为活性，从而影响自然界。

Cu 和 Mn 元素在残渣态的浸出达到了 88%和 42%左右，Zn 的残渣态浸出相对较小。残渣态的浸出含量高，说明重金属在正常条件下不易释放，可以长期固化在尾矿中，不易迁移流向自然界，对环境影响较小。由此得出铜尾矿中 Cu 含量较高，但不易释放，易固化，而应注重固化 Mn 和 Zn 元素。

有研究发现[107, 108]温度对重金属挥发有正相关的影响，但即便在高温（1400℃以上）情况下，也只有少量挥发。而本章的最佳煅烧温度为 700℃，因此暂不考虑温度对重金属挥发的影响。胶凝材料对重金属的固化率一般在水化 28d 后趋于稳定[109]，因此研究中采用养护 28d 胶砂试件进行活性测试。经 BCR 连续提取法测定出胶凝材料浸出量，如表 3.23 所示。

表 3.23　铜尾矿胶凝材料样品浸出毒性

化学形态	浸出含量/(μg/g)		
	Cu	Mn	Zn
酸可交换态	10.488	127.992	3.267
Fe-Mn 氧化态	11.710	65.236	6.145
有机态	27.858	5.868	2.359
残渣态	635.386	175.391	45.753
总计	685.442	374.487	57.524

掺入铜尾矿的胶凝材料的各重金属浸出总量均小于铜尾矿原矿的各重金属浸出总量，且掺和铜尾矿的胶凝材料与铜尾矿原矿的各重金属浸出总量类似，都是 Cu、Mn 元素的总浸出量较大，特别是 Cu 元素含量较高。各重金属的残渣态的浸出百分比均高于铜尾矿原矿，说明胶凝材料有利于重金属的固化。

表 3.23 中 Cu 残渣态浸出约为 93%，高于表 3.22 中的 88%，酸可交换态值降低最多，表示铜离子得到有效的固化，降低了对外界环境的影响。有研究[110-112]表示硅酸盐物质能够对 Cu 元素起到激发的作用，使其价态发生改变，铜离子会在水化过程中，以 $Ca_2(OH)_4 \cdot 4Cu(OH)_2 \cdot H_2O$ 或者 $Cu(OH)_2$ 的形式进入到 C_3S 颗粒双电层结构中，并吸附在水化硅酸钙凝胶体上，因此提高了 Cu 的固化率。

表 3.23 中 Zn 的固化效果与 Cu 类似，但浸出总量值几乎不变，这可能与 Zn 的低熔点有关（Zn 的熔点低于 500℃，而铜尾矿经过 700℃煅烧）。研究[106, 113-116]表明水泥水化早期溶液中 Zn^{2+}可以与水泥颗粒表面 OH^-形成$[Zn(OH)_4]^{2-}$和$[Zn(OH)_5]^{3-}$，在水化中后期可以与水化硅酸钙凝胶体中的 Ca 发生取代或者化合反应生成 $Ca[Zn(OH)_3H_2O]_2$，形成多孔的、低密度的、成型速度快的 C-S-H（I），从而导致水泥水化延迟，并使强度减低。有研究[117]发现加入 Zn^{2+}之后的水泥水化产物的 XRD 图谱并没有发生显著改变，其水化产物主要还是 C-S-H 凝胶。因此不再做此项检测。

Mn 的固化效果较为特殊，酸可交换态值不降反增，由表 3.22 中的 15%增长到表 3.23 中的 34%。这说明 Mn 的可迁移性增强，经过雨水等常见条件即可向外界迁移。有研究发现[109]Mn^{2+}能进入钙矾石晶格，对钙矾石的晶体结构产生一定的影响，因此用铜尾矿作胶凝材料的掺和料时应该注意 Mn 的固化。

3.5.3　铜尾矿复合胶凝材料的制备

本节研究掺入矿物掺和料改善 $Mg(OH)_2$ 膨胀性，以及掺入活化铜尾矿（机械粉磨和高温激发，无化学激发）、粉煤灰、矿渣粉及水泥的复合胶凝材料代替纯水泥的制备。

依据标准《用于水泥和混凝土中的粉煤灰》（GB/T 1596—2017）中 7.8 节要求水泥和粉煤灰的质量比例为 7∶3；依据《用于水泥、砂浆和混凝土中的粒化高炉矿渣粉》（GB/T 18046—2017）中 6.3 节要求水泥和矿渣粉的质量比例为 1∶1。表 3.24 为复合胶凝材料的配合比，表 3.25 为测试各个龄期的力学指标。

表 3.24　铜尾矿复合胶凝材料配合比（g）

编号	水泥	活化铜尾矿	矿渣粉	粉煤灰
E1	450	—	—	—
E2	315	135	—	—
E3	225	—	225	—
E4	315	—	—	135
E5	270	135	45	—
E6	270	135	—	45
E7	225	135	45	45

表 3.25　铜尾矿复合胶凝材料测试结果

编号	28d 抗压强度/MPa	活性指数/%
E1	48.9	—
E2	54.9	112
E3	51.8	106
E4	42.6	87
E5	54.4	—
E6	49.1	—
E7	49.2	—

由表 3.24 可知，E1～E4 组是测试各个单掺掺和料的活性，而 E5～E7 组是测

试复掺掺和料的强度发展。由表 3.25 可知，掺和料复掺对强度影响不大。在各个掺和料满足活性的情况下，以尽可能多地利用铜尾矿、尽可能少地使用水泥及多种废弃物协同利用的原则，E7 组初步达到普通硅酸盐水泥 42.5 级强度要求。参照《水泥标准稠度用水量、凝结时间、安定性检验方法》（GB/T 1346—2001）相关规定进行试验。由表 3.26 测试结果可知铜尾矿复合胶凝材料满足《通用硅酸盐水泥》（GB 175—2007）规范中第 6 节及 7.3 节相关要求。

表 3.26　铜尾矿复合胶凝材料物理性能

标准稠度/%	凝结时间/min		安定性	抗折强度/MPa		抗压强度/MPa	
	初凝	终凝		3d	28d	3d	28d
32.4	155	285	合格	5.1	8.4	27.8	49.2

3.5.4　铜尾矿复合胶凝材料抗冻性

影响混凝土耐久性的原因可以分为内因和外因，在力学上表现为外界或内部的破坏力与内部的抵抗力之差。而对混凝土耐久性的系统性检测方式方法在学术界还没有统一的标准，目前只能综合多种不同方面的检测，大体上预测耐久性效果。因外界温度差而降低耐久性现象在北方比较显著。硬化后的水泥经过反复冻融会影响其力学性能，在内部产生裂缝并延续至外部，形成剥落现象，影响水泥工作性能，降低了耐久性。对铜尾矿复合胶凝材料同样需要测试抗冻能力。

水泥在硬化过程中会产生孔洞，孔洞中会有水分积存，当外界温度降低时，孔洞中水会结冰而发生膨胀，并将液体水排入孔隙中，孔洞外部会产生渗透压力，而孔隙内的液体水亦结冰、体积膨胀；同时浆体在低温环境下会产生收缩，因此二者产生压力，造成裂缝发展。此外，液体水中的盐类也会影响膨胀体积，但体积膨胀是物理变化过程。影响抗冻性的因素有：浆体密实度、孔洞尺寸和孔隙构造等。

以 A0 组和 E7 组配合比试件采用快冻法测定抗冻性能。

28d 养护完成后，试件表面存在蜂窝状孔洞、平整无裂缝。纯水泥试件经过 150 次冻融循环后，表面损伤并不明显；而复合胶砂试件在 100 次后出现个别麻点，在 150 次后每个试件上都有不同程度的小面积的表皮脱落现象，但整体良好。初步判断：复合胶凝材料在 28d 内水化程度不如纯水泥，且内部水分含量较高，造成抗冻性差。图 3.14 为冻融循环不同次数的质量损失率，可以看出，在 150 次循环后复合胶凝材料损失率较高，达 2.48%，但低于标准中 5%的要求，而损失率的发展趋势均为先降低后增大。在循环次数较少时，复合胶凝材料的质量大于纯水泥，是因为其水化程度不如纯水泥，造成孔隙率较高，使得含水量增大；随着循环次数加大，根据静水压力理论及渗透压理论可知，因复合胶凝材料中的高孔隙率，其受损加快，并且粉煤灰和矿粉的活性在 28d 后还在发展，但低温影响了其整体的力学性能，使得抗冻试验结束后其强度损失高达 58.4%。

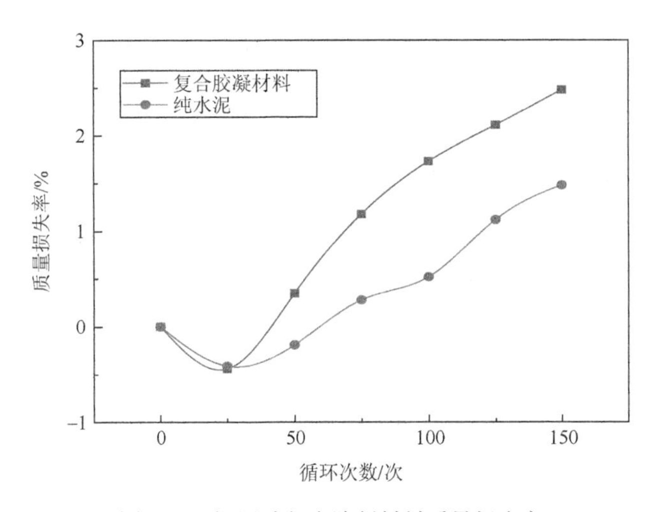

图 3.14　铜尾矿复合胶凝材料质量损失率

3.6　铜尾矿复合胶凝材料水化特性研究

3.6.1　铜尾矿复合胶凝材料水化动力学

胶凝材料水化是复杂的多相化合反应，随着水化体系中液相逐渐减少以及固相和气相逐渐稳定，浆体失去可塑性，水化过程趋于稳定，并引起物理、化学和物理化学性质的改变，使得硬化后满足项目需求。不同胶凝材料具有不同的水化性质，不同的水化机理特征，不同的水化动力学参数，导致水化速率不同、放热量不同、体积变化不同。图 3.15 为三相系统的水化产物相[118]。以波特兰水泥为例，水化过程分为：早期、中期和后期。早期包括诱导前期、诱导期和加速期，中期是指减速期，后期是指扩散期（也称为稳定期）。水泥水化程度是指 t 时刻水泥水化量与水泥完全水化量之比。由于影响胶凝材料水化程度的因素众多，因此对水化程度表征方法有：热分析法、氢氧化钙定量测定法、水化动力学法、化学结合水量法等。胶凝材料水化时释放大量的热能，热能既可以加速早期水化反应的进行，又影响后期硬化的安定性。为缓解水化热带来的负面影响，需控制水化速率或者降低总热能，以防止产生温度梯度和热应力。

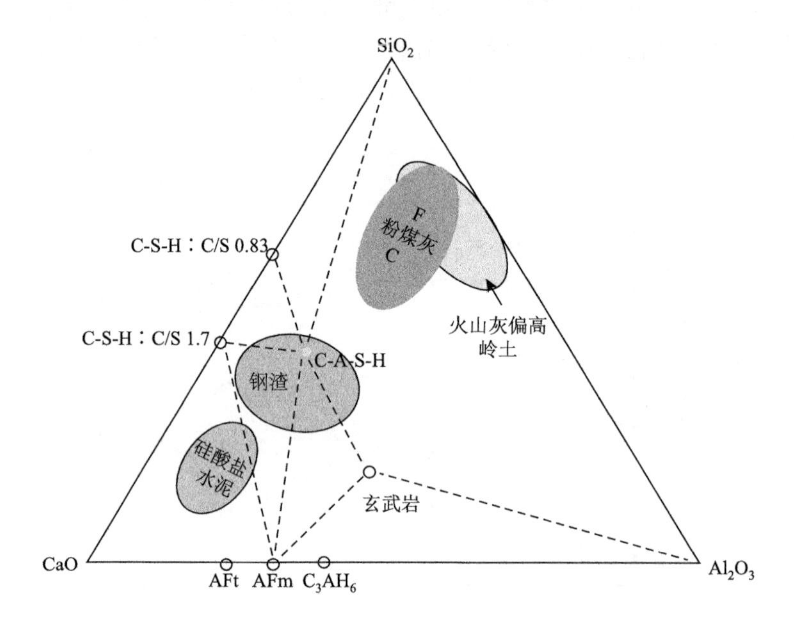

图 3.15　$CaO-Al_2O_3-SiO_2$ 系统的水化产物相

水化热测定采用两组对比试验，试验条件：试验温度 25℃、试验室二级用水、水胶比为 0.5，Calmetrix 八通道水泥和混凝土等温量热仪测定 72h 内水化放热速率以及水化热曲线。试验配合比如表 3.27 所示。并结合 Krustulovic-Dabic 水化动力学模型，研究复合胶凝体系的水化动力学反应进程。

表 3.27　铜尾矿复合胶凝材料胶砂试件的配合比（g）

编号	水泥	活化铜尾矿	矿渣粉	粉煤灰
F1	50	—	—	—
F2	25	15	5	5

1. 水化动力学原理

化学反应动力学是以动态的观点分析化学反应的宏观和微观机理[119]，其原理如下[120]。

在等温条件下均相体系的反应，见式（3.17）：

$$\mathrm{d}c/\mathrm{d}t = k(T)f(c) \tag{3.17}$$

式中，c 为浓度；t 为反应时间；T 为热力学温度；$k(T)$为反应速率常数；$f(c)$为反应机理函数。

而胶凝材料是非均相体系，浓度 c 不再适用，以反应物向生成物的转化程度 α 来代替。反应速率常数可用 Arrhenius 定理确定，如式（3.18）所示，则等温非均相体系中的动力学方程如式（3.19）所示：

$$k(T) = A\cdot\exp\left(-\frac{E_\mathrm{a}}{RT}\right) \tag{3.18}$$

$$\mathrm{d}(\alpha)/\mathrm{d}t = k(T)f(\alpha) = A\cdot\exp\left(-\frac{E_\mathrm{a}}{RT}\right) \tag{3.19}$$

式中，$k(T)$为反应时间；A 为指前因子；E_a 为表观活化能，kJ/mol；R 为 Avogadro 常数；T 为热力学温度；$f(\alpha)$ 为反应机理函数。

在等温量热法的条件下，可令 $\beta = \mathrm{d}T/\mathrm{d}t$，则非等温非均相体系动力学方程如式（3.20）所示：

$$\mathrm{d}(\alpha)/\mathrm{d}t = k(T)f(\alpha) = \frac{A}{\beta}\cdot\exp\left(-\frac{E_\mathrm{a}}{RT}\right)f(\alpha) \tag{3.20}$$

通过求解上述水化动力学方程式中的动力学参数，模拟复合胶凝体系的反应过程，研究水化反应机理。

图3.16为纯水泥与铜尾矿复合胶凝材料的水化放热速率图，可以看出，铜尾矿复合胶凝材料与纯水泥的水化放热曲线相似，第一放热峰是 C_3A 与石膏水化生成钙矾石，但热量很少，可以忽略。从诱导期结束之后的第二放热峰可以看出，第二放热峰是 C_3S 水化放热，随水泥掺量降低，峰值从 3.4mW/g 左右降低至 2.4mW/g 左右，峰值出现的时刻也略有延迟。第三放热峰是 C_3A 与 AFt 水化形成 AFm，总放热量大幅度降低。水化反应式见式（3.21）～式（3.24）。

$$\mathrm{C_3A + 3C\overline{S}\cdot H_2 + 26H \longrightarrow C_3A\cdot 3C\overline{S}\cdot 32H} \tag{3.21}$$

$$\mathrm{C_3S + H_2O \longrightarrow C_\mathit{x}SH_\mathit{y} + (3-\mathit{x})CH} \tag{3.22}$$

$$\mathrm{C_2S + H_2O \longrightarrow C_\mathit{x}SH_\mathit{y} + (2-\mathit{x})CH} \tag{3.23}$$

$$\mathrm{C_3A\cdot 3C\overline{S}\cdot 32H + 2C_3A + 4H \longrightarrow 3C_3A\cdot C\overline{S}\cdot 12H} \tag{3.24}$$

在水化约30h后，掺和料的火山灰放热的贡献越来越大。加入掺和料后，相当于水泥用量减少一半，这是水化放热速率降低的主要原因。水化早期主要是熟

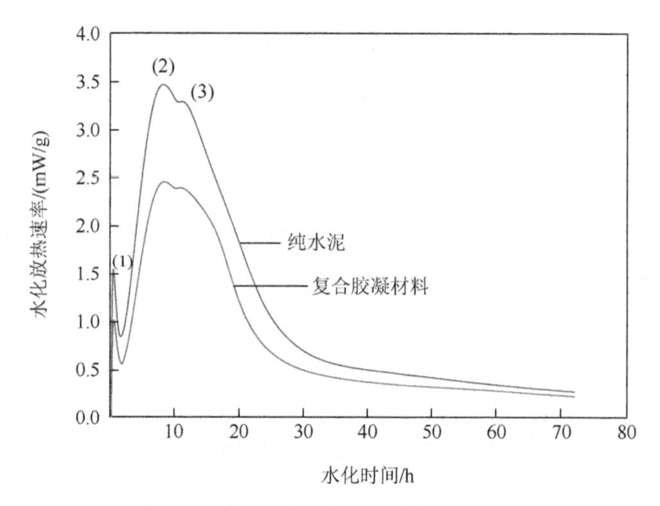

图 3.16　铜尾矿复合胶凝材料放热速率

料中含量不到 70%C_3S 水化，并生成 CH，这个时期的水分充足，水泥以溶解-结晶为主要反应过程。C_3A 虽然水化速率快，放热量大，但其本身含量低，且受石膏掺量的影响。因单位体积内水泥的含量降低，Ca^{2+}、OH^-浓度大幅降低，而水泥水化后的 CH 的溶解度较低，使得碱含量降低时，掺和料中 Si—O、Al—O 键的网络不易被打破，影响激发活性，Ca^{2+}反应生成水化硅酸钙和水化铝酸钙的含量也就减少了，并且减少水泥掺量导致水化放热量减少，使得胶凝材料的养护温度降低，不利于激发掺和料的活性，使得掺和料的水化速率进一步降低，致使掺和料的形态效应和微集料效应大于活性效应。虽然掺和料代替水泥，使得实际的水胶比增大，促进了水泥水化，但在早期对放热速率影响微弱。随着水化的进行，掺和料颗粒表面的玻璃体逐渐开始参与二次水化，才能发挥其活性效应。

2. 水化动力学模型

Krustulovic-Dabic 水化动力学模型将水泥基材料水化过程分为：结晶成核与晶体生长（NG）、相边界反应（I）和扩散（D）三个基本过程。这三个过程可能同时发生也可以单独进行，但水化过程取决于最慢的一个。水化反应程度与时间的动力学方程及微分方程见式（3.25）～式（3.30）：

结晶成核与晶体生长（NG）：

$$[-\ln(1-\alpha)]^{1/n} = K_1(t-t_0) = K_1'(t-t_0) \tag{3.25}$$

相边界反应（I）：

$$[1-(1-\alpha)^{1/3}]^1 = K_2 r^{-1}(t-t_0) = K_2'(t-t_0) \tag{3.26}$$

扩散（D）：

$$[1-(1-\alpha)^{1/3}]^2 = K_3 r^{-2}(t-t_0) = K_3'(t-t_0) \tag{3.27}$$

NG 过程微分式：

$$\mathrm{d}\alpha / \mathrm{d}t = F_1(\alpha) = K_1' n(1-\alpha)[-\ln(1-\alpha)]^{n-1/n} \tag{3.28}$$

I 过程微分式：

$$\mathrm{d}\alpha / \mathrm{d}t = F_2(\alpha) = K_2' \cdot 3(1-\alpha)^{2/3} \tag{3.29}$$

D 过程微分式：

$$\mathrm{d}\alpha / \mathrm{d}t = F_3(\alpha) = K_3' \cdot 3(1-\alpha)^{2/3} / [2-2(1-\alpha)^{1/3}] \tag{3.30}$$

式中，α 为水化程度；n 为几何晶体生长指数（$n=1$ 为针生长，$n=2$ 为片生长，$n=3$ 为各向同性生长）；t 为水化时间；t_0 为诱导期结束时间；r 为反应颗粒半径；K_i 为反应速率常数；K_i' 为表观反应速率常数；$F_i(\alpha)$为反应机理函数。

为了解得水化程度 α 和水化速率 $\mathrm{d}\alpha/\mathrm{d}t$，利用 Knudsen 提出的水化动力学公式，将水化热数据代入式（3.31）：

$$\frac{1}{Q(t)} = \frac{1}{Q_{\max}} + \frac{t_{50}}{Q_{\max}(t-t_0)} \tag{3.31}$$

式中，$Q(t)$为从加速期开始计算 t 时刻所放出的热量；$Q_{\max}$ 为复合胶凝材料终止水化时所释放出的总放热量；t_{50} 为复合胶凝材料水化放热量达总放热量 50%所需的水化反应时间（半衰期）；$t-t_0$ 为从加速期开始时计算的水化时间。

故：

$$\alpha(t) = \frac{Q(t)}{Q_{\max}} \tag{3.32}$$

$$\frac{\mathrm{d}\alpha}{\mathrm{d}t} = \frac{\mathrm{d}Q}{\mathrm{d}t} \cdot \frac{1}{Q_{\max}} \tag{3.33}$$

在不同水化温度 T_1 和 T_2 测定复合胶凝材料的水化放热曲线，不同温度下 t_{50} 与 K 成反比，即：

$$K_1 / K_2 = t_{50,1} / t_{50,2} = \exp[E_a(T_1 - T_2) / RT] \tag{3.34}$$

式中，$t_{50,1}$、$t_{50,2}$ 分别为水化温度 T_1、T_2 时水化放热量达到总放热量 50%的时间。由该式可求出体系的表观活化能。

通过线性拟合将水化热数据代入式（3.31），求得放热量 $Q_{\max}$ 和半衰期 t_{50}，如图 3.17（a）所示。把 $Q_{\max}$ 代入式（3.32）和式（3.33），可求得水化程度 α 和实际水化速率 $\mathrm{d}\alpha/\mathrm{d}t$。把 α 代入式（3.25）～式（3.27），通过线性拟合可得到 n、K_1'、K_2'、K_3'［图 3.17（b）～（d）］，将得到的动力学参数代入式（3.28）～式（3.30），分别得到表征 NG、I 和 D 阶段的反应速率 $F_1(\alpha)$、$F_2(\alpha)$和 $F_3(\alpha)$与水化度 α 之间的关系，将 $F_1(\alpha)$、$F_2(\alpha)$、$F_3(\alpha)$、$\mathrm{d}\alpha/\mathrm{d}t$ 与 α 的关系作图，分析铜尾矿复合胶凝材料水化机理，如图 3.18 所示。

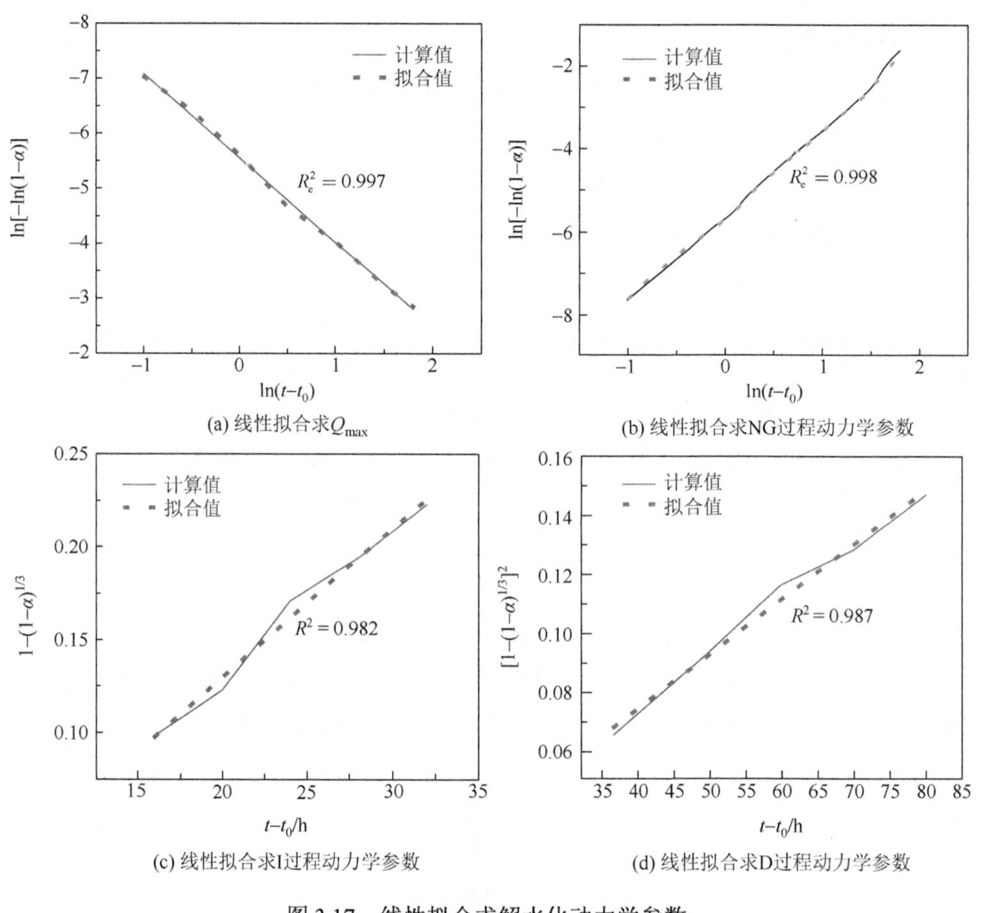

(a) 线性拟合求Q_{max}

(b) 线性拟合求NG过程动力学参数

(c) 线性拟合求I过程动力学参数

(d) 线性拟合求D过程动力学参数

图 3.17　线性拟合求解水化动力学参数

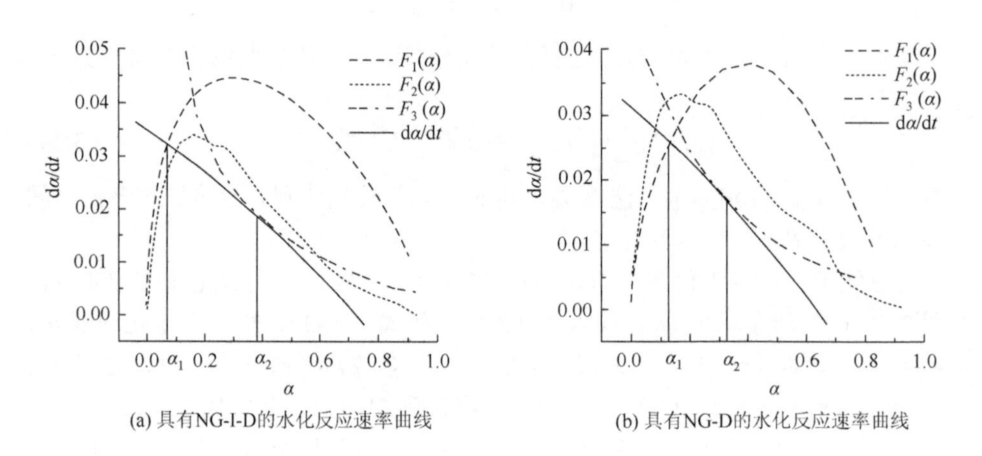

(a) 具有NG-I-D的水化反应速率曲线

(b) 具有NG-D的水化反应速率曲线

图 3.18　铜尾矿复合胶凝材料水化反应速率模拟曲线

图 3.18 为纯水泥及铜尾矿复合胶凝材料的水化反应速率曲线及拟合曲线。从图中可以看出，通过该模型模拟的水化过程包括结晶成核与晶体生长（NG）、相边界反应（I）、扩散（D）三个水化阶段，且试验曲线与模拟曲线可以较好吻合。表 3.28 为水化动力学参数。当 $0<n<1$ 时，水化反应由结晶成核生长控制；当 $n=1$ 时，水化反应由相边界反应控制；当 $n\geqslant 2$ 时，水化反应由扩散反应控制[121]。n 越大，水化反应阻力越大；K 值越大，水化反应速率越快。α_1 是 NG 阶段向 I 阶段转变的临界点；α_2 是 I 阶段向 D 阶段转变的临界点。对于纯水泥，水化速率较快，因此 n 数值较低、α_1 的数值较高。而加入铜尾矿等掺和料，在诱导期和加速期抑制了水化速率，从图 3.17 即可看出，因此 n 的数值较高，α_1 的数值与纯水泥相比较低，并且其水化总热量低于纯水泥，所以 α_2 数值依旧低于纯水泥。从图 3.16 中可以看出在水化减速期和稳定期，铜尾矿水化速率依旧低于纯水泥，所以 K_1'、K_2'、K_3' 的数值低于纯水泥的，且 $K_1' > K_2' > K_3'$，说明随着水化反应的进行，水化产物丰富，使得未水化颗粒的水化阻力增大，这也可以通过亚稳态薄膜假说或缓慢溶解理论来解释。

表 3.28　铜尾矿复合胶凝材料水化过程的动力学参数

样品	n	K_1'	K_2'	K_3'	控制机制	α_1	α_2
纯水泥	1.748	0.05327	0.0135	0.0023	NG→I→D	0.145	0.378
铜尾矿复合胶材	2.068	0.04935	0.0120	0.0020	NG→I→D	0.129	0.332

3.6.2　铜尾矿复合胶凝材料微观分析

1. XRD 分析

通过 XRD 表征分析铜尾矿复合胶凝材料净浆试件（采用无水乙醇终止水化）3d、7d、28d 龄期的水化产物，水化产物不同龄期 XRD 图见图 3.19。

在水化反应初期，水泥中的 C_3S 和部分 C_2S 与石膏反应生成 AFt、$Ca(OH)_2$ 和 C-S-H 凝胶；而石英为粉煤灰的矿物组分。铜尾矿中的 MgO 与矿渣粉中的 CaO 分别水化生成 $Mg(OH)_2$、$Ca(OH)_2$，此刻的 $Ca(OH)_2$ 结晶度较低，并与铜尾矿、粉煤灰和矿粉发生反应，生成 C-S-H。由于 C_3S 的水化速率快，3d 的 XRD 图谱中没有其衍射峰出现，而 C_2S 水化速率较慢，仍有部分残留。而随着水化反应的进行，C_2S 衍射峰逐渐减弱，7d 的 AFt 的衍射峰逐渐增强，$Ca(OH)_2$ 因生成速度大于被消耗速度，使得 $Ca(OH)_2$ 结晶度提高、衍射峰逐渐增强。在水化后期随着水化反应结束，C-S-H 凝胶晶体的生长也趋于完整，结晶度继续提高；而粉煤灰和矿渣粉的低火山灰性，造成 Aft 和 $Ca(OH)_2$ 结晶度继续提高、衍射峰逐渐增强。

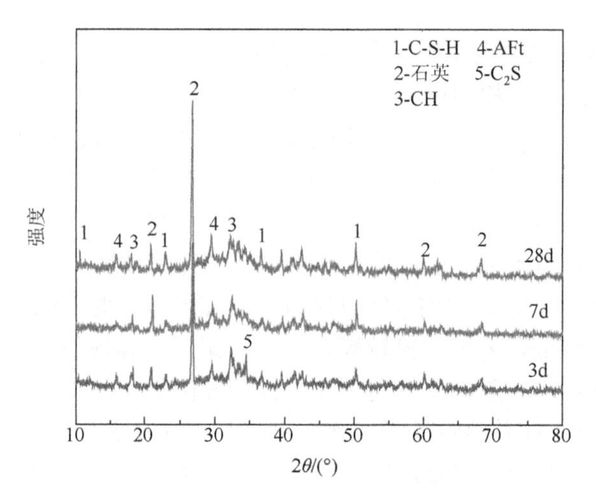

图 3.19　铜尾矿复合胶凝材料净浆不同龄期 XRD 图

2. SEM 分析

通过 SEM 表征分析铜尾矿复合胶凝材料净浆试件（采用无水乙醇终止水化）3d、7d、28d 龄期的水化产物的形貌，如图 3.20 所示。

(a) 3d龄期水化产物

(b) 7d龄期水化查完

(c) 28d龄期水化产物

图 3.20　铜尾矿复合胶凝材料净浆不同龄期水化产物 SEM 图

图3.20（a）显示了铜尾矿复合胶凝材料净浆经过3d水化硬化后的微观形貌，主要产物有无定形C-S-H凝胶、纤维状AFt、立方体$CaCO_3$、六方板状$Ca(OH)_2$等，但浆体密实度不高。水泥中C_3A、激活铜尾矿及矿粉在碱性激发剂及石膏作用下生成大量Aft及少量低结晶度C-S-H（形貌细长，尺寸较小），二者胶着形成网状空间体，使得复合胶凝材料早期强度较高。而少量未水化的掺和料在目前还未发挥火山灰效应，以微集料效应为主，为C-S-H提供晶核点，为水泥水化产物提供生长空间，也为后期MgO膨胀提供空间。复合胶凝材料中加入掺和料的优势是相对地提高水灰比，促进水泥水化，提高水泥水化加速期的水化速率，同时可以降低水化热，减少温度应力差，提高胶凝材料流动性，该思维也符合多固废协同利用发展的思想。从图3.20（b）为7d硬化浆体，可以看出AFt晶体大量增加，并且形态和完整度也得到了改善，提高了浆体的密实度。未见未水化的粉煤灰和矿粉，表明颗粒表面的三维玻璃网络结构的硅氧四面体和四配位的铝氧四面体破裂与水化产物$Ca(OH)_2$发生了二次水化，生成了低钙硅比的C-S-H，发挥了火山灰效应，为后期胶体强度的发展提供支撑。在图3.20（c）中，AFt晶体已逐渐消失，C-S-H不断增加，填补孔隙，浆体密实度得到了提高，胶体强度进入稳定状态。

3.7　本章小结

本章响应节能低碳环保发展趋势，结合建材发展新方向，采用多种固体废弃物协同利用，制备复合胶凝材料，以期降低对水泥的需求，减轻环保压力。

本章以铜尾矿的再次利用为出发点，采用多种激活方式着重研究铜尾矿的最佳活性指数，通过多种固体废弃物复掺制备铜尾矿-粉煤灰-矿粉胶凝材料。通过基础试验测试、验证，分析、总结相关数据，得出如下结论。

（1）根据铜尾矿的化学成分分析和物相分析，该铜尾矿属于低硅低钙富镁矿物，尤其含镁量较高，需要经外界激发才能再次利用，且需与其他原料协同使用。

（2）运用耦合激活方式，其活性提升优于常规激活。铜尾矿经过粉磨30min、700℃煅烧、多种碱性激发剂激发后，活性测试指数达约112。

（3）活性胶凝材料中MgO含量达7.79%，经常温养护224d未发现裂缝；经压蒸测试膨胀率为0.424%，满足国标要求；经60℃长期养护测试膨胀率为0.41%，未发现裂缝，满足施工要求。

（4）胶凝材料中铜尾矿粉、粉煤灰、矿渣相互协同作用，制备的复合胶凝材料体系相关指标满足普通硅酸盐水泥42.5级要求。

参考文献

[1]　谭波，张冬冬，宁平，等.铜尾矿综合利用研究进展[J]. 化工矿物与加工，2021，(2)：46-51.

[2] 罗冰，王梓龙，杜娟. 基于循环经济的铜尾矿综合利用浅析[J]. 矿业研究与开发，2019，39（3）：137-140.

[3] 李文龙，罗琳，吴霞，等. 硫化浮选从某铜矿尾矿中富集铜的研究[J]. 有色金属：选矿部分，2009，（3）：14-17.

[4] 邵爽，邢鹏，张文娟，等. 从选铜尾矿中选择性还原回收铁[J]. 工程科学学报，2019，41（6）：741-747.

[5] 王素，齐向红，田江涛，等. 河北省某铜尾矿综合回收试验研究[J]. 矿产综合利用，2019，（3）：113-117.

[6] Xu B，Wen S M，Feng Q C. Utilization of high-gradient magnetic separation-secondary grinding-leaching to improve the copper recovery from refractory copper oxide ores[J]. Minerals Engineering，2019，（136）：77-80.

[7] 吴玉元，何东升，胡洋，等. 某铜铁矿尾矿工艺矿物学研究[J]. 矿产综合利用，2019，（2）：75-78.

[8] Sarfo P，Das A，Wyss G，et al. Recovery of metal values from copper slag and reuse of residual secondary slag[J]. Waste Management，2017，70：272-281.

[9] 刘倩，周春生. 铜尾矿微晶玻璃的制备及其性能研究[J]. 商洛学院学报，2015，（6）：41-44.

[10] 廖力. 利用铜矿尾矿制备微晶玻璃试验研究[J]. 矿产综合利用，2017，（6）：82-85.

[11] 施麟芸，毛佩林，刘松柏，等. $CaO-MgO-Al_2O_3-SiO_2$ 系铜尾矿微晶玻璃析晶特征研究[J]. 硅酸盐通报，2020，39（5）：1645-1649.

[12] 张雪峰，陈志强，贾晓林，等. 以山西铜尾矿为主要原料制备泡沫玻璃的研究[J]. 中国陶瓷，2016，52（1）：64-70.

[13] 杨航，李伟光，申士富，等. 江西某铜尾矿制备发泡陶瓷的正交试验研究[J]. 铜业工程，2019（2）：78-86.

[14] 刘维平，袁剑雄. 尾矿在硅酸盐材料中的应用[J]. 粉煤灰综合利用，2004，（6）：43-45.

[15] Obinna O，Özgur E. Recycling of copper tailing as an additive in cement mortars[J]. Construction and Building Materials，2012，37（12）：723-727.

[16] Zhang C S，Zhou T T，Wu Q S. Mechanical performances and microstructures of cement containing copper tailings[J]. Asian Journal of Chemistry：An International Quarterly Research Journal of Chemistry，2014，26（5）：56-58.

[17] 朱街禄，宋军伟，王露，等. 铜尾矿在水泥基材料中应用的研究进展[J]. 硅酸盐通报，2018，37（11）：3492-3497.

[18] Shirdan R，Amini M，Bakhshi N. Investigating the effects of copper slag and silica fume on durability，strength，and workability of concrete[J]. International Journal of Environmental Research，2019，（13）：909-924.

[19] Esmaeili J，Aslani H. Use of copper mine tailing in concrete：strength characteristics and durability performance[J]. Journal of Material Cycles and Waste Management，2019，（21）：729-741.

[20] 宋军伟，朱街禄，刘方华，等. 铜尾矿粉对复合胶凝体系强度和微结构的影响[J]. 建筑材料学报，2019，22（6）：846-852.

[21] 付翔，李香兰，郭慧，等. 硅藻土对水泥铜尾矿粉胶凝材料性能的影响[J]. 矿产综合利用，2022，（3）：27-31.

[22] Zhang L，Liu S，Song D. Effect of the content of micro-active copper tailing on the strength and pore structure of cementitious materials[J]. Materials，2019，12（11）：1861-1870.

[23] Zhang Y X，Shen W G，Wu M M，et al. Experimental study on the utilization of copper tailing as micronized sand to prepare high performance concrete[J]. Construction and Building Materials，2020，244：118312.

[24] 鲁亚，刘松柏，赵筠. 利用铜尾矿制备经济型超高性能混凝土的研究[J]. 新型建筑材料，2018，45（12）：19-21，43.

[25] Rajasekar A，Arunachalam K，Kottaisamy M. Assessment of strength and durability characteristics of copper slag incorporated ultra high strength concrete[J]. Journal of Cleaner Production，2019，208：402-414.

[26] 邹先杰，刘道斌，卢自立，等. 机制砂-铜尾矿复合砂商品混凝土性能研究[J]. 武汉理工大学学报，2014，36（12）：27-31.

[27] 徐汪杨. 微细粒铜尾矿制备再生骨料工艺及机理研究[D]. 武汉：武汉理工大学，2019.

[28] 叶晓冬. 铜尾矿粉混凝土微观机理及力学性能研究[D]. 昆明：云南大学，2017.

[29] 施麟芸，刘松柏，张立明. 铜尾矿渣复合掺和料的活性影响规律及其机理分析[J]. 混凝土，2019，(5)：70-73.

[30] 李巧玲. 铜尾矿粉在水泥基材料中的作用机理[D]. 武汉：武汉大学，2018.

[31] 李新健. 铜/铁尾矿制备3D打印建筑材料及性能研究[D]. 北京：中国地质大学，2020.

[32] 钱嘉伟，倪文，李德忠，等. 利用低硅铜尾矿生产加气混凝土的试验研究[J]. 新型建筑材料，2011，38（3）：20-24.

[33] 钱嘉伟，倪文，李德忠，等. 硅质材料细度对低硅铜尾矿加气混凝土性能的影响[J]. 金属矿山，2011，(7)：161-164.

[34] 钱嘉伟，倪文. 正交试验法在铜尾矿制备加气混凝土中的应用[J]. 新型建筑材料，2012，39（12）：1-3.

[35] 黄晓燕，倪文，王中杰，等. 铜尾矿制备无石灰加气混凝土的试验研究[J]. 材料科学与工艺，2012，20（1）：11-15.

[36] 祝丽萍，倪文，陈伟，等. 矽卡岩型铜尾矿蒸压制品水化过程及其强度发展[J]. 工程科学学报，2015，37（3）：359-365.

[37] 申盛伟. 高掺量铜尾矿加气混凝土制备及性能研究[D]. 武汉：湖北大学，2016.

[38] 陈坤. 铜尾矿与陶瓷抛光泥复合蒸压加气混凝土的制备及性能研究[D]. 武汉：湖北大学，2018.

[39] 曹永丹，李彦鑫，张金山. 细度和煅烧温度对煤矸石火山灰活性及微观结构的影响[J]. 硅酸盐学报，2017，45（8）：1153-1158.

[40] 宋旭艳，张康，韩静云，等. 热活化煤矸石的火山灰效应及其对水泥性能的影响[J]. 材料导报，2011，25（22）：118-121.

[41] Guo W. Early Hydration of composite cement with thermal activated coal gangue[J]. Journal of Wuhan University of Technology（Materials Science），2010，25（1）：162-166.

[42] Zhang C. Pozzolanic activity of burned coal gangue and its effects on structure of cement mortar[J]. Journal of Wuhan University of Technology（Materials Science），2006，21（4）：150-153.

[43] 华堪514地质队. 河北省兴隆县北湾子区地质勘查报告[R]. 全国地质资料馆，1964-09-30.

[44] 余斌，马兴隆，龙涛，等. 铜兴矿业公司2号矿体综合回采技术研究[J]. 采矿技术，2006，6（3）：213-215，260.

[45] 徐世民，王振侠. 河北寿王坟铜铁钼多金属矿床地质特征及成矿规律[J]. 矿业论坛，2013，(13)：427-428.

[46] 李学军，王丽娟. 天然蛇纹石活性机理初探[J]. 岩石矿物学杂志，2003，22（4）：386-391.

[47] 郭永芬. 绿泥石的差热分析[J]. 矿产地质研究院学报，1986，(4)：62-69.

[48] 杨雅秀. 绿泥石族矿物热学性质的研究[J]. 矿物学报，1992，12（1）：36-44.

[49] 周飞，杨林，曹建新. 中低品位磷矿煅烧过程中白云石热分解动力学研究[J]. 硅酸盐通报，2019，38（5）：1377-1389.

[50] 沈传刚. 永平铜矿磨矿动力学模型的建立及应用研究[D]. 昆明：昆明理工大学，2017.

[51] 李炼. 赤铁矿磨矿助磨剂的试验研究[D]. 武汉：武汉科技大学，2019.

[52] 毛勇，王泽红，田鹏程，等. 磨矿对矿物浮选行为的影响及助磨剂的作用[J]. 矿产保护与利用，2020，(6)：162-168.

[53] 肖庆飞，康怀斌，肖珲，等. 碎磨技术的研究进展及其应用[J]. 铜业工程，2016，(1)：15-27.

[54] François M K，Michael H M，David G，et al. An attainable region analysis of the effect of ball size on milling[J]. Powder Technology，2011，210（1）：36-46.

[55] 王肖江，肖庆飞，沈传刚，等. 武山铜矿磨矿介质与矿石力学性质匹配性研究[J]. 矿产综合利用，2016，(4)：

56-60.
[56] 刘青，彭良振，王宝，等. 介质的尺寸和配合比对球磨机磨矿粒度影响的研究[J]. 有色金属（选矿部分），2015，（6）：68-73.
[57] Huang K Q，Xiao C H，Wu Q M，et al. Application of accurate ball-load-addition method in grinding production of some tailings[J]. Advanced Materials Research，2014，（962-965）：771-774.
[58] 傅正义，魏诗榴. 氧化钙的机械力化学活化[J]. 硅酸盐学报，1989，（4）：308-314.
[59] 朱桂林，孙树杉，赵群，等. 冶金渣资源化利用的现状和发展趋势[J]. 中国资源综合利用，2002，（3）：29-32.
[60] Liu S H，Li Q L，Xie G S，et al. Effect of grinding time on the particle characteristics of glass powder[J]. Powder Technology，2016，295：133-141.
[61] Kotake N，Suzuki K，Asahi S，et al. Experimental study on the grinding rate constant of solid materials in a ball mill[J]. Powder Technology，2002，122（2）：101-108.
[62] Kotake N，Daibo K，Yamamoto T，et al. Experimental investigation on a grinding rate constant of solid materials by a ball mill-effect of ball diameter and feed size[J]. Powder Technology，2004，143：196-203.
[63] Junya K，Miyuki M，Fumio S. Ball mill simulation and powder characteristics of ground talc in various types of mill[J]. Advanced Powder Technology，2000，11（3）：333-342.
[64] Wang Q H，Zhuang G Z，Wang C M. Experimental study on the grinding rate with different grinding concentration of Dahongshan Copper[J]. Advanced Materials Research，2014，3181：115-118.
[65] Djamarani K M，Clark I M. Characterization of particle size based on fine and coarse fractions[J]. Powder Technology，1997，93（2）：101-108.
[66] Ozao R，Ochiai M. Thermal analysis and self-similarity law in particle size distribution of powder samples. Part 3[J]. Elsevier，1992，208（2）：297-287.
[67] Danian Y，Pushcharovsky D，Nicheng S，et al. Functional substitution of coordination polyhedron in crystal structure of silicates[J]. Science in China Series D：Earth Sciences，2002，45（8）：702-708.
[68] Guo X Y，Xiang D，Duan G H，et al. A review of mechanochemistry applications in waste management[J]. Waste Management，2010，30（1）：4-10.
[69] Boldyrev V V. Mechanochemistry and mechanical activation of solids[J]. Solid State Ionics，1993，63-65：537-543.
[70] 张洪波，高翠翠，王智，等. 不同煅烧制度对炭质页岩火山灰活性的影响[J]. 四川建筑科学研究，2021，47（1）：69-73.
[71] 刘海燕，孙鑫艳，郑涛，等. 不同活化方法对天然硅铝矿物活化及分子筛合成效果的影响[J]. 燃料化学学报，2020，48（3）：328-337.
[72] 李永峰，王万绪，杨效益. 煤矸石热活化及影响因素[J]. 煤炭转化，2007，（1）：52-56.
[73] 施惠生，黄昆生，吴凯，等. 钢渣活性激发及其机理的研究进展[J]. 粉煤灰综合利用，2011，（1）：48-53.
[74] 唐卫军，任中兴，朱建辉，等. 钢渣-矿渣复合微粉的活性试验研究[J]. 混凝土，2007，（12）：65-68.
[75] 宋维龙，朱志铎，浦少云，等. 碱激发二元/三元复合工业废渣胶凝材料的力学性能与微观机制[J]. 材料导报，2020，34（22）：22070-22077.
[76] 叶家元，张文生，史迪. 钙对碱激发胶凝材料的促凝增强作用[J]. 硅酸盐学报，2017，45（8）：1101-1112.
[77] Fathollah S H R. The effect of chemical activators on early strength of ordinary Portland cement-slag mortars[J]. Construction and Building Materials，2010，（24）：1944-1951.
[78] Duxson P，Fernández-Jiménez A，Provis J L，et al. Geopolymer technology：the current state of the art[J]. Journal of Materials Science，2007，42（9）：2917-2933.
[79] 罗珣. 用于混凝土中钢渣早强剂的研究[D]. 北京：北京化工大学，2010.

[80] 刘智伟. 电炉钢渣铁组分回收及尾泥制备水泥材料的基础技术研究[D]. 北京：北京科技大学，2016.

[81] 李好新，王培铭，熊少波. MgO 对 C_2S 矿物形成的影响[J]. 建筑材料学报，2006，(2)：136-141.

[82] Liu X C，Li Y J，Zhang N. Influence of MgO on formation of Ca_3SiO_5 and $3CaO·3Al_2O·3CaSO_4$ minerals in alite sulphoaluminate cement[J]. Cement and Concrete Research，2002，32（3）：1125-1129.

[83] 李艳君，刘晓存，徐红燕. MgO 对 C_3S，C_4A_3S 矿物形成影响的研究[J]. 山东建材学院学报，1999，(3)：193-196.

[84] 林宗寿. 水泥工艺学[M]. 武汉：武汉理工大学出版社，2017：36-40.

[85] Zhou H，Gu J F，Sun J F，et al. Research on the formation of M1-type alite doped with MgO and SO_3—a route to improve the quality of cement clinker with a high content of MgO[J]. Construction and Building Materials，2018，182：156-166.

[86] Song Q，Su J H，Li H，et al. The occurrence of MgO and its influence on properties of clinker and cement：a review[J]. Construction and Building Materials，2021，293：123494.

[87] 许彦明，徐玲玲，李文伟. 水泥熟料中的方镁石及其定量分析研究进展[J]. 材料导报，2013，27(S2)：355-358，361.

[88] 丁子上，王名权，潘守彝，等. 硅酸盐物理化学[M]. 北京：中国建筑工业出版社，1980.

[89] 魏丽颖，赵松海，刘松辉，等. 制备条件对熟料中 MgO 形态分布的影响[J]. 武汉理工大学学报，2013，35（10）：27-32.

[90] 钱觉时，别安涛，李昕成. 水泥混凝土中 MgO 来源与作用的研究进展[J]. 材料导报，2010，24(11)：128-131.

[91] 翟学良，杨永社. 活性氧化镁水化动力学研究[J]. 无机盐工业，2000，(4)：16-18.

[92] 刘欣伟，冯雅丽，李浩然，等. 菱镁矿制备轻烧氧化镁及其水化动力学研究[J]. 中南大学学报(自然科学版)，2011，42（12）：3912-3917.

[93] 方坤河. 过烧氧化镁的水化及其对混凝土自生体积变形的影响[J]. 水力发电学报，2004，4：45-49.

[94] 张大同，陈萍，赵福欣，等. 关于水泥中方镁石危害性及其检测方法的研究现状与问题[J]. 中国建筑材料科学研究院学报，1990，2（4）：72-78.

[95] 虞冕，陈胡星，傅肯旋，等. 熟料氧化镁含量与冷却条件对氧化镁形态的影响[J]. 材料科学与工程学报，2013，31（3）：399-403.

[96] 崔鑫，邓敏. 煅烧制度对 MgO 活性的影响[J]. 南京工业大学学报（自然科学版），2008，30（4）：52-55.

[97] 陈胡星. 氧化镁微膨胀水泥-粉煤灰胶凝材料的膨胀性能及孔结构特征[J]. 硅酸盐学报，2005，33（4）：516-519.

[98] 李承木. 高掺粉煤灰对氧化镁混凝土自生体积变形的影响[J]. 四川水力发电，2000，(19)：72-75.

[99] 邓敏，崔雪华，刘元湛，等. 水泥中氧化镁的膨胀机理[J]. 南京工业大学学报（自然科学版），1990，(4)：1-11.

[100] 莫立武. MgO 膨胀机构、性能及其对水泥混凝土性能的影响[D]. 南京：南京工业大学材料学院，2008.

[101] 陈福松，徐玲玲. 水泥中方镁石定量分析方法的综述[J]. 材料导报，2010，24（S1）：193-195.

[102] 马忠诚. 高镁水泥中方镁石的定量测定与调控机制研究[D]. 北京：中国建筑材料科学研究总院，2020.

[103] 徐剑，邓敏，莫立武. 硝酸铵法测定 MgO 膨胀剂中方镁石的含量[J]. 南京工业大学学报(自然科学版)，2018，40（1）：95-100.

[104] 许闽，吴和平，陈胡星，等. 使用 PONKCS 法确定水泥中的方镁石含量[J]. 新型建筑材料，2017，(10)：28-34.

[105] 王登权，何伟，王强，等. 重金属在水泥基材料中的固化和浸出研究进展[J]. 硅酸盐学报，2018，46（5）：683-693.

[106] 王晶，周永祥，王伟，等. 水泥固化作用对固体废弃物中重金属浸出特性的影响[J]. 粉煤灰，2015，27（1）：1-4.

[107] 吴聪，汪智勇，黄永珍，等. 重金属在水泥熟料中的挥发与固化[J]. 新世纪水泥导报，2019，25（3）：65-68.

[108] 商得辰. 重金属离子在水泥熟料中的固化行为及作用机理研究[D]. 武汉：武汉理工大学，2017.

[109] 陈彦合. 钙矾石对重金属离子的吸附固化及稳定性研究[D]. 重庆：重庆大学，2017.

[110] 苏静. 尾矿及其建筑材料的重金属迁移固化的研究[D]. 北京：北京交通大学，2017.

[111] Gineys N，Aouad G，Damidot D. Managing trace elements in Portland cement-Part Ⅰ：Interactions between cement paste and heavy metals added during mixing as soluble salts[J]. Cement & Concrete Composites，2010，32：563-570.

[112] Chen Q Y，Hills C D，Tyrer M，et al. Characterisation of products of tricalcium silicate hydration in the presence of heavy metals[J]. Journal of Hazardous Materials，2007，147（3）：817-825.

[113] 于竹青. 含重金属废弃物的水泥固化性能及作用机理[D]. 武汉：武汉理工大学，2009.

[114] Yousuf M，Mollah A. An infrared spectroscopic examination of cement-based solidification/stabilization systems-Portland types V and IP with zinc[J]. Environ Sci Health，1992，27（6）：1503-1519.

[115] Kakali G，Tsivilis S，Tsialtas A. Hydration of ordinary cement made from raw mix containing transition element osides[J]. Cement and Concrete Research，1998，28：335-340.

[116] Andreas S，Krassimir G，GünterB，et al. Incorporation of zinc into calcium silicate hydrates，Part Ⅰ：formation of C-S-H（I）with C/S = 2/3 and its isochemical counterpart gyrolite[J]. Cement and Concrete Research，2005，35（9）：1665-1675.

[117] 刘玉单. 典型重金属离子对碱矿渣水泥水化及结构形成的影响[D]. 重庆：重庆大学，2015.

[118] Karen L S，André N. Hydration of cementitious materials，present and future[J]. Cement and Concrete Research，2011，41（7）：651-665.

[119] 赵学庄. 化学反应动力学原理[M]. 北京：高等教育出版社，1984：1-2.

[120] 阎培渝，郑峰. 水泥基材料的水化动力学模型[J]. 硅酸盐学报，2006，（5）：555-559.

[121] 吴学权. 矿渣水泥水化动力学研究[J]. 硅酸盐学报，1988，（5）：423-429.

第4章　钒钛铁尾矿高强烧结透水砖的制备及机理

4.1　引　　言

近年来我国经济建设不断发展，矿产资源开发持续增长，工业化进程取得了前所未有的进步，然而随之而来的是大量尾矿废渣的产生。在我国，尾矿的总产量截至2019年大约为14.58亿吨，其中铁尾矿产量最大约为7.65亿吨，占尾矿总产生量的52.47%[1]。根据统计，2020年全国综合利用尾矿总量约为3.6亿吨，综合利用率约为24.67%。大量尾矿的产生以及利用率不高使得矿山资源开发利用面临严峻的挑战，如何使尾矿更加综合利用成为目前关注的重点。

现代化的城镇主要由混凝土建筑和沥青路面组成，住宅区、广场公园及路边街道主要以沥青、水泥、砖等材料铺设而成。由于夏季炎热，强烈的阳光照射到地表使得温度过高，空气中的湿度逐渐降低，又由于城镇植被覆盖较少，城镇的温度相较于郊区明显过高，产生的这种现象称为“热岛效应”[2]。另外，城市化的沥青、水泥路面致密无孔，当地表出现大雨甚至暴雨时，雨水不能透过路面及时排入地下，逐渐汇聚在低洼处，严重时可导致城市内涝[3]。透水砖是具有一定透水性及保水性的路面透水材料，不仅能够有效渗透雨水，减轻城市排水压力，而且能够涵养水源，在气温炎热时，蒸发砖体内的水分，以达到缓解城市生活热环境的效果。因此，随着“海绵城市”理念的发展，透水砖的应用迫在眉睫，同时为治理各种城市病及促进城市的健康发展提供技术支持[4]。事实证明[5]，利用透水砖进行海绵城市发展是可行的，可以有效提高城市的可持续性，同时，将在节约地下水、节约淡水、防止城市内涝、节约排水系统建设和维护费用等方面带来显著的经济效益、环境效益和社会效益[6]。但要实现大规模应用且满足行人及车辆正常通行要求，高强透水砖的研究与开发必不可少。

若将钒钛铁尾矿与高强透水砖相结合，进而实现尾矿资源化利用，不仅从源头上降低尾矿大量堆积对生态破坏、生命安全以及经济的严重影响，还创造出可观的经济利益，变废为宝，为尾矿高效利用提供新的发展方向。

4.2 国内外研究现状

4.2.1 钒钛铁尾矿的综合利用

1. 铁尾矿的产出

钒钛铁尾矿是指以铁、钒、钛元素为主的磁铁矿在选铁过程中产生的有用成分含量低，在现存的科技水平下很难实现再次利用的固体废物。我国铁尾矿主要分为赤铁尾矿和磁铁尾矿[7]。磁铁矿主要分布在四川攀枝花、河北承德、陕西汉中等地，通过探索承德地区钒钛磁铁矿资源总量为 3.57 亿吨，超贫钒钛磁铁矿资源总量为 78.25 亿吨，远景储量在 100 亿吨以上[8]。丰富的矿物资源及高效的开采利用率，推动了我国工业化发展，然而与之伴随的是产生大量尾矿废渣。尾矿的大面积堆积，不仅破坏了宝贵的土地资源，而且带来了一系列的安全隐患[9]，具体体现在以下几个方面。

1）占用土地、污染环境

目前尾矿的处理方法主要以堆放为主，大面积的尾矿堆放占用了农业土地。此外，尾矿中含有大量重金属及有害物质[10]，经雨水冲刷后浸入土壤中，不仅使土壤养分和微生物量大幅下降，而且也对地表水造成严重污染[11-14]。众所周知，矿物资源的分选经破碎、粉磨等工艺，使得产生的尾矿废渣以微粉颗粒为主，随着尾矿长时间堆积，经过太阳光照射脱水干燥，被风吹到空气中，对大气造成了污染，同时也对附近居民的身体健康造成严重伤害。据调查，我国已有 1000 余万亩（1 亩约为 666.67 平方米）土地直接或间接受到尾矿堆积污染，造成直接经济损失 300 亿元左右[15, 16]。由此可见，尾矿大量堆积造成的大量问题已经严重影响到人类健康发展。

2）资源浪费

我国的矿石类型以共伴生矿为主，这就造成了实际选矿难度加大，再加上我国选矿技术起步较晚，生产设备相对落后，使得大量金属元素，如铁、钛等[17, 18]，残留在尾矿中直接排出。另外，尾矿中也含有其他高附加值的非金属矿，如磷、硫等[19, 20]，若不进行回收利用，将会间接造成资源浪费[21]。

3）安全隐患

尾矿库是一种特殊的废料储存场所，尾矿废料多数以浆体的形式存于其中[22]。尾矿库的危险性远高于其他的坝体结构（如蓄水坝），其事故危害在世界 93 种事故公害中居第 18 位，仅次于核武器爆炸、DDT、核辐射等灾害，尾矿库一旦垮塌，将造成不可挽回的后果[23]。据统计，全球 3500 座尾矿坝中，平均每年有 3 座发生溃坝事故[24]。2008 年山西省襄汾县一座铁尾矿库发生溃坝事故，共造成 310 人伤亡，直接经济损失 900 多万元[25]；2010 年广东紫金尾矿库发生溃坝事故，共造成 22 人伤亡，直接经济损失 4.6 亿元[26]；2015 年巴西福岛尾矿坝倒塌后，4300 万 m^3 的尾矿液倾倒入河流中，并汇入大西洋，造成河水及海洋水源严重污染[27]。由此看来，尾矿堆存所带来的安全威胁是全世界需要共同解决的难题。

2. 国内铁尾矿的综合利用现状

我国铁尾矿全面利用发展较慢，由于近几年生态环境意识的不断增强以及政府大力发展绿色矿山的要求，经几十年的探索，我国铁尾矿综合利用取得了显著成就，主要涉及建筑、化工、材料等多个领域，主要研究成果如下。

1）铁尾矿生产建筑材料

我国于 20 世纪 80 年代逐渐利用铁尾矿作建筑材料[28]，主要应用范围包括混凝土材料、地质聚合物、路基填充材料等[29]。铁尾矿应用在混凝土材料中的研究较为广泛，可用于制备尾矿砂、水泥熟料、矿物掺和料等。张玉琢等[30]以辽宁本溪地区铁尾矿砂作为混凝土的集料，通过养护 28d 测得抗压强度接近 50MPa 混凝土，并且所用铁尾矿砂取代天然砂的取代率超过 50%，混凝土制品的工作性能均满足施工要求。罗力等[31]以河南某铁尾矿作为水泥熟料制备的原材料，经破碎、粉磨及 1350℃液相烧结等工艺，使铁尾矿熟料配制的硅酸盐水泥强度等级满足 42.5 水泥要求。崔孝炜等[32]以陕西地区铁尾矿为原料，通过机械粉磨的方式，提高铁尾矿自身的火山灰反应活性，通过矿物掺和料进行胶砂试件的制备，经过 28d 的养护测得抗压强度达到 28.55MPa，通过水化机理分析研究，胶凝体系中存在着多固废的协同水化反应，促进了强度增长。王梦婵等[33]以湖北省大冶市锡冶山铁尾矿为原料，制备出经过 28d 养护的抗压强度为 72.3MPa 的地质聚合物，其中铁尾矿相互包裹连接，形成致密结构，为结构强度提供支撑。由于公路基层对材料要求较低，且近几年的工业试验和理论研究表明，采用铁尾矿为基层填充料不仅可以大规模利用尾矿废料，而且能够较好满足公路的相关要求，达到低成本高附加值的效果[34-36]。

2）铁尾矿用作土壤改良剂

目前国内土壤改良技术主要以化学和生物改良为主，其中生物改良技术应用最多，受到大量学者的探索研究。崔照豪[37]采用植物-微生物联合技术对铁尾矿理化性质进行优化以及重金属污染修复，铁尾矿土壤改良剂使土壤酸碱性降低，土壤中总孔隙度由原来的 40%增加至 60%。孙希乐等[38]通过用化学方法进行铁尾矿改良剂制备，经 1100℃高温烧结，制备得到含有高比例 SiO_2、CaO、K_2O、MgO 的碱性土壤改良剂，对土壤的酸性改良具有重要作用。除此之外，铁尾矿中含有较多的 Zn、Fe、P、Mn 等化学元素，若能用作改良剂可有效提高土壤养分，对贫瘠地区的土地具有较高的实用价值[39, 40]。

3）铁尾矿中有价组分回收

铁尾矿中含有较多金属和非金属元素，包括钼[41]、锌[42]、铜[43]、磷[44]、石墨[45]，以及其他高附加值矿物，如石榴子石[46]、锂辉石[47]，这些有用物质的提取是尾矿再利用的重要途径之一，对提高各行业的经济效益具有重大意义。崔春利等[48]以钒钛铁尾矿为原料，采用全粒级单一浮选工艺浮选后获得36.50%的 TiO_2 品位，钛精矿的回收率为61.01%。范敦城[49]以齐大山铁尾矿为原料，采用预富集-深度还原技术，以强磁选-磨矿-弱磁选-中磁选为预富集流程，可获得高品位、高回收率的精矿。王荣林等[50]以白象山铁尾矿为原料，采用浮选工艺回收有价元素钴，回收率为54.41%，达到了钴元素高回收率的目的。

4）铁尾矿生产烧结制品

铁尾矿化学组成以 SiO_2、Al_2O_3 为主，矿物组成以玻璃相为主，这就使得铁尾矿颗粒本身具有一定强度和稳定的烧结特性。以铁尾矿为原料制备的烧结材料主要包括烧结砖[51]、陶粒、陶瓷、保温材料、泡沫陶瓷[52]等。罗立群等[53]以河北平泉某铁尾矿为原料辅以煤矸石制备得到满足规范要求的烧结砖，并通过 XRD、SEM、ICP 等手段分析了砖体内部重金属离子的固化以及烧结过程的反应机理。刘晨等[54]以武汉市某铁尾矿砂为原料制备得到的多孔轻质陶粒，气孔分布致密均匀，真正达到了铁尾矿利用率超过 90%，实现了将废弃物充分利用而不污染环境的目标。孙智勇[55]将北京密云地区泥状细颗粒铁尾矿充分利用并制备多孔陶瓷，铁尾矿在其中掺量为45%，烧结温度为1090℃，保温时间为7h，最终得到的多孔陶瓷显气孔率超过80%，测得的抗压强度超过1.4MPa。陈永亮等[56]将大冶市锡冶山铁尾矿用于制备保温材料，稻壳作为造孔剂，膨润土作为黏结剂，通过单因素及正交试验经900℃烧结成型制备得到体积密度 $1.2294g/cm^3$、抗压强度7.6MPa、显气孔率45.54%和导热系数0.2925W/(m·K)的墙体保温材料。

5）铁尾矿的其他利用途径

铁尾矿用作矿山填充材料是将堆积的尾矿充分回收利用的重要方法，原材料就地取材，既降低了成本，又减少了尾矿四处堆积造成的生态污染及危害人身的隐患[57]。Chu 等[58]采用铁尾矿、河道沉积物、电石渣作为矿山填充材料，既满足坍落度和强度要求，又降低了施工成本。微晶玻璃是在一定组成的玻璃配方中添加一定量的晶核剂，在熔融状态下实现晶体转变组合所形成的新型装饰材料，具有机械强度高、耐腐蚀性强、隔音隔热效果显著等特点[59, 60]。孙强强等[61]以陕西商洛某铁尾矿为主要原料，采用粉末二次烧结法制备得到的微晶玻璃性能优异，表观密度为 $1.679g/cm^3$，抗压强度为27.22MPa，热导率为0.107W/(m·K)。

3. 国外铁尾矿的综合利用现状

由于国外工业化起步较早且发展迅猛，矿产资源的开采力度较大，尾矿废渣堆积严重，引发了严重的生态污染问题，20 世纪 70 年代以来，发达国家确定了相应的保护矿山生态的法规，尾矿综合全面利用的相关研究也不断展开，从而使矿山和尾矿场中恶劣的环境有了很大改善[9]。尾矿的资源化处理是全球面临的共同问题，纵观世界各地俄罗斯、美国、印度等国取得了显著成绩。

20 世纪 60 年代，苏联已经将尾矿废渣用于建筑材料，而如今俄罗斯某矿场将 60%尾矿用于建筑材料[62]。颗粒直径大于 14mm 的粗颗粒尾矿可以用于制备混凝土以及黏土砖，颗粒直径小于 14mm 的细颗粒尾矿则可以代替天然砂，用以制备蒸压砖或免烧砖[63]。Kuzmin[64]将 10%～15%的黄铁矿废料作为添加剂用于黏土砖中，发现在烧结过程中黏土原料中所含的 CaO 与添加剂产生的氧化铁形成固溶体，对石灰颗粒起到包裹中和的作用，保障了黏土砖的强度。Efimov[65]以含铁量大于 80%的黄铁矿废料为原料，制备陶瓷基黏土砖，当尾矿掺入量为 5%～10%时，可使砖坯成型含水率降低 2%～3%，线收缩率由 7%降低到 5%，有效提高了烧结砖的抗裂性。

美国明尼苏达州的墨萨比矿区，每年处理的尾矿量超 100 万吨[28]。早在 2000 年美国矿业局在明尼苏达州东北部两处铁尾矿生产基地做植被复垦试验，经过四年时间、23 种组合处理方式，植被覆盖率达到 90%，为尾矿库植被复垦提供了宝贵经验[66]。

印度作为铁矿石开发利用的重要国家，每年随矿山开采产生的尾矿量巨大，约为 1800 万吨，印度也采取尾矿再利用措施，以这些尾矿为原料制备的陶瓷地砖有明显的效果，符合欧洲建筑材料行业规范[67]。Maiti 等[68]发现铁尾矿有利于植物自我修复，在铁尾矿库上进行植被复垦可以稳定和减少尾矿库侵蚀，铁尾矿中的金属元素不仅不会影响植被生长，反而具有促进作用。

综上所述，结合国内外研究状况，铁尾矿的利用主要集中在建筑材料生产、土壤修复植被复垦、有价金属和矿物回收等方面。将铁尾矿用作生产建材所使用的材料，充分利用了堆积的尾矿，然而尾矿本身性质不稳定，使得制备的修建原料质量参差不齐，难以大规模推广使用。尾矿库植被复垦，虽取得较为显著的效果，但循环周期较长，尾矿处理能力相对较低，且尾矿库本身的污染问题并没有得到实质性的解决。铁尾矿是经过成熟的工业化提铁后的副产品，其自身有价元素含量较低，若要进一步提取，成本较高且工艺复杂，提取后的废渣仍不能有效处理，采用此种方法消纳铁尾矿效率极低。因此，铁尾矿资源化利用仍需要不断探索研究。

4.2.2　透水砖研究现状

透水砖是经不同工艺制备而成的具有一定机械强度、透水性、耐久性等性能的路面铺装材料。按照不同工艺要求可将透水砖分为两类：免烧透水砖和烧结透水砖。免烧透水砖主要以砂石[69]或固体废弃物[70]为骨料，以水泥为主要黏结材料，经振捣或压制成型后，养护一定时间制备而成。免烧透水砖通过骨料间的不同级配堆积形成贯穿孔隙以达到透水效果，具有强度高、透水性好、制备工艺简单等特点。但是，免烧透水砖以水泥为黏结材料，使得其耐久性特别是抗冻融性较差，并且制备成型后需要一定时间的养护，生产时间跨度较长、效率较低。烧结透水砖以煤矸石[71]、废弃陶瓷[72]、高炉矿渣[73]等固体废弃物为骨料，以黏土、页岩或其他废弃物为黏结剂，辅以适当造孔剂或发泡剂，经高温烧结制备而成。烧结透水砖主要通过骨料间的级配堆积成孔，也可通过造孔剂、发泡剂成孔，烧结过程中黏结剂熔融与骨料相互融合形成坚实的整体，使透水砖具有良好的强度、透水性、耐磨性和耐久性。

1. 国内外研究现状

最早使用透水砖的国家可以追溯到荷兰，透水砖主要应用于围海造城的地面铺设，但这种砖本身不具有透水性，只是通过结构排列达到透水效果，即通过砖与砖之间预留缝隙实现透水，这便是荷兰砖的雏形[74]。

20 世纪 60 年代，美国佛罗里达州常年暴雨易引发城市内涝，各学者开始研究透水沥青路面，并取得不错成果，后用此路面铺设了 50 多个停车场[75]。1979 年美国学者初步将硅酸盐水泥作为黏结剂制备混凝土免烧砖，测得各项性能较为优异，28d 抗压强度为 26.2MPa，透水系数为 1.6×10^{-2}cm/s[76]。随后，混凝土免烧砖进一步发展，然而在进行冻融循环试验后，发现砖体抗压强度损失严重，无法达到强度要求[77]。为改变混凝土免烧砖因冻融循环而发生的强度损失，Asaeda 等[78]进行相关试验研究，制备出陶瓷混凝土透水砖，发现陶瓷混凝土透水砖冻融循环后强度损失较小，且保水性、透水性也满足要求。1996 年后，透水砖的制备逐渐趋于成熟，华盛顿大学学者制备出的透水路面砖成功应用于西雅图某停车场，五年后对其性能进行检测，发现其依然具有良好的工作性能[79]。

日本作为一个岛国每年降水量较多，存在与荷兰相同的地基沉降问题，因此，20 世纪 80 年代日本开始研究并铺设路面透水材料，同时启动了“雨水渗透计划”，开始研究具有一定渗水性的材料[80]。但是，经长时间的使用发现制备研发的混凝土透水砖耐久性较差，因此陶瓷透水砖便应运而生，后通过建筑废料制备出外观精美、性能优异的黏土透水砖[81]。与此同时，日本 INAX 公司积极开发陶瓷渗透砖烧制技术，并形成行业标准，在接下来的几年里，陶瓷透水砖得到全面推广，取得了显著成果，日本政府为保障陶瓷透水砖的正常使用，制定相关法律法规，极大地激励了透水材料的应用[82]。

新中国成立初期，我国经济发展处在初级阶段，相关透水材料的发展相对落后。之后我国城市建设发展较慢，直至20世纪90年代，才陆续展开对路面渗水材料的探索[83]。改革开放以来，我国现代化建设取得巨大成果，城镇的建设和发展逐年提高，相应地产生了“热岛效应”、城市内涝等诸多难题，促使我国多方面寻求解决方法，透水砖的研发逐渐获得社会各界的关注[84]。

1993年，我国开始研究混凝土渗透性和透水性混凝土路面砖，20世纪初，国家规定建设项目新改造工程应符合标准并全部采用渗水材料铺装[85]。在国家的积极响应下，有关学者对透水砖的性能、外观做了大量研究，并且取得了不错成果，然而如同国外透水砖的发展状况一样，随着透水砖的推广应用，混凝土免烧砖逐渐暴露出耐久性差，特别是抗冻融性差，强度损失严重。随后出现的陶瓷透水砖，各性能指标优异，但是在烧结成型的过程中需要消耗过多煤炭资源，因此对生态环境产生破坏，进而不能被大众所接受[86]。

2. 固体废弃物在透水砖中的应用研究现状

固体废物是指人类在社会生产以及日常生活中被丢弃的、不再有价值的或者存在价值极低的固体和半固体物质。固体废弃物的大量排放、堆积对环境及安全造成极大威胁，因此对固体废弃物的再利用成为社会各界重点关注的内容。

将固体废弃物用于制备透水砖是固废资源化利用的重要途径之一，对此国内外学者做了大量研究，取得不错成果。Kim等[87]以赤泥、金尾矿为主要原料，制备得到孔隙率为75%的高透水性透水砖，虽然创造性地改进了传统制备工艺，极大地提高了透水砖的孔隙率，但是并未对强度做进一步研究，因此制备得到的透水砖实用价值较小。徐珊等[88]选取尾矿砂作为骨料，辅以污泥研究出的透水砖性能并不理想，其中抗压强度为12MPa，透水系数为0.01cm/s，较低的抗压强度并没有达到规范的要求。其主要问题在于制备的透水砖没有选取良好的黏结剂，仅以污泥为辅料不足以起到黏结作用，因此抗压强度达不到相应的要求。Luo等[89]以尾矿、污泥为原料，并额外增加了页岩为黏结剂，制备得到的透水砖抗压强度为14.24MPa，透水系数为0.15cm/s，性能虽然有较大提升，但是强度仍然偏低。王之宇等[90]采用基础玻璃为黏结剂，配上尾矿砂骨料，制备的透水砖性能进一步提高，抗压强度为24MPa，透水系数为0.01cm/s，透水性满足规范的最低要求，而抗压强度仍未达到最低标准30MPa。通过上述研究不难看出，透水砖的性能指标较低，因此为实现性能的大幅提升，需要选取优质的透水砖骨料以及与其适配的黏结剂。Zhu等[91]以煤矸石颗粒为骨料，辅以尾矿粉等材料，研制出的透水砖抗压强度为40MPa、透水系数为1.4×10^{-2}cm/s。赵威等[92]将建筑固废用于透水砖，废弃玻璃、黏土为辅料，制备的透水砖抗压强度为41MPa，透水系数为0.06×10^{-2}cm/s。废弃陶瓷作为陶瓷生产过程中产生的固体废弃物，在透水砖中的应用也较为广泛。Zhou[93]将废弃陶瓷作为骨料，辅以污泥废弃玻璃，制备的透水砖抗压强度为33MPa，透水系数为0.15cm/s。随后，李大伟[94]在此基础上做了改进，通过进一步添加石英，制备得到了性能优异的透水砖制品，抗压强度和透水系数分别为57.7MPa、0.04cm/s。

向透水砖中混入部分熟料或烧结制品，如粉煤灰、矿渣、废弃耐火材料，是提高透水砖性能的又一思路。这些熟料是高炉锻造过程中产生的废渣，因此具有良好的热稳定性，用于透水砖的制备中有利于性能的提升。丁海萍等[95]向煤矸石中掺入一定量的粉煤灰，制备出抗压强度为31.2MPa、透水系数为0.01cm/s的透水砖。肖昭文等[96]在此基础上将煤矸石替换成更加优质的卵石作为骨料，制备的透水砖抗压强度为37.5MPa，透水系数为0.02cm/s。李国昌等[97]采用镍铁矿渣制备得到的透水砖取得一定成效，性能指标得到了进一步的提升，抗压强度在40MPa左右，透水系数为0.01～0.02cm/s。武晓宇[98]将废弃耐火材料用于制备透水砖，性能指标较为理想，抗压强度为42.5MPa，透水系数为0.02cm/s。

与烧结透水砖相比，免烧透水砖的强度指标相对更优。Li等[99]将粉煤灰、水玻璃用作主要材料，研制出的透水砖抗压强度为35.5MPa，透水系数为0.01cm/s。李德忠等[100]将铁尾矿作为主要原料，研究出性能优异的透水砖，28d抗压强度为54.8MPa，透水系数为0.03cm/s。除此之外，将电解锰渣[101]、冶金废渣[102]、污泥沉积物[103]等固体废弃物应用于透水砖中，均取得不错成果，抗折强度为3～4.5MPa，透水系数为0.03～0.1cm/s，满足规范中抗折强度大于3MPa、透水系数大于0.02cm/s的要求。虽然免烧透水砖强度指标要优于烧结透水砖，但是由于其耐久性较差，无法长时间使用，因此本章主要研究烧结透水砖。

综上所述，在近年来固体废弃物制备透水砖的相关研究中可以发现，提高性能指标的主要方法是复合其他材料或者采用不同的制备工艺，然而这些结果并不太理想，现阶段采用固废制备透水砖主要存在以下问题。

（1）骨料强度偏低，黏结剂单一且黏结性较差。以固废为原料制备的透水砖，其骨料以煤矸石、矿渣、尾矿砂为主，因其自身强度不高，所以无法承受过高荷载而破坏。另外，黏结剂主要以粉煤灰、页岩、废弃玻璃、污泥中的一种或两种为原料，单一的配合比无法弥补材料间的缺陷，致使产生不了较好的黏结力，因此制备得到的透水砖强度偏低。

（2）透水砖抗压强度、透水系数偏低。上述研究成果中，烧结透水砖抗压强度在30～40MPa之间，极少数能超过40MPa，低于免烧透水砖平均50MPa的抗压强度，更达不到陶瓷透水砖60MPa的抗压强度。此外，透水系数大多在0.01～0.03cm/s之间，即在标准试件下，1min透水100～300mL，仅仅满足规范要求，并没有实现高透水性，无法满足城市对大雨以及暴雨的渗水要求。

（3）透水砖烧结温度偏高。烧结温度是透水砖生产过程中产生成本的最主要因素。在众多透水砖的研究成果中，部分制品的性能较为优异，然而存在烧结温度偏高的问题。例如，彭孟啟[104]研制的疏浚底泥透水砖的烧结温度超过 1110℃，而李峰等[105]制备的尾矿陶瓷透水砖的烧结温度甚至超过 1200℃。过高的烧结温度不仅消耗巨额成本，也是对能源的极大浪费。

因此，为解决上述问题，本研究主要选取合适的固废原料，充当透水砖骨料及黏结剂，制备出抗压强度大于 50MPa，透水系数超过 0.05cm/s，烧结温度低于 1100℃的高强度、高透水性、低烧结温度的透水砖。

4.2.3　钒钛铁尾矿高强透水砖的研究内容及创新点

1. 研究内容

本研究以承德地区钒钛铁尾矿为主要原料，辅以其他固废制备一种具有高强度、高透水性的烧结透水砖。此外需尽可能多地使用固体废弃物，降低加工成本，以达到节能减排的目的。研究属于建筑材料领域，有利于保护环境和尾矿资源化利用。主要研究内容如下。

1）钒钛铁尾矿特性研究

采用 XRF、XRD、SEM 等测试手段，对钒钛铁尾矿的化学特性、物理特性、矿物学特性及烧结特性进行研究。着重分析了钒钛铁尾矿在不同烧结温度下的矿物组成，初步探究了钒钛铁尾矿的烧结机理。

2）钒钛铁尾矿高强透水砖的性能研究

本部分研究了高强透水砖多元固废黏结剂的配制、钒钛铁尾矿颗粒级配和制备工艺对高强透水砖性能的影响。采用多固废协同耦合的方法制备得到多元固废黏结剂，通过调整黏结剂配方，其具备最佳黏结效果；对不同粒级的钒钛铁尾矿进行特性研究，通过调整级配，得到最佳配合比；将最佳配合比的多元固废黏结剂和骨料混合制备透水砖坯，探究在不同制备工艺下的性能。

3）钒钛尾矿高强透水砖烧结机理研究

通过 XRD、SEM、EDS 等测试手段，分析不同烧结温度和烧结时间下的高强透水砖物相变化、元素变化及微观形貌变化，探究高强透水砖的烧结机理，为其他类型的固废烧结高强透水砖提供技术支撑。

2. 创新点

（1）以钒钛铁尾矿为主要原料，通过材料预处理、成型、烧结等工艺，制备出高强透水砖，使其抗压强度大于 50MPa，透水系数大于 0.05cm/s，保水性超过 $0.06g/cm^2$。注：固体废弃物掺量超过 80%，烧结温度低于 1100℃，制备的高强透水砖满足规范《透水路面砖和透水路面板》（GB/T 25993—2010）、《砂基透水砖》（JG/T 376—2012）。

（2）利用钒钛铁尾矿及其他尾矿材料，制备得到高性能透水砖多尺度固废骨料颗粒的最优级配为：1.18～4.75mm 占 20%、0.60～1.18mm 占 50%、0.15～0.60mm 占 30%，钒钛铁尾矿高强烧结透水砖专用多元固废黏结剂，其质量百分数配比为：金尾矿∶页岩∶黏土＝2∶1∶1。

（3）针对透水砖在不同保温时间和烧结温度下的产物，揭示烧结过程的反应机理。烧结过程中坯体主要形成了以 MgO-CaO-SiO_2 为主的三元体系，低温烧结阶段，体系中的 K_2O、Al_2O_3、SiO_2 反应生成正长石；随着温度进一步升高正长石逐渐熔融转为液相，与此同时体系中的 MgO、CaO 及活性 SiO_2 反应生成镁黄长石和透辉石，最终在高温烧结阶段，透辉石又与体系中的液相 Fe^{3+}、Al^{3+}结合，转变为普通辉石。

4.3　钒钛铁尾矿高强透水砖的研究方案

4.3.1　钒钛铁尾矿高强透水砖的研究思路及技术路线

本研究选用河北省承德地区钒钛铁尾矿，协同金尾矿、页岩、黏土等原材料，制备出符合规范《透水路面砖和透水路面板》（GB/T 25993—2010）、《砂基透水砖》（JG/T 376—2012）要求的高强烧结透水砖，并对其烧结机理进行研究。本研究以“特性研究→级配研究→工艺研究→性能研究→机理研究”的具体研究思路展开。

1. 钒钛铁尾矿的特性研究

研究选用承德地区尾矿原料制备高强透水砖，采用 SEM 分析了尾矿的物理特性，采用 XRF 分析了尾矿的化学组分，采用 XRD 分析了尾矿的矿物组分。由于透水砖需要经过高温烧制成型，对主要原材料钒钛铁尾矿在高温下的稳定性有较高要求，因此采用 KSL-1400X 型马弗炉对钒钛铁尾矿进行煅烧，通过 XRD 测试手段，探究不同烧结温度下尾矿的外观形貌及矿物相变化。

2. 不同骨料级配对透水砖性能的影响

骨料级配是透水砖制备过程中最核心的环节，好的骨料级配可以形成最紧密堆积，为透水砖强度提供重要保障，同时可以形成足够的孔隙保障砖体具有一定的透水效果。采用规范《透水路面砖和透水路面板》（GB/T 25993—2010）、《砂基透水砖》（JG/T 376—2012）中对透水砖性能的检测方法，分析不同骨料级配对透水砖性能的影响，得出高强透水砖骨料的最优级配。

3. 不同制备工艺对透水砖性能的影响

通过对骨料掺量、成型压力、烧结温度、保温时间等工艺参数的研究，研究不同工艺对透水砖性能的影响，通过正交试验对工艺参数进行优化，得到最优的制备工艺。

4. 透水砖烧结机理研究

本研究利用钒钛铁尾矿以及相应的辅料通过不同处理工艺，在不同烧结制度下得到符合国家规范《透水路面砖和透水路面板》（GB/T 25993—2010）、《砂基透水砖》（JG/T 376—2012）要求的高强烧结透水砖，其中烧结反应过程复杂多变，本项内容主要通过 XRD、SEM、EDS 测试对烧结反应以及原理进行探究。

本研究技术路线如图 4.1 所示。

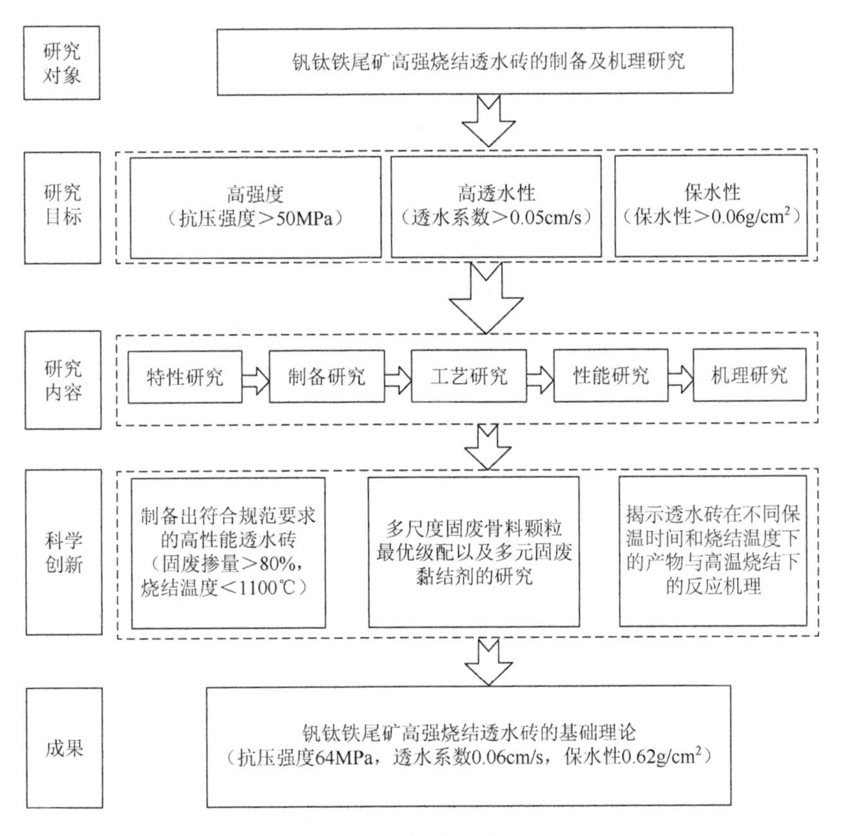

图 4.1　技术路线图

为了达到透水砖强度、透水性和保水性的性能指标，首先，对钒钛铁尾矿进行特性研究，如化学特性、物理特性、矿物学特性以及烧结特性；然后，对钒钛铁尾矿骨料级配进行研究，得到最优配合比及掺量；然后，通过对骨料掺量、成型压力、烧结制度、保温时间等工艺参数的研究，分析其对透水砖保水性、孔隙率、透水系数、抗压强度等性能的影响，再通过正交试验对透水砖性能进一步优化得到最终的工艺参数；最后，采用 XRD、SEM、EDS 等测试手段，对透水砖在不同烧结温度及保温时间下的烧结产物进行分析，得出透水砖烧结机理的基础理论。

4.3.2　钒钛铁尾矿高强透水砖的试验原料及方法

1. 试验原料

（1）钒钛铁尾矿。钒钛铁尾矿取自河北省承德地区，堆积密度为 1.84g/cm^3，其外观形貌见图 4.2。具体特性见 4.4 节。

图 4.2　钒钛铁尾矿外观形貌图

（2）金尾矿。所用的金尾矿取自河北省承德地区，外观呈灰色，以微粉状颗粒为主，粒级在 0.075mm 左右，矿物相主要为石英、透长石、云母、硫铁矿并含有少量蒙脱石。化学组成见表 4.1，其中 SiO_2 为 62.21%，Al_2O_3 为 15.14%，Fe_2O_3 为 4.22%。

表 4.1　金尾矿化学组分（%）

成分	SiO_2	Al_2O_3	Fe_2O_3	CaO	K_2O	MgO	Na_2O	P_2O_5	TiO_2	LOI	总量
含量	62.21	15.14	4.22	3.57	2.83	2.15	3.64	0.12	0.32	5.80	100

（3）页岩。页岩取自河北省承德地区，外观呈米黄色，以微粉状颗粒为主，矿物相组成为石英、云母、高岭石和钠长石，粒级在0.075mm左右，主要化学组成见表4.2，其中SiO_2为56.21%，Al_2O_3为22.15%，Fe_2O_3为5.32%。

表4.2　页岩化学组分（%）

成分	SiO_2	Al_2O_3	Fe_2O_3	CaO	K_2O	MgO	Na_2O	P_2O_5	TiO_2	LOI	总量
含量	56.21	22.15	5.32	2.73	3.20	2.11	1.07	0.43	0.84	5.94	100

（4）黏土。黏土取自河北省承德地区，外观呈淡黄色，以微粉状颗粒为主，主要矿物相为石英、钠长石、云母、蒙脱石、方解石、高岭石，粒级在0.075mm左右，主要化学组成见表4.3，其中SiO_2为48.15%，Al_2O_3为24.84%，Fe_2O_3为13.37%。

表4.3　黏土化学组分（%）

成分	SiO_2	Al_2O_3	Fe_2O_3	TiO_2	CaO	K_2O	MgO	Na_2O	P_2O_5	SO_3	LOI	总量
含量	48.15	24.84	13.37	2.17	1.50	1.24	1.12	0.27	0.17	0.12	7.05	100

2. 试验方法与测试手段

1）原材料松散堆积密度测试方法

松散堆积密度测试方法按照《建设用砂》（GB/T 14684—2011）相应测试方法进行。将试件置于容量筒上方，缓慢倒入，使其自然下落，当容量筒填满即将溢出时，停止加料，然后用刮刀将容量筒刮平，称取质量（精确至1g）记为m_1。其中，容量筒的体积为V，初始质量为m_2。各数据分别测量三次，按式（4.1）计算后取平均值，得到材料的松散堆积密度。

$$\rho = \frac{m_1 - m_2}{V} \tag{4.1}$$

式中，ρ为松散堆积密度，g/cm^3。

2）保水性测试方法

保水性测试方法按照《砂基透水砖》（JG/T 376—2012）相应规范要求执行。采用游标卡尺测量透水砖坯的直径，计算得到上表面面积A，然后将砖坯放入鼓风干燥箱内（110±5）℃烘干，每隔24h称取一次质量，直至连续两次称量的质量之差小于0.1%，则认为砖坯是干燥的，其质量为m_1。随后将透水砖坯自然冷却至室温，竖直浸入蒸馏水（20±10）℃中，水面要求高于砖坯上表面至少20mm。最后将浸泡24h的砖坯取出，并放在饱和的湿布中擦拭干净，称取此时的质量为

m_2。各数据分别测量三次，按式（4.2）计算后取平均值，得到透水砖坯的保水性。质量精确至 1g。

$$B = \frac{m_2 - m_1}{\Lambda} \tag{4.2}$$

式中，B 为保水性，g/cm^2。

3）孔隙率测定方法

按照《多孔陶瓷显气孔率、容量试验方法》（GB/T 1966—1996）中煮沸法测定透水砖显气孔率。将透水砖坯放入鼓风干燥箱中（110±5）℃烘干至恒重，取出后自然冷却至室温，称取此时透水砖坯的质量为 m_1。在装有蒸馏水的煮沸容器中平铺一层纱布，透水砖坯竖直放入其中，并且水面要没过透水砖坯上表面至少 50mm。加热蒸馏水至沸腾，持续 2h，然后停止加热，自然冷却至室温，取出透水砖坯，并放在饱和的湿布中擦拭干净，称取其质量为 m_2。最后将擦拭干净的透水砖坯用细网包住，悬挂放入蒸馏水中，水面没过透水砖坯上表面，称取此时砖坯在水中的质量 m_3。各数据分别测量三次，按式（4.3）计算后取平均值，得到透水砖坯的孔隙率。质量精确至 1g。

$$P = \frac{m_2 - m_1}{m_2 - m_3} \tag{4.3}$$

式中，P 为显气孔率，%。

4）透水系数测定方法

透水系数按《透水路面砖和透水路面板》（GB/T 25993—2010）中的方法测定。采用游标卡尺测量透水砖坯的直径和厚度，分别记为 D、L，计算得到透水砖坯的上表面面积为 A。用黄油将透水砖坯周围涂抹均匀，保证其密封性，使得水只能从上表面流入，下表面流出。将透水砖坯放入抽真空装置，维持 30min 的压强（90±1）kPa。然后，在维持装置内压强不变的前提下，注入蒸馏水，并没过透水砖坯上表面至少 10cm，浸泡 20min。最后恢复压力，取出砖坯，抽真空环节结束。

将抽完真空的透水砖坯放入橡胶圆筒内，再次密封好，使得蒸馏水不会从透水砖坯四周流出。将装有透水砖坯的橡胶圆筒放入溢流水槽中，缓慢供水，使蒸馏水从橡胶圆筒上方流入，透过砖坯渗出，控制进水速率，保证圆筒内的水位稳定后，从溢流槽中接水，记录 t 时间内的溢水量 Q，读取圆筒水位以及溢流槽水位，得到水位差 H，用温度计测量溢流水槽中的水温 T，精确至 0.5℃。各数据分别测量三次，按式（4.4）计算后取平均值，得到透水砖坯在 T 温度下的透水系数。质量精确至 1g。

$$K_T = \frac{QL}{AHt} \tag{4.4}$$

式中，K_T 为水温在 T（℃）下的透水系数，cm/s。

5）抗压强度测试方法

抗压强度按照《砂基透水砖》（JG/T 376—2012）测定。将透水砖坯清理干净，保证表面平整，用游标卡尺测量圆柱形试件直径 D，计算得到透水砖坯的上表面面积 A。

将透水砖坯放在压力试验机上，调整加载速率维持在 0.06MPa/s，读取砖坯破坏时荷载 F，按式（4.5）计算抗压强度，测三组取平均值，作为试件最终抗压强度。

$$P = \frac{F}{A} \tag{4.5}$$

式中，P 为抗压强度，MPa。

6）透水砖坯的制备

先将钒钛铁尾矿骨料按试验所需配合比称量好置于水泥砂浆搅拌机中，搅拌 30s，同时加入 5%的水；后将不同配合比的粉料倒入搅拌机中与骨料再次搅拌 1min，得到试验所用的混合料；最后将混合料置于密封袋中陈化 12h。陈化过后每次称量 500g 置于 Φ75mm 模具中，在相应的压力下压制成型；将压制成型的坯体放入 110℃的鼓风干燥机中干燥至 12h；将干燥后的坯体放入马弗炉中，在试验要求的相关烧结制度下烧制成型。为保证透水砖坯充分烧结，试验确定了如下烧结制度。

（1）低温预热阶段。

由室温升至 60℃，升温速率为 0.5℃/min。低温预热利于炉内加热棒长期使用。

（2）脱去吸附水阶段。

由 60℃升至 300℃，升温速率为 2℃/min，保温 60min。此阶段主要脱去坯体内部的吸附水。

（3）快速升温阶段。

由 300℃升至 800℃，升温速率为 3℃/min，保温 60min。此阶段主要为快速提高炉内温度，并且脱去坯体内部的结晶水；温度为 800℃左右的阶段，碳酸盐和方解石分解，因此需要保温一定时间，使反应充分进行。

（4）高温烧成阶段。

由 800℃升至试验所需温度（1060℃、1070℃、1080℃、1090℃、1100℃），升温速率 1℃/min，保温一定时间（60min、90min、120min、150min、180min）。此阶段是坯体烧成最重要的阶段，这期间有大量液相生成，包裹固相颗粒填充孔隙，使坯体逐渐致密化。

（5）降温阶段。

由烧结的最高温度随炉降至室温。为避免坯体不均匀受热而导致的开裂及内部损伤，样品必须在炉内温度降到30℃以下时才可取出。透水砖坯的烧结制度曲线如图4.3所示。

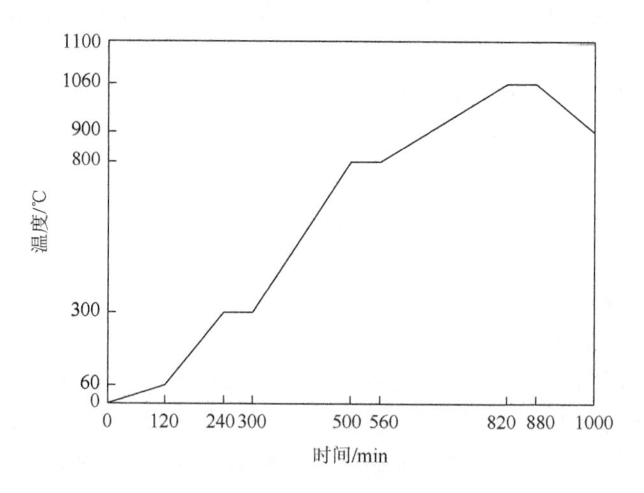

图4.3　高强透水砖烧结制度曲线

7）帕纳科X’Pert Powder型X射线衍射仪测定

用于测定原材料及透水砖烧结产物的矿物组分。

8）SUPRA55型扫描电子显微镜检测

用来观察原材料及透水砖烧结产物的外观形貌。

9）GENESIS XM型能量色散X射线谱仪（EDS）定量分析

定量分析烧结产物中各元素的含量，确定其主要元素组成。

4.4　原材料的特性

承德及周边地区堆存大量尾矿废弃物，尾矿的大面积堆放对生态环境产生极大的威胁，同时也造成资源流失。为促进尾矿资源化利用，研究以钒钛铁尾矿为主要原料协同其他尾矿制备烧结透水砖。本章在探究尾矿的物理特性、烧结特性的基础上，对尾矿处于烧结状态下的物相变化机理做初步研究，为尾矿在烧结砖及烧结材料领域的综合利用奠定理论基础。

4.4.1　钒钛铁尾矿的物理特性

本研究中钒钛铁尾矿取自河北省承德地区，根据《建设用砂》（GB/T 14684—2011）称取500g原料，烘干后倒入标准筛中，筛分孔径分别为4.75mm、2.36mm、

1.18mm、0.60mm、0.30mm、0.15mm，使用振击式标准振筛机对原料进行筛分。钒钛铁尾矿筛分粒度见表 4.4。

表 4.4　钒钛铁尾矿筛分粒度

筛孔尺寸/mm	筛余量/g	分计筛余/%	累计筛余/%
4.75	0.45	0.09	0.09
2.36	16.60	3.32	3.41
1.18	74.80	14.96	18.37
0.60	165.60	33.12	51.49
0.30	158.45	31.69	83.18
0.15	49.40	9.88	93.06
筛底	34.70	6.94	100

从表 4.4 可以看出，钒钛铁尾矿颗粒偏细，粒级在 0.30～1.18mm 的占比 79.77%，因此为更好实现尾矿的高附加值利用，应提高此粒级区间的利用率。粒级大于 1.18mm 的颗粒，有利于透水砖形成孔隙并扩大孔径，便于透水，但对砖体强度有一定削弱，因此需控制在一定范围内。而粒级小于 0.15mm 的颗粒，除了产量较少以外，颗粒过细也不利于砖体孔隙的形成，所以不应使用。

4.4.2　钒钛铁尾矿的化学特性

钒钛铁尾矿的主要化学组成为 SiO_2、CaO、Al_2O_3、MgO、Fe_2O_3，具体化学成分见表 4.5。

表 4.5　钒钛铁尾矿化学组分（%）

成分	SiO_2	Al_2O_3	Fe_2O_3	CaO	K_2O	MgO	Na_2O	P_2O_5	TiO_2	LOI	总量
含量	41.13	7.83	11.05	20.38	0.42	12.52	0.54	0.26	0.87	5.00	100

1. 钒钛铁尾矿的 XRD 分析

图 4.4 为钒钛铁尾矿 XRD 图谱，从图中可以看出，钒钛铁尾矿的主要矿物组成为透辉石、云母、绿泥石等。该矿物具有较好的物理化学性能，以及较高的高温反应活性，同时矿物以 CaO、MgO、SiO_2 为主，有利于形成辉石体系，促进结构的致密性，因此应用于烧结材料较为理想。

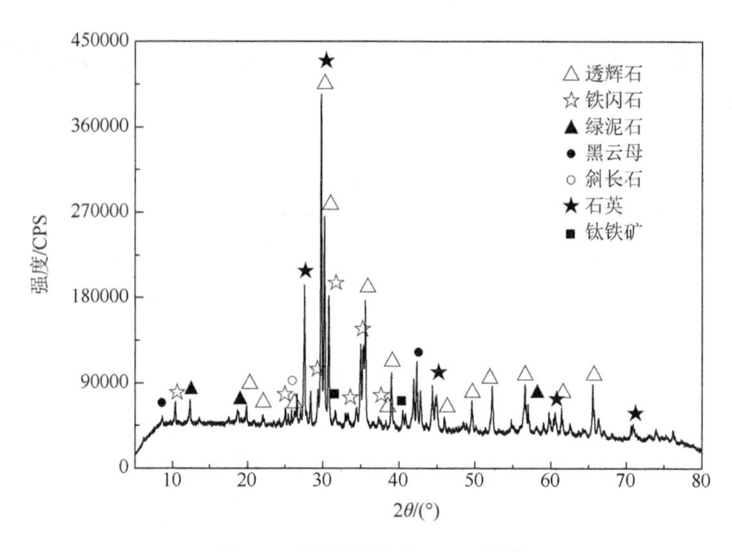

图 4.4　钒钛铁尾矿 XRD 图谱

2. 钒钛铁尾矿的 SEM 分析

图 4.5 为不同放大倍数下钒钛铁尾矿颗粒的 SEM 图，从图中可以看出，钒钛铁尾矿颗粒表面粗糙，质地较为致密，存在少量微孔隙。粗糙的外表面可以为颗粒间的堆积提供机械咬合力，用作透水砖骨料时能够形成骨架结构，并在颗粒间形成一定孔隙，有利于提高砖体的透水性。另外，颗粒中存在的直径为 50～100μm 的孔隙，能够吸附高温下产生的熔融液相，不仅可以促进颗粒之间的黏结，还能提高结构的致密性，从而为强度提供重要保障。

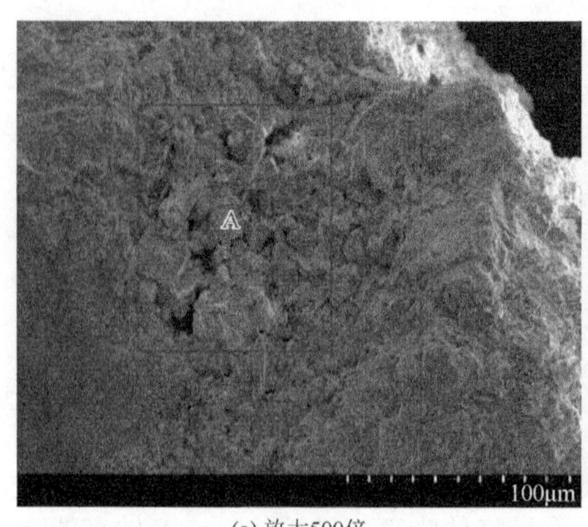

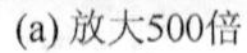
(a) 放大500倍

(b) A点放大2倍

图 4.5　钒钛铁尾矿颗粒的 SEM 图

4.4.3　钒钛铁尾矿的烧结特性

1. 不同烧结温度下钒钛铁尾矿特性分析

为研究钒钛铁尾矿在不同烧结温度下的特性，选取粒径小于 0.3mm 的钒钛铁尾矿，加入 5%水，在 20MPa 压力下压制成直径为 3cm 的坯体，放于 110℃条件下烘干 12h，分别设置五个烧结温度 900℃、1000℃、1050℃、1100℃、1130℃进行烧制，对坯体线性膨胀率、质量损失率、体积密度、颜色进行测定和观察，外观形貌图见图 4.6，各烧结温度下的性能指标见表 4.6。

由图 4.6 和表 4.6 可知，钒钛铁尾矿生坯呈灰色，随着烧结温度升高，颜色由黄色逐渐变深，线性膨胀率降低，质量损失率升高，密度不断增大。坯体颜色不断加深是由于尾矿中的氧化铁，氧化铁含量的多少决定了坯体在不同烧结温度下的颜色变化。当烧结温度为 900℃时，尾矿坯体呈黄色，此时线性膨胀率最大为 2.30%，体积密度最小为 $2.02g/cm^3$，此状态下坯体烧结效果较差，质地稀疏易碎。

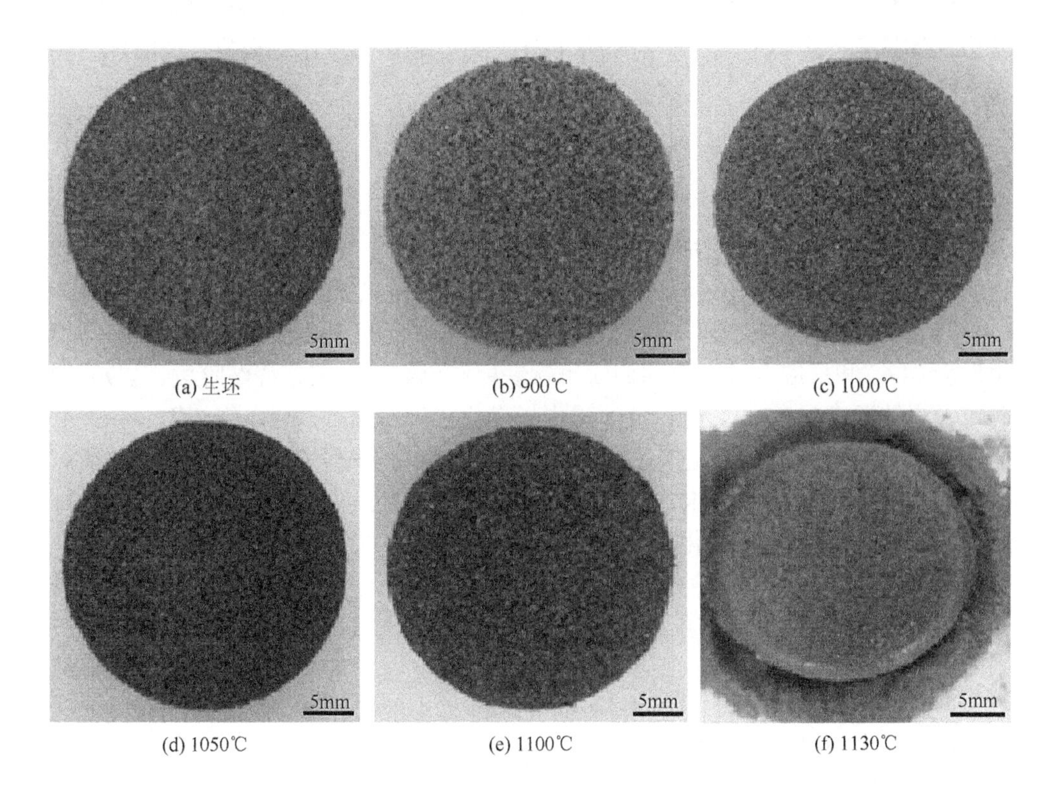

(a) 生坯　(b) 900℃　(c) 1000℃
(d) 1050℃　(e) 1100℃　(f) 1130℃

图 4.6　不同烧结温度下钒钛铁尾矿坯体形貌图

表 4.6　钒钛铁尾矿坯体不同烧结温度下性能指标

烧结温度/℃	线性膨胀率/%	质量损失率/%	体积密度/(g/cm³)	颜色
0	—	—	—	灰色
900	2.30	1.93	2.02	黄色
1000	0.94	2.02	2.05	浅褐色
1050	0.04	2.07	2.06	褐色
1100	−0.50	2.60	2.14	深褐色
1130	—	—	—	黑色

温度升至1000℃时，坯体颜色逐渐加深，呈浅褐色，线性膨胀率为0.94%，整体性较900℃下有所提升，但仍存在一定缺陷。温度进一步升高至1050℃，坯体颜色变为褐色，线性膨胀率极小，仅为0.04%，此时的尾矿颗粒间具有一定的黏结性，表面材料内部已经有少量玻璃相产生。当温度为1100℃时，砖坯呈深褐色，并开始逐渐收缩，密度达到最大2.14g/cm^3，颗粒间黏结加强，玻璃化较为明显，使得坯体具有一定机械强度。温度为1130℃时，坯体出现熔融现象，说明烧结温度已经超出材料本身的极限承受温度。

2. 不同烧结温度下钒钛铁尾矿的XRD分析

图4.7为不同烧结温度下钒钛铁尾矿的XRD图，图中可以看出，当烧结温度为900℃时，钒钛铁尾矿主要矿物相为正长石、云母、透辉石，与未烧结的原状钒钛铁尾矿矿物相相似，但云母、绿泥石相减少，主要原因在于其中的Mg、K、Ca等元素逐渐转变为液相，伴随着碳酸盐的分解，形成新的矿物相正长石，即发生反应(4.6)和反应(4.7)，说明此时钒钛铁尾矿已经进入液相烧结阶段。与900℃对比，烧结温度为1000℃时，坯体矿物相变化较为明显，云母、绿泥石、赤铁矿衍射峰消失，取而代之的是产生较多的镁黄长石、透辉石相，以及少量的普通辉石[反应（4.8）]，另外透水砖坯体中的正长石相消失，说明已经形成液相。烧结温度为1050℃时的物相变化较小，当烧结温度为1100℃时，透水砖坯中的镁黄长石衍射峰消失，与大量产生的液相MgO、SiO_2、CaO等相互融合生成透辉石，具体见反应（4.9），随着烧结反应进一步加剧，体系内部Fe^{3+}、Al^{3+}相互置换透辉石中的Ca^{2+}形成普通辉石，见反应（4.10）。烧结温度为1130℃时，液相产生量继续增加，普通辉石的转变量也在提高，但由于坯体内的液相过多，黏度相对降低，使得坯体出现熔融塌落现象。

$$CaCO_3 \xrightarrow{600\sim800℃} CaO + CO_2 \tag{4.6}$$

$$K_2O + Al_2O_3 + 6SiO_2 \xrightarrow{900℃} 2KAlSi_3O_8(\text{正长石}) \tag{4.7}$$

$$MgO + 2CaO + 2SiO_2 \xrightarrow{900\sim1050℃} Ca_2Mg(Si_2O_7)(\text{镁黄长石}) \tag{4.8}$$

$$MgO + CaO + 2SiO_2 \xrightarrow{1000\sim1130℃} CaMg(Si_2O_6)(\text{透辉石}) \tag{4.9}$$

$$CaMg(Si_2O_6) + Fe^{3+} + Al^{3+} \xrightarrow{1000\sim1130℃} Ca(Mg, Fe, Al)(Si, Al)_2O_6(\text{普通辉石}) \tag{4.10}$$

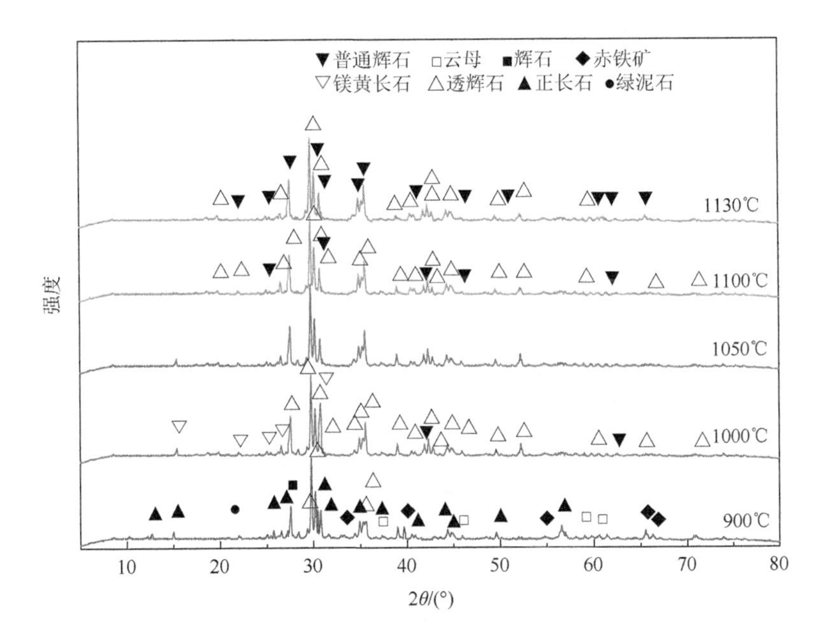

图 4.7　不同烧结温度下钒钛铁尾矿的 XRD 图谱

由上述可以看出，反应体系是以 $MgO-CaO-SiO_2$ 为主的三元体系，体系中主要组成相为辉石相。辉石相晶相较小，主要呈柱状，细小的柱状晶体有利于晶体间的填充，并形成致密的网格结构，有利于提高坯体的力学性能。

4.5　钒钛铁尾矿高强透水砖的性能

本节在对原材料特性研究的基础上，通过探索不同制备工艺，制备得到钒钛铁尾矿高强透水砖。为更好地了解尾矿对烧结透水砖性能的影响，需要对骨料级配、骨料掺量、黏结剂配合比做初步探索。然后通过单因素试验探究骨料掺量、成型压力、保温时间、烧结温度等工艺参数对透水砖性能的影响，再经正交优化试验，最终制备得到性能优异的高强透水砖。

4.5.1 基础试验

木试验采用 Φ75mm 模具压制砖坯，按照 4.3 节中的制备方法，制备得到透水砖坯。其中，每次配料 500g，用水量 5%，成型压力 20MPa，压制成型砖坯尺寸为 Φ75mm×50mm。烧结制度为：室温～60℃（0.5℃/min），60～300℃（2℃/min），300℃恒温 60min，300～800℃（3℃/min），800℃恒温 60min，800～1060℃（1℃/min），1060℃恒温 60min，随炉降至室温。

1. 骨料级配对透水砖性能的影响

骨料级配是透水砖透水性及强度的重要来源，一个好的骨料级配不仅可以形成紧密堆积，从而为砖体提供机械强度，而且可以形成一定的贯穿空隙以保障其透水性。试验将原状钒钛铁尾矿筛分成粗、中、细 3 个粒度区间，即 1.18～4.75mm（粗）、0.60～1.18mm（中）、0.15～0.60mm（细），测得堆积密度分别为：1.56g/cm^3、1.58g/cm^3、1.76g/cm^3，各粒度区间外观形貌见图 4.8。此外，依据 4.4.1 节中钒钛铁尾矿的筛分结果，尾矿主要组成粒级在 0.30～1.18mm，因此为确保尾矿高利用率选择中粒级为主要粒级，搭配变化其他粒级进行研究，具体骨料级配见表 4.7。其中，骨料掺量为 80%，黏结剂比例为：金尾矿∶页岩∶黏土＝1∶2∶2。

图 4.8 各粒度钒钛铁尾矿外观图

表 4.7 钒钛铁尾矿骨料级配表（%）

编号	1.18～4.75mm	0.60～1.18mm	0.15～0.60mm
A1	15	40	45
A2	25		35
A3	35		25
A4	45		15

续表

编号	1.18～4.75mm	0.60～1.18mm	0.15～0.60mm
B1	10	50	40
B2	20		30
B3	30		20
B4	40		10
C1	5	60	35
C2	15		25
C3	25		15
C4	35		5
D1	60	40	0
D2	50	50	0
D3	40	60	0
D4	30	70	0

表 4.8 表示不同级配下透水砖的性能指标，反映出不同尾矿砂的堆积效果对透水砖的影响。在中颗粒不变的情况下，砖坯的抗压强度随粗颗粒占比的减少而提高，同时孔隙率降低使得砖坯更加致密。B 组的变化最为明显，其中强度增量为 41.67%，孔隙率降低量为 4.4%。D 组是所有组别中性能变化最小且强度较低的一组，这表明细颗粒占比对透水砖性能影响较大。对比 C4、D3 可以发现，当细颗粒增加 5%时，透水砖的强度提高了 22.7%。究其原因，砖坯的强度主要来源于烧结过程中产生液相的迁移、包裹以及黏结作用，液相的迁移主要通过砖坯内部的毛细管力，在一定范围内孔隙越小毛细管力越强，细颗粒的加入使得砖坯中的孔结构致密，提高了毛细管力；此外，砖坯中的熔融液相除了由黏结剂提供外，还有一部分由骨料提供，当骨料颗粒较细时，会产生较多熔融或微熔液相，它们与黏结剂相互融合使得砖坯更加致密，进而强度进一步增强。所以，为保障砖坯结构的致密性以及能够产生足够多的熔融液相，细颗粒占比不宜低于 20%。

表 4.8　不同骨料配合比透水砖性能指标

编号	抗压强度/MPa	透水系数/(cm/s)	保水性/(g/cm^2)	孔隙率/%
A1	25	0.117	1.02	25.0
A2	22	0.118	1.02	25.3
A3	21	0.120	1.04	25.4
A4	18	0.125	1.10	26.1
B1	34	0.098	0.90	23.9
B2	32	0.103	0.94	24.4

续表

编号	抗压强度/MPa	透水系数/(cm/s)	保水性/(g/cm^2)	孔隙率/%
B3	27	0.112	1.00	24.8
B4	24	0.115	1.03	25.0
C1	31	0.103	0.95	24.5
C2	29	0.101	0.97	24.6
C3	27	0.113	1.00	24.6
C4	27	0.114	1.01	24.9
D1	25	0.118	1.01	25.2
D2	23	0.120	1.03	25.3
D3	22	0.120	1.05	25.5
D4	21	0.122	1.06	25.7

从整体来看，透水砖的透水系数和保水性均满足规范要求，但强度偏低。B1、B2 对比其他组整体性能较好，考虑到尾矿的均衡利用，选取 B2 作为最终的级配。

2. 骨料掺量对透水砖性能影响

上面对骨料级配做了相应研究，发现 B2 组性能较优，因此选取 B2 组的骨料级配。其中，骨料掺量分别为 70%、75%、80%、85%、90%，黏结剂配合比为金尾矿∶页岩∶黏土 = 1∶2∶2。各性能指标见图 4.9 和图 4.10。

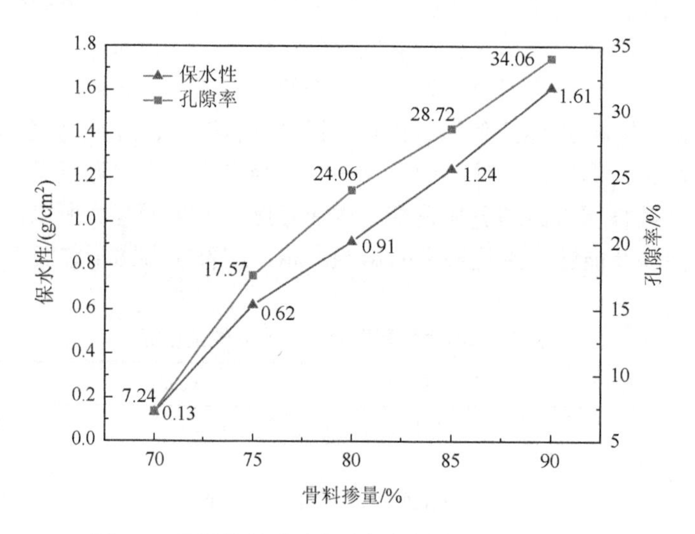

图 4.9　骨料掺量对透水砖保水性和孔隙率的影响

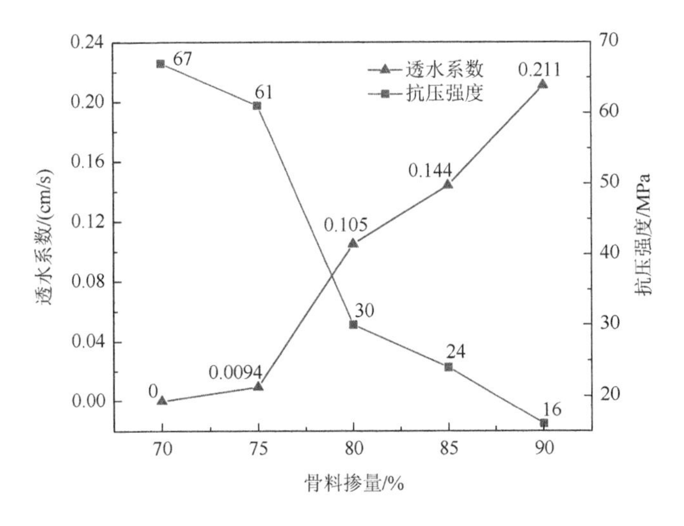

图4.10　骨料掺量对透水砖透水系数和抗压强度的影响

从图 4.9 可以看出，随着骨料掺量的增加透水砖保水性和孔隙率也增加。当掺量由 70%增加到 75%时，保水性和孔隙率增量最大，进一步提高掺量时，各性能的增速相对放缓，但整体呈现线性增长状态。孔隙率是反映透水砖开气孔数量的指标，而保水性则是体现砖体内孔隙中含水量的多少，所以当骨料掺量增加时，砖体开气孔数量增加，进而孔隙中水分增多，因此反映到图像上可以看出，孔隙率和保水性的变化趋势相似。从图 4.10 中得知，透水性与强度是两项相互对立的性能指标，当骨料掺量增多时，砖坯内部孔隙率增大使得透水性增强，砖坯整体致密性降低，导致强度随之降低。当骨料掺量在 70%～75%时，透水砖的透水系数变化较小，反观图 4.9 中同等掺量下保水性与孔隙率变化较大，究其原因，骨料掺量增大使得透水砖内部孔隙增多，但是增加的孔隙只是相互独立的气孔，并没有形成连续的贯穿孔隙，这就使得砖体吸水性较好而透水性不明显，因此，想要提高砖体的透水性需要进一步增加气孔数量，以形成贯穿整个砖体的连续孔隙。所以当骨料掺量进一步增加时，透水砖内部贯穿孔隙形成并急剧增加，特别是掺量在 75%～80%之间，透水性增量超过 10 倍而抗压强度降低了 50.8%。考虑到骨料掺量对透水砖性能影响的变化趋势，选择骨料掺量在 75%～80%之间较为合理。

3. 黏结剂对透水砖性能的影响

黏结剂是黏结骨料以形成一定机械强度的重要材料，好的黏结剂配合比可以在熔融状态下迁移并充分包裹骨料，为各项性能提供重要保证。上面对骨料掺量做了初步研究，结果表明掺量在 75%～80%时透水砖的各项性能指标较为理想，因此选定骨料掺量为80%，探究不同多元固废黏结剂配合比对透水砖性能的影响。不同黏结剂配合比见表4.9，各性能指标见表4.10。

表4.9 不同黏结剂配合比（%）

编号	金尾矿	页岩	黏土
A	1	1	1
B	1	1	2
C	1	2	1
D	1	2	2
E	2	1	1
F	2	1	2
G	2	2	1

表4.10 不同黏结剂对透水砖性能的影响

编号	保水性/(g/cm^2)	孔隙率/%	透水系数/(cm/s)	抗压强度/MPa
A	0.97	24.92	0.110	25
B	0.99	24.94	0.112	19
C	0.93	24.05	0.098	29
D	0.85	23.21	0.092	24
E	1.04	25.61	0.118	33
F	0.92	23.61	0.096	22
G	1.00	25.32	0.116	28

表4.10是不同黏结剂配合比下透水砖的性能指标，从保水性和孔隙率可以看出，两种性能指标相互对应，呈现出一定的规律性，即孔隙率降低，保水性也随之降低。按照前面研究可初步了解，当砖坯透水性增加时其抗压强度降低，与之相比在不同黏结配合比下透水性与抗压强度并没有表现出相应的规律性。究其原因，不同黏结剂在高温熔融状态下的性能差距较大，孔隙的多少直接由形成液相的多少决定，液相越多，孔隙越少，透水性和保水性越低，但是形成液相的数量并不能说明其具有足够的黏结力，所以表现的宏观强度各不相同。在所有组中，E组表现出最佳的性能，孔隙率高达25.61%，透水系数为0.118cm/s，抗压强度为33MPa。从C、D、G组可以看出页岩掺量较多时，对比其他组孔隙率较低，烧结温度在1000℃时产生的液相较多，不利于透水砖的透水性，因此从这方面来看页岩的掺量不宜过高。另外，从B、D、F组可以看出，透水砖各性能指标偏低，原因在于，黏土的烧结温度偏高，在1060℃的温度下不足以发挥出最佳的黏结性能。

4.5.2　工艺参数对透水砖性能的影响

制备工艺是透水砖制备过程中最重要的环节，因此想要制备出满足规范要求并具有高透水性、高强度的透水砖，工艺参数的相关研究必不可少。在 4.5.1 节探索试验研究的基础上，对骨料掺量、成型压力、保温时间、烧结温度等参数做进一步研究，探究其对透水砖性能的影响。

1. 骨料掺量对透水砖性能的影响

4.5.1 节中初步确定骨料掺量的大致范围为 75%～80%，因此本小节在此基础上进一步研究骨料掺量对透水砖性能的影响。其中，试验选取钒钛铁尾矿骨料的用量分别为 76%、77%、78%、79%、80%，具体性能指标见图 4.11 和图 4.12。

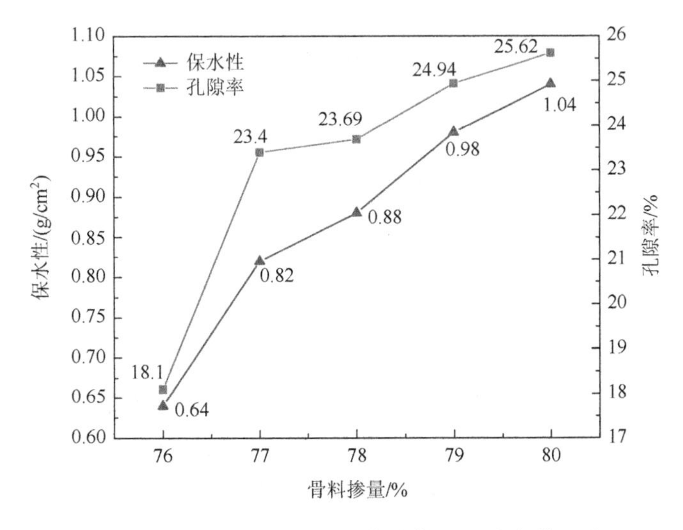

图 4.11　骨料掺量对透水砖保水性和孔隙率的影响

从图 4.11 可以看出，随着骨料掺量的增大，透水砖保水性和孔隙率也逐渐增大。其中，当骨料掺量由 76%增大到 77%时，保水性和孔隙率分别增长了 28.1%、29.3%，而当掺量变为 78%时，保水性和孔隙率的增长趋于缓和，仅分别为 7.3%、1.2%，因此，在此阶段骨料掺量对透水砖保水性和孔隙率的影响贡献不大。随着骨料掺量进一步增加，曲线又呈现出缓慢增长的趋势，最终在 80%的掺量下达到最大，分别为 1.04g/cm^2、25.62%。

图 4.12 中透水系数曲线的变化趋势与孔隙率的变化趋势相似，同样在骨料用量为 76%～77%时增长速率最大，用量为 77%～78%时较为缓和，大于 78%时缓

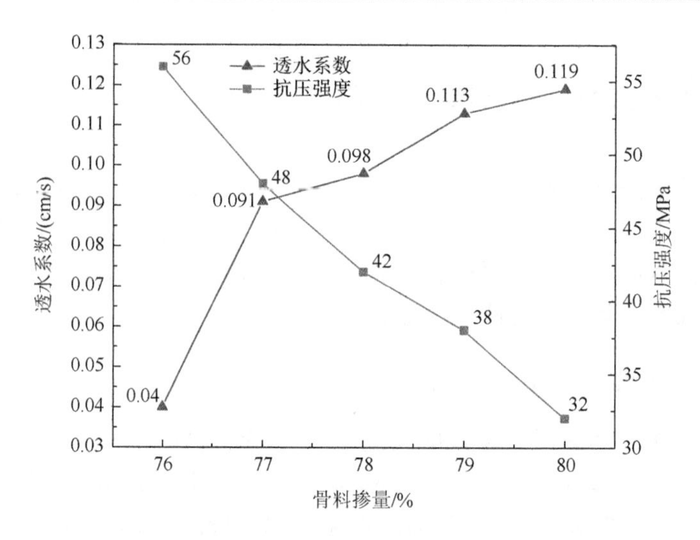

图 4.12　骨料掺量对透水砖透水系数和抗压强度的影响

慢增长。而透水砖的抗压强度随着骨料掺量的增大而减小，曲线基本呈线性状态。考虑到抗压强度与其他性能指标的对立性，既要满足强度要求又不能对其他性能指标产生较大影响，因此选取骨料最佳掺量在 77%～78%之间最为合适。为进一步提高钒钛铁尾矿利用率，最终选取骨料掺量为 78%，此时透水砖透水系数为 0.098cm/s、抗压强度为 42MPa。

2. 成型压力对透水砖性能的影响

透水砖的成型压力决定了砖坯成型过程中的成型率，更重要的是在不同的成型压力下，钒钛铁尾矿高强烧结透水砖内部的孔隙大小相应变化，对透水砖的密实性起重要作用。采用骨料掺量为 78%，成型压力分别为 10MPa、15MPa、20MPa、25MPa、30MPa、35MPa，探究其对透水砖性能的影响，具体见图 4.13 和图 4.14。

从图 4.13 可以看出，随着成型压力的增大透水砖的保水性和孔隙率逐渐降低，大致可分为三个阶段。第一阶段，成型压力在 10～20MPa 之间，此阶段中各骨料主要以点接触或未接触为主，当成型压力逐渐增大时未接触颗粒逐渐靠拢形成点接触，此时砖坯开始趋于紧密，保水性和孔隙率降低较为明显；第二阶段为过渡阶段，成型压力增大至 20～30MPa 时，骨料间的点接触逐渐形成，砖坯受到进一步挤压但性能变化并不明显，若要突破这一阶段需要更强的成型压力；第三阶段，当成型压力大于 30MPa 时，骨料之间由点接触形成面接触，此阶段颗粒之间堆积更加紧密，砖坯密实度更高，保水性和孔隙率迅速降低。

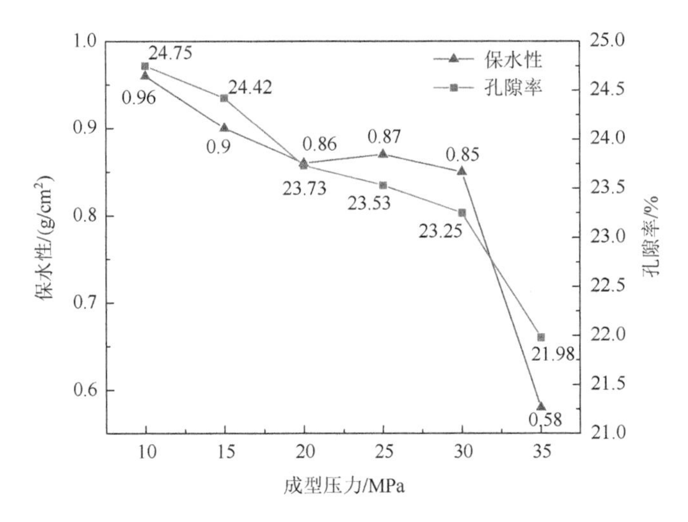

图 4.13　成型压力对透水砖保水性和孔隙率的影响

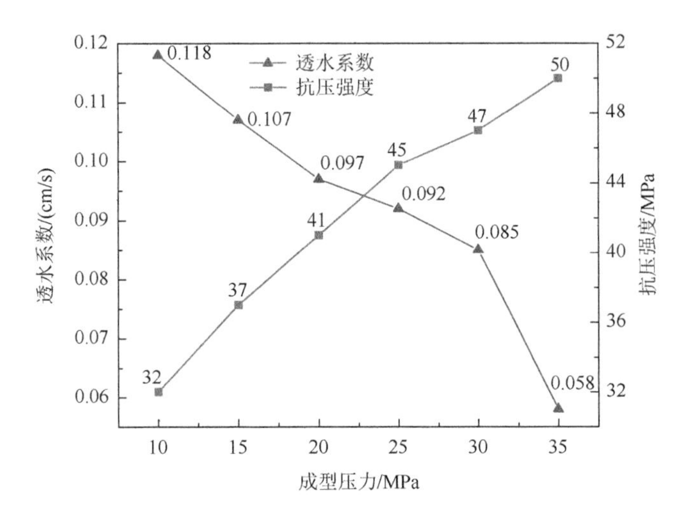

图 4.14　成型压力对透水砖透水系数和抗压强度的影响

从图 4.14 可以看出，透水系数随着成型压力的增加逐渐降低，同样呈现出三个阶段，变化率分别为 17.8%、12.4%、31.8%，变化趋势与孔隙率曲线相似，原因在于孔隙率的大小决定了贯穿孔隙的多少，同样决定了透水性的大小，二者无论在数值上还是变化趋势上都存在一定的对应关系。反观强度，成型压力的变化对抗压强度有一定影响，但并没有像其他性能指标一样呈现出阶段性的变化。当成型压力小于 25MPa 时，成型压力的增大使抗压强度不断提高并接近线性状态，当成型压力为 25MPa 时抗压强度为 45MPa，进一步提高成型压力，抗压强度增长逐渐放缓。

当成型压力在 35MPa 时，透水砖抗压强度为 50MPa，透水系数为 0.058cm/s，保水性为 0.58g/cm^2。此时的透水砖已经表现出具有高强度、高透水性的潜力，只是保水性未能满足规范要求的 0.60g/cm^2，因此需要进一步优化其他工艺参数。综合考虑各项性能指标，并结合透水砖成型工艺，选取最终的成型压力为 25MPa。

3. 保温时间对透水砖性能的影响

选取最佳成型压力为 25MPa，以上述最佳工艺条件为基础，探究不同保温时间（60min、90min、120min、150min、180min）对透水砖性能的影响。具体见图 4.15 和图 4.16。

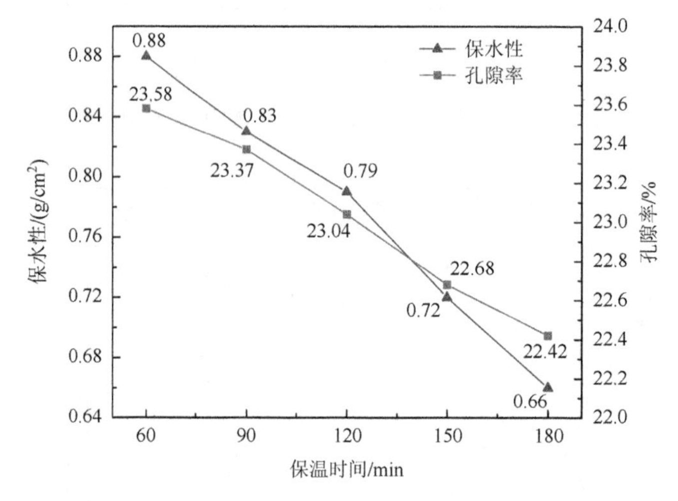

图 4.15　保温时间对透水砖保水性和孔隙率的影响

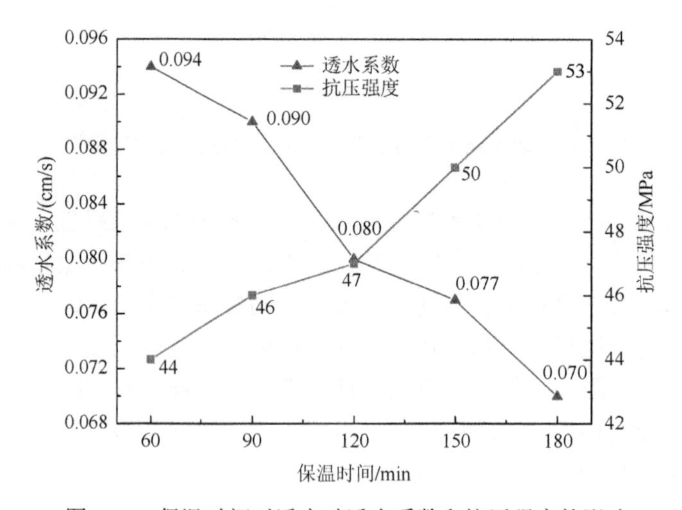

图 4.16　保温时间对透水砖透水系数和抗压强度的影响

图 4.15 为不同保温时间对透水砖保水性和孔隙率的影响，从图中可以看出随着保温时间的增长保水性和孔隙率逐渐降低。当保温时间为 60min 时，砖坯内部熔融液相产生较少，仅仅包裹少量骨料或包裹不充分，此时保水性和孔隙率较好，分别为 0.88g/cm^2、23.58%。随着保温时间的延长，液相量逐渐增多，晶体颗粒间的孔隙逐渐被填满，导致砖体孔隙率降低。另外，从图 4.16 也可以看出，熔融液相增多后内部孔隙被填充，导致砖体更加致密，因此强度不断提高。同时，由于保温时间不断延长，液相在孔隙中相互流动趋于稳定，使得砖坯整体质地均匀，也是透水砖强度形成的重要原因之一，特别是在保温时间大于 120min 后更为明显。由各图得知，透水砖的各项性能指标已经满足相应的规范要求，因此，选取最佳保温时间应从能耗方面考虑，最终选取保温时间为 90min 较为合理。

4. 烧结温度对透水砖性能的影响

烧结温度是透水砖制备过程中最重要的工艺参数，当烧结温度过高时，产生的过多玻璃相会堵住孔隙，对砖体的透水性不利，当烧结温度过低时，砖体烧结不充分，使得液相产生较少黏结作用，不利于强度的形成。在上述最佳保温时间为 90min 的基础上，分别设定五个不同烧结温度，即 1060℃、1070℃、1080℃、1090℃、1100℃，探究不同烧结温度下透水砖性能的变化。具体性能指标见图 4.17 和图 4.18。

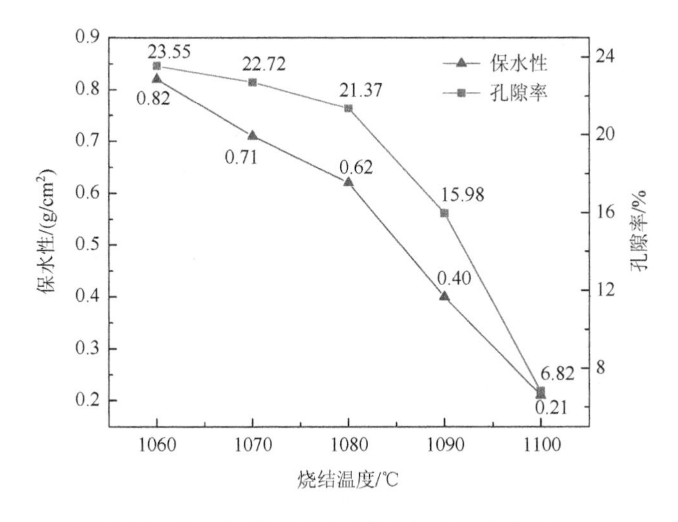

图 4.17　烧结温度对透水砖保水性和孔隙率的影响

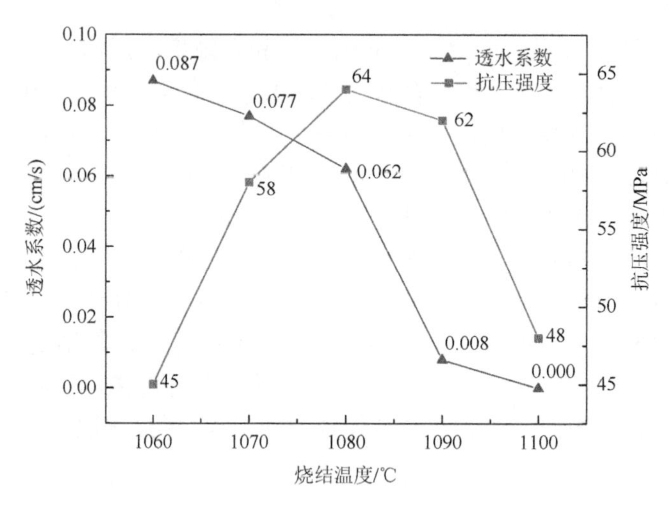

图 4.18　烧结温度对透水砖透水系数和抗压强度的影响

从图 4.17 和图 4.18 可以看出，当烧结温度逐渐升高时，透水砖的保水性、孔隙率和透水系数逐渐降低，而抗压强度先增加至 64MPa 后降低至 48MPa。当温度在 1060～1080℃时三项性能指标降低较为缓慢，原因是此阶段熔融玻璃相产生较为适中，对砖坯气孔的影响较小；当烧结温度超过 1080℃时，图中曲线急剧下降，此阶段大量液相产生，原本贯通的孔隙逐渐被填充，特别是在 1090℃时，孔隙填充较为严重，导致砖体几乎不透水。抗压强度曲线先增加的原因在于，黏结剂及骨料产生的液相量相对适中，有利于颗粒间的相互黏结，使得砖体致密并且质地均匀，为强度提供重要保障。当烧结温度超过 1080℃时，液相产生量过多，由于温度升高液相流动性也提高，过量的液相达到饱和状态，在砖体表面出现“溢出”现象，这一现象在烧结温度为 1100℃时最为明显，过量的液相使得砖坯开始出现变形，内部结构不均匀进而导致不能承受更大的外力，强度逐渐降低。综上，当烧结温度为 1080℃时透水砖抗压强度达到最佳（64MPa），此时的透水系数为 0.062cm/s，保水性为 0.62g/cm^2，均满足规范要求。

4.5.3　钒钛铁尾矿高强透水砖的优化设计

上节探究了骨料掺量、成型压力、保温时间、烧结温度等工艺因素对透水砖保水性、孔隙率、透水系数和抗压强度的影响，确定了单因素条件下的最佳制备工艺。为确保制备工艺的可靠性，进一步完善单因素条件下的制备工艺，本节会在探索试验及单因素试验的基础上，选取三个决定性的影响因素和四个影响水平进行正交试验，进一步探究其对透水砖性能的影响。

1. 正交试验设计

本研究旨在提高尾矿综合利用率并尽可能减少能源消耗的前提下，制备出满足规范要求的高强透水砖。钒钛铁尾矿作为透水砖制备的主要原材料，其掺量的多少不仅决定着尾矿的利用率，也极大影响着透水砖的性能，因此，钒钛铁尾矿骨料的掺量作为其中一个因素，试验选取的水平值为77%、78%、79%、80%。烧结温度和保温时间是透水砖烧制过程中最重要的工艺参数，烧结和保温是透水砖内部发生物理化学特性变化的重要环节，对钒钛铁尾矿高强烧结透水砖性能的形成具有不可忽视的影响。另外，透水砖烧结温度的高低以及保温时间的长短也决定着整个制备过程中的能源消耗，所以选定作为另外两个试验因素。其中，烧结温度的水平值分别为1050℃、1060℃、1070℃、1080℃，保温时间的水平值分别为60min、90min、120min、150min。试验根据不同因素与水平采用 L_{16}（4^3）正交试验表，具体见表4.11和表4.12。

表4.11 钒钛铁尾矿高强烧结砖正交试验设计

水平	A（骨料掺量）/%	B（烧结温度）/℃	C（保温时间）/min
1	77	1050	60
2	78	1060	90
3	79	1070	120
4	80	1080	150

表4.12 钒钛铁尾矿高强烧结砖正交试验方案

编号	因素			试验方案
	A	B	C	
1	1	1	1	$A_1B_1C_1$
2	1	2	2	$A_1B_2C_2$
3	1	3	3	$A_1B_3C_3$
4	1	4	4	$A_1B_4C_4$
5	2	1	2	$A_2B_1C_2$
6	2	2	1	$A_2B_2C_1$
7	2	3	4	$A_2B_3C_4$
8	2	4	3	$A_2B_4C_3$
9	3	1	3	$A_3B_1C_3$
10	3	2	4	$A_3B_2C_4$
11	3	3	1	$A_3B_3C_1$
12	3	4	2	$A_3B_4C_2$

续表

编号	因素			试验方案
	A	B	C	
13	4	1	4	$A_4B_1C_4$
14	4	2	3	$A_4B_2C_3$
15	4	3	2	$A_4B_3C_2$
16	4	4	1	$A_4B_4C_1$

2. 试验结果与分析

根据正交试验表中的方案制备得到不同影响因素下的透水砖，主要通过透水系数和抗压强度来衡量正交试验结果，具体见表 4.13。

表 4.13　钒钛铁尾矿高强烧结砖正交试验结果

编号	透水系数/(cm/s)	抗压强度/MPa	试验方案
1	0.108	40	$A_1B_1C_1$
2	0.093	49	$A_1B_2C_2$
3	0.080	60	$A_1B_3C_3$
4	0.058	67	$A_1B_4C_4$
5	0.114	38	$A_2B_1C_2$
6	0.099	42	$A_2B_2C_1$
7	0.076	58	$A_2B_3C_4$
8	0.061	65	$A_2B_4C_3$
9	0.116	37	$A_3B_1C_3$
10	0.087	44	$A_3B_2C_4$
11	0.089	45	$A_3B_3C_1$
12	0.078	58	$A_3B_4C_2$
13	0.118	36	$A_4B_1C_4$
14	0.113	38	$A_4B_2C_3$
15	0.086	42	$A_4B_3C_2$
16	0.083	44	$A_4B_4C_1$

从表 4.13 可以看出，仅考虑钒钛铁尾矿高强烧结透水砖的强度，最优异的组合是 $A_1B_4C_4$；仅考虑透水系数，最优异的组合是 $A_4B_1C_4$。

1）正交试验的极差分析

正交试验结果的极差分析法，是采用每一对影响因素的平均极差去解决所存在的问题，极差增大说明此要素对试验结果产生的影响明显，极差降低说明产生的影响不明显。正交试验对透水系数和抗压强度的极差分析见表 4.14，不同影响因素对钒钛铁尾矿高强烧结透水砖的透水系数和抗压强度直观分析图如图 4.19 和图 4.20 所示。

表 4.14　钒钛铁尾矿高强烧结砖正交试验指标的极差分析

指标	因素	A 骨料掺量	B 烧结温度	C 保温时间
透水系数	W_1	0.08475	0.114	0.09475
	W_2	0.0875	0.098	0.09275
	W_3	0.0925	0.08275	0.0925
	W_4	0.1	0.07	0.08475
	极差	0.01525	0.04400	0.01000
抗压强度	W_1	54	37.75	42.75
	W_2	50.75	43.25	46.75
	W_3	46	51.25	50
	W_4	40	58.5	51.25
	极差	14.00	20.75	8.50

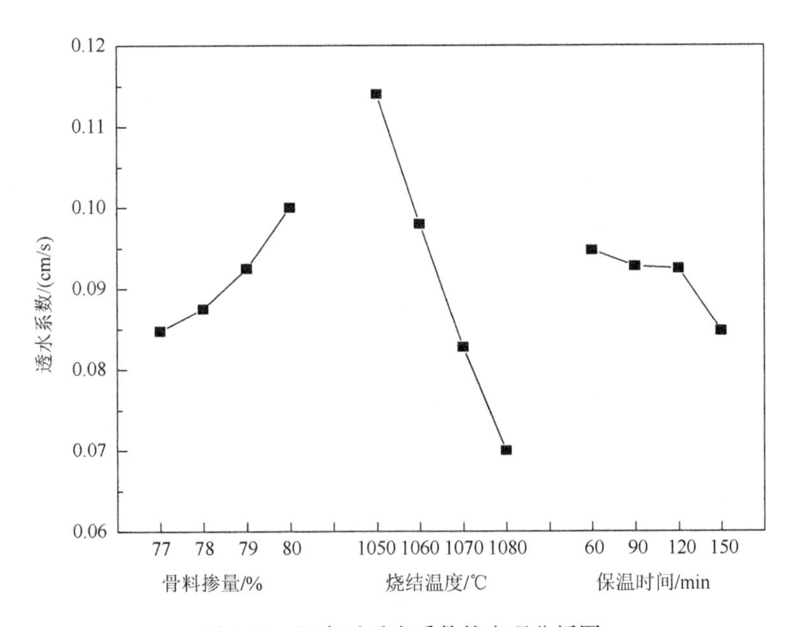

图 4.19　因素对透水系数的直观分析图

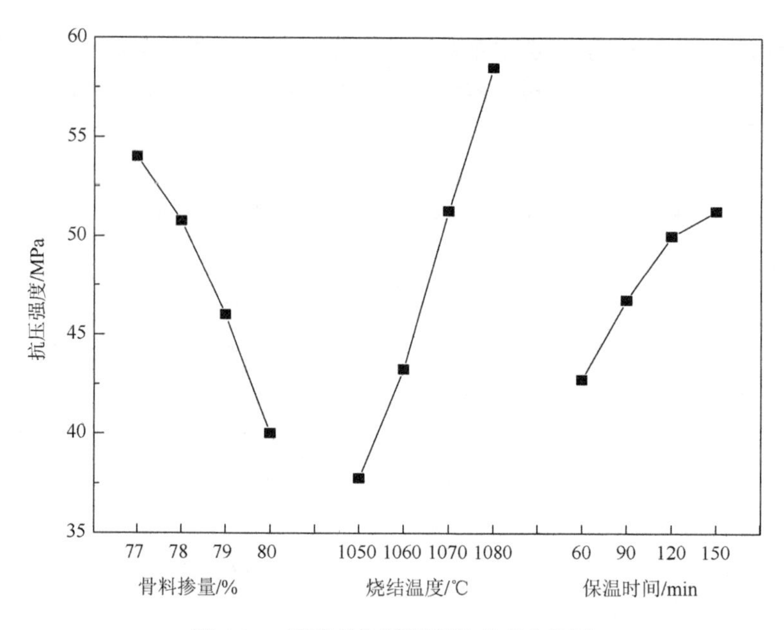

图 4.20 因素对抗压强度的直观分析图

从表 4.13 和表 4.14 可以看出透水系数影响因素主次为：烧结温度＞骨料掺量＞保温时间，抗压强度影响因素主次为：烧结温度＞骨料掺量＞保温时间。从图 4.19 和图 4.20 可以直观看出，钒钛铁尾矿高强烧结透水砖的透水系数随着骨料掺量的提高而增长，当烧结温度提高、保温时间增长时，其逐渐降低；抗压强度随着骨料掺量的提高逐渐减小，随着温度的提高及保温时间的延长进一步提高。因此，仅考虑透水系数试验，最优方案是 $A_4B_1C_1$；而仅考虑透水砖抗压强度，试验最优方案是 $A_1B_4C_4$。由于两项性能指标相互冲突，所以为达到理想平衡的最佳试验方案还需要进一步的方差分析。

2）正交试验的方差分析

上面对试验结果做了极差分析，采用此方法方便快捷，有利于提高效率，但存在一定缺陷。所以，为了消除极差分析所产生的一系列缺陷，可采用另一种方法，即方差分析法对试验结果做进一步的研究。透水系数方差分析见表 4.15，抗压强度方差分析见表 4.16。

从表 4.15 可以看出，尾矿掺量、烧结温度、保温时间的检验统计量 F 分别为 0.26、0.21、0.12，因此各因素对透水系数的影响主次为：尾矿掺量＞烧结温度＞保温时间，由于各因素检验统计量均小于临界值，所以因素对透水系数的影响不显著，对于不显著因子中的影响水平因素可以任意取，在日常生活里出于降低成本的角度去考虑。

表 4.15 钒钛铁尾矿高强透水砖透水系数方差分析表

方差来源	离差平方和	自由度	均方	F	临界值	显著性
尾矿掺量	0.00054	3	0.000180	0.26	$F_{0.05}(3, 6) = 4.76$	不显著
烧结温度	0.00044	3	0.000147	0.21	$F_{0.25}(3, 6) = 1.78$	不显著
保温时间	0.00024	3	0.000080	0.12		不显著
误差	0.00412	6	0.000687			
总和	0.00534	15	—			

表 4.16 钒钛铁尾矿高强透水砖抗压强度方差分析表

方差来源	离差平方和	自由度	均方	F	临界值	显著性
尾矿掺量	444.6875	3	148.229	35.05	$F_{0.05}(3, 6) = 4.76$	显著
烧结温度	992.1875	3	330.729	78.21	$F_{0.25}(3, 6) = 1.78$	显著
保温时间	173.1875	3	57.729	13.65		显著
误差	25.375	6	4.229			
总和	1635.4375	15	—			

从表 4.16 可以看出，尾矿掺量、烧结温度、保温时间的检验统计量 F 分别为 35.05、78.21、13.65，因此各因素对抗压强度的影响主次为：烧结温度＞尾矿掺量＞保温时间，由于各因素检验统计量均大于临界值，所以各因素对抗压强度的影响显著，对于显著因子的水平应取最好水平。综上，各因素最佳组合方案是 $A_1B_4C_4$，也就是尾矿掺量为 77%，烧结温度为 1080℃、保温时间为 150min。

3. 验证试验

正交试验获得的最理想的透水砖制备方案是 $A_1B_4C_4$，以及单因素试验中的最佳方案是 $A_2B_4C_2$。验证结果见表 4.17。

表 4.17 钒钛铁尾矿高强透水砖优化方案的验证

试验方案	透水系数/(cm/s)	抗压强度/MPa
$A_1B_4C_4$	0.058	67
$A_2B_4C_2$	0.061	65

从表 4.17 可以看出，无论是正交试验还是单因素试验得到的最佳方案，其透水系数和抗压强度在数值上差距不大，均满足规范要求。但从提高尾矿综合利用率以及降低能源消耗的角度出发，选择单因素试验结果的试验方案 $A_2B_4C_2$ 最佳，即钒钛铁尾矿的最优掺量为 78%、烧结温度为 1080℃、保温时间为 90min。

4.6　钒钛铁尾矿高强透水砖的烧结机理

通过 4.5 节对透水砖制备工艺的研究证实，在不同的制备工艺下透水砖的抗压强度、孔隙率、透水系数以及保水性表现出明显的差异。而这些差异与透水砖的烧结机理息息相关，因此需要在化学组成、矿物组成及形成机制上对透水砖的烧结机理进行分析和总结。由于烧结温度和保温时间是坯体烧制过程中物理化学变化以及矿物相转化的内在影响因素，下面对钒钛铁尾矿高强烧结透水砖的保温时间及烧结温度进行探究，分析其相关机理。最后对以钒钛铁尾矿制备的高强透水砖进行经济性分析，讨论其在实际生产中的可行性及承受风险的能力，为大宗利用钒钛铁尾矿提供借鉴作用。

4.5 节中探究了不同制备工艺对透水砖性能的影响，在此基础上本节选取透水砖的制备工艺为：多尺度骨料颗粒最优级配为 1.18～4.75mm 占比 20%、0.60～1.18mm 占比 50%、0.15～0.60mm 占比 30%，多元固废黏结剂配合比为金尾矿∶页岩∶黏土＝2∶1∶1；具体配合比为钒钛铁尾矿 78%、黏结剂 22%；烧结制度为：室温～60℃（0.5℃/min），60～300℃（2℃/min），300℃恒温 60min，300～800℃（3℃/min），800℃恒温 60min，800℃至所需温度（1℃/min），恒温一定时间，随炉降至室温。

4.6.1　不同保温时间下高强透水砖的 XRD 分析

试件选取的烧结温度为 1080℃，保温时间分别为 60min、90min、120min、150min、180min。将透水砖试件破碎，然后粉磨成粉，测试其矿物相，不同保温时间下透水砖的 XRD 图见图 4.21。

图 4.21 为不同保温时间透水砖的 XRD 图，从图中可以看出，试件中的矿物相主要由透辉石和普通辉石组成。随着保温时间的延长，透辉石逐渐减少，普通辉石增多，原因在于，保温时间越长体系中产生的熔融液相越多，内部产生的熔融 Fe^{3+}、Al^{3+}迁移逐渐置换出透辉石中的 Ca^{2+}形成普通辉石。体系中的液相与残留的固体颗粒及晶体相互黏结，促进结构趋于致密，因此，当保温时间延长，钒钛铁尾矿高强烧结透水砖的抗压强度不断提高，透水性逐渐降低。

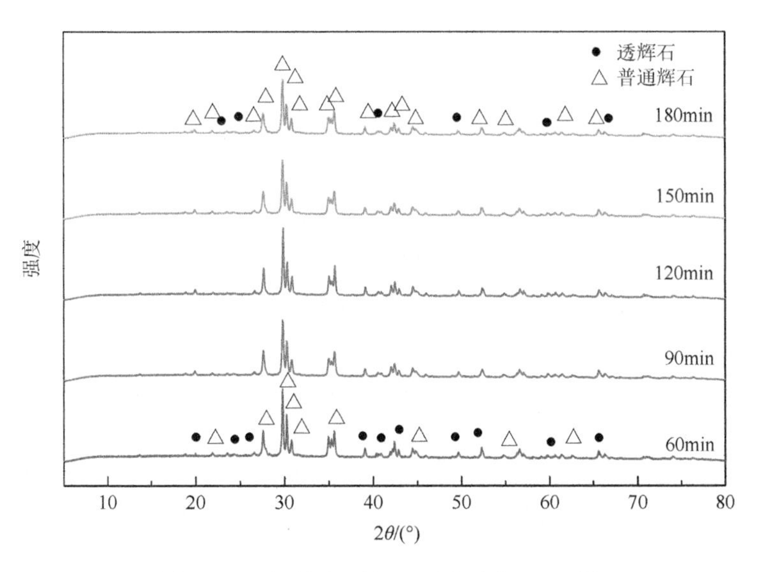

图4.21　不同保温时间下透水砖的XRD图

4.6.2　不同烧结温度下透水砖的XRD分析

试件选取的保温时间为90min，烧结温度分别为1060℃、1070℃、1080℃、1090℃、1100℃。将透水砖试件破碎，然后粉磨成粉，测试其矿物相，不同保温时间透水砖的XRD图见图4.22。

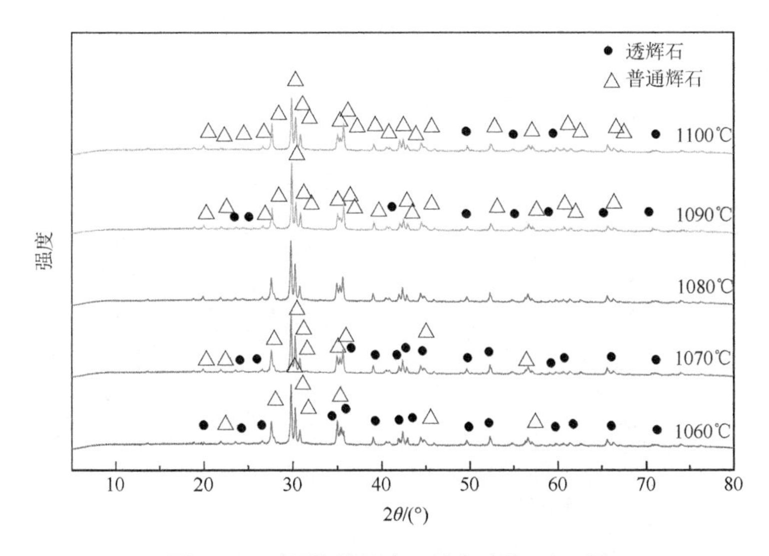

图4.22　不同烧结温度下透水砖的XRD图

从图 4.22 得知体系中主要是 MgO-CaO-SiO_2 为主的三元体系，随着烧结温度升高，体系中的 MgO、CaO、SiO_2 反应生成透辉石，透辉石又与体系液相中的 Fe^{3+}、Al^{3+}结合，转变为普通辉石，见反应（4.9）和反应（4.10）。

当烧结温度达到 1060℃，体系中生成了一定量熔融玻璃相，这促进了晶体在毛细管力的作用下产生迁移，颗粒向着更高的堆积密度排列，在宏观上，此时的透水砖试件具备了较好的力学性能。当烧结温度为 1070℃时，体系中的透辉石与液相离子进一步结合转化，使得体系中的固相颗粒再次沉淀，从而使得物质又一次迁移，结构的致密性不断加强。当烧结温度为 1080℃时，透水砖坯体内部的连续气孔开始转变为孤立气孔，若进一步提高烧结温度，透水砖的透水性将会迅速降低。当烧结温度达到 1090～1100℃，从图中可以看出钒钛铁尾矿高强烧结透水砖内部的矿物相组成是普通辉石，这就说明此时体系中已产生大量液相，孔隙率急剧降低，虽然结构更加致密，但是大量液相的产生使得颗粒骨架发生蠕动，透水砖的内部结构开始发生形变，强度以及孔隙量都逐渐降低。

4.6.3　不同烧结温度下透水砖的 SEM 分析

图 4.23 为不同烧结温度透水砖 SEM 图，可以看出，当烧结温度为 1060℃时，透水砖存在较多气孔，表面呈层状，有形成短柱状的趋势，说明此时透水砖晶体开始转变，逐渐生成透辉石及少量的普通辉石。烧结温度达到 1070℃，透水砖逐渐趋于致密，表面出现的短柱状晶体逐渐长大，呈细长棒状。当烧结温度为 1080～1090℃时，棒状结构逐渐圆润，呈“水滴”状，且随着温度的升高数量变多，最终成簇出现。温度为 1100℃时，透水砖表面多为“鱼鳞”状的片状结构，周围充斥着熔融的液相，说明此阶段烧结过度。

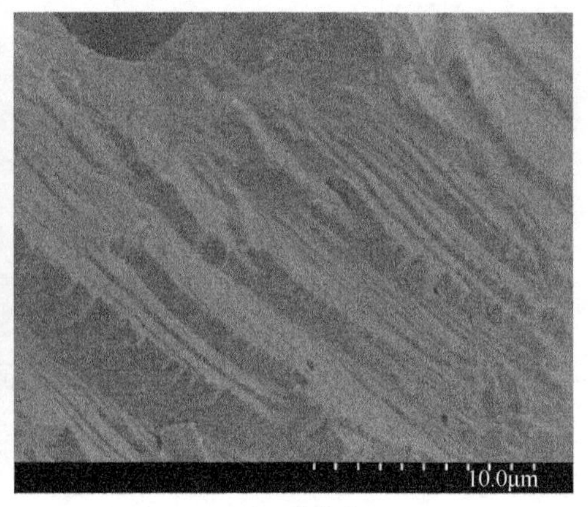

(a) 1060℃　　　　(a1) A点放大

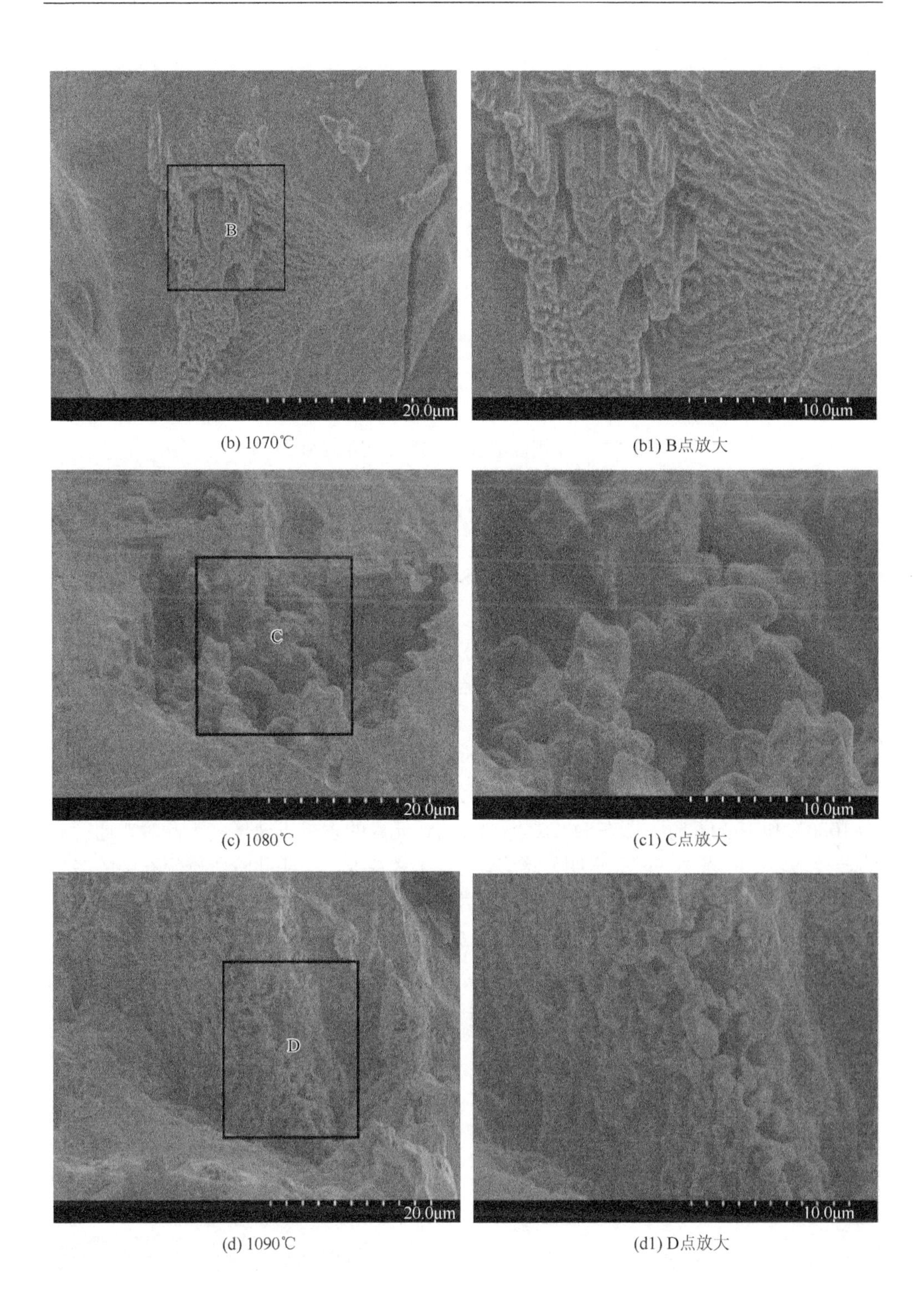

(b) 1070℃　(b1) B点放大

(c) 1080℃　(c1) C点放大

(d) 1090℃　(d1) D点放大

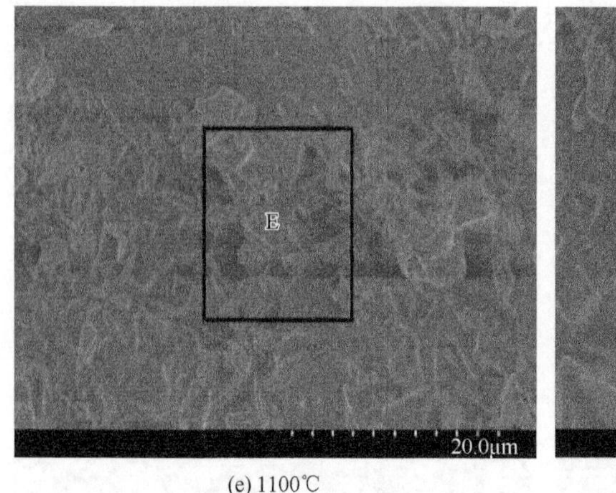

(e) 1100℃

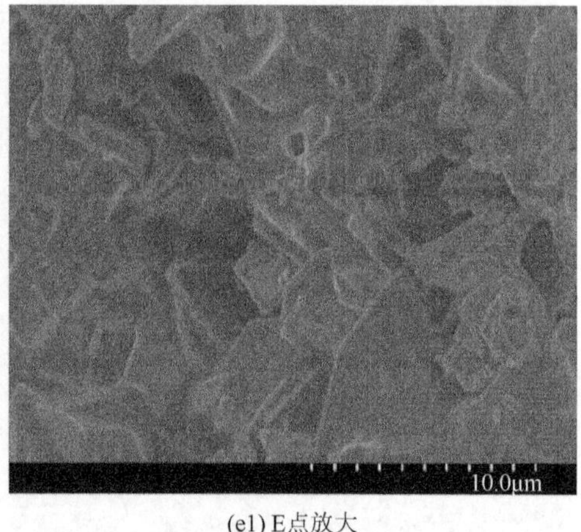

(e1) E点放大

图 4.23　不同烧结温度下透水砖的 SEM 图

4.6.4　不同烧结温度下透水砖的 EDS 分析

图 4.24 为不同烧结温度透水砖的 EDS 图，由图可知，A 点主要由 Ca、O、Si、Mg 元素和少量的 Fe、Al 元素组成，结合 XRD 图，其主要为透辉石 $Ca_2MgSi_2O_6$，包含少量的普通辉石 $Ca(Mg, Fe, Al)(Si, Al)_2O_6$。透辉石是一维链状结构，其单链结构是以$[Si_2O_6]^{4-}$为结构单元的无限长链。B 点与 A 点相比，元素种类并无变化，但是 Fe、Al 的含量增多，说明此阶段进一步生成了普通辉石，从 SEM 图中可以清晰看出细长棒状的辉石结构。C 点存在一些 P、Na、K 元素，表明此处包含一定量的液相，透辉石在液相中逐渐长大，同时结合一部分 Fe、Al 元素转变为普通辉石。烧结温度为 1080℃和 1090℃时，即在 D、E 点，Fe、Al 元素的含量迅速增多，此时普通辉石的转换增多。F 点中 Fe 元素明显增多，Ca 元素减少，说明此阶段透辉石中的多数Ca^{2+}被 Fe^{3+}替换，透辉石转变成普通辉石并成为主要晶相。G 点包含 P、Na、K、Ti、V 等元素，表明此状态下产生大量熔融玻璃相，也表明透水砖的烧结温度过高。

(a) 1060℃时透水砖烧结产物

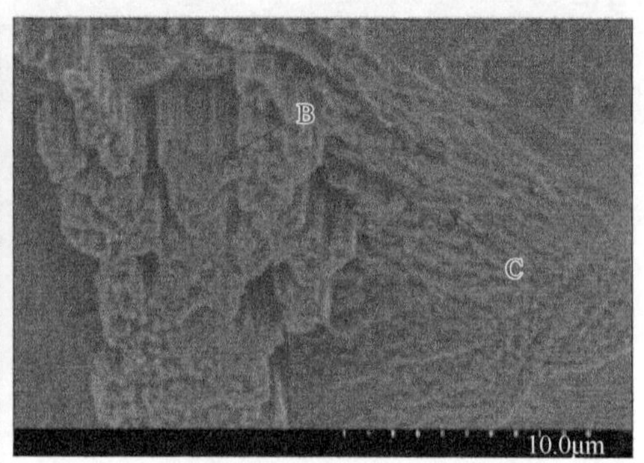

(b) 1070℃时透水砖烧结产物

(c) 1080℃时透水砖烧结产物

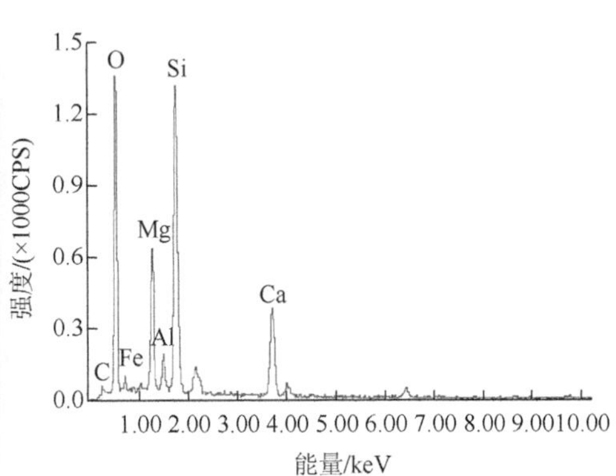

(d) 1090℃时透水砖烧结产物

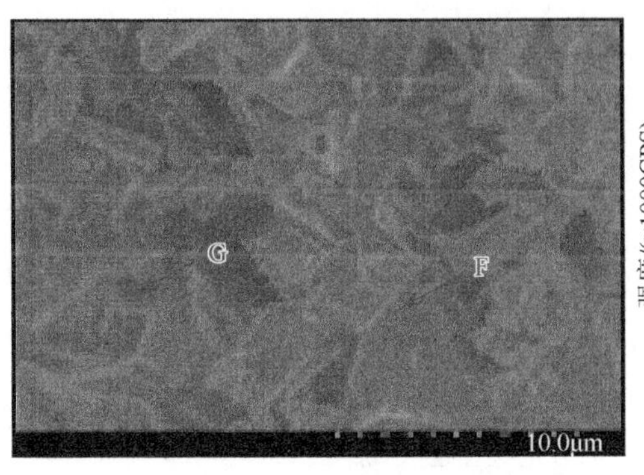

(e) 1100℃时透水砖烧结产物

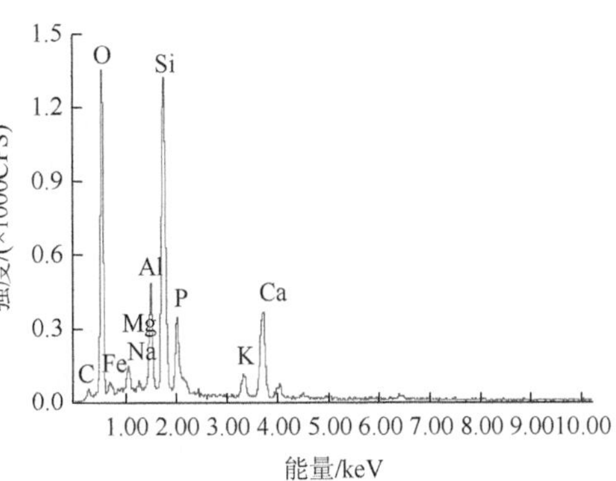

(a1) 图(a)中A点EDS图谱

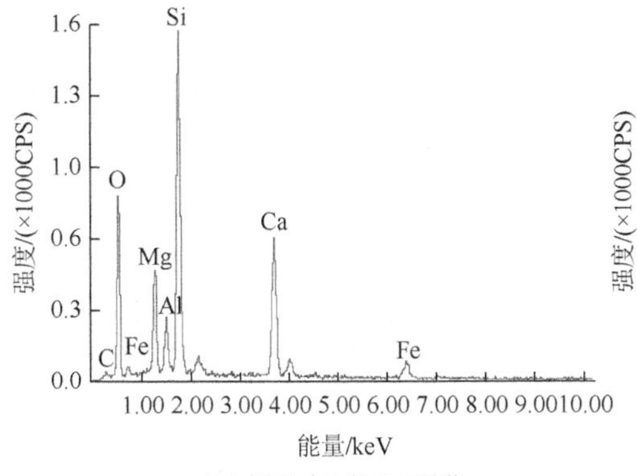

(b1) 图(b)中B点EDS图谱

(b2) 图(b)中C点EDS图谱

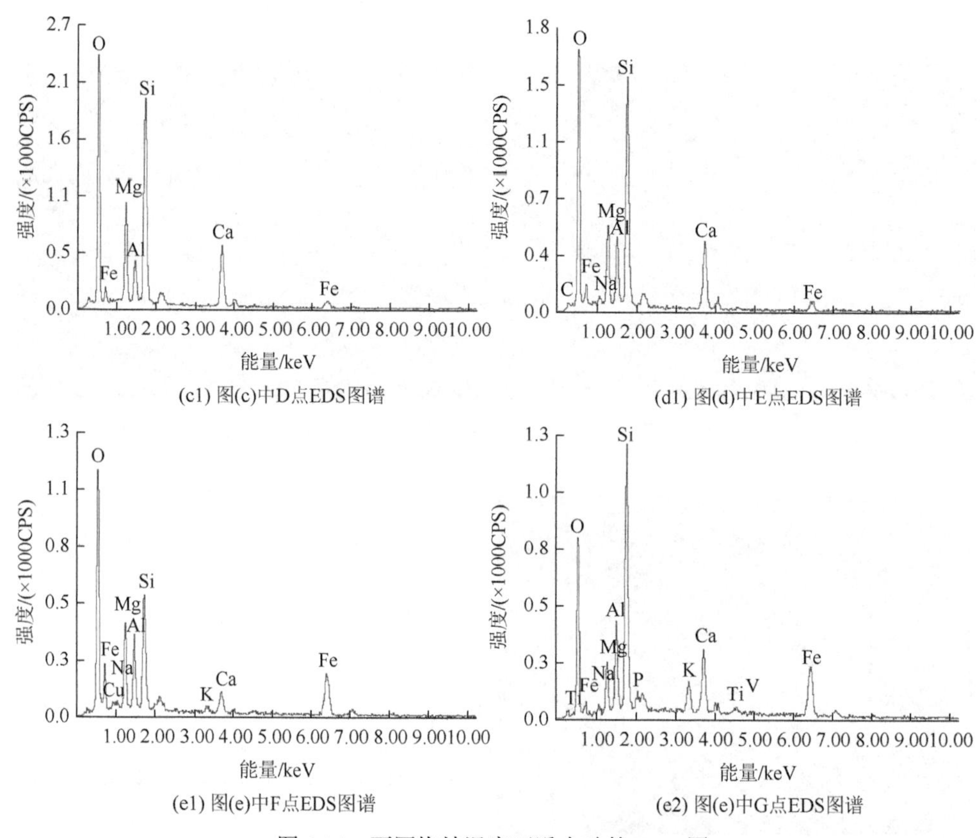

(c1) 图(c)中D点EDS图谱　　(d1) 图(d)中E点EDS图谱

(e1) 图(e)中F点EDS图谱　　(e2) 图(e)中G点EDS图谱

图 4.24　不同烧结温度下透水砖的 EDS 图

4.7　钒钛铁尾矿高强透水砖经济性分析

目前，我国钒钛铁矿石资源短缺，若能通过本项目的研究和实施，实现钒钛铁尾矿大规模的资源化利用，不仅能从整体上扩大可利用资源的数量，提高其工业化利用程度，而且可以缓解区域内钢铁工业所面临的资源短缺危机，实现区域原材料自给自足，从而实现绿色循环发展。

随着国内城市化进程的不断推进，城市的通病暴露愈加明显，诸如“热岛效应”、城市内涝问题显著。固体废弃物制备的透水砖以其具有普通免烧透水砖不可比拟的优良理化性能，且价格低廉，成为一种能替代普通透水砖的高性能路面铺装材料，并逐渐被人们认识和接受，以固体废弃物为主要材料替代部分免烧透水砖已是大势所趋。

4.7.1　成本分析

本节内容为一个占地面积 4 万 m^2，年生产规模 40 万吨透水砖的工厂的成本。

1. 原料费用及运费成本

选取透水砖的最佳配合比计算原料成本，即钒钛铁尾矿 78%，金尾矿 11%，页岩 5.5%，黏土 5.5%。其中用水量占总量的 5%。

以生产 1 吨透水砖为例，计算各原材料费用，见表 4.18。

表 4.18　钒钛铁尾矿高强烧结透水砖原料费用

材料	价格/(元/吨)	实际用量/吨	成本/元
钒钛铁尾矿	0	0.78	0
金尾矿	0	0.11	0
页岩	0	0.055	0
黏土	340	0.055	18.7
水	4.1	0.05	0.205
合计	344.1	1.05	18.905

年产 40 万吨透水砖的原料成本为：40 万吨×18.905 元/吨 = 756.2 万元。

年产 40 万吨透水砖的运费成本为：(0.78 + 0.11 + 0.055 + 0.055)×50 元/吨×40 万吨 = 2000 万元。

2. 能源消耗成本

以河北省工业用电为例，其收费标准为 0.61 元/(kW·h)，假设每生产 1 吨透水砖的耗电量为 20kW·h，则年产 40 万吨的透水砖总能耗费用为：40 万吨×0.61 元/(kW·h)×20kW·h = 488 万元。

天然气的价格为 3 元/m^3，假设 1 吨透水砖使用的液化天然气量为 12m^3；生产 1 吨透水砖的天然气费用：3 元/m^3×12m^3 = 36 元/吨；年产 40 万吨透水砖天然气总费用为：40 万吨×36 元/吨 = 1440 万元。

综上所述，能耗成本合计为：488 + 1440 = 1928 万元。

3. 管理及工资福利成本

按每名工人每年的工资及福利费用为 40000 元来计算，工厂中共有工人 25 人，则总的工资费用为 100 万元。

厂房的管理费用以单位管理费用 21 元/m^2 来计算，4 万 m^2 厂房的管理总费用：4 万 m^2×21 元/m^2 = 84 万元。

综上所述，管理成本合计为：100 万元 + 84 万元 = 184 万元。

4. 厂房及设施建设成本

厂房的建设费用为 800 万元，设备费用（3 条隧道窑 + 其他设备）为 1200 万元，合计为 2000 万元。折旧标准如下：厂房折旧年限 30 年，年折旧费：800 万元/30 年 = 26.7 万元/年；设备折旧年限 10 年，年折旧费：1200 万元/10 年 = 120 万元/年。

则折旧费合计为：26.7 万元/年 + 120 万元/年 = 146.7 万元/年。

综上所述，该工厂每年总的生产成本为：756.2 万元 + 2000 万元 + 1928 万元 + 184 万元 + 2000 万元 + 146.7 万元 = 7014.9 万元。

4.7.2 经济效益分析

1. 销售收入

目前市场上透水砖售价在 30～50 元/m^2，折合为 240～400 元/吨，取透水砖最低价格为 240 元/吨，则 40 万吨透水砖的年销售收入为：240 元/吨×40 万吨 = 9600 万元。

2. 收益估算

根据我国的相关政策，企业综合利用固废免征环境保护税，当固废利用率达到 30%以上还可减免增值税和前 5 年所得税。

收益计算公式为：税后利润 = 销售收入–总成本–所得税，所得税率按毛利润的 33%计取，所得的项目收益如表 4.19 所示。

表 4.19　钒钛铁尾矿高强透水砖项目收益表

项目		年份	销售收入/万元	总成本/万元	利润/万元	所得税/万元	税后利润/万元
基建期		第 1 年	—	2000	0	0	0
生产期	减免期	第 2 年	9600	5014.9	4585.1	0	4585.1
		第 3 年	9600	5014.9	4585.1	0	4585.1
		第 4 年	9600	5014.9	4585.1	0	4585.1
		第 5~6 年	9600	5014.9	4585.1	0	4585.1
	非减免期	第 7~11 年	9600	5014.9	4585.1	1513.1	3072

投资利润率 = (年平均利润总额/项目总投资)×100% = (4585.1÷7014.9)×100% = 65.4%。

投资利税率＝(年均利税总额/项目总投资)×100%＝(1513.1÷7014.9)×100%＝21.6%。

综上，投资利润率大于行业平均利润率（14%），投资利税率稍小于平均利税率（22%），所以投资透水砖厂具有较好的经济效益。

3. 盈利能力分析

将上述各经济参数汇入表4.20。

表4.20　钒钛铁尾矿高强透水砖项目投资现金流量表（万元）

年份	原材料费	能源费	工资费	折旧费	管理费	固定资产	销售收入	现金流出	现金流入	利润	所得税	净利润	净现金流	累积净现金流
第1年	—	—	—	—	—	2000	—	2000	0	0	0	0	−2000	−2000
第2年	2756.2	1928	100	146.7	84	—	9600	5014.9	9600	2585.1	0	2585.1	2585.1	585.1
第3年	2756.2	1928	100	146.7	84	—	9600	5014.9	9600	4585.1	0	2585.1	2585.1	3170.2
第4年	2756.2	1928	100	146.7	84	—	9600	5014.9	9600	4585.1	0	2585.1	2585.1	5755.3
第5年	2756.2	1928	100	146.7	84	—	9600	5014.9	9600	4585.1	0	2585.1	2585.1	8340.4
第6年	2756.2	1928	100	146.7	84	—	9600	5014.9	9600	4585.1	0	2585.1	2585.1	10925.5
第7年	2756.2	1928	100	146.7	84	—	9600	5014.9	9600	4585.1	1513.1	3072	3072	13997.5
第8年	2756.2	1928	100	146.7	84	—	9600	5014.9	9600	4585.1	1513.1	3072	3072	17069.5
第9年	2756.2	1928	100	146.7	84	—	9600	5014.9	9600	4585.1	1513.1	3072	3072	20141.5
第10年	2756.2	1928	100	146.7	84	—	9600	5014.9	9600	4585.1	1513.1	3072	3072	23213.5
第11年	2756.2	1928	100	146.7	84	—	9600	5014.9	9600	4585.1	1513.1	3072	3072	26285.5

全部投资回收期为：1＋2000÷2585.1＝1.77（年）。

综上可知，透水砖用于工厂化生产的所有投资，在1.77年就能很快收回，说明单位投资达到了本行业的平均水平，投资风险也相对较小。

4. 盈亏平衡分析

项目达到设计能力，生产负荷达到100%的正常生产年份，总成本费用为5014.9万元，其中年固定总成本2902.9万元，年可变成本2112万元，年销售税金为1513.1万元。

生产能力利用率＝年固定成本÷(年销售收入−年可变成本−年销售税金)×100%＝2902.9÷(9600−2112−1513.1)×100%＝48.58%。

盈亏平衡产量＝设计生产能力×生产能力利用率＝40万吨×48.58%＝19.432万吨。

计算结果表明，当该项目的生产能力为 19.432 万吨时，即达到设计产量的 48.585%时，项目不会亏损，因此具有较强的抗风险能力。

4.7.3 敏感性分析

敏感性分析是判断项目抗风险能力的重要指标。由于销售价格、生产成本、产量对项目的盈亏有重要影响，选取这三个因素进行敏感性分析。各因素对投资利润率和投资利税率的影响见表 4.21。

表 4.21　各因素对投资利润率和投资利税率的影响

指标	原计划	成本增加 10%	售价下降 10%	产量减少 10%
投资利润率/%	65.3	58.2	51.7	51.7
投资利税率/%	78.3	69.7	61.9	61.9

从表 4.21 可以看出，销售价格和产量对项目盈亏的影响最大，因此企业在生产过程中应注重销售价格和产量的稳定性，进而提高项目承受风险的能力。

4.8 本 章 小 结

本章以钒钛铁尾矿为主要原料，辅以金尾矿、页岩、黏土等，制备出满足规范《透水路面砖和透水路面板》（GB/T 25993—2010）、《砂基透水砖》（JG/T 376—2012）对抗压强度、透水系数、保水性的要求。通过对原材料特性分析、制备工艺、烧结机理和经济性分析，得出以下结论。

（1）钒钛铁尾矿主要化学组成为 SiO_2、CaO、Fe_2O_3、MgO、Al_2O_3，主要矿物组成为透辉石、绿泥石、云母等。钒钛铁尾矿在不同烧结温度下外观颜色逐渐加深，同时矿物相发生变化，主要生成正长石、镁黄长石、透辉石、普通辉石。

（2）钒钛铁尾矿高强透水砖多尺度固废骨料颗粒的最优掺量为 78%，最优级配为 1.18～4.75mm 占 20%、0.60～1.18mm 占 50%、0.15～0.60mm 占 30%，多元固废黏结剂配合比为金尾矿∶页岩∶黏土＝2∶1∶1 时，制备得到的高强透水砖抗压强度为 64MPa，透水系数为 0.062cm/s，保水性为 0.62g/cm^2，尾矿利用率超过 80%。

（3）通过对钒钛铁尾矿高强烧结透水砖的制备工艺研究发现，当透水砖成型压力为 25MPa，烧结制度为：室温～60℃（0.5℃/min），60～300℃（2℃/min），300℃恒温 60min，300～800℃（3℃/min），800℃恒温 60min，800～1080℃

（1℃/min），1080℃恒温 90min，随炉降至室温，透水砖的性能指标最优。

（4）钒钛铁尾矿高强透水砖烧结机理研究表明，烧结过程中坯体主要形成了以 MgO-CaO-SiO_2 为主的三元体系，其中主要为辉石相。辉石相晶体细小，呈短柱状，有利于体系中晶体间的相互填充，并形成网格结构，提高了结构的致密性，为透水砖的力学性能提供保障。

（5）透水砖在低温烧结阶段，伴随着碳酸盐的分解，体系中的 K_2O、Al_2O_3、SiO_2 反应生成正长石；随着温度进一步升高正长石逐渐熔融转为液相，与此同时体系中的 MgO、CaO 及活性 SiO_2 反应生成镁黄长石和透辉石，最终在高温烧结阶段，透辉石又与体系中的液相 Fe^{3+}、Al^{3+}结合，转变为普通辉石。

（6）从经济性分析得出，钒钛铁尾矿高强透水砖项目的投资利润率为 65.3%、投资利税率为 78.3%，生产达到设计产量的 48.585%时，不会亏损，因此具有较强的抗风险能力，另外，销售价格和产量对项目盈亏的影响最大，因此生产过程中应着重注意其稳定性。

参 考 文 献

[1] 杨朝飞，杜根杰，郑庆宝. 2018 年中国大宗工业固体废物综合利用产业发展报告[R]. 北京：中华环保联合会固危废治理专业委员会，2018.

[2] 俞孔坚，李迪华，袁弘，等. “海绵城市”理论与实践[J]. 城市规划，2015，39（6）：26-36.

[3] 仇保兴. 海绵城市（LID）的内涵、途径与展望[J]. 给水排水，2015，51（3）：1-7.

[4] 孙会航，李俐频，田禹，等. 基于多目标优化与综合评价的海绵城市规划设计[J]. 环境科学学报，2020，40（10）：3605-3614.

[5] Wang Q，Ma Z，Yuan X，et al. Is cement pavement more sustainable than permeable brick pavement ?A case study for Jinan，China[J]. Journal of Cleaner Production，2019，226：306-315.

[6] Yuan X，Tang Y，Li Y，et al. Environmental and economic impacts assessment of concrete pavement brick and permeable brick production process-a case study in China[J]. Journal of Cleaner Production，2018，171：198-208.

[7] 秦煜民. 磁选尾矿铁资源回收利用现状与前景[J]. 中国矿业，2010，19（5）：47-49.

[8] 吕子虎，赵登魁，程宏伟，等. 某钒钛磁铁矿尾矿资源化利用[J]. 有色金属（选矿部分），2020，（1）：55-58.

[9] 潘宝峰，时彦宁. 铁尾矿综合利用研究现状[J]. 西部探矿工程，2015，27（5）：153-155.

[10] 杜波. 钒钛磁铁矿尾矿库周边农用土壤重金属污染诊断[J]. 四川环境，2020，39（5）：113-118.

[11] Méndez-Ortiz B A，Fernández M M，Carrillo-Chávez A. Acid rock drainage and metal leaching from mine waste material（tailings）of a Pb-Zn-Ag skarn deposit：environmental assessment through static and kinetic laboratory tests[J]. Revista Mexicana de Ciencias Geológicas，2007，2（24）：161-169.

[12] Naeini M，Akhtarpour A. Numerical analysis of seismic stability of a high centerline tailings dam[J]. Soil Dynamics and Earthquake Engineering，2018，107：179-194.

[13] Othman I，Masri M. Impact of phosphate industry on the environment：a case study[J]. Applied Radiation and Isotopes，2006，65（1）：131-141.

[14] Yang D，Zeng D H，Zhang J. Chemical and microbial properties in contaminated soils around a magnesite mine in northeast China[J]. Land Degradation & Development，2012，3（23）：256-262.

[15] 朱胜元. 尾矿综合利用是实现我国矿业可持续发展的重要途径[J]. 铜陵财经专科学校学报，2002，(1)：38-40.

[16] Placencia G E，Slater L，Ntarlagiannis D，et al. Laboratory SIP signatures associated with oxidation of disseminated metal sulfides[J]. Journal of Contaminant Hydrology，2013，148：25-38.

[17] 李芸邑，梁嘉良，刘阳生. 从铁尾矿中回收铁的磁化技术研究[J]. 环境工程，2014，32（S1）：634-638.

[18] Chao L，Henghu S，Zhonglai Y，et al. Innovative methodology for comprehensive utilization of iron ore tailings：part 2：The residues after iron recovery from iron ore tailings to prepare cementitious material[J]. Journal of Hazardous Materials，2010，174（1-3）：78-83.

[19] 王宇斌，彭祥玉，王花，等. 利用微量捕收剂工艺从某尾矿中回收硫[J]. 化工矿物与加工，2017，46（2）：19-22.

[20] 牛福生，李卓林，张晋霞. 承德某地区铁尾矿回收磷试验研究[J]. 化工矿物与加工，2015，44（10）：16-18.

[21] 陈益民. 尾矿综合利用现状和存在的问题[J]. 有色冶金设计与研究，2018，39（6）：123-125.

[22] Gabriel V，Raúl E，Juan P，et al. Failures of sand tailings dams in a highly seismic country[J]. Canadian Geotechnical Journal，2013，51（4）：449-464.

[23] 李钢. 尾矿库在线监测系统现状及安全管理趋势分析[J]. 中国科技信息，2020，(19)：66-67.

[24] 吕宗桀. 尾矿库稳定安全影响因素及风险评价模型研究[D]. 西安：西安理工大学，2020.

[25] 易龙生，米宏成，吴倩，等. 中国尾矿资源综合利用现状[J]. 矿产保护与利用，2020，40（3）：79-84.

[26] Miao X，Tang Y，Wong C W Y，et al. The latent causal chain of industrial water pollution in China[J]. Environmental Pollution，2015，196：473-477.

[27] Carmo F F D，Kamino L H Y，Junior R T，et al. Fundão tailings dam failures：the environment tragedy of the largest technological disaster of Brazilian mining in global context[J]. Perspectives in Ecology and Conservation，2017，20（3）：1-18.

[28] 陈虎，沈卫国，单来，等. 国内外铁尾矿排放及综合利用状况探讨[J]. 混凝土，2012，(2)：88-92.

[29] Ahmari S，Zhang L. Production of eco-friendly bricks from copper mine tailings through geopolymerization[J]. Construction and Building Materials，2012，29：323-331.

[30] 张玉琢，周梅，刘凯. 铁尾矿砂用于混凝土细集料的试验研究[J]. 非金属矿，2016，39（6）：57-59.

[31] 罗力，张一敏，包申旭. 利用铁尾矿制备硅酸盐水泥熟料[J]. 非金属矿，2016，39（3）：50-52.

[32] 崔孝炜，邓惋心，赵雨曦，等. 利用铁尾矿作为混凝土掺和料的基础研究[J]. 非金属矿，2020，43（4）：88-91.

[33] 王梦婵，张惠灵，陈永亮，等. 利用低硅铁尾矿制备地质聚合物的研究[J]. 中国矿业，2019，28（8）：170-176.

[34] 王晶. 铁尾矿在国内外道路工程中的应用[J]. 环境与发展，2014，26（7）：51-55.

[35] 万磊. 铁尾矿用作路面基层材料的研究[D]. 长沙：中南大学，2014.

[36] 李荣海，汪建，周志华，等. 铁尾矿在公路工程中的应用[J]. 矿业工程，2007，(5)：52-54.

[37] 崔照豪. 铁尾矿土壤化利用植物-微生物联合修复与改良技术研究[D]. 济南：山东大学，2018.

[38] 孙希乐，安卫东，张韬，等. 利用铁尾矿和副产品云母粉、白云石制备土壤调理剂试验研究[J]. 金属矿山，2018，(6)：192-196.

[39] 张丛香，刘润华，刘双安，等. 利用铁尾矿改良苏打盐碱地技术研究与应用[J]. 矿业工程，2016，14（1）：39-41.

[40] 刘文博，姚华彦，王静峰，等. 铁尾矿资源化综合利用现状[J]. 材料导报，2020，34（S1）：268-270.

[41] 李继福，衷水平，黄雄，等. 某选铁尾矿中钼的综合回收试验研究[J]. 中国矿业，2020，29（3）：115-119.

[42] 夏青，梁治安，杨秀丽，等. 某选铁尾矿中低品位钼、锌分选回收试验研究[J]. 有色金属工程，2020，10（5）：81-88.

[43] 蔡海立，宁寻安，白晓燕，等. $CaCl_2$氯化焙烧回收铁尾矿中的重金属Cu、Pb、Zn[J]. 环境工程学报，2019，

13（9）：2217-2224.

[44] 南楠，朱一民，韩跃新，等. 采用磷灰石新型常温捕收剂 DJX-6 优化某铁尾矿中磷的回收工艺[J]. 金属矿山，2019，（2）：121-124.

[45] 韦敏，张凌燕，王文齐. 辽宁某选铁尾矿浮选回收石墨试验研究[J]. 非金属矿，2016，39（3）：81-83.

[46] 褚力新. 南方某铁矿选铁尾矿回收石榴子石的试验研究[J]. 有色冶金设计与研究，2020，41（1）：1-5.

[47] 高扬，刘全军，宋建文. 四川康定选铁尾矿回收锂辉石选矿试验研究[J]. 轻金属，2017，（7）：1-5.

[48] 崔春利，王伟之，刘泽伟，等. 从黑山铁矿选铁尾矿中全浮选回收钛的试验研究[J]. 矿产综合利用，2018，（6）：102-105.

[49] 范敦城. 齐大山铁尾矿预富集-深度还原提铁及尾渣综合利用研究[D]. 北京：北京科技大学，2018.

[50] 王荣林，王欢，张伟，等. 白象山铁尾矿中钴综合回收试验[J]. 现代矿业，2019，35（12）：15-18.

[51] Yang Z，Qiang Z，Guo M，et al. Pilot and industrial scale tests of high-performance permeable bricks producing from ceramic waste[J]. Journal of Cleaner Production，2020，254：120-167.

[52] Li L，Jiang T，Chen B，et al. Overall utilization of vanadium-titanium magnetite tailings to prepare lightweight foam ceramics[J]. Process Safety and Environmental Protection，2020，139：305-314.

[53] 罗立群，王召，魏金明，等. 铁尾矿-煤矸石-污泥复合烧结砖的制备与特性[J]. 中国矿业，2018，27（3）：127-131.

[54] 刘晨，朱航，何捷，等. 利用铁尾矿砂和活性炭制备轻质淤泥陶粒的研究[J]. 武汉理工大学学报，2016，38（12）：23-27.

[55] 孙智勇. 利用北京地区细颗粒铁尾矿制备多孔陶瓷工艺及性能研究[D]. 北京：北京交通大学，2017.

[56] 陈永亮，石磊，杜金洋，等. 铁尾矿轻质保温墙体材料的制备及性能研究[J]. 建筑材料学报，2019，22（5）：721-729.

[57] 杨陆海. 铁尾矿胶结充填料的物理力学性能研究[J]. 现代矿业，2017，33（2）：144-146.

[58] Chu C，Deng Y，Zhou A，et al. Backfilling performance of mixtures of dredged river sediment and iron tailing slag stabilized by calcium carbide slag in mine goaf[J]. Construction and Building Materials，2018，189：849-856.

[59] 王亚文，贵永亮，宋春燕，等. 高炉渣制备微晶玻璃的研究进展[J]. 矿产综合利用，2018，（2）：1-6.

[60] 南宁，刘萍，孙强强，等. 利用铁尾矿制备微晶玻璃试验研究[J]. 当代化工，2019，48（10）：2199-2201.

[61] 孙强强，杨文凯，李兆，等. 利用铁尾矿制备微晶泡沫玻璃的热处理工艺研究[J]. 矿产保护与利用，2020，40（3）：69-74.

[62] 田雨泽. 综合利用齐大山铁矿矿业废渣生产烧结空心砖的研究[D]. 沈阳：东北大学，2006.

[63] 李润丰. 铁尾矿多孔陶瓷/石蜡复合相变储能材料的制备与性能研究[D]. 北京：北京交通大学，2019.

[64] Kuzmin V V. Formation of structure and properties of a ceramic brick from marlaceous clays[D]. Samara：Samara National University，2004.

[65] Efimov A I. High-branded ceramic brick with the ferriferous additives improving a rheology and firing of clays[D]. Belgorod：State University of Belgorod，2000.

[66] Norland M R，Veith D L. Revegetation of coarse taconite iron ore tailing using municipal solid waste compost[J]. International Journal of Rock Mechanics and Mining Sciences and Geomechanics Abstracts，1996，33（3）：144-148.

[67] Das S K，Kumar S，Ramachandrarao P. Exploitation of iron ore tailing for the development of ceramic tiles[J]. Waste Management，2000，20（8）：725-729.

[68] Maiti S K，Nandhini S，Das M. Accumulation of metals by naturally growing herbaceous and tree species in iron ore tailings[J]. International Journal of Environmental Studies，2005，62（5）：593-603.

[69] 刘朋，于跃，肖力光，等. 水泥基免烧透水砖配合比参数的研究[J]. 混凝土世界，2018，（8）：88-93.
[70] 何文广. 竹埠港建筑固废制备透水砖的试验研究[D]. 湘潭：湘潭大学，2017.
[71] 刘家乐. 煤矸石制备烧结透水砖及基本性能研究[D]. 太原：太原理工大学，2018.
[72] 李峰，王宏，周春生，等. 钼尾矿制备陶瓷透水砖的研究[J]. 非金属矿，2020，43（1）：33-36.
[73] 赵威，王之宇，周春生，等. 水淬矿渣结合钼尾矿制备高性能透水砖的研究[J]. 非金属矿，2019，42（6）：82-85.
[74] 成智文，闫开放. 陶瓷透水砖的生产技术及发展前景[J]. 墙材革新与建筑节能，2016，（1）：33-35.
[75] 周佳，倪文，李建平. 无水泥钢渣路面透水砖研制[J]. 非金属矿，2004，（6）：16-18.
[76] 薛飞，崔艳玲. 透水路面的现状及探索[J]. 河南建材，2015，（4）：226-227.
[77] 张丽宏. 基于低影响开发（LID）理念的城市公园雨水利用技术研究[D]. 太原：山西农业大学，2018.
[78] Asaeda T，Ca V T. Characteristics of permeable pavements：pollution management tools[J]. Water Science Technology，1995，32（1）：49-56.
[79] 杨静，李滢. 矿物掺和料的颗粒级配对高性能混凝土浆体材料力学性能的影响[J]. 工业建筑，2003，（6）：55-58.
[80] 李学军. 全煤矸石免烧透水砖的制备及其性能研究[D]. 太原：太原理工大学，2019.
[81] 崔倩，赵睿. 浅谈透水路面应用现状及发展前景[C]. 2014 年 7 月建筑科技与管理学术交流会论文集，2014.
[82] 韩暖. 基于海绵城市理念下的透水砖及铺装设计[D]. 成都：西南交通大学，2017.
[83] 戴武斌，曾令可，王慧，等. 透水砖的研究现状及发展前景[J]. 砖瓦，2007，（8）：22-25.
[84] 饶玲丽，曹建新，郝增韬. 透水砖发展状况及其推广建议[J]. 砖瓦世界，2011（5）：28-30.
[85] 薛明，曹巨辉，汪宏涛，等. 透水砖在环境保护领域的研究应用及发展前景[C]. 中国环境科学学会学术年会优秀论文集，2008.
[86] 李文娟. 国务院办公厅印发指导意见推进海绵城市建设[J]. 工程建设标准化，2015，（10）：39.
[87] Kim Y，Lee Y，Kim M，et al. Preparation of high porosity bricks by utilizing red mud and mine tailing [J]. Journal of Cleaner Production，2019，207：490-497.
[88] 徐珊，曹宝月，刘璇，等. 活性污泥掺杂尾矿制备透水砖及性能研究[J]. 非金属矿，2019，42（5）：28-30.
[89] Luo L，Li K，Fu W，et al. Preparation，characteristics and mechanisms of the composite sintered bricks produced from shale，sewage sludge，coal gangue powder and iron ore tailings[J]. Construction and Building Materials，2020，232：117-250.
[90] 王之宇，郭家林，李春. 铁尾矿基玻璃透水砖的制备及性能研究[J]. 矿产保护与利用，2019，39（4）：66-70.
[91] Zhu M，Wang H，Liu L，et al. Preparation and characterization of permeable bricks from gangue and tailings[J]. Construction and Building Materials，2017，148：484-491.
[92] 赵威，王之宇，周春生，等. 建筑固废制备高性能透水砖的研究[J]. 非金属矿，2020，43（6）：101-104.
[93] Zhou C. Production of eco-friendly permeable brick from debris[J]. Construction and Building Materials，2018，188：850-859.
[94] 李大伟. 高性能透水砖的制备与烧结机理研究[D]. 西安：西安建筑科技大学，2020.
[95] 丁海萍，侯泽健，张怀宇. 以褐煤粉煤灰和煤矸石为原料制备透水砖的工艺研究[J]. 新型建筑材料，2019，46（6）：72-75.
[96] 肖昭文，李翠梅，孙志康，等. 黑臭河道底泥烧结透水砖与性能研究[J]. 硅酸盐通报，2020，39（2）：513-519.
[97] 李国昌，王萍. 镍铁矿渣透水砖的制备及性能研究[J]. 矿产综合利用，2018，（2）：97-100.
[98] 武晓宇. 固废基烧结透水砖的制备及其性能研究[D]. 太原：太原理工大学，2018.
[99] Li J，Li X，Liang S，et al. Preparation of water-permeable bricks derived from fly ash by [J]. Construction and

Building Materials，2020，126：147-156.

[100] 李德忠，倪文，刘杰，等. 铁尾矿制备高强高性能透水砖[J]. 新型建筑材料，2016，43（11）：52-54.

[101] Wang Y，Gao S，Liu X，et al. Preparation of non-sintered permeable bricks using electrolytic manganese residue：environmental and NH_3-N recovery benefits[J]. Journal of Hazardous Materials，2019，378：120768.

[102] Liu L，Cheng X，Miao X，et al. Preparation and characterization of majority solid waste based eco-unburned permeable bricks[J]. Construction and Building Materials，2020，259：120-400.

[103] Yang M，Ju C，Xue K，et al. Environmental-friendly non-sintered permeable bricks preparation[J]. Construction and Building Materials，2020，169：126-135.

[104] 彭孟啟. 应用疏浚泥制备透水砖及性能研究[D]. 广州：华南理工大学，2013.

[105] 李峰，王宏，周春生，等. 钼尾矿陶瓷透水砖的制备及性能研究[J]. 中国陶瓷，2020，56（2）：58-65.

第5章　高温重构钢渣的组成-结构-性能

5.1　引　　言

由于经济的快速发展，大宗工业固体废弃物正在快速产生并堆积，浪费了国家的土地资源，污染生态环境，也违反了我国的可持续性发展策略[1, 2]。我国是重要的钢铁生产国之一，钢铁工业是我国国民经济的支柱产业，钢铁工业属于能源、资源密集型产业，钢铁工业所产生的工业固体废弃物约占大宗工业固体废弃物总量的13%[3]。钢渣是在高温1500～1700℃下炼钢过程中生成的工业副产物[4]。钢渣的产量占粗钢产量的15%～20%，约占工业固体废弃物总量的24%[5]。近40年的研究表明，只有20%左右的钢渣得到了合理、高效利用，剩下的钢渣仍被倾倒处理[6, 7]。2017年4月21日，国家发展和改革委员会等部门发布了《循环发展引领行动》，建议我国着重于促进未来区域经济发展和充分利用工业总产值的物质发展[8]。2020年，中国钢渣产量达到1.6亿吨左右，然而钢渣的综合利用率小于20%（钢渣的综合利用情况见图5.1），其累积总量已经超过了10亿吨，这与循环发展的目标还有很大差距[9, 10]。由于钢渣的化学成分差异很大，不同种类的钢渣矿物组成也不相同，相对于其他类型的工业固体废弃物，特别是在建筑和建材中得到有效利用的矿渣、粉煤灰等，钢渣在替代水泥作为胶凝材料时，其胶凝活性与水泥相比相差较多，在工程中的应用常常受到约束[11-14]。此外，钢渣的体积会

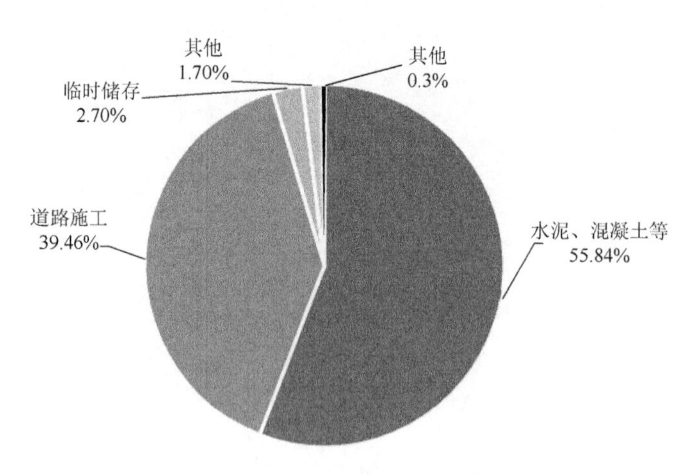

图5.1　钢渣的综合利用

发生膨胀的原因是其含有游离氧化钙和游离氧化镁，也使得钢渣存在体积安定性不良等问题，这些问题都制约了钢渣在水泥和混凝体制品中的大量利用[15]。因此，寻求合适的技术来安全、有效地利用钢渣已成为工业发展和环境保护的一项紧迫工作。

5.1.1　钢渣的建材化利用

1. 钢渣的产生

钢渣是转炉炼钢或电炉炼钢冶炼废钢的过程中产生的工业副产品。如图 5.2 所示，钢渣由生铁中的硅、锰、磷、硫等杂质在熔炼过程中氧化而成的各种氧化物以及这些氧化物与溶剂反应生成的盐类所组成[16]。在精炼操作结束时，钢渣保留在容器中，然后放入单独的渣罐中。与转炉炼钢流程不同的是，电炉炼钢不使用熔融态的铁水，而是使用“冷”的废钢。电弧炉是具有可拆卸盖子的壶状结构，在炉中加入一定数量的生铁、废铁和还原铁，加热炉子的三个石墨电极穿过电弧炉的盖子。电流通过电极形成电弧，电弧产生热量。在冶炼过程中，将其他金属加入到钢中，使其具有所需的化学成分。同时，将氧气吹入电弧炉中以净化钢水。

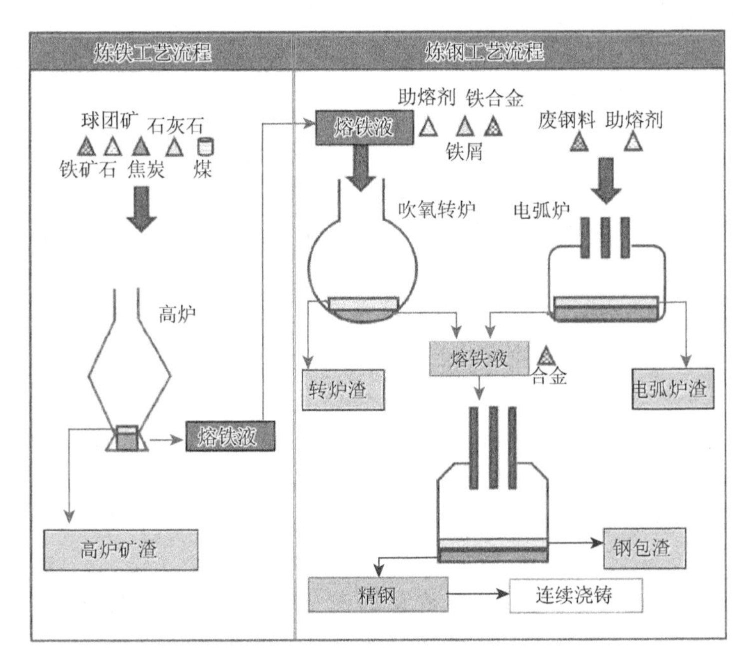

图 5.2　炼钢工艺流程图

在对钢渣完成取样并检查化学成分后，倾斜电弧炉，将钢水表面漂浮的炉渣倒出去。将电弧炉向另一个方向倾斜，将钢水倒入钢包，对钢水进行进一步精炼，把仍然含有的额外杂质或添加的合金从钢中去除。这个操作称为钢包精炼，在钢包精炼的过程中，通过再次向钢包中加入熔剂来熔化，会产生额外的钢渣。在炼钢的这一阶段产生的钢渣通常称为钢包渣。由于钢包精炼阶段通常加入不同的熔剂，这些合成渣的性质与炉渣有很大的不同[17]。

钢渣的冷却方法有空气中自然冷却、热泼法、水淬法、风淬法等[18, 19]。熔融的钢渣经过空气的自然冷却变成大块和一些粉末，粉末是在 675℃左右由 β-C_2S 转变成 γ-C_2S 的产物，这个转变过程中体积约增加 10%，导致晶体碎裂成为粉尘[17]。热泼法是将熔融态的钢渣泼到渣槽中，待钢渣凝固后喷洒适量的水到钢渣表面，由于温度的差异，钢渣会自行破碎，使得钢渣的处理和金属回收更加容易[20, 21]。如果水喷雾发生在更高的温度，它也可能阻止 β-C_2S 转变成 γ-C_2S[17]。水淬法是熔融态的钢渣在流出过程中高压水柱将钢渣破碎，最后和水一起倒入水池中，水淬钢渣由 3～5mm 的小颗粒组成，高温熔融态的钢渣遇水产生高温、高压的蒸气，容易引起爆炸，目前采用该法的钢厂很少[22, 23]。风淬法是重庆钢铁股份有限公司开发的一种工艺，现已在国内几家钢厂投入使用。渣罐中的钢渣倒入一个槽中，槽下有一个空气喷嘴，压缩空气以 0.35～0.6MPa 的压力吹到渣流上，矿渣被吹成大小为 3～5mm 的小颗粒，然后落入充满水的池塘，该工艺简单，无二次环境污染[24]。然而，大多数金属在风淬过程中被氧化，风淬钢渣要比自然冷却钢渣和热泼钢渣难磨得多[25]。

2. 钢渣的组成

（1）钢渣的化学成分。钢渣的化学成分受原材料和炼钢工艺的影响，不同地区的钢渣化学成分存在较大的差异，但主要的成分大致相同[26]。大多数钢渣主要由 CaO、MgO、SiO_2 和 FeO 组成。在低磷炼钢实践中，这些氧化物在液态渣中的总浓度在 88%～92%之间[27]。因此，钢渣可以简单地用 CaO-MgO-SiO_2-FeO 四元体系来表示[28, 29]。然而，这些氧化物的比例和其他次要成分的浓度是高度可变的，甚至在一家工厂中也是如此，这取决于原材料、制造的钢种、炉况等。表 5.1 列出了不同类型钢渣的化学成分范围。生产碳钢的电炉钢渣与转炉钢渣很相似，与生产合金钢或不锈钢的电弧炉钢渣成分有很大区别，电弧炉钢渣的 FeO 含量较低，Cr 含量很高，因此，这种类型的钢渣在美国和加拿大被归类为危险废物。钢包渣的 FeO 含量较低，其化学成分跟钢炉渣有很大差异。有些炼钢作业将铝用于进一步的精炼，在这种情况下，钢包渣具有较高的 Al_2O_3 含量。除此之外，CaF_2 也可以用于进一步精炼，这种钢包渣主要由 CaO 和 SiO_2 组成。

表 5.1　钢渣的化学组分（%）

成分	SiO_2	Al_2O_3	FeO	CaO	MgO	MnO	S	P	Cr
转炉钢渣	8～20	1～6	10～35	35～55	5～15	2～8	0.05～0.15	0.2～2	0.1～0.5
电炉钢渣	9～20	2～9	15～30	35～60	5～15	3～8	0.08～0.2	0.01～0.25	0.1～1
电弧炉钢渣	24～32	3～7.5	1～6	39～45	8～15	0.4～2	0.1～0.3	0.01～0.07	0.1～20

（2）钢渣的矿物组成。由于钢渣的化学成分因源而异，甚至因热而异，因此，不同来源的钢渣的矿物组成也会有很大的不同。已报道的钢渣矿物有玻璃相、橄榄石、辉石、C_3S、β-C_2S、γ-C_2S、铁铝酸钙（C_4AF）、铁酸钙（C_2F）、RO 相（CaO-FeO-MnO-MgO 固溶体）、游离氧化钙（f-CaO）和游离氧化镁（f-MgO）等[7, 30-32]。钢渣中的主要矿物相之一是 γ-C_2S，它是在冷却过程中由 β-C_2S 转化而来的。β-C_2S 转变为 γ-C_2S 时，由于晶体结构和密度不同，体积增加近 10%，导致晶体破碎成粉尘[33]。RO 相主要由 FeO 组成，其立方结构类似于固溶体中的 MnO、CaO 和 MgO，该相与铁素体相一起，最后凝固，位于硅酸盐颗粒之间[34]。钢渣中的 f-CaO 有两种来源：原料中残留的 f-CaO 和熔渣中的沉淀石灰[35]。残余 f-CaO、沉淀石灰和 f-CaO 含量之间存在一定的关系。当钢渣中 f-CaO 总含量小于 4%时，主要来自于熔渣中石灰的沉淀；当 f-CaO 总含量大于 4%时，沉淀石灰随 f-CaO 总含量变化不大，残余石灰中存在大量的游离石灰；当 f-CaO 的总含量从 4%增加到 12%时，沉淀石灰含量也从约 2%增加到 2.8%左右[36]。研究表明，钢渣的体积安定性主要取决于 f-CaO 的含量[37]。作为熔剂的白云石是钢渣中含有 f-MgO 的主要原因，因为存在耐火材料进入钢渣中，所以会检测出较高含量的 f-MgO，这也造成了钢渣的安定性问题[38]。

3. 钢渣的性质

（1）钢渣的碱度。钢渣的碱度是指钢渣中 CaO、MgO、SiO_2 含量之间的关系。B. Mason 提出了钢渣碱度的概念，即 $w(CaO)/[w(SiO_2)+w(P_2O_5)]$的值，根据碱度值将钢渣分为四类：钙镁橄榄（CMS）石渣、钙镁蔷薇辉（C_3MS_2）石渣、硅酸二钙（C_2S）渣和硅酸三钙（C_3S）渣[39]，具体见表 5.2。

表 5.2　钢渣的碱度与矿物组成的关系

钢渣类别	碱度值 $w(CaO)/[(w(SiO_2)+w(P_2O_5)]$	主要矿物相
钙镁橄榄（$CaO·MgO·SiO_2$）石渣	0.9～1.4	橄榄石、RO 相、镁蔷薇辉石
钙镁蔷薇辉（$3CaO·MgO·2SiO_2$）石渣	1.4～1.6	镁蔷薇辉石、C_2S、RO 相
硅酸二钙（$CaO·2SiO_2$）渣	1.6～2.4	C_2S、RO 相
硅酸三钙（$CaO·3SiO_2$）渣	＞2.4	C_2S、C_3S、C_4AF、C_2F、RO 相

（2）钢渣的胶凝性。钢渣中 C_3S、C_2S、C_4AF 和 C_2F 的存在证明了钢渣有胶凝性能。钢渣的胶凝性随着碱度的增加而增加。但 f-CaO 含量也随着钢渣碱度的增加而增加，f-CaO 含量的升高会导致混凝土体积安定性不良。研究表明[40, 41]，钢渣具有和硅酸盐水泥相同的水化能力：

$$2CaO\cdot SiO_2 + H_2O \longrightarrow Ca(OH)_2 + 3CaO\cdot 2SiO_2\cdot 3H_2O \tag{5.1}$$

$$3CaO\cdot SiO_2 + H_2O \longrightarrow Ca(OH)_2 + 3CaO\cdot SiO_2\cdot 3H_2O \tag{5.2}$$

然而，钢渣中的矿物结晶完整，晶粒尺寸大，活性较低，对于 C_3S 和 CaO 的含量，硅酸盐水泥远高于钢渣，因此，钢渣可视为弱硅酸盐水泥熟料[15]。

（3）钢渣的体积安定性。钢渣中含有 f-CaO、f-MgO 和 RO 相是致使钢渣产生体积安定性不良的重要原因，因此制约了钢渣在水泥混凝土领域的大量应用[42]。f-CaO、f-MgO 经过水化后容易产生体积膨胀，引发开裂等问题。

钢渣中 f-CaO 的含量与产地、原料、炼钢工艺等相关，为 1%～7%。f-CaO 水化反应后生成了 $Ca(OH)_2$，体积变大，约为原来的 1.98 倍[43]。f-MgO 的含量由钢渣的碱度决定，为 1%～10%。f-MgO 水化生成 $Mg(OH)_2$，体积变大，是原来的 2.48 倍左右[43]。并且 f-CaO、f-MgO 在钢渣中呈集中分布，生成的水化产物也呈集中分布。伴随着水化反应的不断进行，生成的产物晶体不断增大，最终导致材料开裂。当 RO 相的存在形式为固溶体时，相对稳定，其不是造成体积安定性不良的因素；RO 相中 MgO 的含量应小于 70%，否则会引起钢渣体积安定性不良[44]。

除此之外，当钢渣中的 FeS、MnS 含量较高时，会生成水化产物 $Fe(OH)_2$ 和 $Mn(OH)_2$，其体积将分别增大约 1.4 倍和 1.3 倍，从而引起安定性不良[45]。

（4）钢渣的易磨性。机械粉磨是提高粉体活性的常用方法之一，通过机械粉磨能够改变粉体的细度，增大比表面积。同时发生物理变化和化学变化，颗粒之间相互挤压、碰撞，致使粉体中的矿物相发生了改变，产生缺陷、晶格错位、重结晶等，形成的结构更易溶于水，使得与水的接触面积增大，粉体的活性得以提高，加速水化反应[46]。

易磨性差是钢渣利用率低的主要原因之一，且粉磨耗能高。钢渣与硅酸盐水泥熟料相比，易磨性差得多，是因为钢渣中含有的较多的铁氧化物形成的矿物相和固溶物。硅酸盐水泥熟料中的矿物相为 C_3S，莫氏硬度不大于 5；钢渣中的矿物相辉石、RO 相、铁酸盐莫氏硬度为 5～7[47]。研究表明，钢渣中易磨性差的矿物为 $Ca_2(Al, Fe)_2O_5$ 和 $MgO\cdot 2FeO$，若将标准砂的易磨指数定为 1，则高炉矿渣约为 1.04，钢渣约为 1.43[48]。

4. 钢渣的重构及建材化利用

（1）钢渣重构的研究。高温重构后的钢渣是指在高温条件下模拟熔融状态的钢渣出炉环境加入组分调节材料，对钢渣进行改性处理[49, 50]。钢渣的结构在高温条件下会发生改变，结构内部的 Si—O 键和 Al—O 键在高温下容易断裂，生成 C_3S、C_2S 和 C_3A 等具有活性的矿物，浮氏体转化成磁铁矿，氧化镁变为铁酸镁，同时吸收 f-CaO，提高钢渣的胶凝性和稳定性。经过高温重构的钢渣可以作为矿物掺和料制备混凝土，水化反应速率和水化程度明显提高。

高温重构后的钢渣在水泥的掺量超过 30%时强度下降明显；适当添加激发剂可以提高钢渣水泥胶凝材料体系的活性；高温重构钢渣磨细可以提高胶砂试件的强度[51]。

铁尾矿可以作为组分调节材料高温重构钢渣，当重构温度为 1250℃、铁尾矿掺量为 20%时，钢渣中 f-CaO 的降幅可达到 62.4%，重构钢渣 28d 活性指数提高了 7%；高温重构的钢渣生成 C_3S、C_2S 等胶凝性矿物，RO 相中的 FeO 转化为磁铁矿（Fe_3O_4）；重构温度为 1250℃、铁尾矿掺量为 10%时，重构钢渣的矿物相以 C_3S、C_2S 和磁铁矿固溶体为主[52]。

粉煤灰作为组分调节材料重构钢渣研究表明，重构后的钢渣生成黄长石、辉石等硅酸盐矿物，并吸收钢渣中的 f-CaO，体积安定性得到提高；粉煤灰的最佳掺量为 15%，此时 RO 相明显减少，矿物结晶情况较好，重构的最佳温度为 1300℃，其 28 天活性指数可以达到 84%[53]。石灰作为组分调节材料重构钢渣的研究显示[54]，RO 相发生了分解反应，增加 CaO 的含量，FeO 生成 Fe_3O_4、CF、C_2F、C_4AF；重构钢渣作为掺和料制备混凝土时石灰的掺量不超过 30%时重构钢渣的胶凝性明显提高，28d 活性指数为 80%～100%。

钢渣高温重构中 RO 相的转变规律受 Ca/Si 的影响，当 Ca/Si＜1.8 时，形成 C_2S、镁铁橄榄石，此时 RO 相稳定存在；当 1.8≤Ca/Si≤3.2 时，形成 C_3S、C_2S，RO 相中的 FeO 转化为 Fe_2O_3；当 Ca/Si＞3.2 时，形成 C_2S，RO 相中的 MgO-FeO 分离形成 f-MgO[34]。

高温重构钢渣作为混凝土掺和料掺量可达到 30%以上，可制备 C30、C50、C60 和 C80 混凝土；钢渣与矿粉、粉煤灰复掺可以提高混凝土的力学性能和抗渗等级；重构钢渣与原钢渣相比，形成的水化产物 C-S-H 凝胶空间结构更加致密[55]。

重构钢渣作为胶凝材料代替部分水泥用于制备混凝土是一种有效的利用途径。在重构的过程中加入粉煤灰、矿粉、硅灰等工业固废作为调节组分，利用重构工艺使钢渣发生二次反应将钢渣中的 f-CaO、RO 相等物质转化为有胶凝性的硅酸盐矿物提高钢渣的利用率，对钢渣的资源化利用具有重要意义。然而，重构钢渣需要对炼钢设备进行改造，投资巨大。重构时调节组分的含量和成分、重构温度、冷却方式等都对钢渣的性能有影响。因此研究合理的重构方案，提高钢渣的活性是一个十分重要的课题。

（2）钢渣在建材行业的应用。从 20 世纪开始，人们就对钢渣的利用途径展开了研究，目前，钢渣已广泛应用于土壤改良、磷肥制造、水净化剂、烧结助熔剂等行业，但是这些用途并没有充分利用钢渣的潜在活性。钢渣在利用时应当遵守这几个原则：一是利用效率高；二是利用方式要广泛；三是高附加值，即产品应具有市场竞争力。钢渣的活性激发可以使钢渣代替部分水泥作为胶凝材料，因此钢渣作为建筑材料是一个很好的途径。

由30%左右的钢渣、30%磨细的高炉渣、35%的水泥熟料和5%的石膏组成的硅酸盐-钢渣-高炉矿渣专用水泥上市已有40多年了[17]。该水泥具有凝结时间长、早期强度低的缺点，但与硅酸盐水泥相比，具有能耗低、耐磨性高、水化放热少、后期强度发展快、抗硫酸盐性能好等优点。硅酸盐-钢渣-高炉矿渣水泥可用于一般建筑行业，尤其适合大体积混凝土和路面应用。20世纪80年代，产量约占我国钢渣总产量的40%。《钢渣矿渣硅酸盐水泥》（GB/T 13590—2022）中规定了钢渣和矿渣水泥的组成、性能、测试、储存和应用。另一项标准《用于水泥中的钢渣》（YB/T 022—2008）对可用于生产水泥的钢渣的成分、质量、检测和储存进行了规定。对于硅酸盐水泥，其28d强度约为极限强度的80%。硅酸盐-钢渣-高炉矿渣水泥在28d的抗压强度为47.5MPa，10年后达到116MPa，是28d强度的2.44倍。

众所周知，在适当的碱性激发剂存在下，高炉矿渣比普通水泥具有更高的强度。如上所述，磨细的钢炉渣与水接触时表现出一定的胶凝性能。可以预期，在碱性激发剂的存在下，磨细的钢渣也表现出更好的胶凝性能。由于钢渣中f-CaO和f-MgO的潜在含量较高，应与能消耗f-CaO或f-MgO的其他胶凝材料，如高炉矿渣或粉煤灰配合使用，以消除安定性问题。例如，用钢渣替代碱矿渣水泥中20%的矿渣比纯高炉矿渣具有更高的强度[56]。钢渣适当替代高炉矿渣可以改善硬化浆体的内在性能。同时，适当用钢渣替代高炉矿渣还可以减少水泥浆体和混凝土的收缩性，提高其耐磨性。

将钢渣微粉作为矿物掺和料用于路基路面工程可以提高其抗冻性能。黄砂作为传统的细骨料是一种不可再生资源，近年来，随着我国基础建设的实施，黄砂资源越来越少，价格也越来越高，因此可以用钢渣砂来代替黄砂作为混凝土细骨料。钢渣用作细骨料可以减少用水量，增强混凝土的流动性，除此之外，钢渣的容重大、强度高、稳定性和耐久性能好且具有一定的活性，可以提升路面的强度，具有其他材料不能代替的作用。研究表明[57]，与玄武岩相比将钢渣作为骨料制备沥青玛蹄脂碎石混合料时，该混合料的性能和强度良好，7d的膨胀率不到1%，满足施工的要求。钢渣作为骨料的混合料，其工作性能、力学性能和耐久性能均有所提高，而且路面更加平整，不容易打滑。

钢渣的活性与硅酸盐水泥熟料相比比较低，而且钢渣中的f-CaO和f-MgO容易引起体积定型不良，因此限制了钢渣大规模应用。碳化处理可以改善这些情况，钢渣经过碳化处理之后水化产物由$Ca(OH)_2$转化为$CaCO_3$，使其强度得到了提升，降低了孔隙率。有学者通过在钢渣中添加水泥，对它进行加速碳化、养护制备成钢渣砖，抗折强度为 5.02MPa，抗压强度为 20.06MPa，钢渣掺量达到 60%[58]。

5.1.2　矿物掺和料的应用

随着现代混凝土技术的发展，工业固废的利用和混凝土性能的提高已成为研究的一个重要内容。当前我国正处于转型期，重点推动循环经济的发展。要实现循环发展，将工业废渣作为混凝土矿物掺和料值得进行深入研究。

20 世纪 30 年代，Davis 等[59]用适当比例的粉煤灰代替普通硅酸盐水泥制备混凝土，研究内容包括强度、体积变化、抗冻性、抗冻融性、流动性、水化热等，研究表明该粉煤灰在某些方面的性能优于纯水泥混凝土。该研究为混凝土的发展提供了一个新的方向，随后各国学者对矿渣、硅灰等材料在混凝土中的应用进行研究[60]。火山灰和粉煤灰的结构和特性研究[61]指出粉煤灰是一种优质的混凝土材料。目前，矿渣粉和粉煤灰作为混凝土矿物掺和料已经得到了广泛的应用。矿物掺和料的发展不仅减少了工业固废对环境造成的污染，而且能够减少水泥熟料的产量，发挥自身的优势弥补传统水泥熟料的缺点，此外还能够节约不必要的资源，改善周边的生态环境，具有较好的经济效益和社会效益。

在混凝土中使用的矿物掺和料主要有两种。第一种是天然材料，如硅藻土、煅烧黏土、火山灰、凝灰岩等；第二种是工业副产品，如粉煤灰、矿渣、硅灰等。在混凝土中适当的矿物掺和料可以减小水胶比，较细的矿物掺和料可以填充胶凝材料之间的孔隙，使混凝土更加致密，提高强度。不仅如此，矿物掺和料的二次水化反应速度低，能够改善水泥熟料耐久性能的缺陷，对混凝土的抗渗性能、抗冻性能和耐久性能都有积极的影响[62, 63]。研究表明[64]，矿物掺和料的填充作用可以改善水泥浆体的流动性，使水泥浆体更加密实。矿物掺和料的二次水化与水泥水化形成的 $Ca(OH)_2$ 反应生成 C-S-H 凝胶，提升混凝土的强度，$Ca(OH)_2$ 含量下降还能减少碱骨料反应，提高混凝土耐久性[65]。

经过几十年的发展，矿物掺和料在混凝土中已经得到了广泛的应用，纯水泥的胶凝体系已经不能满足现代混凝土行业的要求。天然材料如黏土、偏高岭土等由于数量有限，存在资源不足等问题限制了它们的应用。工业废渣作为矿物掺和料可以节约资源、保护环境，降低混凝土的生产成本。粉煤灰、矿渣、硅灰、煤矸石等工业废渣作为矿物掺和料虽然可以直接在混凝土中使用，但是由于不同工艺、不同产地的工业废渣化学成分、矿物组成等方面有很大差异，所以在使用中还存在一些问题。当前，粉煤灰和矿粉被认为是最佳的矿物掺和料，但是由于我国粉煤灰的分布不均匀且质量参差不齐，部分地区价格昂贵，不能广泛应用到工程中。因此当前需要寻找其他分布广泛、数量较多并且具有胶凝性的材料来解决这些问题。

2020 年我国钢渣的产生量为 1.6 亿吨左右，其累积总量超过了 10 亿吨，分布广泛。钢渣的矿物组成与水泥熟料非常相似并且具有胶凝性，但是钢渣的易磨性较差而且钢渣中含有的 f-CaO 和 f-MgO 会带来体积安定性不良等问题，不能得到高效利用。近些年来钢渣的应用越来越受到重视，由于钢渣活性较低，目前在混凝土中的掺量仅在 20%以内，混凝土的强度等级也不高。目前的研究表明，钢渣、矿渣、粉煤灰复合矿物掺和料制备的混凝土强度高于纯水泥混凝土，收缩性能和抗侵蚀性能也有所提高[66]。但是如何激发钢渣的活性使其作为胶凝材料用于混凝土的研究相对较少，这也给今后的研究方向提供了一个新的思路。

本研究以高温重构钢渣作为胶凝材料代替部分水泥，既解决了钢渣活性低、难以利用等问题，又解决了局部地区粉煤灰等矿物掺和料资源短缺的问题，具有良好的经济效益和社会效益。

5.1.3　钢渣高温重构的研究内容及创新点

1. 研究内容

本研究以首钢钢渣为主要研究对象，在钢渣特性分析的基础上，利用组分调节材料通过高温重构改变钢渣的矿物组成，进而提升钢渣的胶凝活性，解决安定性不良和易磨性差的问题。本研究的主要内容如下。

（1）钢渣特性的研究。通过对原钢渣进行分析，了解钢渣的基础性能，从而有针对性地设计钢渣重构方案。采用 XRD、XRF、SEM 等测试技术对钢渣的矿物相组成进行分析。通过胶砂强度试验、净浆试验对钢渣的活性指数和水化特性进行研究。

（2）不同调节材料对重构钢渣的性能影响的研究。采用粉煤灰和矿渣为组分调节材料，将钢渣和组分调节材料按照不同的比例混合均匀，放入高温电炉中煅烧，模拟钢渣出炉的状态，通过高温重构改变钢渣的矿物相组成。分析重构钢渣的相成分，测试其活性指数，探索最佳重构方案。

（3）重构钢渣胶凝材料的水化机理研究。采用 XRD、SEM、水化热分析等测试手段分析重构钢渣胶凝材料的反应物种类和形成机理，揭示重构钢渣胶凝材料的水化过程。

2. 创新点

（1）以钢渣为主要原材料，粉煤灰、矿渣粉为调节材料，经过 1250℃高温重构，钢渣的胶凝活性得到了提高，其 28d 活性指数最高可达到 86.8%，符合《用于水泥和混凝土中的钢渣粉》（GB/T 20491—2017）中一级钢渣粉的技术要求。

（2）高温重构可以改变钢渣的矿物相组成和结构。重构钢渣的主要矿物相为 C_2S、C_3S、C_2AS（钙铝黄长石）、镁尖晶石（$MgFe_2O_4$）、辉石等，与原钢渣相比，RO 相的含量降低，高温重构可以促进 CaO 和 SiO_2 组分发生反应，钢渣胶凝活性得到了提升。

（3）高温重构钢渣复合胶凝材料的水化产物主要有 $Ca(OH)_2$、C-S-H 凝胶、钙钒石（AFt）。RO 相、Fe_3O_4、C_2F 为惰性矿物，不会发生水化反应。当养护龄期到 28d 时，这些水化产物相互重叠交织形成网状结构，提高了体系的强度。

5.2　钢渣高温重构的研究方案

5.2.1　钢渣高温重构的研究思路及技术路线

1. 研究思路

本试验以首钢集团生产的钢渣为研究对象，通过高温重构的方法激发钢渣的活性，并利用重构后的钢渣进行胶凝材料的制备，研究遵循着特性研究→重构研究→性能研究→机理研究的路线开展，具体方法如下。

（1）钢渣的矿物学特性分析。通过 XRD、XRF、SEM 等测试技术对钢渣的矿物组成、化学成分、物理特性、酸碱度等进行分析，进而为钢渣的重构奠定基础。

（2）钢渣重构方案的确定。采用矿渣、粉煤灰作为组分调节材料对钢渣进行活性激发，采用 XRD、SEM、EDS、活性指数和体积安定性等测试方法，分析了重构后钢渣的胶凝活性，进而确定最优的钢渣重构方案。

（3）重构钢渣的性能研究。利用重构钢渣代替水泥进行胶砂强度试验，测试其力学性能，与纯水泥不同龄期的胶砂强度进行对比，分析高温重构钢渣对胶凝材料活性指数的影响。测试重构钢渣中 f-CaO、f-MgO 的含量，分析高温重构钢渣对胶凝材料安定性的影响。

（4）重构钢渣的水化机理研究。结合 XRD、SEM 等测试技术查清钢渣的水化产物的种类，并对钢渣水化过程、水化机理进行分析；利用水化热分析方法测试重构钢渣早期的水化放热过程，揭示钢渣-水泥复合胶凝材料水化产物的种类、形成过程和强度形成机理。

2. 技术路线

本研究的技术路线如图 5.3 所示。

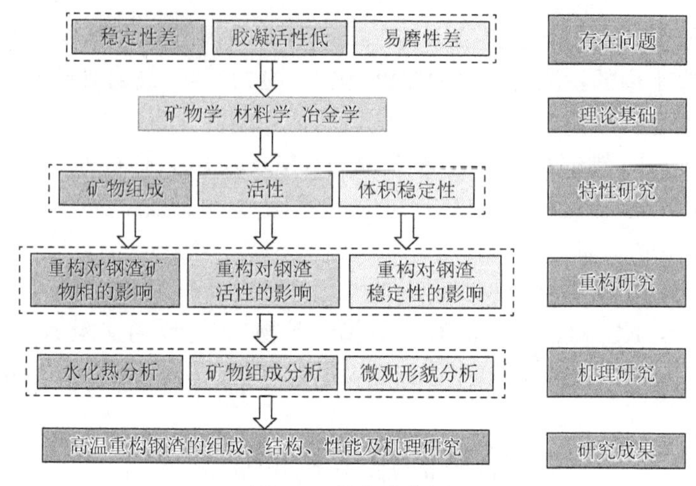

图 5.3　技术路线图

将原钢渣放入颚式破碎机中进行破碎，然后放入水泥试验磨中粉磨至比表面积（400±10）m^2/kg 备用，对原钢渣的矿物相成分、水化活性和水化产物进行分析。将原钢渣和组分调节材料混合均匀，设置不同的参数，放入高温电炉中进行重构，对重构钢渣的化学成分、矿物相变化以及安定性进行研究，得出钢渣的最佳重构方案。将重构钢渣制备胶凝材料，对重构钢渣制备的胶凝材料进行矿物组成、微观形貌和水化放热过程的探索，对重构钢渣制备的胶凝材料水化产物的形成机理进行分析。

5.2.2　钢渣高温重构的试验原料及方法

1. 试验原料

（1）钢渣。本试验采用的钢渣取自首钢集团迁安炼钢厂。钢渣的基本特性在 5.3 节详细介绍。

（2）粉煤灰。本试验所采用的粉煤灰由北京金隅混凝土有限公司提供，化学成分如表 5.3 所示。可以看出粉煤灰的主要化学成分为 SiO_2（44.95%）、Al_2O_3（37.00%）、CaO（4.65%）、Fe_2O_3（4.03%），这四种物质的总含量达到 90.63%，除此之外还有少量的 TiO_2 等。粉煤灰的烧失量为 5.50%，根据《用于水泥和混凝土中的粉煤灰》（GB/T 1596—2017）中的内容规范，其属于 I 级粉煤灰。与钢渣相比，粉煤灰中的硅、铝含量较高，属于硅铝质组分调节材料。

表 5.3　粉煤灰的化学组分（%）

成分	SiO_2	Al_2O_3	Fe_2O_3	K_2O	Na_2O	MgO	CaO	TiO_2	SO_3	LOI	总量
含量	44.95	37.00	4.03	0.53	0.56	0.77	4.65	1.42	0.59	5.50	100

粉煤灰的 XRD 谱见图 5.4。可以看出，粉煤灰的主要矿物相有石英、赤铁矿、莫来石（$Al_6Si_2O_{13}$）以及少量其他矿物结晶。

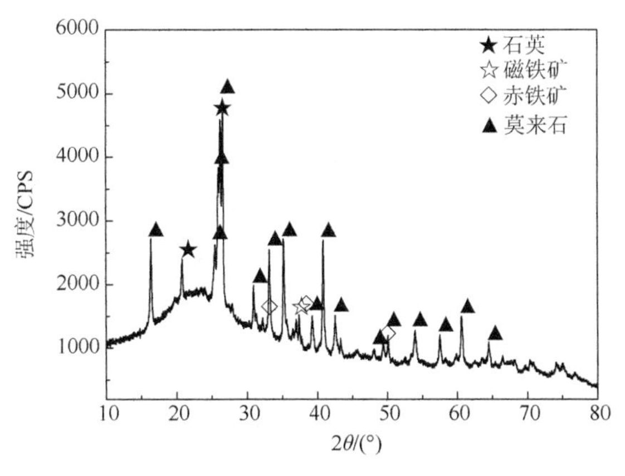

图 5.4　粉煤灰的 XRD 图谱

（3）矿渣。本试验采用的矿渣为首钢矿渣，其主要化学成分如表 5.4 所示。从表 5.4 中可以看出矿渣的化学成分主要有 CaO（41.19%）、SiO_2（29.32%）、Al_2O_3（16.88%）等，标准稠度用水量为 0.314。与钢渣相比，矿渣中的钙含量较高，属于钙质组分调节材料。图 5.5 为矿渣的 XRD 图谱，可以看出，矿渣主要为玻璃态物质。

表 5.4　矿渣的化学组分（%）

成分	CaO	SiO_2	Al_2O_3	MgO	SO_3	TiO_2	Fe_2O_3	Na_2O	K_2O	LOI	总量
含量	41.19	29.32	16.88	6.94	2.32	1.47	0.48	0.55	0.37	0.48	100

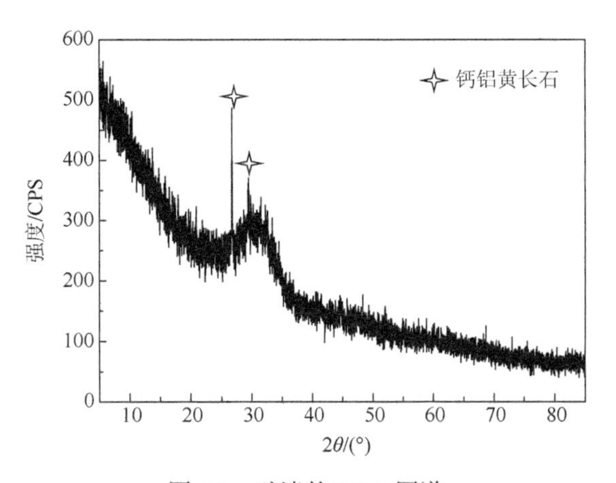

图 5.5　矿渣的 XRD 图谱

（4）水泥。本试验中的 P·I42.5 硅酸盐水泥（旋窑）由抚顺水泥股份有限公司生产，比表面积为 364cm^2/g，标准稠度用水量为 0.264。水泥的化学成分如表 5.5 所示，可以看出水泥的主要化学成分有 CaO（65.40%）、SiO_2（18.82%）、Al_2O_3（5.92%）、MgO（1.88%），烧失量为 1.64%。

表 5.5　水泥的化学组分（%）

成分	CaO	SiO_2	Al_2O_3	MgO	SO_3	Fe_2O_3	P_2O_5	K_2O	LOI	总量
含量	65.40	18.82	5.92	1.88	2.01	3.52	0.34	0.47	1.64	100

水泥的 XRD 谱见图 5.6，水泥中的主要矿物有 C_3S（硅酸三钙）、C_2S（硅酸二钙）、CaO、MgO，以及少量的 C_3A（铝酸三钙）、C_4AF（铁铝酸四钙）。

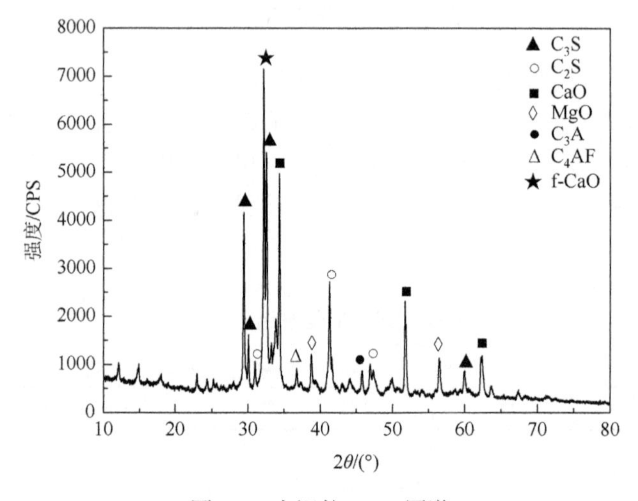

图 5.6　水泥的 XRD 图谱

（5）砂。本试验采用的中国 ISO 标准砂（GB/T 17671—1999）由厦门艾思欧标准砂有限公司生产。

2. 试验方法

（1）重构钢渣粉体制备。将原钢渣放入颚式破碎机中进行破碎，然后放入水泥试验磨中粉磨至比表面积（400±10）m^2/kg，备用。

（2）密度。密度的测定参照《水泥密度测定方法》（GB/T 208—2014）。将待测试样过 0.9mm 的方孔筛，然后放入烘箱中进行烘干（温度 110℃，时间为 1h）。在李氏瓶中加入煤油，将盖好瓶盖的李氏瓶放入恒温水槽中，温度（20±1）℃，静置 30min，记录此时的读数 V_1。从水槽中取出李氏瓶，在李氏瓶中加入待测样品，摇动至没有气泡排出，再次将李氏瓶放入恒温水槽中，静置 30min，然后记录此时的读数 V_2。

$$\rho = \frac{m}{V_2 - V_1} \tag{5.3}$$

式中，ρ 为待测试样的密度，g/cm^3；m 为待测试样的质量，g；V_1 和 V_2 分别为李氏瓶第一次和第二次读数，mL。

（3）比表面积。重构钢渣的比表面积通过勃氏法测试，参照《水泥比表面积测定方法 勃氏法》（GB/T 8074—2008）。

（4）重构试验。将钢渣和组分调节材料，按照不同的比例混合均匀，用压力机压制成料饼，放入高温电炉中煅烧，模拟钢渣出炉的状态。设置升温速率为 15℃/min，设定最高温度下保温 20min 后取出，利用鼓风机进行风急冷。

（5）胶砂强度性能的测试。根据《水泥胶砂强度检验方法（ISO 法）》（GB/T 17671—2021）制备胶凝材料。将重构钢渣和水泥按照 3∶7（总质量 450g）的比例倒入搅拌锅中，加入 225g 水（水灰比为 0.5）。用水泥胶砂搅拌机搅拌，首先通过 30s 的低速搅拌后加入标准砂 1350g（胶砂比为 1∶3），当搅拌机搅拌至 60s 后再高速搅拌 30s，静停 90s，最后进行 60s 的高速搅拌。将搅拌后的砂浆浇筑到 40mm×40mm×160mm 标准试模中，将试模放到振动台上振动成型，然后置于标准条件[温度（20±1）℃，相对湿度不低于 95%]下养护 24h 后将试模拆除，将拆模后的试件放入 BWJ-Ⅲ型水泥自动养护水养箱中，温度（20±1）℃，养护至龄期测定其胶砂强度。

（6）重构钢渣的活性指数。根据《用于水泥和混凝土中的钢渣粉》（GB/T 20491—2017）测定重构钢渣的活性指数。式（5.4）为具体计算方式：

$$A = \frac{R_t}{R_0} \times 100\% \tag{5.4}$$

式中，A 为钢渣粉的活性指数，%；R_t 为钢渣试件相应龄期的强度，MPa；R_0 为对比纯水泥试件相应龄期的强度，MPa。

（7）重构钢渣中 f-MgO 含量的测定。锥形瓶中放入称取好的待测钢渣试件 0.3g，并将 30mL 乙二醇-乙醇溶液（体积比为 6∶1）和 1.5g 氯化铵加入其中，连接锥形瓶与冷凝管，将试件一边加热一边搅拌，等到溶液微沸回流，停止加热，待冷凝管中的液体全部回流后，将锥形瓶中的液体倒入离心管中离心，在锥形瓶中倒入取出的上层清液并用去离子水稀释至 100mL。

测定溶液中的钙含量，在锥形瓶中倒入 25mL 待测溶液，加入 3mL 氢氧化钾溶液、5mL 三乙醇胺溶液和少量的钙指示剂，滴定时选用 EDTA 标准溶液，当溶液颜色由红色变为蓝色，记录 EDTA 标准溶液的消耗量 V_1。

测定溶液中的钙镁总含量，在锥形瓶中倒入 25mL 待测溶液，加入 10mL 氯化铵-氨水缓冲溶液（pH = 10）、5mL 三乙醇胺溶液和少量的 KB 指示剂，滴定时选用 EDTA 标准溶液，当溶液颜色由紫红色变为蓝黑色，记录 EDTA 标准溶液的消耗量 V_2。

$$W_{\text{f-MgO}} = \frac{T_{\text{EDTA}} \times (V_2 - V_1) \times 4 \times 40.30}{m \times 1000} \times 100\% \tag{5.5}$$

式中，$W_{\text{f-MgO}}$ 为游离氧化镁的质量分数，%；T_{EDTA} 为 EDTA 标准滴定溶液对氧化镁的滴定度，mg/mL；V_1 为滴定钙含量时消耗 EDTA 标准滴定溶液的体积，mL；V_2 为滴定钙镁总含量时消耗 EDTA 标准滴定溶液的体积，mL；m 为试料的质量，g。

（8）重构钢渣的安定性测试。按照《水泥标准稠度用水量、凝结时间、安定性检验方法》（GB/T 1346—2011）对重构钢渣的安定性进行检测。

（9）净浆试件制备。净浆试件根据《水泥标准稠度用水量、凝结时间、安定性检验方法》（GB/T 1346—2011）来制备。用水泥净浆搅拌，先用湿抹布擦拭搅拌机搅拌叶片和搅拌锅，将重构钢渣和水按照比例加入到搅拌锅中，低速搅拌 120s，静停 15s，然后高速搅拌 120s。将搅拌后的净浆浇筑到 20mm×20mm×20mm 的标准试验模进行振动成型，后置于标准条件[温度（20±1）℃，相对湿度不低于 95%]下养护 24h 拆模。净浆试件拆模后放置在 SHBY-40A 型水泥标准养护箱中养护。将养护 3d、7d、28d 不同龄期的净浆试件破碎，然后浸泡在无水乙醇溶液中终止水化反应。

（10）重构钢渣水化热分析。将重构钢渣磨细，放入烘箱，设置温度为 105℃，时间 3h，进行干燥。用水泥水化热测量仪测量重构钢渣早期水化热。重构钢渣与水泥之比为 3∶7，水灰比为 0.5，反应温度为 25℃。

（11）红外光谱分析。本试验采用傅里叶变换红外光谱仪（FTIR），分析原材料的主要化学成分。

（12）扫描电子显微镜（SEM）分析。将泡在无水乙醇中的净浆试件取出，烘干，然后进行粉磨。采用扫描电子显微镜对不同龄期试件水化产物的微观结构进行观察。

（13）能量色散 X 射线谱（EDS）分析。本试验采用 EDS 定量分析水化产物中各元素的含量，确定其矿物的主要成分。

（14）X 射线衍射（XRD）分析。将泡在无水乙醇中的净浆试件取出，烘干，然后进行粉磨。采用 X 射线衍射仪，2θ 为 5°～85°，管压为 40kV，电流为 50mA，研究水化产物的种类。

5.3　迁钢钢渣的特性研究

转炉钢渣的化学成分和矿物组成与水泥熟料相似。因此，钢渣是一种很有潜力的胶凝材料，可以作为辅助胶凝材料生产钢渣复合水泥，提高钢渣的利用率，具有良好的环境效益和经济效益[67, 68]。然而，由于钢渣的形成温度较高，难以快速冷却，与水泥熟料相比钢渣中的胶凝性矿物（如 C_3S 和 C_2S）水化反应活性较差，导致掺入钢渣的水泥早期强度较低[69]。同时，在工业实践中，钢渣在混合水泥中的掺量被限制在质量分数为 15%左右[70]。因此，如何改善钢渣水泥的性能成为人们关注的焦点。本章通过对钢渣的特性进行研究，了解钢渣的主要性能，为后续高温重构钢渣的试验打下基础。

5.3.1　迁钢钢渣的组成及结构

1. 迁钢钢渣的化学组成

本研究所使用的钢渣是转炉钢渣，其主要化学组成如表 5.6 所示，包括 CaO（36.89%）、Fe_2O_3（30.50%）、SiO_2（12.11%）、MgO（8.33%）、Al_2O_3（4.89%）以及其他氧化物，烧失量为 3.33%。与水泥相比，迁钢钢渣中 CaO、SiO_2 的含量较低。根据 B. Mason 的碱度值计算公式得出本钢渣的碱度值为 3.55，属于高碱度硅酸三钙渣。

表 5.6　迁钢钢渣的化学组分（%）

成分	CaO	Fe_2O_3	SiO_2	MgO	Al_2O_3	MnO	P_2O_5	SO_3	K_2O	LOI	总量
含量	36.89	30.50	12.11	8.33	4.89	1.81	1.74	0.27	0.13	3.33	97.39

2. 迁钢钢渣的矿物组成

钢渣的 XRD 谱见图 5.7，从图中可以看出钢渣的主要物相组成为 $2CaO·SiO_2$（C_2S）、$3CaO·SiO_2$（C_3S）、铝酸钙（$C_{12}A_7$）、铁酸钙（C_2F）、RO 相（FeO-MgO-MnO 固溶体）、f-CaO、辉石类与橄榄石类矿物以及一些无定形态物质。C_2S、C_3S 及一些无定形态物质的存在使得钢渣具有一定的水化活性，但钢渣中大部分物相为惰性物质，化学稳定性较好，反应活性很低。因此，试验用钢渣的整体反应活性低，水化硬化性能较差，通过高温重构改变钢渣的化学成分和矿物组成可以提高钢渣的胶凝性。

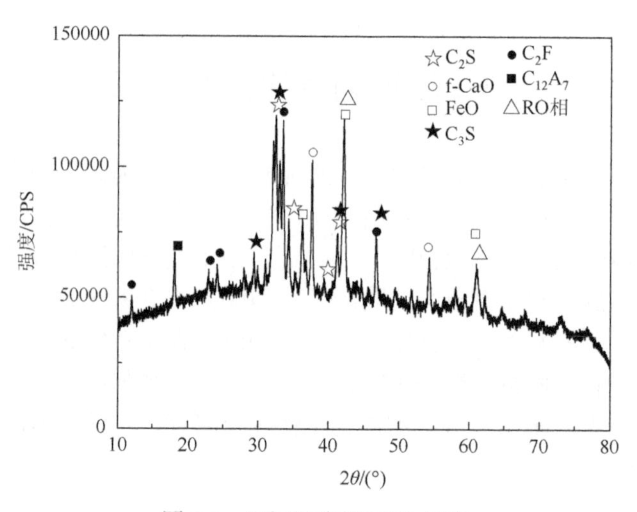

图 5.7　迁钢钢渣的 XRD 图谱

3. 迁钢钢渣的微观结构

钢渣的形貌如图 5.8 所示。从图中可以看出，钢渣颗粒呈不规则分布，且没有特定的形态，由于生成温度较高，与硅酸盐水泥熟料相比，钢渣中的矿物结晶

(a) 1000倍　(b) 2500倍

(c) 5000倍　(d) 7500倍

图 5.8　迁钢钢渣的 SEM 图

完整，晶粒尺寸大。经分析，钢渣中的主要矿物相有 C_2S、RO 相、f-CaO、辉石类与橄榄石类矿物以及一些无定形态物质。RO 相表面较为光滑平整，结晶程度较好，因此活性较低，不易发生水化反应。

5.3.2　迁钢钢渣的水化特性

1. 迁钢钢渣的水化热分析

图 5.9 为水泥和钢渣在水化过程中的放热速率。从图 5.9（a）中可以看出，钢渣的水化过程和水泥类似，分为诱导前期、诱导期、加速期、减速期和稳定期五个阶段。注入水之后，迅速出现第一个放热峰。第一个放热峰结束之后进入诱导期，这时水化速率降低。由于水化产物 $Ca(OH)_2$ 和 C-S-H 凝胶只有在 Ca^{2+}浓度达到饱和时才开始结晶。因此，水化作用在经历第一阶段后，进入诱导期，水化速率明显快速降低，由于钢渣中含有一些惰性相，因此钢渣的诱导期比水泥慢，钢渣在这五个阶段的放热速率都低于水泥。图 5.9（b）为钢渣和水泥的水化热总量，由于钢渣的反应活性低，钢渣的水化热总量比水泥低，说明钢渣中活性成分的含量比水泥低。

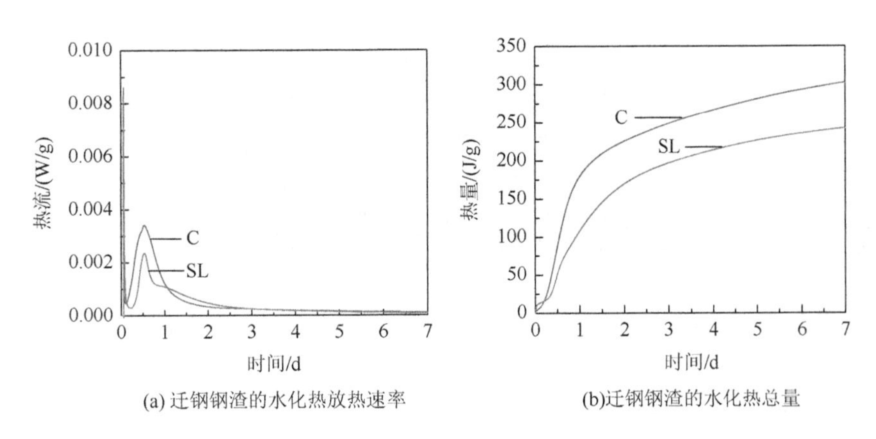

(a) 迁钢钢渣的水化热放热速率　(b)迁钢钢渣的水化热总量

图 5.9　迁钢钢渣的水化热分析

2. 迁钢钢渣的水化产物组成

图 5.10 为钢渣胶凝材料硬化浆体的 SEM 图像。图 5.10（a）显示了养护 3d 的钢渣胶凝材料的疏松微观结构，此时体系由少量的水化产物[主要是 C-S-H 凝胶和 $Ca(OH)_2$]和大量的大孔隙组成。胶结材料的结构在水化初期相对疏松，具有更多的孔隙，为蓬松的结构，并且颗粒的表面被孔覆盖。钢渣胶凝材料的主要水化产物是针状 AFt 晶体和 C-S-H 凝胶。C_3S 在常温下与水反应，生成 C-S-H 凝胶

和 $Ca(OH)_2$。钢渣颗粒在 28d 养护后表面发生水化，同时钢渣颗粒与水化产物之间的间隙变得模糊。养护 28d 的钢渣胶凝材料硬化浆体存在大量的 $Ca(OH)_2$ 和少量的水化产物，未水化的钢渣颗粒与水化产物之间存在明显的差距。结果表明，钢渣在水泥中的水化活性很低，对混合水泥的强度发展几乎没有贡献。

(a) 3d龄期的水化产物

(b) 7d龄期的水化产物

(c) 28d龄期的水化产物

图 5.10　迁钢钢渣不同龄期硬化浆体水化产物的 SEM 图

5.3.3　迁钢钢渣的性能分析

1. 迁钢钢渣的活性

根据 5.2.2 节的试验方法制备钢渣的胶砂试件并测试其强度，钢渣的胶砂强度结果如表 5.7 所示，其中 O 为水泥的胶砂强度，S 为钢渣的胶砂强度。从表中可以看出，钢渣的早期强度较低。7d 的抗压强度为 25.1MPa，活性指数为 65.5%，后期强度慢慢提高，28d 的抗压强度为 36.2MPa，活性指数为 70.2%。与水泥相比，原钢渣的 7d 抗折强度低 34.2%，抗压强度低 34.5%。与水泥相比钢渣的活性较低，水化反应缓慢。

表 5.7　迁钢钢渣的胶砂强度

编号	抗折强度/MPa		抗压强度/MPa	
	7d	28d	7d	28d
O	7.3	8.6	38.3	51.6
S	4.8	6.5	25.1	36.2

2. 迁钢钢渣的安定性

作为胶凝材料的钢渣，由于游离氧化钙（f-CaO）和游离氧化镁（f-MgO）的存在，常表现出体积安定性不良的问题。f-CaO、f-MgO 经过水化后容易产生体积膨胀，引发开裂等问题。利用 XRD 检测到钢渣中存在单相 CaO 和一些固溶体相。研究表明[71]，当钢渣中 CaO 含量不超过 1%时，单相 CaO 对膨胀没有贡献，f-CaO 中的固溶体相是膨胀的主要原因。

根据 5.2.2 节的方法对钢渣中 f-CaO 和 f-MgO 的含量进行测定，测试结果如表 5.8 所示。可以看出，钢渣中 f-CaO 的含量为 2.97%，f-MgO 的含量为 2.26%。然而由于 f-CaO 的存在，钢渣作为胶凝材料使用时，f-CaO 的水化反应生成 $Ca(OH)_2$，可使其体积增加 98%[72]，很难满足其体积安定性的要求。

表 5.8　迁钢钢渣中 f-CaO 和 f-MgO 的含量（%）

	f-CaO	f-MgO
含量	2.97	2.26

5.4　不同调节材料对重构钢渣的性能影响研究

钢渣的主要化学成分有 CaO、Fe_2O_3、SiO_2、Al_2O_3 等，其组成成分与水泥熟料相似，而且钢渣中含有一定数量的 C_3S、C_2S 等具有胶凝性的矿物，但是钢渣的胶凝活性与水泥熟料相比很低[73]。钢渣中 CaO、SiO_2、Al_2O_3 的含量比硅酸盐水泥低。研究发现，CaO 可与钢渣中的 RO 相发生反应生成具有胶凝性能的矿物，如 C_3S、C_4AF、C_2F 等[74]。钢渣中的 C_2S 和 C_3S 含量较低，仅为水泥熟料中的 50%～70%，此外过高的生成温度导致矿物相结晶致密，胶凝性能较差[75, 76]。因此，在钢渣中加入适当的调节组分，通过调整钢渣的 Ca/Si 比，使钢渣中 CaO、SiO_2、Al_2O_3 的含量提高，RO 相的含量减少，对钢渣进行重构使其发生二次物相反应，可以改善钢渣胶凝性低、体积安定性不良等问题。

本试验采用首钢钢渣为研究对象，通过高温重构改善钢渣的胶凝性。与硅酸盐水泥熟料相比，首钢钢渣中的钙、硅含量较低。粉煤灰的主要化学成分为 SiO_2、

Al_2O_3、CaO，三种物质的含量达到 86.6%。与粉煤灰相比，钢渣中的硅、铝含量较低。粉煤灰属于硅铝质组分调节材料。矿渣的化学成分主要有 CaO、SiO_2、Al_2O_3 等。矿渣中的钙、硅含量比钢渣高，矿渣属于钙硅质组分调节材料。

5.4.1 粉煤灰对重构钢渣的性能影响研究

1. 粉煤灰重构钢渣的方案设计

表 5.9 为粉煤灰作为组分调节材料对钢渣进行重构的方案，设置粉煤灰的掺量为 10%～20%，在不同的温度下进行重构。用 XRD、SEM 分析重构钢渣的矿物成分和微观形貌的变化，将重构钢渣和水泥按照质量比为 3∶7 混合进行胶砂强度试验，测试重构钢渣的活性指数以及安定性。

表 5.9 粉煤灰重构钢渣的试验

编号	质量分数/%		温度/℃	重构钢渣的化学成分/%				C/S
	钢渣	粉煤灰		CaO	SiO_2	Al_2O_3	Fe_2O_3	
F1	90	10	1250	35.78	14.36	7.22	28.17	2.49
F2	90	10	1300	35.36	14.41	7.28	28.42	2.45
F3	90	10	1350	34.34	14.16	7.36	29.05	2.43
F4	85	15	1250	34.54	16.09	8.73	26.45	2.15
F5	85	15	1300	33.65	15.94	8.76	27.69	2.11
F6	85	15	1350	31.55	14.93	9.08	29.98	2.11
F7	80	20	1250	33.19	17.60	9.59	25.74	1.89
F8	80	20	1300	32.13	17.01	10.51	26.74	1.89
F9	80	20	1350	31.21	16.92	10.43	27.35	1.84

2. 粉煤灰重构钢渣的组成及结构

1）重构钢渣的物相组成

图 5.11 为 1250℃时不同掺量粉煤灰重构钢渣的 XRD 图谱，从图中可以看出重构钢渣的主要矿物相为 C_2S、C_3S、C_2AS（钙铝黄长石）、镁铁尖晶石（$MgFe_2O_4$）、辉石等，与原始钢渣相比重构钢渣中 f-CaO 衍射峰消失，C_3S 的衍射峰增强，说明高温重构可以促进 CaO 和 SiO_2 发生反应，生成具有胶凝性的矿物。F1、F4、F7 分别为粉煤灰掺量为 10%、15%、20%的 XRD 图谱，从图中可以看出随着粉煤灰掺量的增加 C_2AS、C_3S 的衍射峰逐渐增强，RO 相的衍射峰逐渐减弱。同时，辉石的衍射峰下降，并且出现 Fe_3O_4 的衍射峰。这是因为加入

粉煤灰后，原钢渣中的 C_2S 部分转变为 C_3S 以及辉石。提高粉煤灰的掺量，重构钢渣的 C/S 降低，其吸收原钢渣中的 f-CaO，形成了 C_2AS 等钙铝硅酸盐矿物。RO 相逐渐分解，转化为镁尖晶石相，且随着 MgO/FeO 的降低，形成了 Fe_3O_4，同时出现少量的 MgO。

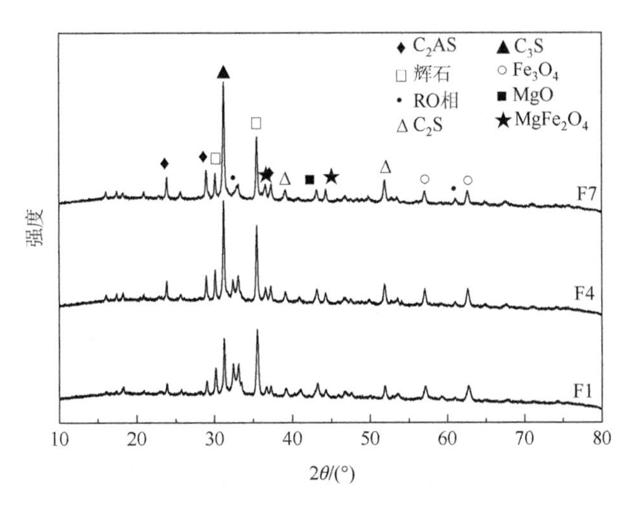

图 5.11 1250℃时不同掺量粉煤灰重构钢渣 XRD 图谱

图 5.12 是粉煤灰在掺量为 10%时不同温度下重构钢渣的 XRD 图谱。从图中可以得出，随着反应温度的升高，RO 相、Fe_3O_4 相的衍射峰逐渐变得尖锐，镁尖晶石相的衍射峰减弱，同时 C_3S 的衍射峰降低，MgO 的衍射峰增强。当 SiO_2 的

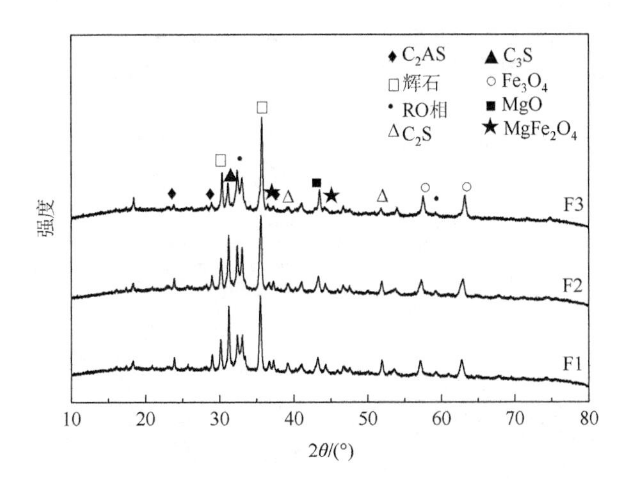

图 5.12 掺 10%粉煤灰不同温度重构钢渣的 XRD 图谱

含量较低时，会出现铁镁质硅酸盐矿物体系热液作用变化，随着温度升高，镁尖晶石发生了分解，与 C_3S 反应，与 MgO、FeO 等又重新生成了 RO 相，未反应完全的 FeO 与其他形式的 Fe 生成 Fe_3O_4。可以看出，当温度过高时，重构钢渣中的胶凝性矿物 C_2S、C_3S 含量降低，对胶凝材料的强度不利，同时镁尖晶石相分解会形成 MgO、RO 相，影响钢渣的体积安定性。因此，从矿物组成来看应设置温度为 1250℃。

2）重构钢渣的微观形貌

图 5.13 为掺量 10%的粉煤灰在不同温度下重构钢渣的 SEM 图。从图 5.13（a）、（a1）中可以看出，当温度为 1250℃时，形成了表面光滑的正六边形、正三角形以及少量正四面体的矿物，尺寸为 4～5μm，数量较多，分布无明显规律。与图 5.13（a）、（a1）相比，图 5.13（b）和（b1）中的结晶完整度略有降低，棱角变圆，晶体的尺寸也有所减小，可能是高温导致了晶体分解。图 5.13（c）、（c1）为 1350℃时重构钢渣的形貌，可以看出，温度较低时生成的矿物相发生了分解，形成了团簇状的新物质，说明温度能够改变钢渣的化学组成和矿物成分。

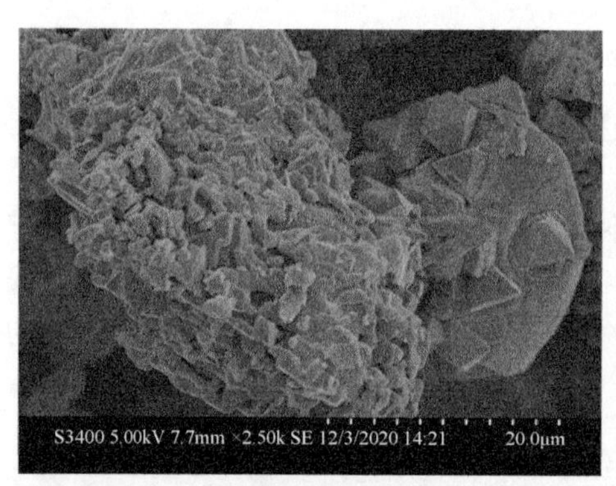

(a) F1的SEM图

(a1) (a)的放大SEM图

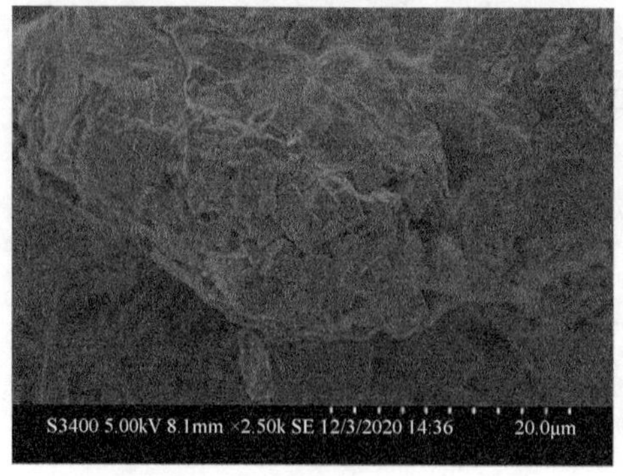

(b) F2的SEM图

(b1) (b)的放大SEM图

(c) F3的SEM图

(c1) (c) 的放大SEM图

图 5.13　掺 10%粉煤灰不同温度重构钢渣的 SEM 图

采用 EDS 对重构钢渣的矿物成分进行进一步分析，结果如图 5.14 和表 5.10 所示。

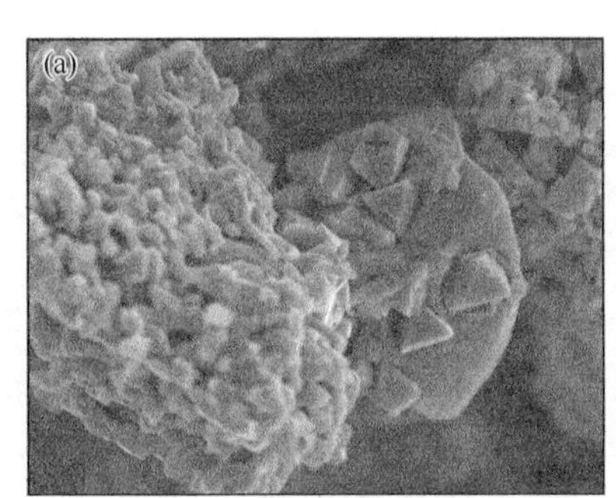

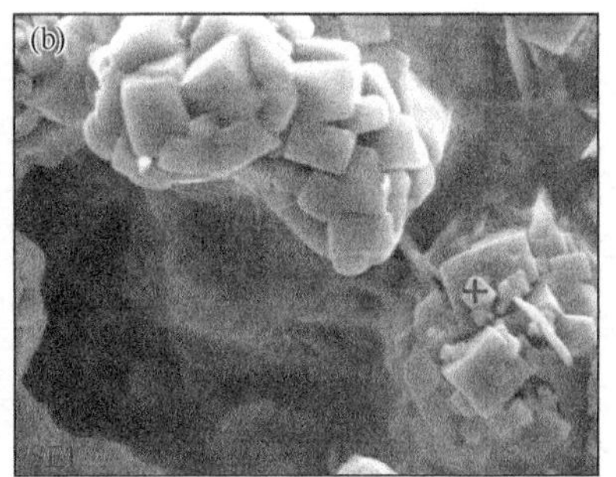

图 5.14　掺 10%粉煤灰在 1250℃和 1300℃重构钢渣的能谱分析图

（a）1250℃；（b）1300℃

表 5.10　重构钢渣标记点的元素分布（at%[①]）

元素	O	Mg	Al	Ca	Fe	Si	Mn
图 5.14（a）点	55.95	16.17	21.66	0.83	5.39	—	—
图 5.14（b）点	60.22	12.14	7.07	4.07	11.43	3.09	1.49

从表 5.10 中可以看出，与图 5.14（a）相比，图 5.14（b）中 Fe 元素和 Ca 元素的含量明显上升，Al 元素的含量下降。这是由于镁尖晶石发生了分解，在还原条件下与 RO 相反应形成了 Fe 单质。Si 元素有所上升，当体系中的 C/S 较低时，

① at%表示原子分数。

温度升高分解后的镁尖晶石与原钢渣中的 C_3S 反应形成了 Si 含量较低的新矿物。当温度升高时，出现了 Mn 元素，这是由于镁尖晶石相分解形成了 RO 相，重构钢渣中 Mg 含量较高，说明重构钢渣中的 RO 相以 MgO 为主体。此结果与 XRD 分析结果相一致。

图 5.15 为温度 1250℃时不同掺量粉煤灰的 SEM 图。与调整温度相比，调整掺量对重构钢渣的影响较为明显。图 5.15（a）、（a1）为当粉煤灰的掺量 10%时重构钢渣的 SEM 图，其中的晶体结构较为完整，晶粒较大，结晶表面平整光滑、比较规律。当粉煤灰的掺量达到 15%时，如图 5.15（b）、（b1）所示，晶体表面变得较为圆滑，棱角相对不明显，由之前的正六边形和正四面体结构转化为椭圆形的片状结构，与之前相比晶体之间的界限也较为不明显，提高粉煤灰的掺量可能会使晶体之间发生反应。图 5.15（c）和（c1）是粉煤灰掺量为 20%的 SEM 图，之前结晶完整的矿物消失，形成了不规则形状的物质，并且出现了少量针棒状的结晶，与图 5.15（a）、（a1）相比晶体的形状和结构均发生了较大的改变。同样对重构钢渣进行 EDS 分析，结果如图 5.16 和表 5.11 所示。

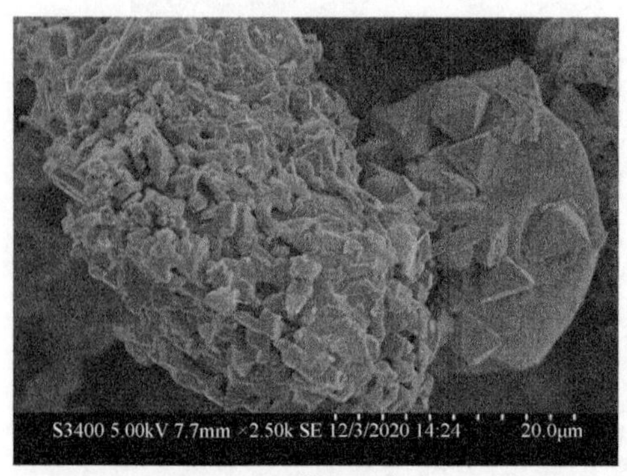

(a) F1的SEM图

(a1) (a)的放大SEM图

(b) F4的SEM图

(b1) (b)的放大SEM图

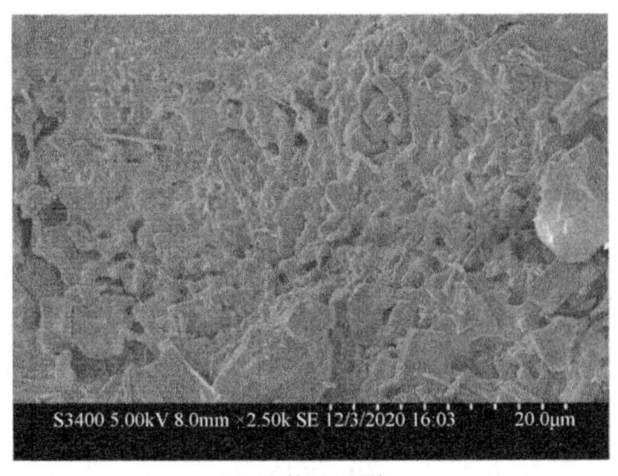

(c) F7的SEM图

(c1) (c)的放大SEM图

图 5.15　1250℃不同掺量粉煤灰重构钢渣的 SEM 图

图 5.16　1250℃粉煤灰掺量 10%和 20%重构钢渣的能谱分析图

（a）10%；（b）20%

表 5.11　重构钢渣标记点中的元素分布（at%）

元素	O	Mg	Al	Ca	Fe	Si
图 5.16（a）点	46.79	2.48	12.27	18.64	2.57	13.78
图 5.16（b）点	44.67	15.29	5.51	1.66	27.41	1.07

从表 5.11 中可以看出，重构钢渣中主要含有 O、Mg、Al、Ca、Fe、Si 等元素。随着粉煤灰掺量的增加 O 元素的含量变化较小，Mg、Fe 元素的含量增加，Si、Ca 元素的含量减少。提高粉煤灰的掺量，重构钢渣的 C/S 升高，吸收原钢渣中的 f-CaO，形成了 C_2AS 等钙铝硅酸盐矿物。RO 相发生分解，形成了 Fe_3O_4，析出的少量的 MgO 存在于重构钢渣中。此分析与 XRD 的分析结果相符合。

因此，粉煤灰的掺量过高可能会对重构钢渣的胶凝性造成不利影响，根据重构钢渣的矿物组成和微观形貌分析结果，认为当粉煤灰的掺量为10%时，重构钢渣的活性最高。

3. 粉煤灰重构钢渣的胶凝活性

根据5.2.2节所述方法制备重构钢渣的胶砂试件并测定其强度。粉煤灰重构钢渣的胶砂强度如表5.12所示。与原钢渣相比，重构钢渣的抗折强度全部提高，7d抗折强度提高10.4%～22.9%；28d抗折强度提高4.6%～20.0%。与原钢渣相比重构钢渣的7d抗压强度除F2、F3、F4、F5有所下降，其他均有提高，重构钢渣的28d抗压强度全部高于原始钢渣。重构钢渣的7d抗压强度最高值达到27.5MPa，比原钢渣提高了9.6%；28d抗压强度最高值可到达44.8MPa，比原钢渣提高了23.8%。

表5.12 粉煤灰重构钢渣的胶砂强度测试

编号	抗折强度/MPa		抗压强度/MPa	
	7d	28d	7d	28d
F1	5.9	7.4	26.8	44.8
F2	5.7	6.8	24.6	40.9
F3	5.8	7.4	24.4	38.8
F4	5.5	7.4	24.8	36.7
F5	5.3	7.4	23.9	37.9
F6	5.6	7.8	26.4	41.1
F7	5.8	7.4	25.2	38.8
F8	5.3	7.0	25.4	40.4
F9	5.9	7.5	27.5	40.9

原钢渣7d和28d的活性指数分别为65.5%、70.2%。图5.17为重构钢渣的活性指数。可以看出，重构钢渣的活性指数受到温度变化和粉煤灰掺量变化的影响。当温度为1350℃、粉煤灰的掺量为20%时，F9的7d活性指数达到最高值71.8%，此时28d的活性指数为79.3%；与原钢渣相比重构钢渣7d、28d的活性指数分别提高了9.6%和13.0%。当温度为1250℃、粉煤灰的掺量为10%时，F1重构钢渣的28d活性指数达到最高值86.8%，此时7d的活性指数为70.0%；与原钢渣相比重构钢渣7d、28d的活性指数分别提高了6.9%和23.6%。根据表5.9，F1的C/S值最大，随着重构温度和粉煤灰掺量的提高C/S值开始下降，C/S值较低时不利于生成C_3S。因此，F1为粉煤灰重构钢渣的最佳方案。

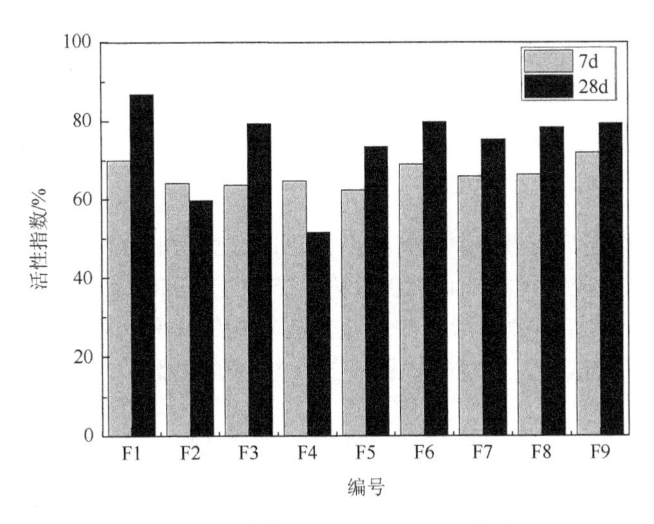

图 5.17　粉煤灰重构钢渣的活性指数

4. 粉煤灰重构钢渣的安定性

测试重构钢渣中 f-CaO、f-MgO 的含量，检测结果如表 5.13 所示。

表 5.13　钢渣中 f-CaO、f-MgO 的含量（%）

项目	1250℃			1300℃			1350℃		
	F1	F4	F7	F2	F5	F8	F3	F6	F9
f-CaO	1.36	1.70	1.91	1.62	1.85	2.36	1.85	1.89	2.52
f-MgO	1.45	1.61	1.73	1.92	2.23	2.35	2.39	2.50	2.56

从表中可以看出，粉煤灰作为组分调节材料可以显著降低钢渣中 f-CaO 的含量。随着温度增加，重构钢渣中 f-CaO 的含量上升。随着粉煤灰掺量增加，重构钢渣中 f-CaO 的含量也有所上升。与原钢渣相比，重构钢渣中 f-CaO 均有所下降，下降幅度在 15%～54%之间。温度为 1250℃时，粉煤灰掺量为 10%、15%、20%的重构钢渣中 f-CaO 的含量分别为 1.36%、1.70%、1.91%，与原钢渣相比下降的幅度分别为 54.2%、42.8%、35.7%。当温度达到 1350℃时，粉煤灰掺量为 10%、15%、20%的重构钢渣中 f-CaO 的含量分别为 1.85%、1.89%、2.52%，与原钢渣相比下降幅度分别为 37.7%、36.4%、15.2%。对重构钢渣进行蒸压安定性测试，测试结果均合格，符合《用于水泥和混凝土中的钢渣粉》（GB/T 20491—2017）中一级钢渣粉的技术要求。当温度达到 1350℃时，重构钢渣中 f-MgO 的含量超过了原钢渣，最高可到达 2.56%，因此粉煤灰作为组分调节材料时，设置温度不宜过高，否则会对重构钢渣的安定性造成不良影响。

5.4.2　矿渣对重构钢渣的性能影响研究

1. *矿渣重构钢渣的方案设计*

表 5.14 为矿渣作为组分调节材料对钢渣进行重构的方案，选用 10%、15%、20%的矿渣对钢渣进行重构，设置温度为 1250℃～1350℃。用 XRD、SEM 分析重构钢渣的矿物成分和微观形貌的变化，将重构钢渣和水泥按照质量比为 3∶7 混合进行胶砂强度试验，测试重构钢渣的活性指数以及安定性。

表 5.14　矿渣重构钢渣的试验

编号	质量分数/%		温度/℃	化学成分/%				C/S
	钢渣	矿渣		CaO	SiO_2	Al_2O_3	Fe_2O_3	
K1	90	10	1250	38.82	12.45	5.72	26.84	3.12
K2	90	10	1300	37.84	13.18	5.58	27.12	2.87
K3	90	10	1350	38.34	13.48	5.32	28.04	2.84
K4	85	15	1250	38.48	14.29	5.94	25.34	2.69
K5	85	15	1300	38.79	13.77	5.97	26.07	2.82
K6	85	15	1350	38.55	13.75	5.96	26.33	2.80
K7	80	20	1250	38.85	14.37	6.35	24.66	2.70
K8	80	20	1300	38.65	15.00	6.23	24.86	2.58
K9	80	20	1350	38.84	14.44	6.10	24.90	2.69

2. *矿渣重构钢渣的组成及结构*

1）重构钢渣的物相组成

图 5.18 为 1250℃时矿渣作为组分调节材料重构钢渣的 XRD 图谱。可以看出，与原钢渣相比，重构钢渣的矿物相发生了较大的改变。原钢渣中 CaO 的衍射峰消失，RO 相的衍射峰变小，出现了 C_2S、C_3S、C_2F 的矿物相，这是因为在高温的条件下，原钢渣中的 CaO 分解，与 RO 相发生反应，生成了具有胶凝性的矿物。出现了辉石、C_2AS、$MgFeAlO_4$、$MgFe_2O_4$ 的衍射峰，分析原因认为矿渣掺入后体系中 Al 含量增加，原钢渣中的 CaO 与 RO 相反应完全后剩余的 RO 相与 Al、Fe 等元素在高温的条件下发生反应，生成了新的矿物成分。MgO 的出现是由于 RO 相发生分解，若体系中 MgO 的含量过高可能会对安定性造成不利影响；RO 相中的 FeO 转变为了磁铁矿（Fe_3O_4）和赤铁矿（Fe_2O_3）。随着矿渣掺入量的增加，

各个矿物成分的衍射峰均未发生较大改变。与粉煤灰作为组分调节材料相比，矿渣重构钢渣产生的杂质较多，可能会对胶凝材料的强度有所影响。

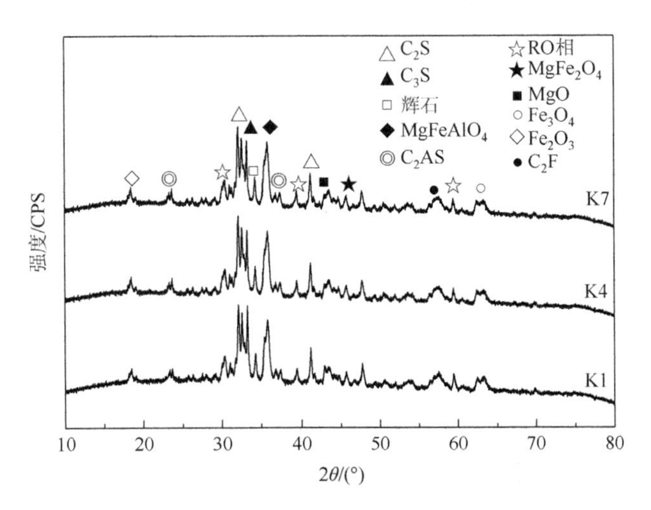

图 5.18　1250℃不同掺量矿渣重构钢渣的 XRD 图谱

图 5.19 为矿渣掺量为 10%时不同温度条件下重构钢渣的 XRD 图谱。K1、K2、K3 分别为温度 1250℃、1300℃和 1350℃的 XRD 曲线。从图中可以看出，与改变矿渣的掺量相比，温度对钢渣矿物成分造成的影响更为明显。随着温度的升高，$MgFeAlO_4$ 的衍射峰逐渐变得尖锐，说明高温能够促进这种物质的形成。与 K1 相比 K3 中 $MgFe_2O_4$ 的衍射峰消失，RO 相的衍射峰逐渐增强。RO 相发生分解

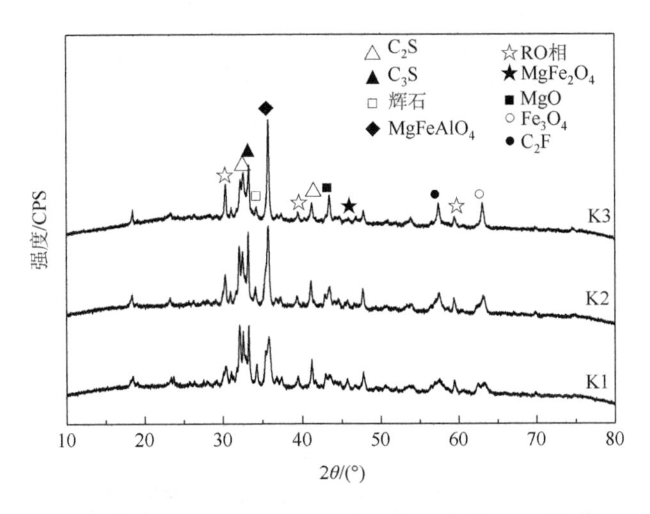

图 5.19　掺 10%矿渣不同温度重构钢渣的 XRD 图谱

后，继续提高温度体系中的 $MgFe_2O_4$ 发生了分解又重新形成了 RO 相，因此过高的温度对重构钢渣的胶凝性可能会产生不利影响。辉石的含量有所降低，而 Fe_3O_4 的含量提高，可能是在过高的温度条件下辉石发生了分解，与 $MgFe_2O_3$ 中析出的铁反应生成了 Fe_3O_4。C_2S、C_3S 的衍射峰变化不明显，C_2F 的衍射峰略微变尖，说明提高温度可能会生成少量 C_2F。

2）重构钢渣的微观形貌

图 5.20 为矿渣掺量为 10%时，在不同温度条件下重构钢渣的 SEM 图。从图 5.20（a）、（a1）可以看出此时重构钢渣的结晶形状还不明显，整体上呈团状分布，晶体之间没有明显的界线，尺寸较小，存在少量的正四面体结构，以及部分球形的晶体。图 5.20（b）和（b1）中的晶体分布较为均匀、致密，晶体之间存在明显的界限，晶体表面粗糙，没有明显的形状，没有出现规则的正四面体结构。图 5.20（c）、（c1）为温度 1350℃时重构钢渣的微观形貌，可以看出，此时的晶体结构更为不规则，原来的正四面体结构发生了破坏，变得不完整，可能是高温使重构钢渣的矿物发生了分解，正四面体上有少量球形以及不规则形状的结晶，晶体之间没有界限交错生长，有针棒状的物质穿插在各个晶体结构之间。

(a) K1的SEM图

(a1) (a)的放大SEM图

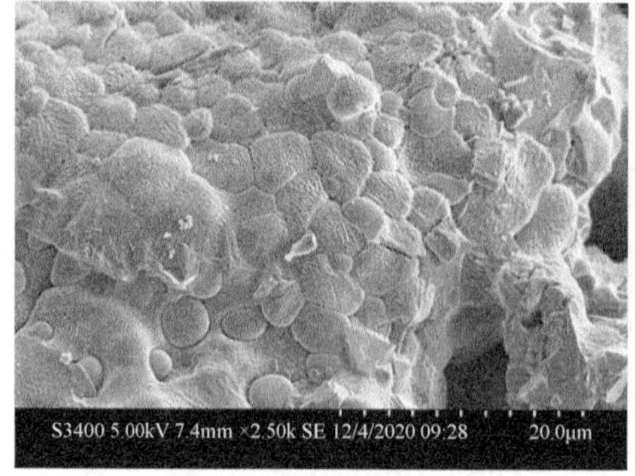

(b) K2的SEM图

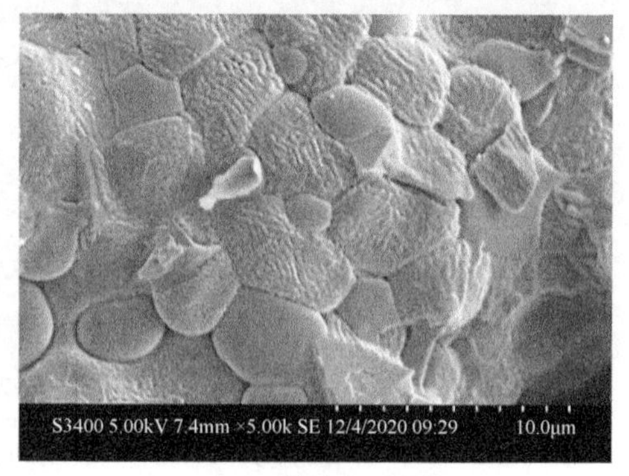

(b1) (b)的放大SEM图

(c) K3的SEM图

(c1) (c)的放大SEM图

图 5.20　掺 10%矿渣不同温度重构钢渣的 SEM 图

图 5.21 和表 5.15 为能谱分析结果。从表中可以看出，重构钢渣的元素主要为 O、Al、Ca、Si、Fe，a 点中未发现 Fe 元素。温度升高后体系中的 $MgFe_2O_4$ 发生了分解，重新形成了 RO 相，其中的 Fe 元素与辉石反应形成了其他类型的矿物，所以体系中未检测出 Mg 元素和 Fe 元素。图（a）中存在的缝隙是钢渣中的 f-CaO 在高温条件下膨胀分解所导致。Si 含量增多是因为与 f-CaO 形成了硅酸盐矿物，其中未反应完全的 Si 存在于体系中。

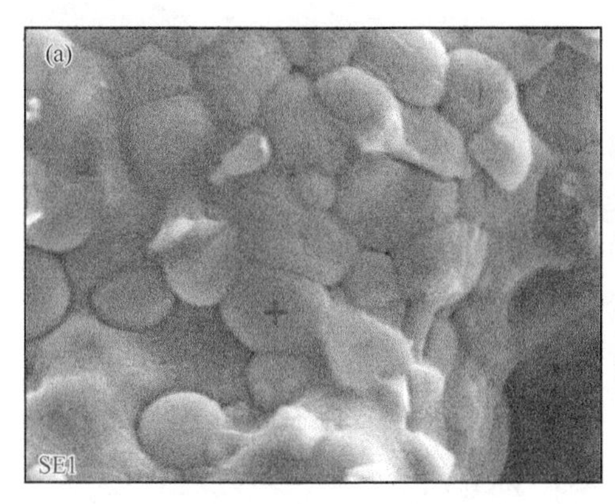

图 5.21　掺 10%矿渣在 1300℃和 1350℃重构钢渣的能谱分析图

（a）1300℃；（b）1350℃

表 5.15　重构钢渣标记点中的元素分布（at%）

元素	O	Al	Ca	Fe	Si
图 5.21 中（a）点	55.05	3.38	27.68	2.63	4.62
图 5.21 中（b）点	50.55	3.85	23.17	—	6.90

图 5.22 为 1250℃时不同掺量的矿渣重构钢渣的 SEM 图。图 5.22（a）、（a1）为掺量 10%的矿渣，可以看出此时体系中存在大量团簇状的物质以及部分球状和正八面体结构的晶体，此时晶体的表面平整光滑，晶体尺寸较小，大约在 2μm。当矿渣的掺量为 15%时，如图 5.22（b）和（b1）所示，原体系中团簇状的晶体变

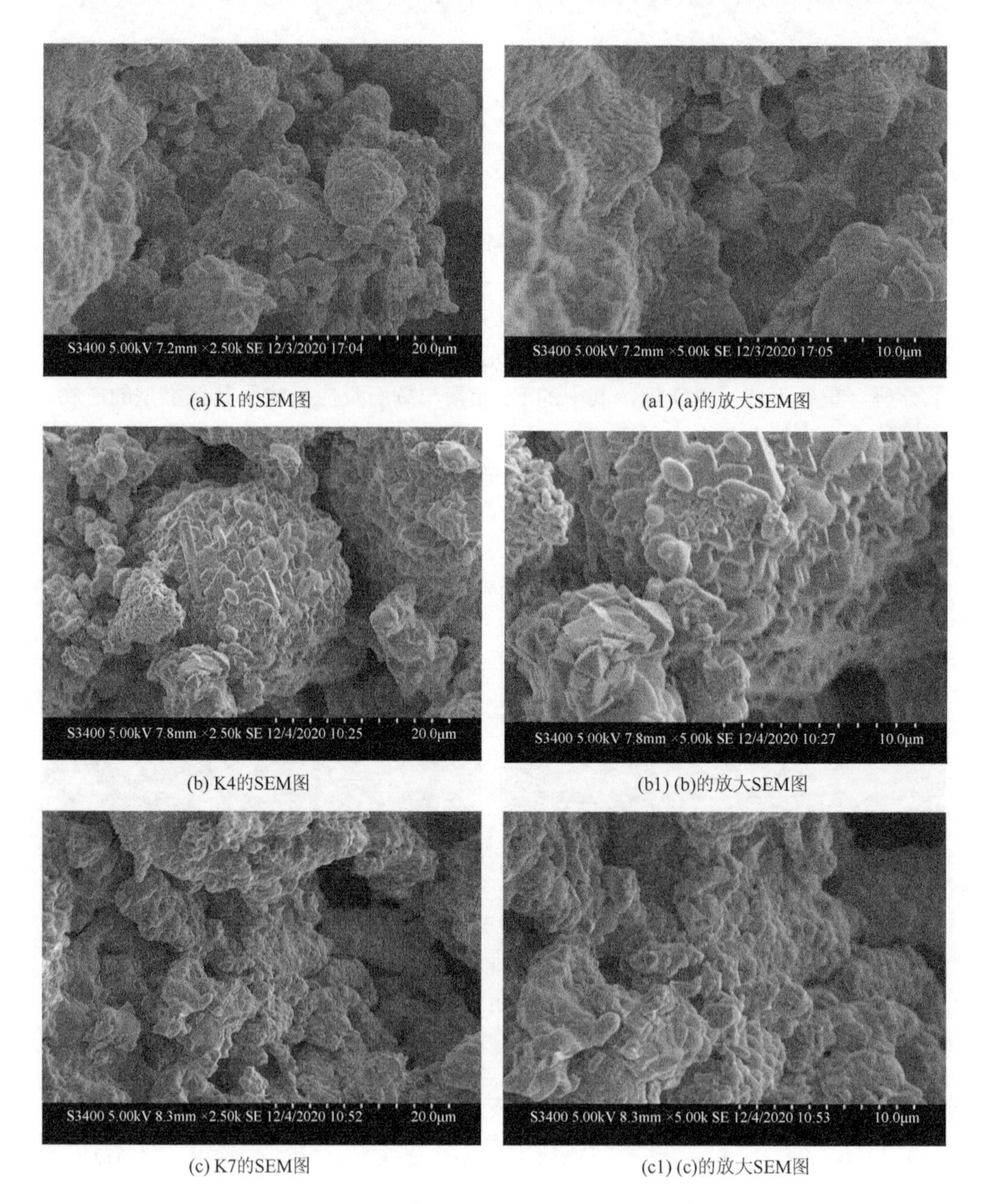

(a) K1的SEM图　　(a1) (a)的放大SEM图

(b) K4的SEM图　　(b1) (b)的放大SEM图

(c) K7的SEM图　　(c1) (c)的放大SEM图

图 5.22　1250℃时不同掺量矿渣重构钢渣的 SEM 图

为层状的结构，晶体表面变得光滑并且部分长出了棱角，球状和正八面体结构的晶体依然存在，但是数量有所减少，除此之外，体系中还出现了少量的长条形状的物质。继续提高矿渣的掺量，当矿渣掺量为 15%时，与图 5.22（b）和（b1）相比，图 5.22（c）和（c1）中晶体棱角消失，呈堆积状的结构生长，原体系中的球状和正八面体结构的晶体也未出现。分析原因，可能是提高矿渣的掺量改变了 C/S 比，在高温的条件下生成了低 C/S 比的矿物。

图 5.23 和表 5.16 为重构钢渣的能谱分析结果。重构钢渣中主要含有 O、Mg、Al、Ca、Fe 和 Si，提高体系中矿渣的掺量，Fe 的含量增加明显，Mg、Al 含量均有较小幅度的增长。Ca 的含量有所减少。这是因为在高温的条件下钢渣中的 CaO 分解，与 RO 相发生反应生成了其他类型的矿物，原 RO 相分解，析出了 Al、Fe 等元素。Si、O 元素减少可能是与体系中的 C_2AS、$MgFe_2O_4$ 发生反应生成了其他具有胶凝性的矿物。

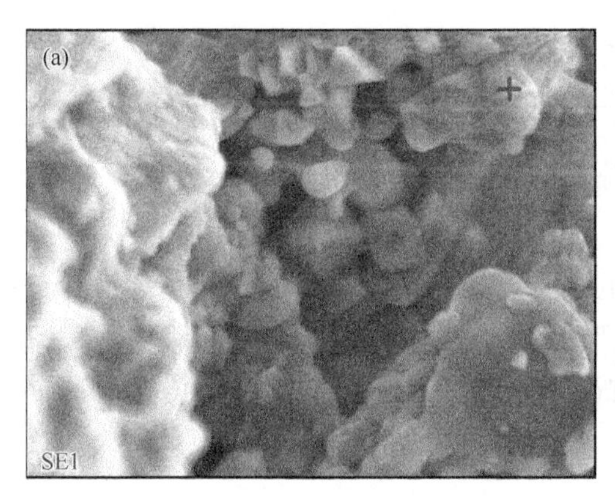

图 5.23　1250℃矿渣掺量 15%和 20%重构钢渣的能谱分析图

（a）15%；（b）20%

表 5.16　重构钢渣标记点中的元素分布（at%）

元素	O	Mg	Al	Ca	Fe	Si
图 5.23（a）点	56.46	4.18	3.28	21.00	3.28	8.62
图 5.23（b）点	48.37	7.03	6.06	16.30	13.69	7.12

3. 矿渣重构钢渣的胶凝活性

根据 5.2.2 节所述方法制备重构钢渣的胶砂试件并测试其强度。矿渣重构钢渣的胶砂强度如表 5.17 所示，与原钢渣相比重构钢渣的 7d 抗折强度除 K5 之外全部提高，提高幅度在 8.3%～20.8%之间，28d 抗折强度全部提高，提高幅度在 7.7%～

24.6%之间；7d抗压强度有提升有下降，28d抗压强度全部提高，提高幅度在3.6%～17.4%之间。性能较好的 K7 重构钢渣 7d 抗折强度为 5.8MPa，28d 抗折强度为 8.1MPa，与原钢渣相比抗折强度分别提高 20.8%和 24.6%；7d 抗压强度达到 28.4MPa，28d 抗压强度达到 42.5MPa，与原钢渣相比分别提高了 13.1%和 17.4%。

表 5.17　矿渣重构钢渣的胶砂强度测试

编号	抗折强度/MPa		抗压强度/MPa	
	7d	28d	7d	28d
K1	5.5	7.2	25.4	38.7
K2	5.7	8.1	25.3	40.9
K3	5.4	8.0	25.7	42.0
K4	5.2	7.2	24.0	37.5
K5	4.3	7.0	22.0	39.3
K6	5.6	7.3	24.2	41.9
K7	5.8	8.1	28.4	42.5
K8	5.3	7.6	27.4	41.1
K9	5.7	7.0	28.6	42.2

图 5.24 为矿渣重构钢渣的活性指数变化图。可以看出当矿渣的掺量较低时，重构钢渣的活性随着温度的提高而提高。当矿渣的掺量达到 15%时，再提高温度重构钢渣的活性指数开始下降。温度为 1250℃，矿渣的掺量为 20%时，重构钢渣的 7d、28d 活性指数均达到最大值，分别为 74.2%和 82.4%。与原钢渣相比提高了 13.3%和 17.4%，达到《用于水泥和混凝土中的钢渣粉》（GB/T 20491—2017）中一级钢渣粉的技术要求。

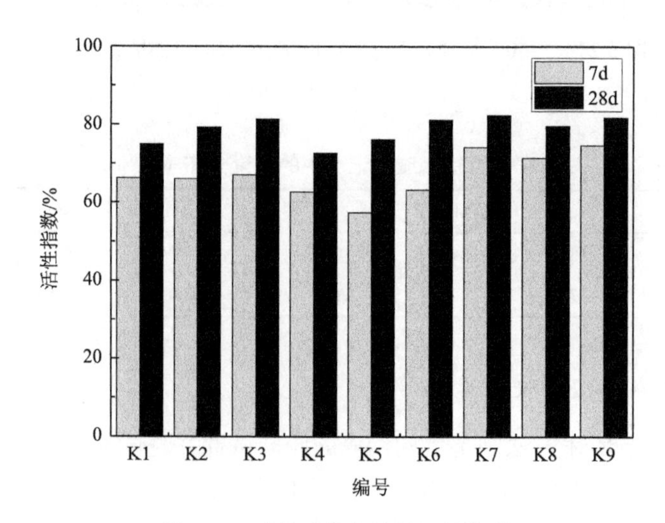

图 5.24　矿渣重构钢渣的活性指数

4. 矿渣重构钢渣的安定性

对重构钢渣中 f-CaO、f-MgO 的含量进行测定，测定结果如表 5.18 所示。可以看出，与原钢渣相比，重构钢渣中 f-CaO 的含量均有所下降，最低值达到 0.85%，下降幅度在 45.5%～71.4%之间。当矿渣的掺量为 10%时，1250℃、1300℃、1350℃重构钢渣中 f-CaO 的含量分别为 0.85%、1.21%和 1.58%，下降幅度分别达到 71.4%、57.2%和 54.5%。随着温度和掺量的升高，重构钢渣中 f-CaO 的含量有所提高。当温度到达 1350℃时，掺量为 10%、15%、20%矿渣的重构钢渣中 f-CaO 含量分别为 1.35%、1.59%、1.62%，降幅达到 54.5%、46.5%、45.5%，符合《用于水泥和混凝土中的钢渣粉》(GB/T 20491—2017) 中一级钢渣粉的技术要求。对重构钢渣的蒸压安定性进行测试，测试结果均合格。重构钢渣中 f-MgO 含量的变化趋势与 f-CaO 含量的变化趋势相同，值得注意的是，当温度达到 1350℃时重构钢渣中 f-MgO 的含量超过了原钢渣的含量，而 1250℃的各项指标优于 1300℃。因此，利用矿渣对钢渣进行重构时最佳温度为 1250℃。

表 5.18 钢渣中 f-CaO、f-MgO 的含量（%）

项目	1250℃			1300℃			1350℃		
	K1	K4	K7	K2	K5	K8	K3	K6	K9
f-CaO	0.85	1.21	1.58	1.27	1.39	1.56	1.35	1.59	1.62
f-MgO	2.18	2.11	1.98	2.22	2.19	2.05	2.39	2.33	2.01

5.5 重构钢渣胶凝材料的水化机理研究

钢渣的化学成分主要为 CaO、MgO、SiO_2 和 Fe_2O_3，其含量约为钢渣的 88%～92%[77]。钢渣的主要矿物组成为 C_2S、C_3S、RO 相和少量 f-CaO。正是由于存在 C_2S 和 C_3S 等胶凝相，钢渣才能用于胶凝材料生产[77]。由于过高的生成温度，矿物相结晶致密，稳定性好但胶凝性能较差，因此，通过改变硅酸盐相和惰性相（如 RO）的比例可以在一定程度上改善钢渣粉的活性。本章通过 X 射线衍射（XRD）、热重-差示扫描量热仪（TG-DSC）、扫描电子显微镜（SEM）和能量色散 X 射线谱（EDS）研究了重构钢渣-水泥复合胶凝材料的水化机理。通过以上试验分析，可望找到一种有利于改善钢渣-水泥复合胶凝材料水化性能的处理方法。

5.5.1 粉煤灰重构钢渣胶凝材料的水化机理分析

1. 粉煤灰重构钢渣胶凝材料的水化热分析

钢渣的水化活性远低于硅酸盐水泥[78]，这是因为：①钢渣中 C_2S 和 C_3S 的含量远低于水泥中的含量[79]；②由于经常采用水淬的冷却方法而水泥通常自然冷却，钢渣中的胶凝矿物相的结晶度比水泥中的高[80]；③钢渣中含有一些没有水化活性的惰性相，如 RO 相[81]。所以，钢渣的放热峰和水泥相比可能会有延迟和降低。通过高温重构钢渣，改变钢渣中矿物相的结晶可能会提高钢渣的放热速率。水化反应放热速率表示胶凝材料水化的快慢程度，水化热总量表示胶凝材料的水化程度。当注入水后出现了第一个放热峰，但持续时间不长。随后是铝酸钙（C_3A）与水的反应。该反应生成硅铝酸盐凝胶，进一步与体系中的硫铝酸盐发生反应，该反应会生成钙矾石[82]。水泥的放热峰很高，其他胶凝材料的峰高都低于它，并且其形成的钙钒石最多。在这个放热峰之后，体系处于低放热状态，最终反应会趋于稳定。可以看出，钢渣的水化过程与水泥的水化过程非常相似，但钢渣中胶凝材料的诱导期比水泥的诱导期长（图 5.25）。

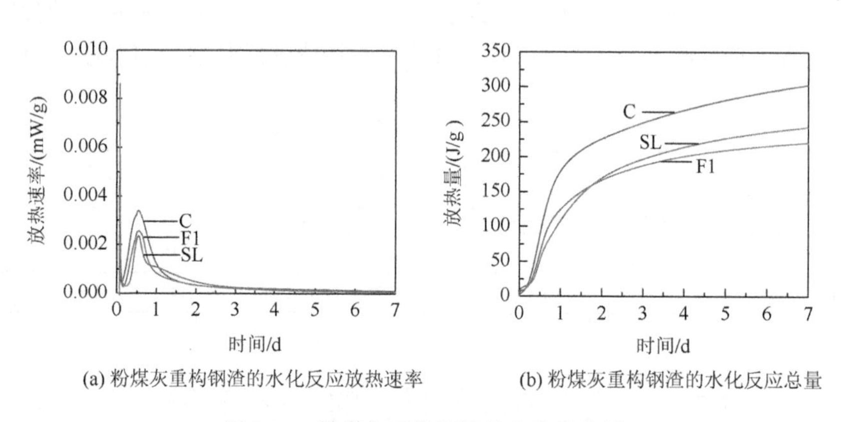

(a) 粉煤灰重构钢渣的水化反应放热速率　　(b) 粉煤灰重构钢渣的水化反应总量

图 5.25　粉煤灰重构钢渣的水化热分析

第二个放热峰的形成是由胶凝材料中 C_2S、C_3S 的水化引起的，当原体系中的 C_2S、C_3S 生成 AFt、C-S-H 和 $Ca(OH)_2$ 之后，胶凝材料的水化反应放热速率下降。图 5.25 为 F1、水泥（C）和原钢渣（SL）的水化热分析图。从图中可以看出，纯水泥的水化反应放热速率最高，其次是重构钢渣，原钢渣的水化反应放热速率最低。原胶凝体系的主放热峰和累积水化热低于普通水泥体系。可见，经过高温重构后的钢渣与原钢渣相比水化反应放热速率有了较为明显的提升。

2. 粉煤灰重构钢渣的物相组成

对养护 3d、7d、28d 的试件进行 XRD 分析，从而得出重构钢渣-水泥复合胶凝材料的水化产物。图 5.26 显示了不同龄期重构钢渣-水泥复合胶凝材料中水化产物的 X 射线衍射图。衍射图谱中的各种不同衍射峰显示了复合胶凝材料中主要存在 $Ca(OH)_2$、C_2S、C_3S、C-S-H 凝胶和 AFt。C_2S 和 C_3S 的存在说明了复合胶凝材料体系不完全水化[83]。图中 C-S-H 凝胶未显示清晰的衍射峰[84]。随着水化反应的进行，C_2S 和 C_3S 的衍射峰降低，$Ca(OH)_2$ 衍射峰的强度增加。因为在常温下，C_3S 与水反应生成的产物是 C-H-S 凝胶和 $Ca(OH)_2$ 晶体。伴随着水化反应的持续进行，C-H-S 凝胶的产生量越来越多，最终试件获得了更高的抗压强度。重构钢渣中的部分硫酸钙（$CaSO_4$）与铝酸盐进一步反应，最终形成了 AFt，参与胶凝材料强度的发展过程，这进一步加强了强度发展的进程[85, 86]。从图 5.26（a）中也可以看出，随着水化龄期的延长 AFt 的衍射峰逐渐加强。复合胶凝材料中 Fe_2O_3、MgO 的衍射峰依然存在，并没有随着水化反应的进行减弱或者消失，说明这些矿物为惰性矿物，不会发生水化反应[87]。与重构钢渣的 XRD 图谱相比，复合胶凝材料中没有检测到辉石的衍射峰，说明其水化过程已经完全完成。图 5.26（b）为纯水泥净浆的 XRD 图谱，可以看出，复合胶凝材料的主要水化产物与水泥是相似的，与水泥相比，复合胶凝材料中 $Ca(OH)_2$ 的衍射峰的强度更低。到了水化反应的后期，水泥中依然存在较强的 C_3S 衍射峰。这也解释了水泥的后期强度强于重构钢渣-水泥胶凝材料的现象。

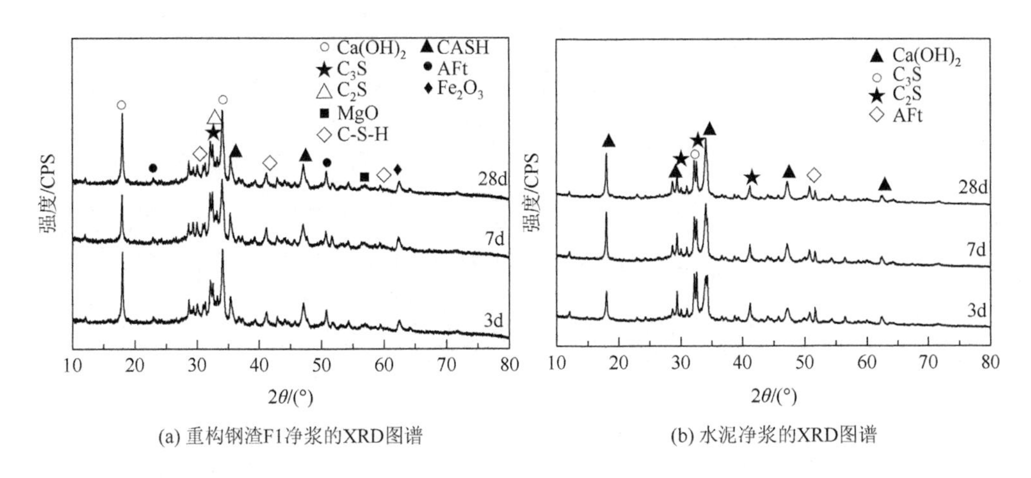

(a) 重构钢渣F1净浆的XRD图谱　　(b) 水泥净浆的XRD图谱

图 5.26　重构钢渣和水泥净浆的 XRD 图谱

3. 粉煤灰重构钢渣的微观结构

为了观察重构钢渣 F1 水化的微观结构变化，对净浆试件进行了 SEM 测试，测试结果如图 5.27 所示，显示了重构钢渣胶凝材料水化龄期 3d、7d、28d 的图像。可见，在颗粒之间存在 C-S-H 凝胶、AFt。图 5.27（a）、（a1）为水化 3d 的微观形貌图，可以看出，此时水化反应已经开始，初步形成了团簇状的 C-S-H 凝胶和针棒状的 AFt 晶体。由于水化反应还未完全进行，此时结构之间的密实度和胶结度不高，有些未反应的颗粒被水化产物包裹。当反应进行到 7d 时，如图 5.27（b）、 （b1）所示，与 3d 时相比，形成了更多的水化产物，此时 C-S-H 凝胶的形状两头较细、中间较粗，呈发射状分布，除此之外还能看到少量针棒状的 AFt 晶体。此时的结构与早期相比变为致密的结构，孔隙率变小，强度有所提高。水化 28d 时体系中形成了大量的水化产物，C-S-H 凝胶之间相互搭接生长，形成了更加致

(a) 水化3d的SEM图　(a1) 图(a)的放大SEM图

(b) 水化7d的SEM图　(b1) 图(b)的放大SEM图

(c) 水化28d的SEM图　(c1) 图(c)的放大SEM图

图 5.27　粉煤灰重构钢渣不同龄期硬化浆体水化产物的 SEM 图

密的结构，除了 C-S-H 凝胶和水化硅铝酸钙（C-A-S-H）凝胶外，在颗粒中也发现了针状的 AFt，从而导致了更密集的互锁结构，此时的水化程度较高，强度达到了 44.8MPa。除此之外还发现了片状的 $Ca(OH)_2$ 在水化产物的空隙中填充。由于重构钢渣中还存在少量的 RO 相和 Fe_3O_4，这些物质活性很低，几乎不会发生水化反应[88]。与水泥相比，钢渣会使胶凝材料中 AFt 的生成速度降低和数量减少。钢渣中的 RO 相几乎没有反应活性，可能是由于 RO 相引起颗粒与水化产物之间产生裂隙[89]。因此，重构钢渣中的 RO 相可能对胶凝材料的强度发展有负面影响。

5.5.2　矿渣重构钢渣胶凝材料的水化机理分析

1. 矿渣重构钢渣胶凝材料的水化热分析

图 5.28 显示了在水化过程中水泥、原钢渣和矿渣重构钢渣的放热速率。如图 5.28 所示，钢渣的整个水化过程与水泥相似，可分为五个阶段：诱导前期、诱导期、加速期、减速期和稳定期。第一阶段很快形成一个放热峰，其值为 30～40J/g，这主要是由于颗粒表面能释放。由于水化产物 $Ca(OH)_2$ 和 C-S-H 凝胶只有在 Ca^{2+} 浓度达到饱和时才开始结晶，因此水化作用在经历第一阶段后，进入诱导期，水化速率会明显地快速降低，从图中可以看出钢渣的诱导期比水泥长得多。结果表明，钢渣与水泥的第二放热峰对比，前者的形成时间要推迟 12h 左右。在加速期、减速期和稳定期，钢渣的放热速率要比同期的水泥低很多。有研究表明[90]，用钢渣代替部分水泥，水泥和混凝土的凝结时间较长，且取代量越大，凝结时间越长。

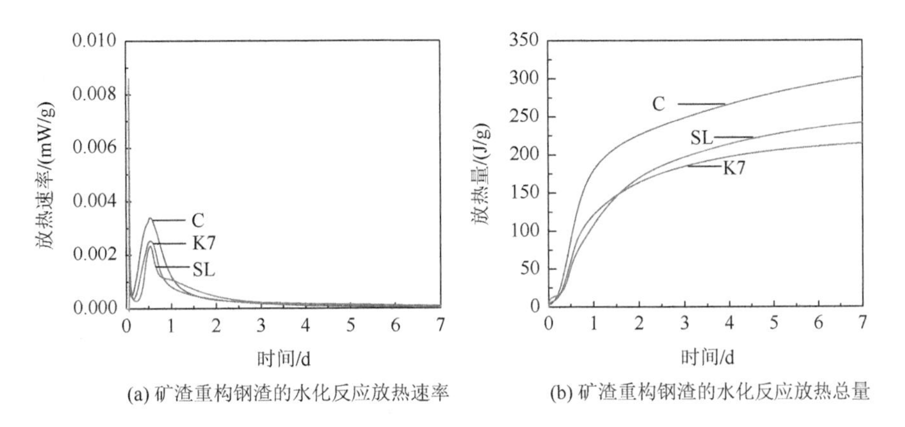

(a) 矿渣重构钢渣的水化反应放热速率　(b) 矿渣重构钢渣的水化反应放热总量

图 5.28　矿渣重构钢渣的水化热

与原钢渣相比，矿渣重构钢渣胶凝材料的水化活性有了明显的提升。与原钢渣相比，重构钢渣的矿物相发生了较大的改变，原钢渣中的惰性矿物成分 RO 相在高温的条件下发生了分解，与其他矿物相反应生成了 C_2S、C_3S、C_2F 等具有胶凝性的矿物相，因此提高了胶凝体系的反应活性。

2. *矿渣重构钢渣胶凝材料的物相组成*

图 5.29（a）显示了重构钢渣 K7 水化 3d、7d、28d 的 X 射线衍射图谱。如图 5.29（a）所示，重构钢渣胶凝材料中 C_2S、C_3S 的衍射峰随着水化龄期的增长而减少，而 $Ca(OH)_2$ 的衍射峰增强。图中 C-S-H 凝胶没有检测到清晰的衍射峰[91]。这是由于在常温下，复合胶凝材料体系中的 C_2S、C_3S 和水反应生成 C-H-S 凝胶和 $Ca(OH)_2$ 晶体，随着水化反应的进行，复合胶凝材料体系中 C-H-S 凝胶和 $Ca(OH)_2$ 含量增多。但 RO 相、Fe_3O_4 相和 C_2F 相的衍射峰几乎没有发生变化，表明这些矿物相的活性很低，几乎不会发生水化反应[92]。因此重构钢渣复合胶凝材料的水化产物主要有 $Ca(OH)_2$、C-S-H 凝胶、钙钒石（AFt）和一些未发生水化反应的 C_2S、C_3S 及惰性 RO 相、Fe_3O_4、C_2F。分析表明，钢渣由胶凝相（C_2S、C_3S、$C_{12}A_7$）和惰性相（RO 相、Fe_3O_4、C_2F）组成[93]。钢渣的胶凝相类似于水泥的硅酸盐相和铝酸盐相[94]。由于钢渣经常采用水淬的冷却方法而水泥通常为自然冷却，因此，钢渣中胶凝矿物相的结晶度比水泥的高，钢渣的活性比水泥低很多，钢渣可以看作劣质水泥和惰性物质的混合物[95]。图 5.29（b）为纯水泥水化 3d、7d、28d 的 X 射线衍射图谱，从图中可以看出，水泥的水化产物主要有 $Ca(OH)_2$、C-S-H 凝胶、AFt 以及未发生水化反应的胶凝性矿物 C_2S、C_3S，图中 C_2S、C_3S 的衍射峰的强度均强于重构钢渣复合胶凝材料的强度，说明水泥的后期强度要高于重构钢渣复合胶凝材料的后期强度。

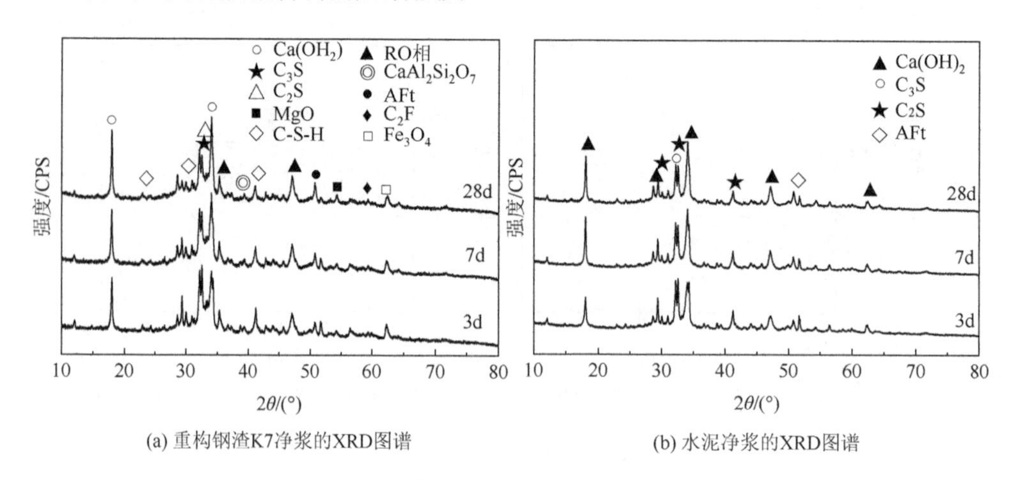

图 5.29　重构钢渣和水泥净浆的 XRD 图谱

火山灰反应是高炉矿渣和粉煤灰经磨细在复合胶凝材料的水化过程中与水泥生成氢氧化钙的反应[96]。然而，钢渣与水泥互相不影响彼此的水化产物发生反应，并且水泥也不与钢渣反应。因此，在水泥-钢渣复合胶凝材料的水化过程中，水泥和钢渣只是通过改变对方的水化环境，从而影响彼此的水化（如水化速率和水化程度）[97]。

3. *矿渣重构钢渣胶凝材料的微观结构*

用 SEM 表征了再生的 K1 钢渣胶凝材料水化产物的微观形态，结果如图 5.30 所示。结果表明，胶结材料的结构在水化初期相对疏松，具有更多的孔隙，为蓬松的结构，并且颗粒的表面被孔覆盖。水化反应进行到 28d，结构更致密，孔隙更小。重构钢渣胶凝材料的主要水合产物是针状 AFt 晶体和 C-S-H 凝胶。C_3S 在常温下与水反应，生成 C-H-S 凝胶和 $Ca(OH)_2$ 晶体[98]。C-S-H 凝胶是一种具有多种组分的无定形物质，是凝胶状材料水化的基本组成部分。C_3S 水化反应可近似为

$$3CaO \cdot SiO_2 + H_2O \longrightarrow CaO \cdot 2SiO_2 \cdot 3H_2O + Ca(OH)_2 \tag{5.6}$$

重构钢渣中的 C_3A 与水相遇会迅速发生水化反应，当胶凝材料中存在 $CaSO_4$ 时，C_3A 与 $CaSO_4$ 反应生成三硫化铝酸钙（$3CaO \cdot Al_2O_3 \cdot 3CaSO_4 \cdot 32H_2O$），即 AFt：

$$3CaO \cdot Al_2O_3 + 3CaSO_4 \cdot 6H_2O + 26H_2O \longrightarrow 3CaO \cdot Al_2O_3 \cdot 3CaSO_4 \cdot 32H_2O \tag{5.7}$$

C-H-S 凝胶和 AFt 晶体是胶凝材料不同阶段水化作用的产物。这两种水化产物填充了胶凝材料的内部空间，从而降低了胶凝材料的总孔隙率，丰富和强化了胶凝材料的整体结构。也就是说，C-S-H 凝胶和 AFt 晶体改善了胶凝材料颗粒之间的黏结效果，改善了孔洞结构的填充。胶凝体系中含有的胶凝成分增加了水化产物的含量，从而增强了重构钢渣-水泥复合胶凝材料的力学性能和耐久性能。

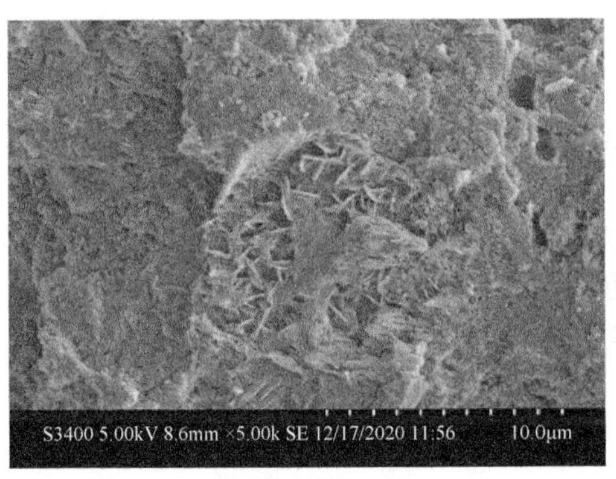

(a) 水化3d的SEM图

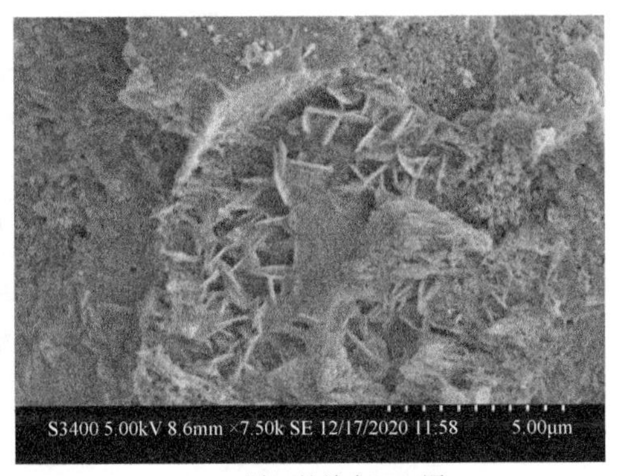

(a1) 图(a)的放大SEM图

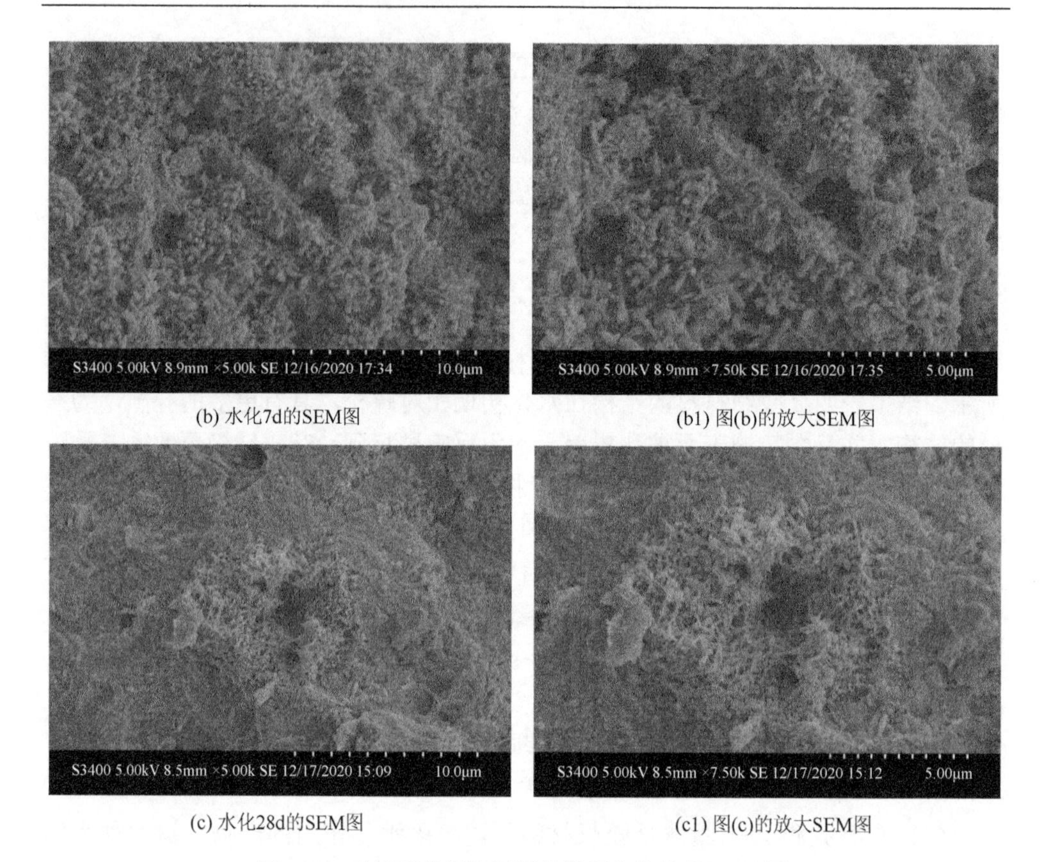

(b) 水化7d的SEM图　　(b1) 图(b)的放大SEM图

(c) 水化28d的SEM图　　(c1) 图(c)的放大SEM图

图 5.30　矿渣重构钢渣不同龄期硬化浆体的 SEM 图

养护龄期到 7d 时，图 5.30（b）中可以看到少量的 AFt 晶体和 C-S-H 凝胶，此时水化产物还没有形成致密的结构。当养护龄期到 28d 时，颗粒间的孔隙由针状的 AFt 晶体填充。这些水化产物相互重叠交织形成网状结构，并附着在钢渣颗粒上形成致密的团聚体，钙矾石晶体在材料内部产生的结晶应力有助于强化钢渣-水泥复合胶凝材料的强度[99]。

5.6　本 章 小 结

钢渣的化学成分与水泥相似，主要为 CaO、MgO、SiO_2 和 Fe_2O_3。钢渣的主要矿物组成存在 C_2S 和 C_3S 等胶凝相，可以用于胶凝材料的生产。本研究以首钢钢渣为主要原材料，采用高温重构的方法，在钢渣中加入适当的调节组分，通过调整钢渣的 Ca/Si 比，增加钢渣中 CaO、SiO_2、Al_2O_3 的含量，减少 RO 相的含量，对钢渣进行重构使其发生二次物相反应，改善钢渣胶凝性低、体积安定性不良等问题，得出以下结论。

（1）迁钢钢渣的主要物相组成为 $CaCO_3$、SiO_2、C_2S、RO 相、辉石类与橄榄石类矿物以及一些无定形态物质，具有一定的水化活性。但钢渣中大部分物相为惰性物质，化学稳定性较好，反应活性很低。

（2）采用粉煤灰和矿渣作为组分调节材料，对重构钢渣的性能进行测试，结果表明：当重构温度为 1250℃、粉煤灰的掺量为 10%时，重构钢渣的活性指数达到最高，7d 活性指数可达 70%，28d 活性指数可达 86.8%；当重构温度为 1250℃、矿渣的掺量为 20%时，重构钢渣的活性指数可以达到最高，7d 活性指数可达 74.2%，28d 活性指数可达 82.4%；和原钢渣相比较，活性指数均提高，符合《用于水泥和混凝土中的钢渣粉》（GB/T 20491—2017）中一级钢渣粉的技术要求。

（3）与原钢渣相比，重构钢渣的矿物相发生了较大的改变。高温重构可以促进 CaO 和 SiO_2 发生反应，生成具有胶凝性的矿物；当温度过高时，重构钢渣中的胶凝性矿物 C_2S、C_3S 含量降低，对胶凝材料的强度不利；RO 相的衍射峰变小，RO 相中的 FeO 转变为了 Fe_3O_4（磁铁矿的主要成分）。

（4）钢渣和水泥的整个水化过程是相似的，可分为五个阶段，分别为：诱导前期、诱导期、加速期、减速期和稳定期。与原钢渣相比，重构钢渣胶凝材料的水化活性有了明显的提升。

（5）重构钢渣复合胶凝材料的水化产物主要有 $Ca(OH)_2$、C-S-H 凝胶、钙矾石（AFt）。RO 相、Fe_3O_4、C_2F、MgO 的衍射峰不会随着水化反应的进行而减弱，说明这些矿物为惰性矿物，不会发生水化反应。当养护龄期到 28d 时，体系中形成了大量的水化产物，C-S-H 凝胶之间相互搭接生长，形成了更加致密的结构。颗粒间的孔隙由针状的 AFt 晶体填充。这些水化产物相互重叠交织形成网状结构，并附着在钢渣颗粒上形成致密的团聚体，提高了体系的强度。

参 考 文 献

[1] 王绍文，梁富智，王纪曾. 固体废弃物资源化技术与应用[M]. 北京：冶金工业出版社，2003.

[2] 任玉森. 钢铁行业固体废弃物农业利用基础技术研究[D]. 天津：天津大学，2007.

[3] 魏浩杰，于皓，彭犇，等. 我国大宗工业固废综合利用发展状况分析[J]. 中国资源综合利用，2019，37（11）：60-62.

[4] 吕林女，何永佳，丁庆军，等. 利用磨细钢渣矿粉配制 C60 高性能混凝土的研究[J]. 混凝土，2004，（6）：51-52.

[5] 高本恒，郝以党，张淑苓，等. 转炉钢渣资源化处理及热闷生产工艺应用实例研究[J]. 环境工程，2016，34（11）：99-101.

[6] Altun A，Yılmaz I. Study on steel furnace slags with high MgO as additive in Portland cement[J]. Cement and Concrete Research，2002，32（8）：1247-1249.

[7] Motz H，Geiseler J. Products of steel slags an opportunity to save natural resources[J]. Waste Management，2001，21（3）：285-293.

[8] 佚名. “十三五”节能减排综合工作方案[J]. 有色冶金节能，2017，33（2）：1-9.

[9] 朱桂林，张淑苓，陈旭斌，等. 钢铁渣综合利用科技创新与循环经济、节能减排[J]. 冶金环境保护，2012，（1）：27-33.

[10] 王珊，王秋菊，刘燕. 钢渣开发利用现状概述[J]. 资源节约与环保，2015，（4）：16.

[11] Yang T，Yao X，Zhang Z，et al. Mechanical property and structure of alkali-activated fly ash and slag blends[J]. Journal of Sustainable Cement-Based Materials，2012，1（4）：167-178.

[12] 宋少民，刘小端，张鹏飞. S105 级矿渣粉对混凝土性能的影响研究[J]. 混凝土，2019，（2）：68-71.

[13] 马悦. 常用矿物掺和料对水泥基材料的性能影响研究[D]. 合肥：安徽建筑大学，2015.

[14] Hu S G. Effect of fine steel slag powder on the early hydration process of portland cement[J]. Journal of Wuhan University of Technology，2006，21（1）：147-149.

[15] 唐明述，袁美栖，韩苏芬，等. 钢渣中 MgO、FeO、MnO 的结晶状态与钢渣的体积安定性[J]. 硅酸盐学报，1979，7（1）：35-46.

[16] 蒋亮. 钢渣氧化重构及重构钢渣的组成、结构与性能[D]. 北京：中国建筑材料科学研究总院，2018.

[17] Shi C J. Steel slag-its production，processing，characteristics，and cementitious properties[J]. Journal of Materials in Civil Engineering，2004，16（3）：230-236.

[18] 侯新凯，李虎森，房晓红. 钢渣的冷却和处理方式对水硬活性的影响[J]. 水泥，2002，（7）：1-4.

[19] 王少宁，龙跃，张玉柱，等. 钢渣处理方法的比较分析及综合利用[J]. 炼钢，2010，26（2）：75-78.

[20] 雷加鹏. 国内钢渣处理技术的特点[J]. 钢铁研究，2010，38（5）：46-48.

[21] 黄毅，徐国平，杨巍. 不同处理工艺的钢渣理化性质和应用途径对比分析[J]. 矿产综合利用，2014，（6）：62-66.

[22] 罗胜. 不锈钢渣冷却工艺研究与实践[J]. 山西冶金，2019，42（4）：11-13，40.

[23] 涂茂霞，雷泽，吕晓芳，等. 水淬钢渣碳酸化固定 CO_2[J]. 环境工程学报，2015，9（9）：4514-4518.

[24] 柴文，丁晓，孙浩. 钢渣处理技术的环境性能比较[J]. 环境工程，2011，29（S1）：217-219，352.

[25] 饶磊，吴六顺，周云，等. 高温改性及风淬处理对钢渣易磨性影响的工业性试验研究[J]. 炼钢，2017，33（6）：73-77.

[26] Wu X R，Wang P，Li L S，et al. Distribution and enrichment of phosphorus in solidified BOF steelmaking slag[J]. Ironmaking and Steelmaking，2013，38（3）：185-188.

[27] Proctor D M，Fehling K A，Shay E C，et al. Physical and chemical characteristics of blast furnace，basic oxygen furnace，and electric arc furnace steel industry slags[J]. Environmental Science and Technology，2000，34（8）：1576-1582.

[28] 赵海晋，余其俊，韦江雄，等. 钢渣矿物组成、形貌及胶凝活性的影响因素[J]. 武汉理工大学学报，2010，32（15）：22-26，38.

[29] Dong Y W，Jiang Z H，Cao Y L，et al. Effect of MgO and SiO_2 on surface tension of fluoride containing slag[J]. Journal of Central South University，2014，21（11）：4104-4108.

[30] 王玉吉，叶贡欣. 氧气转炉钢渣主要矿物相及其胶凝性能的研究[J]. 硅酸盐学报，1981，9（3）：302-308，377.

[31] 侯贵华，李伟峰，郭伟，等. 转炉钢渣的显微形貌及矿物相[J]. 硅酸盐学报，2008，36（4）：436-443.

[32] Kourounis S，Tsivilis S，Tsakiridis P E，et al. Properties and hydration of blended cements with steelmaking slag[J]. Cement and Concrete Research，2007，37（6）：815-822.

[33] Hu S G，Wang H X，Zhang G Z，et al. Bonding and abrasion resistance of geopolymeric repair material made with steel slag[J]. Cement and Concrete Composites，2007，30（3）：239-244.

[34] 李建新，余其俊，韦江雄. 钢渣高温重构中 RO 相的转变规律[J]. 武汉理工大学学报，2012，34（5）：19-24.
[35] Frank W，Jürgen G，Wolfdietrich F. Contribution to the structure of BOF-slags and its influence on their volume stability[J]. Canadian Metallurgical Quarterly，2013，20（3）：279-284.
[36] Geiseler J. Use of steelworks slag in europe[J]. Waste Management，1996，16（1-3）：59-63.
[37] 张光明，连芳，张作顺，等. 钢渣中的 f-CaO 及稳定化处理的研究进展[J]. 矿物学报，2012，32（S1）：203-204.
[38] 马来君，连芳，王瀚霄，等. 钢渣中游离氧化镁含量的测定及其减量控制措施[J]. 矿产综合利用，2017，（5）：70-75.
[39] Mason B. The constitution of some open-heart slag[J]. Journal of Iron and Steel Institute，1944，（11）：69-80.
[40] 张作顺，徐利华，余广炜，等. 钢渣在水泥和混凝土中资源化利用的研究进展[J]. 材料导报，2010，24（S2）：432-435.
[41] Huang Y，Xu G P，Cheng H G，et al. An overview of utilization of steel slag[J]. Procedia Environmental Sciences，2012，16：791-801.
[42] 赵计辉，阎培渝. 钢渣的体积安定性问题及稳定化处理的国内研究进展[J]. 硅酸盐通报，2017，36（2）：477-484.
[43] 张同生，刘福田，王建伟，等. 钢渣安定性与活性激发的研究进展[J]. 硅酸盐通报，2007，26（5）：980-984.
[44] Qian G R，Sun D D，Tay J H，et al. Hydrothermal reaction and autoclave stability of Mg bearing RO phase in steel slag[J]. British Ceramic Transactions，2002，101（4）：159-164.
[45] 杜宪文. 钢渣应用于道路工程的研究[J]. 东北公路，2003，26（2）：73-74.
[46] 黄晓燕，倪文，祝丽萍，等. 齐大山铁尾矿粉磨特性[J]. 北京科技大学学报，2010，32（10）：1253-1257.
[47] 蒋亮，吴婷，马良富，等. 改质转炉钢渣的易磨性研究[J]. 硅酸盐通报，2018，37（12）：4034-4039.
[48] 侯贵华，李伟峰，王京刚. 转炉钢渣中物相易磨性及胶凝性的差异[J]. 硅酸盐学报，2009，37（10）：1613-1617.
[49] Zong Y B，Cang D Q，Zhen Y P，et al. Component modification of steel slag in air quenching process to improve grindability[J]. Ransactions of Nonferrous Metals Society of China，2009，19（S3）：834-839.
[50] 李建新，余其俊，韦江雄，等. 高温重构过程对钢渣胶凝性能的影响[C]. 中国硅酸盐学会水泥分会学术年会，2009：442-451.
[51] 蒋亮，韩霄，李茂辉，等. 高温重构钢渣复合水泥的制备与性能研究[J]. 金属矿山，2018，（8）：185-190.
[52] 张作顺，连芳，廖洪强，等. 利用铁尾矿高温改性钢渣的性能[J]. 北京科技大学学报，2012，34（12）：1379-1384.
[53] 赵海晋，余其俊，韦江雄，等. 利用粉煤灰高温重构及稳定钢渣品质的研究[J]. 硅酸盐通报，2010，29（3）：572-576.
[54] 殷素红，高凡，郭辉，等. 石灰重构钢渣过程中的物相变化[J]. 华南理工大学学报（自然科学版），2016，44（6）：47-52.
[55] 李建新，余其俊，韦江雄. 重构钢渣作为混凝土掺和料的研究[J]. 混凝土与水泥制品，2012，（8）：22-25.
[56] Shi C，Wu X，Tang M. Research on alkali-activated cementitious systems in China：a review[J]. Advances in Cement Research，1993，5（17）：1-7.
[57] 黄辉. 钢渣的活性激发及其应用现状[J]. 粉煤灰综合利用，2012，（2）：51-54.
[58] 吴昊泽，周宗辉，叶正茂，等. 加速碳化养护钢渣混合水泥制备钢渣砖[J]. 新型建筑材料，2009，36（8）：9-11.
[59] Davis R E，Carlson R W，Kelly J W，et al. Properties of cements and concretes containing fly ash[J]. Am Concrete Inst Journal and Proceedings，2008，216（3-4）：333-357.
[60] 陈益民，贺行洋，李永鑫，等. 矿物掺和料研究进展及存在的问题[J]. 材料导报，2006，20（8）：28-31.
[61] 刘晓明，冯向鹏，孙恒虎. 大掺量粉煤灰用于胶凝材料制备研究[J]. 粉煤灰综合利用，2006，（5）：20-22.

[62] 唐明述. 混凝土耐久性研究应成为最活跃的研究领域[J]. 混凝土与水泥制品，1989，(5)：4-8.

[63] Aitcin P C，Neville A M，Acker P. Integrated view of shrinkage reformation[J]. Concrete International，1997，19 (9)：35.

[64] 龙广成，谢友均，王新友. 矿物掺和料对新拌水泥浆体密实性能的影响[J]. 建筑材料学报，2002，5 (1)：21-25.

[65] 夏佩芬，王培铭，李平江，等. 混合材料与水泥浆体间界面的形貌特征[J]. 硅酸盐学报，1997，25(6)：114-118.

[66] 杨钱荣，唐越，华夏. 掺复合掺和料混凝土抗硫酸盐侵蚀性能研究[J]. 粉煤灰综合利用，2010，(2)：3-6.

[67] Zhang T，Yu Q，Wei J，et al. Study on optimization of hydration process of blended cement[J]. Journal of Thermal Analysis and Calorimetry，2012，107 (2)：489-498.

[68] Pacewska B，Blonkowski G，Wilińska I. Investigations of the influence of different fly ashes on cement hydration[J]. Journal of Thermal Analysis and Calorimetry，2006，86 (1)：179-186.

[69] Shi C，Qian J. High performance cementing materials from industrial slags-a review[J]. Resources Conservation and Recycling，2000，29 (3)：195-207.

[70] Zhang T S，Yu Q J，Wei J X，et al. Investigation on mechanical properties，durability and microstructural development of steel slag blended cements[J]. Journal of Thermal Analysis and Calorimetry，2012，110 (2)：633-639.

[71] Hou J W，Lv Y，Liu J X，et al. Expansibility of cement paste with tri-component f-CaO in steel slag[J]. Materials and Structures，2018，51 (5)：113-123.

[72] Siddique R. Utilization of waste materials and by-products in producing controlled low-strength materials[J]. Resources Conservation and Recycling，2010，54 (1)：1-8.

[73] Hu S G. Research on hydration of steel slag cement activated with waterglass[J]. Journal of Wuhan University of Technology，2001，16 (1)：37-40.

[74] 杨姗姗. 高活性钢渣在线重构过程矿相转化机理研究[D]. 唐山：华北理工大学，2020.

[75] 孟华栋，刘浏. 钢渣稳定化处理技术现状及展望[J]. 炼钢，2009，25 (6)：74.

[76] Shi C J，Hu S F. Cementitious properties of ladle slag fines under autoclave curing conditions[J]. Cement Concrete Research，2003，33 (11)：1851-1856.

[77] Wang G，Wang Y，Gao Z. Use of steel slag as a granular material：volume expansion prediction and usability criteria[J]. Journal of Hazardous Materials，2010，184 (1-3)：555-560.

[78] Kong Y，Wang P，Liu S. Microwave pre-curing of Portland cement-steel slag powder composite for its hydration properties[J]. Construction and Building Materials，2018，189 (20)：1093-1104.

[79] Zhao J，Yan P，Wang D. Research on mineral characteristics of converter steel slag and its comprehensive utilization of internal and external recycle[J]. Journal of Cleaner Production，2017，156 (10)：50-61.

[80] Li J，Yu Q，Wei J，et al. Structural characteristics and hydration kinetics of modified steel slag [J]. Cement Concrete Research，2011，41 (3)：324-329.

[81] Yi H，Xu G，Cheng G. An overview of utilization of steel slag[J]. Procedia Environmental Sciences，2012，16：791-801.

[82] Jia R，Liu J，Jia R. A study of factors that influence the hydration activity of mono-component CaO and bi-component $CaO/Ca_2Fe_2O_5$ systems[J]. Cement Concrete Research，2017，91：123-132.

[83] Singh S K，Vashistha P. Development of newer composite cement through mechano-chemical activation of steel slag[J]. Construction and Building Materials，2020，21：121-147.

[84] Young J F. Investigations of calcium silicate hydrate structure using silicon-29 nuclear magnetic resonance

spectroscopy[J]. Journal of the American Ceramic Society，2010，71（3）：118-120.

[85] Chang J，Fang Y. Quantitative analysis of accelerated carbonation products of the synthetic calcium silicate hydrate（C-S-H）by QXRD and TG/MS[J]. Journal of Thermal Analysis and Calorimetry，2015，119（1）：57-62.

[86] Wang Z，Sun Z，Zhang S，et al. Effect of sodium silicate on Portland cement/calcium aluminate cement/gypsum rich-water system：strength and microstructure[J]. RSC Advances，2019，9（18）：9993-10003.

[87] Zhang L，Chen B. Hydration and properties of slag cement activated by alkali and sulfate[J]. Journal of Materials in Civil Engineering，2017，29（9）：1-8.

[88] 侯新凯，袁静舒，杨洪艺，等. 钢渣中水化惰性矿物的化学物相分析[J]. 硅酸盐学报，2016，44（5）：651-657.

[89] Li W，Lang L，Lin Z，et al. Characteristics of dry shrinkage and temperature shrinkage of cement-stabilized steel slag[J]. Construction and Building Materials，2017，134（1）：540-548.

[90] Zhuang S H，Q Wang. Inhibition mechanisms of steel slag on the early-age hydration of cement[J]. 2021，140：106283.

[91] 张作良，陈韧，孟祥然，等. 转炉钢渣物相组成及其显微形貌[J]. 材料与冶金学报，2019，18（1）：41-44.

[92] Rai A，Prabakar J，Raju C B，et al. Metallurgical slag as a component in blended cement[J]. Construction and Building Materials，2002，16（8）：489-494.

[93] Wang Q ，Yan P Y，Han S. The influence of steel slag on the hydration of cement during the hydration process of complex binder[J]. Science China Technological Sciences，2011，54（2）：388-394.

[94] Alanyali H，Coel M，Yilmaz M，et al. Concrete produced by steel-making slag（basic oxygen furnace）addition in portland cement[J]. International Journal of Applied Ceramic Technology，2009，6（6）：736-748.

[95] Hou J，Liu Q，Liu J，et al. Material properties of steel slag-cement binding materials prepared by precarbonated steel slag[J]. Journal of Materials in Civil Engineering，2018，30（9）：1-10.

[96] Grader G S，Shter G E，Shvarzman A，et al. The effect of dehydroxylation/amorphization degree on pozzolanic activity of kaolinite[J]. Cement and Concrete Research，2003，33（3）：405-416.

[97] Alhozaimy A M，Soroushian P，Mirza F. Mechanical properties of polypropylene fiber reinforced concrete and the effects of pozzolanic materials[J]. Cement and Concrete Composites，1996，18（2）：85-92.

[98] Liu L，Zhou A，Deng Y，et al. Strength performance of cement/slag-based stabilized soft clays[J]. Construction and Building Materials，2019，211：909-918.

[99] Chen Z，Wu S，Xiao Y，et al. Effect of hydration and silicone resin on basic oxygen Furnace slag and its asphalt mixture[J]. Journal of Cleaner Production，2016，1（112）：392-430.

第6章　铁尾矿复合胶凝材料的制备及性能

6.1　引　　言

铁尾矿是铁矿厂选矿后产生的废渣。由于我国矿床成矿条件不同，各地区铁尾矿矿物组成存在差异，因此铁尾矿是一种精细且复杂的材料。铁尾矿按照尾矿来源进行划分主要包括黑色金属尾矿、有色金属尾矿、稀贵金属尾矿和非金属尾矿。主要矿物成分为石英、绿泥石、辉石和少量金属组分，由二氧化硅和氧化铁组成，是一种复合矿物原料[1-5]。

随着采矿技术的发展，铁尾矿产出量日益增多，铁尾矿利用却受多方面的限制，导致大量尾矿被遗弃在尾矿库内，每一年需要对矿山进行维护，不仅造成维护成本增加，而且大量堆存的铁尾矿对周围生态环境造成破坏，在生产和堆放的过程中，重金属、有机物污染地下水资源，给尾矿堆存区带来巨大的安全隐患；铁尾矿粒径较小，主要以微细粒的矿泥形式存在，大风天气极易形成沙尘暴，影响周围地区的环境问题；大量尾矿堆存在尾矿库内，资源得不到充分利用，造成资源浪费，因此对铁尾矿大宗工业固体废弃物进行有效综合利用就显得尤为重要[6, 7]。

目前我国的基础设施正在不断建设与发展，对建筑材料的需求日益增大，传统胶凝材料如水泥的需求量日益增多，然而，生产水泥既消耗能源，又污染环境，数据统计表明，每生产 1 吨水泥，CO_2 排放量为 0.8 吨左右，碳排放量大并且颗粒物排放量多，生产水泥的能耗约占全国总能耗的 7%～8%，不符合绿色发展理念[8]。因此发展绿色建筑材料就显得尤为重要，利用大宗固体废弃物发展绿色环保材料，解决了工业废渣得不到有效利用的问题，减少了矿产资源的消耗以及环境污染等问题。

随着矿产资源的开发与利用，矿石资源日益紧张，尾矿作为二次资源引起国内外学者的日益关注。一方面，铁尾矿具有潜在火山灰活性，含有大量的氧化硅、氧化铝，通过机械活化可激发铁尾矿火山灰活性。另一方面，由于铁尾矿活性低于水泥，室温下铁尾矿在水泥基材料中呈现惰性，将铁尾矿作为胶凝材料替代部分水泥，有利于提高材料断裂韧度，提高试件的拉伸韧性[9]。因此，铁尾矿作为胶凝材料，替代部分水泥，应用在建筑材料领域，可缓解水泥资源紧张的问题，既满足绿色生产的需要，又提高了铁尾矿的利用率，解决了铁尾矿堆存带来生态问题，降低了建筑材料的成本，提高了建筑材料的经济效益。目前我国铁尾矿利用率较低，难以满足社会可持续发展的要求，主要表现为：铁尾矿综合利用率低；高附加值的产品少；铁尾矿由于矿物组成与天然砂较为相似，主要作为细骨料应用于混凝土中。因此，铁尾矿作为胶凝材料，是提高大宗固废资源利用率的又一重要途径[10]，针对铁尾矿作为胶凝材料的性能进行研究分析，具有重要意义。

本章以提高铁尾矿综合利用率为主旨。铁尾矿作为胶凝材料，研究分析铁尾矿物理化学特性，利用机械活化后的铁尾矿与水泥、矿渣和脱硫石膏进行复掺，制备出一种新型铁尾矿复合胶凝材料，应用到建筑材料领域，增加铁尾矿等工业废渣的产品附加值。这一研究也符合我国建筑材料的绿色发展方向。

6.2 国内外研究现状

6.2.1 铁尾矿的综合利用

目前国内外针对铁尾矿的研究主要集中在建筑用砂、加气混凝土、建筑陶瓷和微晶玻璃等方面，铁尾矿作为二次资源得到许多学者广泛关注[11, 12]。

1. 铁尾矿中有价元素的提取

随着选矿技术的提高，从铁尾矿内回收有价元素得到学者的关注，磁选法[13]、浮选法[14]、重选、磁选和浮选联合筛选法[15]在回收铁尾矿有价元素中较为常用。磁选法利用铁尾矿弱磁性将它与铁尾矿中的石英和方解石区分开，得到品位较高的铁尾矿，整个过程操作简单且对环境污染小，但这种操作方法对设备要求较高，实际应用比较少[16]。相比较而言，浮选法的优点就显而易见，利用浮选法对矿物进行区分，可以得到高品位铁尾矿，在实际应用中得到广泛推广，通过提取尾矿内的有价组分，增加尾矿的利用率和经济效益。

2. 铁尾矿制备新型建筑材料

（1）铁尾矿用作新型墙体材料。铁尾矿矿物成分包含黏土类物质，适合作为建筑材料，在建材领域也更有优势。Kuranchie 等[17]通过在铁尾矿中加入水玻璃制备砖，测定养护温度对试件无侧限抗压强度的影响，优化各参数，制备出抗压强度为 50.5MPa 的砖。Yang 等[18]采用低硅铁尾矿砂制备环保型砖，将铁尾矿与粉煤灰进行复掺，研究发现，低硅铁尾矿和富硅材料相结合可以制备高强烧结砖，将铁尾矿与粉煤灰复掺烧结的砖，满足我国普通烧制砖的要求。Das 等[19]对大掺量铁尾矿生产地砖以及墙砖进行研究发现，铁尾矿掺量为 40%，生产的地砖和墙砖强度、硬度性能表现良好。Guo 等[20]将低硅铁尾矿、黏土和煤矸石进行复掺，当烧结温度为 1000℃时，可以制备出强度为 26.1MPa 的高强烧结砖，研究发现石英、钠长石和角闪石等构成矿物骨架，玻璃晶相紧密包裹，使得结构致密，从而使得烧结砖达到较高强度。赵阳[21]利用铁尾矿制备尾矿砖，研究发现加入铁尾矿的尾矿砖试件结构致密，物理振动作用和水泥水化为尾矿砖提供强度。李绯芳等[22]将铁尾矿用于生产水泥熟料，取代传统生产材料，在不影响其性能的前提下，节约生产成本。廖琴芳[23]采用铁尾矿、水洗机制砂、泥浆、污泥、飞灰和陶粒，制备新型墙体材料，实现铁尾矿资源化利用。

（2）制备建筑陶瓷装饰材料。铁尾矿的掺量影响微晶玻璃的颜色。于欣[24]研究分析铁尾矿掺量对微晶玻璃性能的影响，研究表明以铁尾矿掺量 20%为界限，大于 20%时，微晶玻璃颜色较深，小于 20%时，颜色较浅，随着铁尾矿掺量的增加，晶体析出数量变多，交错排列，研究还发现铁尾矿以 Fe_2O_3 作为晶核，使得晶粒生长，晶体尺寸增大。

（3）制备建筑保温材料和隔声材料。无机矿物质材料适合作为保温材料，铁尾矿含有大量无机矿物材料，因此，利用铁尾矿制备保温材料，在建材领域得到广泛应用。铁尾矿中的 CaO 有利于降低试件内部孔隙率，进而降低导热系数。以辽宁歪头山铁尾矿为原料，制备多孔材料，可以制备出导热系数为 0.125W/(m·K) 的保温材料，研究表明试件体系孔隙率呈先增大后减小的趋势，孔隙率越小，导热性能越好[25]。喻杰等[26]利用铁尾矿制备泡沫混凝土，研究发现铁尾矿掺量较小的情况下，铁尾矿掺量和细度共同影响试件强度，细度越小，试件强度越高，增加铁尾矿掺量，气孔率减小，导热系数变大，加入可发性聚苯乙烯（EPS）颗粒进行复掺，研究试件孔结构发现，孔径减小且多为封闭孔，氧化硅气凝胶附着在试件表面，导热系数变小。由于铁尾矿性质差异大，对保温材料的影响还需进一步研究分析。利用铁尾矿制备保温板材，并进一步深入了解其水化硬化机理，使其更进一步适合保温板材对新拌浆体流动性、凝结硬化和强度发展的要求，并进行更准确的控制。

铁尾矿作为多孔隙隔声原材料，满足隔声材料的基本性能。喻振贤等[27]以铁尾矿为胶凝材料，加入废旧的聚苯乙烯（PS）颗粒制备轻质保温墙体材料，研究表明新型墙体材料力学性能和保温性能良好。熊哲[28]利用铁尾矿制备隔声材料，测定板材的隔声性能，研究表明，铁尾矿的填充率、铁尾矿粒径大小和铁尾矿含水率都会影响隔声板材的隔声性能，并且铁尾矿含水率对隔声板材隔声性能影响较大。利用铁尾矿制备隔声材料，从理论上证明铁尾矿制备多孔材料的可行性，但目前，铁尾矿在板材上的应用技术还不成熟[29]。

（4）铁尾矿制备新型建筑涂料。利用铁尾矿制备建筑涂料，有利于提高建筑涂料耐久性能。铁尾矿和黏合剂结合使用，制备的涂料颜色均匀，且呈色度和透明度方面性能优良。利用铁尾矿制备建筑涂料，降低涂料中有毒性物质含量，符合可持续发展要求，是一种绿色环保型涂料[30]。巴西铁尾矿经干燥处理，添加黏合剂，生产建筑涂料，结果表明涂料耐久性表现出色，且成品成本低[1]。

铁尾矿制备新型建筑材料的研究取得了不少研究成果，但是对于实际应用生产方面，许多新型材料到大规模生成阶段还有相当长的一段路要走。铁尾矿制备建筑材料，铁尾矿利用率仍旧较低。由于铁尾矿化学成分与天然砂相似，铁尾矿综合利用主要以细骨料为主，充分发挥铁尾矿价值、提高板材附加值研究仍处于试验阶段，研究成果相对较少。另外许多新型建材研究技术还不成熟，面临着许多困难。

3. 铁尾矿用作细骨料

铁尾矿砂矿物成分与天然砂较为相似，适合用作砂子。天然砂的需求增多，铁尾矿替代天然砂，可缓解资源紧张状况[31]。由于铁尾矿颗粒较细，颗粒粒径主要集中在 4.75mm 以下，将铁尾矿砂与天然砂配合使用，可解决天然砂资源日益紧张的问题，有利于提高铁尾矿砂的利用率，研究学者针对铁尾矿作为细骨料进行了大量的研究。

张秀芝等[32]利用铁尾矿砂与机制砂进行复掺，制备铁尾矿混凝土，结果表明铁尾矿混凝土抗压强度与河砂混凝土较为接近，力学性能满足要求。赵芸平等[33]通过对尾矿砂石混凝土进行系统研究，控制水灰比条件下，调整施工配合比，尾砂石混凝土与天然砂石混凝土和易性相差不大，流动性基本和天然砂混凝土保持一致，黏聚性、保水性略差。尹韶宁等[34]将铁尾矿砂替代天然砂进行研究分析，标准养护条件下铁尾矿砂混凝土早期收缩性能高于天然砂混凝土，在恒温水养护条件下，铁尾矿试件体积膨胀。吕绍伟等[35]通过研究铁尾矿砂静力特性和动力特性发现，细颗粒占比会影响动力特性，并且粒径分布影响铁尾矿砂利用方式，提高其力学性能是资源化利用的有效方式。Zhu 等[36]利用铁尾矿制备再生混凝土，测试试件抗压强度、抗折强度和劈裂抗拉强度，铁尾矿砂作为细骨料时，不同再生骨料取代率配制的混凝土均表现出良好的力学性能。Yellishetty 等[37]筛分铁尾矿粒径，依据粒径的不同，制备铁尾矿混凝土。Ugama 等[38, 39]利用铁尾矿制备混凝土，研究表明铁尾矿含有大量铁，混凝土构件容重大，当铁尾矿砂与河砂占比为 1∶4，胶砂试件的力学性能表现最好[40-43]。

铁尾矿替代天然砂试验表明：铁尾矿替代天然砂作为细骨料，可以制备出满足强度要求的水泥砂浆，缓解天然砂资源日益紧张的问题，并且铁尾矿胶砂试件在恒温水养护条件下，体积会发生膨胀。

4. 铁尾矿制备水泥熟料

水泥在建筑材料方面应用范围广，需求量大，用铁尾矿制备水泥满足绿色生产的需求，既解决了生产水泥消耗资源的问题，又提高了铁尾矿的综合利用率。

用铁尾矿和石灰石制备硅酸盐水泥熟料，结果表明铁尾矿制备水泥熟料具有可行性，铁尾矿制备水泥熟料满足强度要求[44]。

史伟等[45]以铁尾矿为原料，加入石膏进行煅烧制备贝利特水泥，分析表明主要矿物组成与普通硅酸盐水泥较为接近，贝利特矿物含量高，铁尾矿制备水泥满足 42.5 强度等级。杨飞等[46]采用尾矿、石英石和石英砂为原料，高温煅烧制备水泥熟料，通过煅烧促进 C_3S 相生成。郑永超等[47]利用铁尾矿、矾土、天然石膏和石灰石制备水泥，胶砂试件 3d 抗压强度达到 38.1MPa，表明铁尾矿制备水泥熟料具有可行性，且在强度方面性能优良。

5. 铁尾矿用作复合胶凝材料研究

利用铁尾矿制备混凝土，铁尾矿可以发挥填充效应，但目前铁尾矿作为胶凝材料的研究相对较少，铁尾矿水化机理还需进一步研究分析。铁尾矿化学组成类似于胶凝材料，含有惰性组分，对其活性进行激发，有利于发挥其胶凝作用，提高铁尾矿活性。采用物理、化学方式激发火山灰活性，常见物理活化方式为机械粉磨，机械粉磨引发化学效应。机械粉磨铁尾矿，碰撞点处高温高压的变化促使物料发生原子重排现象，激发铁尾矿火山灰活性[48]。

朴春爱[49]对机械粉磨后的铁尾矿进行研究分析，结果表明机械粉磨后的铁尾矿胶砂试件抗折强度提高。陈梦义等[50]针对不同矿床产生的铁尾矿，对其易磨性、化学成分和混凝土力学性能进行研究分析，结果表明不同产地铁尾矿化学成分相差较大，物理性能有偏差，要针对不同铁尾矿进行分析研究。李北星等[51]利用梯级粉磨的方式激发铁尾矿的活性，与矿渣复掺，分别进行单独粉磨和梯级粉磨，证明梯级粉磨效率更加高效，发挥微磨球效应，更有利于激发铁尾矿活性，采用梯级混合粉磨制备出的超高性能混凝土（UHPC）强度较高，并且耐久性能优异。蒙朝美等[52]以粉磨 3.5h 铁尾矿为研究对象，进行性能研究，试验结果表明机械粉磨后的铁尾矿适合作为胶凝材料。朴春爱等[53]研究发现将磨细的铁尾矿粉替代粉煤灰制备混凝土，增加铁尾矿微粉的掺量有利于提高混凝土的抗压强度；粉煤灰、铁尾矿与水泥粉体的级配良好，有利于提升混凝土的致密性，混凝土抗压强度升高；铁尾矿具有火山灰质组分，与氢氧化钙发生二次水化反应，在宏观上提高试件力学性能。齐珊珊[54]的研究表明，基于鞍山齐大山高硅铁尾矿采用机械粉磨的方式，铁尾矿颗粒形态结构发生改变；加入引气剂，掺加 30%的铁尾矿可以提高试件抗冻性能；机械力活化铁尾矿可以用作辅助胶凝材料制备混凝土试件，对水化产物类型影响不大。

上述试验表明，活性激发后的铁尾矿作为辅助胶凝材料参与水化反应过程，生成的水化产物填充在试件的孔隙中，提高试件的力学性能。

铁尾矿作为辅助胶凝材料替代部分水泥，为铁尾矿利用开辟新途径。杨迎春等[55]的研究分析表明铁尾矿平均粒径为 110μm 时，胶砂试件的力学性能与基准组相差不大且经济合理，当铁尾矿掺量为 5%时，试件强度增加。王旭[56]将铁尾矿作为胶凝材料，水泥基材料机理分析表明，由于铁尾矿自身活性较低，用作辅助胶凝材料的掺量应控制在 8%～15%，作为细骨料取代砂子时取代量宜在 15%左右。王安岭等[57]、马雪英[58]对迁安和密云高硅铁尾矿原料进行研究，通过铁尾矿粉潜在水硬性和火山灰试验分析发现，铁尾矿试饼边缘清晰完整，铁尾矿具有潜在水硬性和火山灰特性。铁尾矿氧化硅含量较高，含有大量的石英，主要化学成分与粉煤灰较为相似，将铁尾矿与矿渣复掺进行胶砂试验，当掺量小于 60%时，龄期 28d 胶砂试件强度与基准组差别较小，铁尾矿与矿渣掺加比例为 4∶6 时，胶凝材料早期强度性能表现良好。

铁尾矿作为辅助胶凝材料研究分析表明，铁尾矿作为辅助胶凝材料时应控制铁尾矿的掺量，适量掺量的铁尾矿胶砂试件力学性能表现良好。

铁尾矿作为矿物掺和料制备混凝土，取得许多成果。铁尾矿作为矿物掺和料减少水泥等胶凝材料的使用，并对混凝土试件力学性能、耐久性等方面进行了具体研究[59, 60]。冯永存[61]研究发现混凝土中加入铁尾矿可以提高混凝土耐久性，掺加铁尾矿的混凝土缓解了粉煤灰供应不足的问题，并且具有成本较低的经济优势。Han 等[62-64]测定掺加铁尾矿的预制混凝土抗压强度和氯离子渗透性，结果显示铁尾矿粉的加入不会改变预制混凝土水化产物的种类；分析非蒸发含水率、硬化膏体的孔隙结构和形态以及胶砂试件的抗压强度发现，铁尾矿粉的加入对复合黏结剂膏体和胶砂试件的性能有不利影响。在低水胶比条件下，加入铁尾矿的黏结剂，加快水化进程，促进水化产物生成。马雪英等[65]通过将铁尾矿与矿渣复掺制备混凝土进行试验研究，铁尾矿改善混凝土工作性能。Li 等[66]利用铁尾矿、黏土和水泥复掺，研究复合掺和料的基本性能，微观分析表明，黏土与铁尾矿的加入有利于提高试件的致密性。刘娟红等[67]利用不同粒径铁尾矿制备大流态混凝土，结果表明，铁尾矿制备混凝土有利于提高混凝土抗碳化能力。黄晓燕等[9]研究铁尾矿对高延性纤维增强水泥基复合材料 ECC 抗压性能的影响，结果表明铁尾矿粉制备的 ECC 拉伸性能优于粉煤灰。杨博涵等[68]利用铁尾矿制备多元固废混凝土，掺量为 30%的复合掺和料有利于降低混凝土界面过渡区的孔隙率。Han 等[69]将铁尾矿与粉煤灰进行复掺，研究分析铁尾矿混凝土坍落度、抗压强度、抗冻性和抗硫酸盐侵蚀的发展规律。铁尾矿的掺量几乎不影响试件早期干燥收缩率，但会降低 180d 内的总收缩率，铁尾矿替代粉煤灰掺量小于 50%时，对其耐久性的影响微小。程云虹等[70]将高硅铁尾矿作为矿物掺和料制备混凝土，研究分析表明，铁尾矿混凝土试件的抗碳化性能减弱，但铁尾矿混凝土试块抗硫酸盐侵蚀能力提高。程兴旺[71]采用铁尾矿与矿渣复掺的方式制备混凝土，结果表明，铁尾矿与矿渣复掺有利于提高试件力学性能，与纯水泥基准组相比，复掺以后制备的混凝土试件耐久性得到明显改善。刘佳[72]利用铁尾矿制备混凝土，大掺量铁尾矿混凝土 28d 试件强度为88.99MPa，分析研究极细铁尾矿混凝土水化反应活性发现，石英反应活性低，钠长石水化反应程度高，水化反应生成钙钒石，试件结构密实，强度提高。

针对铁尾矿不同掺量对混凝土性能的影响进行研究分析[73, 74]。刘文亮等[75]研究发现，以铁尾矿和钢渣为矿物掺和料，铁尾矿砂及铁尾矿废石为骨料制备混凝土试件，研究分析不同铁尾矿掺量、不同水胶比对混凝土性能的影响，结果表明替代水泥掺量10%时，混凝土试件强度最高，水胶比较小时，混凝土试件耐酸侵蚀性能较好。吴瑞东[76]研究分析不同铁尾矿微粉掺量对水泥基材料性能的影响，研究结果表明铁尾矿微粉制备混凝土有利于提高试件的抗硫酸盐腐蚀性能。

不同养护方式对铁尾矿混凝土性能影响显著。舒伟等[77]、王长龙等[78]利用铁尾矿制备蒸压加气混凝土，研究分析了不同掺量铁尾矿对混凝土力学性能的影响，研究表明一方面水化硅酸钙凝胶、片状托贝莫来石共同促进混凝土强度增加，另一方面，铁尾矿粒径大小影响活性，但是粒径过小不能搭接成稳定结构而促使结构增长，因此，制备蒸压加气混凝土，利用合理的粒径大小就显得尤为重要，除此以外，养护条件影响蒸压加气混凝土强度，蒸压养护有利于硅氧化物发生反应，生成大量水化硅酸钙凝胶，提高试件强度。Lu等[79]利用铁尾矿制备UHPC，采用不同的养护方式对其进行研究分析，通过XRD、FTIR和SEM观察分析它们的微观结构。结果表明，标准养护条件下含15%铁尾矿的混凝土在7d时强度达到94.3MPa，恒温水养护试件，早期强度高，蒸压养护方式对铁尾矿活性激发明显，早期强度提高35%，证明标准水养护方式和蒸压养护有利于激发铁尾矿早期强度。查进等[80]通过蒸压养护方式，当铁尾矿掺量20%，比表面积大于500m^2/kg，铁尾矿可以应用于预应力高强混凝土中，蒸压养护有利于提高铁尾矿混凝土的力学性能。易忠来等[81]针对具体激发铁尾矿活性的方式进行研究，结果表明，热养护有利于提高活性，当温度为700℃，铁尾矿活性高。不同养护方式制备铁尾矿混凝土研究表明，铁尾矿恒温水养护、蒸压养护方式有利于提高铁尾矿混凝土试件的力学性能。

综上所述，铁尾矿作为辅助胶凝材料的研究试验中，铁尾矿掺量较少，主要研究分析铁尾矿制备混凝土的力学性能和微观形貌，对铁尾矿制备试件早期强度较低问题，以及铁尾矿在水化过程中的主要作用还需进一步分析讨论。

6. 铁尾矿研究中存在的问题

目前对于水泥基辅助胶凝材料的研究，主要集中在具有较高火山灰活性的高硅或者高钙岩石，如石灰岩、花岗岩以及玄武岩。然而，尾矿作为辅助胶凝材料的研究较少，铁尾矿-水泥基材料的水化机理的研究关注度不高[49, 82-84]。分析铁尾矿在水化过程中的影响机理，提高铁尾矿的利用率就显得尤为重要[85-90]。结合铁尾矿研究现状，铁尾矿作为胶凝材料存在的问题主要概括为以下几个方面。

（1）衡量尾矿是否可以作为辅助胶凝材料的重要指标就是火山灰活性，通过机械粉磨破坏晶体结构，提高火山灰活性，需要继续分析比表面积与火山灰活性之间的联系。

（2）铁尾矿与矿渣、水泥复掺，如何最大限度利用铁尾矿，实现胶凝材料的优势互补。

（3）铁尾矿在复合胶凝材料体系中的作用机理不单单是火山灰活性，铁尾矿作为胶凝材料的复合超叠加效应需要进一步研究，分析铁尾矿在水化进程中的作用。

针对以上存在问题，本章研究了铁尾矿活性增强效应和多组分的协同效应，分析了铁尾矿复合胶凝材料的强度发展规律，以及对铁尾矿复合胶凝体系的水化进程进行进一步研究补充，使其更好地作为胶凝材料得以应用，为铁尾矿、矿渣和脱硫石膏等大宗固废的资源化利用提供理论和技术支撑。

6.2.2 铁尾矿复合胶凝材料研究内容及创新点

1. 研究内容

本研究遵循着“特性研究→活性研究→制备研究→性能研究→机理研究”的思路，主要研究了铁尾矿的矿物组成和结构特征、铁尾矿复合胶凝材料的制备及性能、铁尾矿复合胶凝材料的水化机理。具体研究内容分为以下四方面。

（1）铁尾矿矿物学组成及结构研究。主要研究铁尾矿的特性和铁尾矿的活化。铁尾矿的特性研究中对铁尾矿的矿物组成、化学成分、比表面积、粒度组成和颗粒形貌进行研究分析。

（2）铁尾矿活性研究。通过分析铁尾矿不同粉磨时间的粒径分布，结合比表面积进行分析研究，最终依据活性指数和粉磨耗能问题，确定最优粉磨时间。

（3）铁尾矿复合胶凝材料性能影响因素。通过分析铁尾矿复合胶凝材料力学性能，结合正交试验确定胶凝材料最优配合比。通过对比不同龄期的强度影响规律，研究铁尾矿掺量对其强度贡献。

（4）铁尾矿复合胶凝材料制备及水化硬化机理研究。试验变量为铁尾矿和矿渣的掺量。制备不同掺量铁尾矿复合胶凝材料试件，通过X射线衍射（XRD）、扫描电子显微镜（SEM）、能量色散X射线谱（EDS）和傅里叶变换红外光谱（FTIR），分析复合胶凝材料的水化产物，探索复合胶凝材料的水化反应机理。

2. 创新点

（1）以大宗固体废弃物铁尾矿为主要材料，采用物理活化和化学活化协同活化的研究方法，利用矿渣和脱硫石膏协同强化铁尾矿火山灰活性，通过组成调配、性能属性提升及水化产物的生长控制，获得了性能可达到矿渣水泥标准的新型复合胶凝材料，为铁尾矿高附加值利用提供新途径。

（2）通过组成调配、性能属性提升，优化了铁尾矿复合胶凝材料的组成：当铁尾矿比表面积为 $543m^2/kg$，铁尾矿、矿渣、水泥和脱硫石膏掺量为 27∶29∶38∶6，铁尾矿复合胶凝材料 3d 和 28d 抗压强度分别达到 18.2MPa 和 38.9MPa，可作为水泥混合材及矿物掺和料在水泥混凝土中应用，复合胶凝材料中大宗固体废弃物的用量达 62%。

（3）对铁尾矿复合胶凝材料的水化机理研究发现，在复合激发条件下，铁尾矿复合胶凝材料净浆试件水化生成的 C-S-H 凝胶与钙钒石相互搭接，形成网状结构，六角板状 $Ca(OH)_2$ 包裹在 C-S-H 凝胶内部；铁尾矿复合胶凝材料体系在水化进程中，发挥晶核效应和微集料效应，水化产物的形成是一个协同生长的过程。

6.3 铁尾矿复合胶凝材料的研究方案

6.3.1 铁尾矿复合胶凝材料的研究思路及技术路线

1. 研究思路

以首钢集团产生的铁尾矿为主要研究对象，通过机械粉磨的方法激发铁尾矿活性，对活化后的铁尾矿进行复合胶凝材料的力学性能研究，并对铁尾矿复合胶凝材料的强度形成机理和水化机理进行了剖析，具体如下。

（1）铁尾矿的矿物学性能研究。通过 XRD、SEM 等测试手段对铁尾矿的化学成分、物理性能等进行测试分析。铁尾矿主要化学成分是 SiO_2 和 Al_2O_3 等，不同矿床产生的铁尾矿化学成分存在差异。本章利用 XRD、XRF 和 SEM 对原状铁尾矿和不同粉磨时间的铁尾矿进行研究分析。

（2）铁尾矿活性研究。通过铁尾矿机械粉磨，断裂 Si—O 键，提高火山灰活性，结合活性指数，确定铁尾矿的最优粉磨时间，以此制备铁尾矿复合胶凝材料，研究不同掺量铁尾矿胶砂试件强度发展规律，结合水泥胶砂试验强度，确定铁尾矿最佳配合比，测试流动度，结合强度确定最佳掺量。

（3）铁尾矿水化机理研究。结合 XRD 和 SEM 等测试技术，对铁尾矿-矿渣-水泥的水化产物以及水化进程进行分析；结合水化热分析技术，测试铁尾矿水化放热过程，分析铁尾矿-水泥胶凝材料水化产物的种类以及形成过程，研究分析铁尾矿在水化进程中的主要作用。

2. 技术路线

本章研究技术路线见图 6.1。

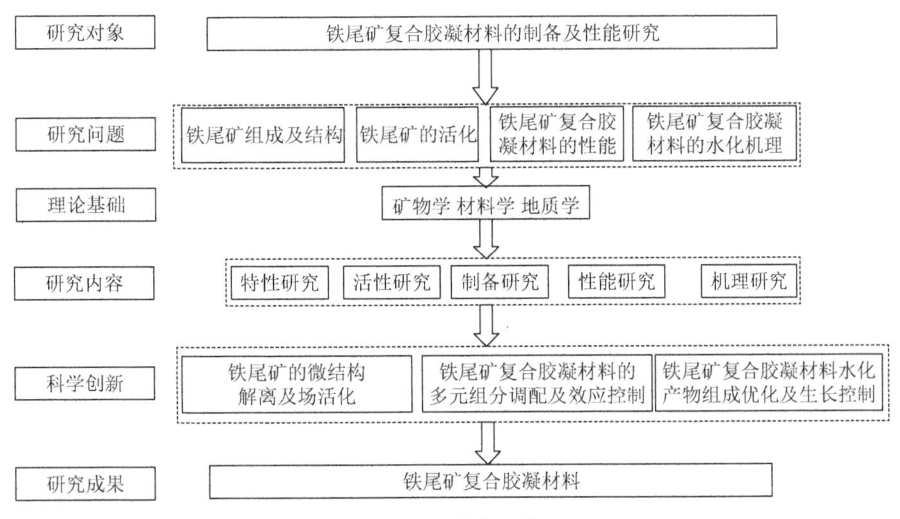

图 6.1　技术路线

6.3.2　铁尾矿复合胶凝材料的试验原料及方法

1. 试验原料

（1）铁尾矿。试验用铁尾矿砂外观形貌如图 6.2 所示，铁尾矿砂为 4.75mm 以下的细颗粒，颗粒粒径较细，含有微米型颗粒。原状铁尾矿 XRD 图谱如图 6.3 所示，铁尾矿主要矿物组成为石英、钙长石和角闪石。

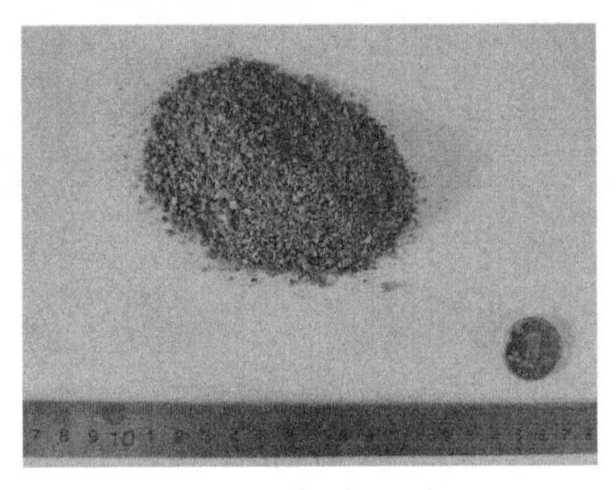

图 6.2　原状铁尾矿砂

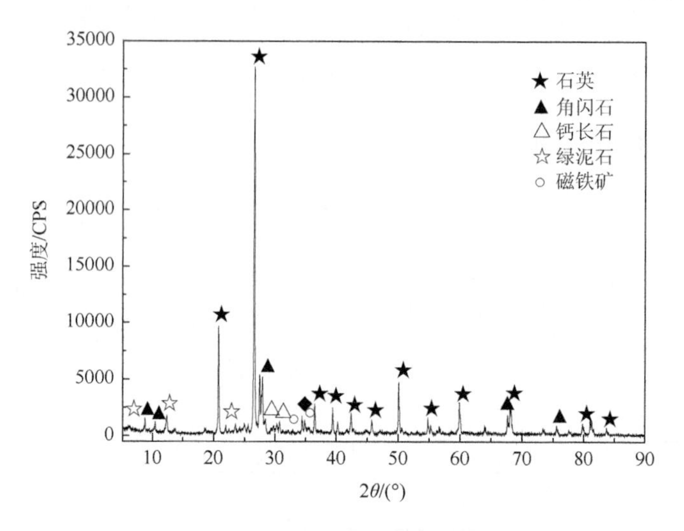

图 6.3　原状铁尾矿 XRD 图谱

（2）矿渣。试验所用矿渣为 S95 级，外观形貌如图 6.4 所示，颜色为白色，具有潜在水硬性，XRD 图谱如图 6.5 所示，主要由钙铝黄长石[$Ca_2Al(AlSi)O_7$]构成，表 6.1 为矿渣化学成分，结晶度较低，呈玻璃态，没有明显结晶峰。矿渣碱度系数为 1.024，质量系数为 2.05，活性指数为 0.56，为碱性高活性矿渣，计算公式如式（6.1）～式（6.3）所示。

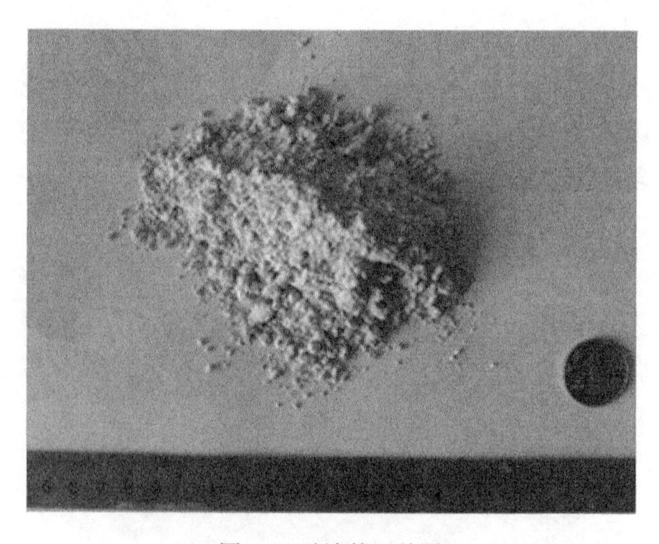

图 6.4　矿渣的形貌图

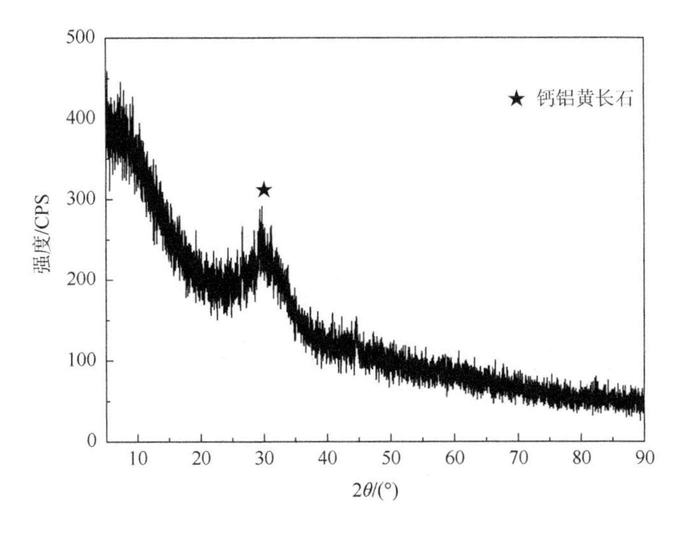

图 6.5　矿渣的 XRD 图谱

表 6.1　矿渣的化学组分（%）

成分	CaO	SiO_2	Al_2O_3	MgO	SO_3	TiO_2	Fe_2O_3	Na_2O	K_2O	LOI	总量
含量	38.14	29.94	16.90	9.82	1.66	1.35	0.48	0.70	0.38	0.63	100

碱度系数 B：

$$B=\frac{w(\mathrm{CaO})+w(\mathrm{MgO})}{w(\mathrm{SiO_2})+w(\mathrm{Al_2O_3})} \tag{6.1}$$

质量系数 K：

$$K=\frac{w(\mathrm{CaO})+w(\mathrm{MgO})+w(\mathrm{Al_2O_3})}{w(\mathrm{SiO_2})+w(\mathrm{MnO})+w(\mathrm{TiO_2})} \tag{6.2}$$

活性指数 M：

$$M=\frac{w(\mathrm{Al_2O_3})}{w(\mathrm{SiO_2})} \tag{6.3}$$

（3）脱硫石膏。本试验采用市售脱硫石膏，外观形貌如图 6.6 所示，呈淡黄色，试验用脱硫石膏主要成分如表 6.2 所示。图 6.7 为脱硫石膏 XRD 图谱，分析脱硫石膏主要矿物组成为二水硫酸钙。

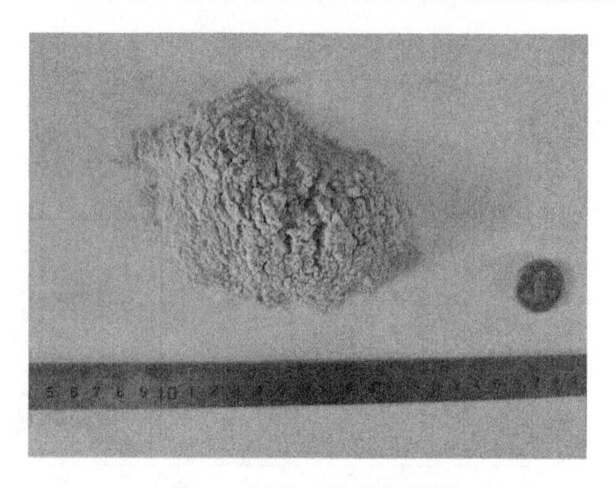

图 6.6　脱硫石膏的形貌图

表 6.2　脱硫石膏的化学组分（%）

成分	SO_3	CaO	SiO_2	Al_2O_3	MgO	TiO_2	Fe_2O_3	Na_2O	K_2O	LOI	总量
含量	46.27	32.98	0.56	1.13	9.31	1.35	0.48	0.70	0.38	6.84	100

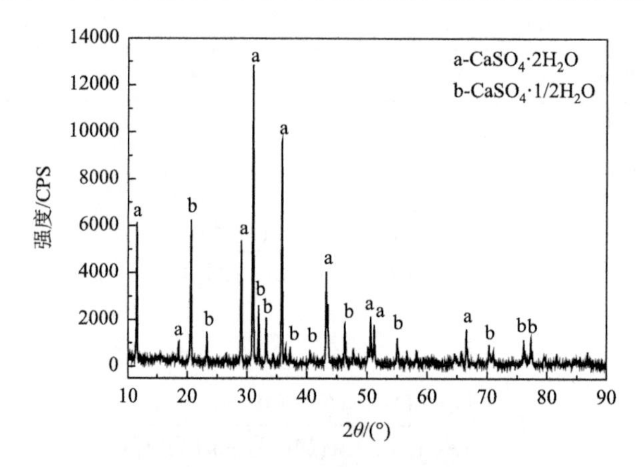

图 6.7　脱硫石膏 XRD 图谱

（4）水泥。试验采用 P·O42.5 普通硅酸盐水泥，其物理性能分析见表 6.3，外观形貌见图 6.8。

表 6.3　水泥的基本性能指标

名称	标称用水量/%	安定性	细度		凝结时间/min	
			80 目筛/%	比表面积/(m^2/kg)	初凝	终凝
P·O42.5	26.1	合格	≤10	≥300	≥45	≤600

图 6.8　水泥的外观形貌

2. 试验方法

1）铁尾矿机械粉磨

称取 35kg 原状铁尾矿，每托盘 5kg，放置于（110±5）℃烘箱烘干至含水率低于 1%，冷却至室温，称重 5kg 放入试验室球磨机，设定规定时间，进行粉磨。

2）比表面积试验

铁尾矿原料过 0.9mm 方孔筛，在（110±5）℃烘箱烘干 1h，冷却至室温，用标准试件进行 K 值标定，称取待测铁尾矿，待测质量依据式（6.4）计算，按照仪器提示进行铁尾矿比表面积的测定。

$$m = \rho V(1-\varepsilon) \tag{6.4}$$

式中，m 为待测试件的质量，g；ρ 为试件的密度，g/cm^3；V 为试料层体积；ε 为孔隙率，铁尾矿为 0.53。

3）密度

铁尾矿试件过 0.9mm 方孔筛，烘箱设定温度（110±5）℃，烘干 1h，冷却至室温，将无水煤油倒入李氏瓶，倒入量为 0～1mL，恒温水槽静置 30min，记录无水煤油读数 V_1，称取 60g 铁尾矿，倒入李氏瓶，排出气泡，将李氏瓶放入恒温水槽内，30min 后读取第二次读数 V_2。

$$\rho = \frac{m}{V_2 - V_1} \tag{6.5}$$

式中，ρ 为待测试件的密度，g/cm^3；m 为待测试件的质量，g；V_1 为李氏瓶第一次读数，mL；V_2 为李氏瓶第二次读数，mL。

4）抗压强度试验

称取试验所用材料，倒入搅拌锅搅拌，搅拌结束后，分层装入 40mm×40mm×

160mm 的模具中，振动台振动排出气孔，抹除多余浆体，24h 进行拆模，放入水养箱养护，规定龄期进行强度测试。

5）流动度试验

搅拌机搅拌后的试件，分 2 层装入模具，捣压密实，装入第二层试件，振捣密实以后移除模套，抹除多余试件并拆除模具，跳桌进行振动，取平均值，记为流动度。

6）铁尾矿的活性指数

铁尾矿胶凝材料的铁尾矿与水泥质量比为 3∶7，水泥对照组为 P·I42.5 水泥试件，称取规定的铁尾矿与水泥，混合均匀，按照胶砂试件强度试验进行试验强度的测定。

$$A=\frac{R_t}{R_0}\times 100\% \tag{6.6}$$

式中，A 为铁尾矿的活性指数，%；R_t 为胶砂试件相应龄期的强度，MPa；R_0 为对比纯水泥试件相应龄期的强度，MPa。

7）标准稠度用水量试验

取 500g 复合胶凝材料试件，搅拌后一次性装入放置玻璃底板的试模中，排出浆体内部孔隙，抹除多余浆体，放置合适位置，维卡仪试针与浆体表面接触，放松试针并停至 30s，试针距离玻璃底板 6mm，记录此次试验用水量，即复合胶凝材料标准稠度用水量。

8）铁尾矿水化热分析

将铁尾矿砂磨细，放入烘箱，设置温度为 105℃，时间 3h，进行干燥。用水泥水化热测量仪测量铁尾矿早期水化热。铁尾矿与水泥之比为 3∶7，水灰比为 0.5，反应温度为 25℃，进行水化热分析。

6.4　铁尾矿的特性与活性研究

铁尾矿矿物组成与化学成分分析表明，铁尾矿主要以稳定的硅氧四面体形式存在，化学结构稳定，胶凝活性低。为了提高铁尾矿综合利用率，大掺量作为胶凝材料应用到胶砂试件中，首先需要对其进行活性处理。

由于铁尾矿颗粒含有大量化学结构稳定的硅氧四面体，通过机械粉磨的方式，铁尾矿颗粒细化，粉磨破坏其晶格结构，晶体表面产生大量的硅氧断键，铁尾矿活性得到激发。

本章以高硅铁尾矿为研究对象，研究机械力对铁尾矿活性的影响，采用激光粒径分析、XRD、SEM 等一系列分析方法，分析不同粉磨时间的铁尾矿颗粒特征和微观结构，为机械激发铁尾矿活性提供理论依据。

6.4.1 铁尾矿的基本特性

1. 铁尾矿的物理特性

试验采用取自河北省唐山地区的铁尾矿，原状铁尾矿采用标准筛进行筛分，结果如表 6.4 所示。原状铁尾矿密度为 $2.79g/cm^3$，细度模数为 2.60，参照规定《建设用砂》（GB/T 14684—2011）为中砂，级配满足规定。

表 6.4 原状铁尾矿的筛分结果

筛孔尺寸/mm	4.75	2.36	1.18	0.6	0.30	0.15	<0.15
筛余量/g	0	4.0	50.6	216.8	204.9	19.6	4.1
分计筛余/%	0	0.80	10.12	43.36	40.98	3.92	0.82
累计筛余/%	0	0.80	10.92	54.28	95.26	99.18	100

2. 铁尾矿的化学成分分析

铁尾矿化学成分分析如表 6.5 所示，铁尾矿的主要化学成分为 SiO_2，占总重的 75.41%，其次是 Al_2O_3 和 Fe_2O_3，分别占总重的 6.81%和 6.52%，CaO、MgO 含量分别为 3.05%和 3.60%。铁尾矿化学成分影响其反应活性，由于铁尾矿中 SiO_2 的含量为 75.41%，依据黑色冶金行业标准《用于水泥和混凝土中的铁尾矿粉》（YB/T 4561—2016），大于 60%为高硅型铁尾矿，铁尾矿碱度系数为 0.08，质量系数 0.18，小于 1.2，铁尾矿为低活性的惰性材料，但不含有胶凝材料有害物质，可以作为辅助胶凝材料使用。

表 6.5 原状铁尾矿的化学组分（%）

成分	SiO_2	Al_2O_3	Fe_2O_3	MgO	CaO	Na_2O	K_2O	SO_3	LOI	总量
含量	75.41	6.81	6.52	3.60	3.05	1.64	1.47	0.19	1.31	100

铁尾矿碱度系数 B：

$$B = \frac{w(\mathrm{CaO}) + w(\mathrm{MgO})}{w(\mathrm{SiO_2}) + w(\mathrm{Al_2O_3})} = 0.08 < 1 \tag{6.7}$$

铁尾矿质量系数 K：

$$K = \frac{w(\mathrm{CaO}) + w(\mathrm{MgO}) + w(\mathrm{Al_2O_3})}{w(\mathrm{SiO_2}) + w(\mathrm{MnO}) + w(\mathrm{TiO_2})} = 0.18 < 1.2 \tag{6.8}$$

3. 铁尾矿的结构分析

图 6.9 为不同粉磨时间（5～75min）铁尾矿的 SEM 形貌图。铁尾矿颗粒细，形状不规则，主要为菱形。不同粉磨时间铁尾矿的 SEM 形貌图表明，通过机械挤压粉磨，铁尾矿出现扁平状，颗粒棱角逐渐减少，细颗粒数量开始增多。图 6.9（a）为机械粉磨 5min 的铁尾矿，存在比较明显的大颗粒，颗粒较粗且颗粒菱角状明显。机械粉磨 15min，铁尾矿大颗粒被挤压细化，颗粒较均匀，存在极细颗粒，极细颗粒和片状颗粒占比增加，但仍旧可以看到不规则且棱角明显的颗粒较多。随着粉磨时间的延长，机械粉磨 30min，铁尾矿颗粒细化较充分，颗粒均匀并且几乎不存在大颗粒，粒型从片状逐渐变为球形。机械粉磨 45min，颗粒继续细化，颗粒以亚微米级为主。机械粉磨 60min，颗粒较细且分布均匀。不同粉磨时间铁尾矿颗粒变化趋势为铁尾矿颗粒持续细化，颗粒形貌变化趋势为由粗颗粒状逐渐变为细颗粒状，粉体数量增多，颗粒趋向球形。

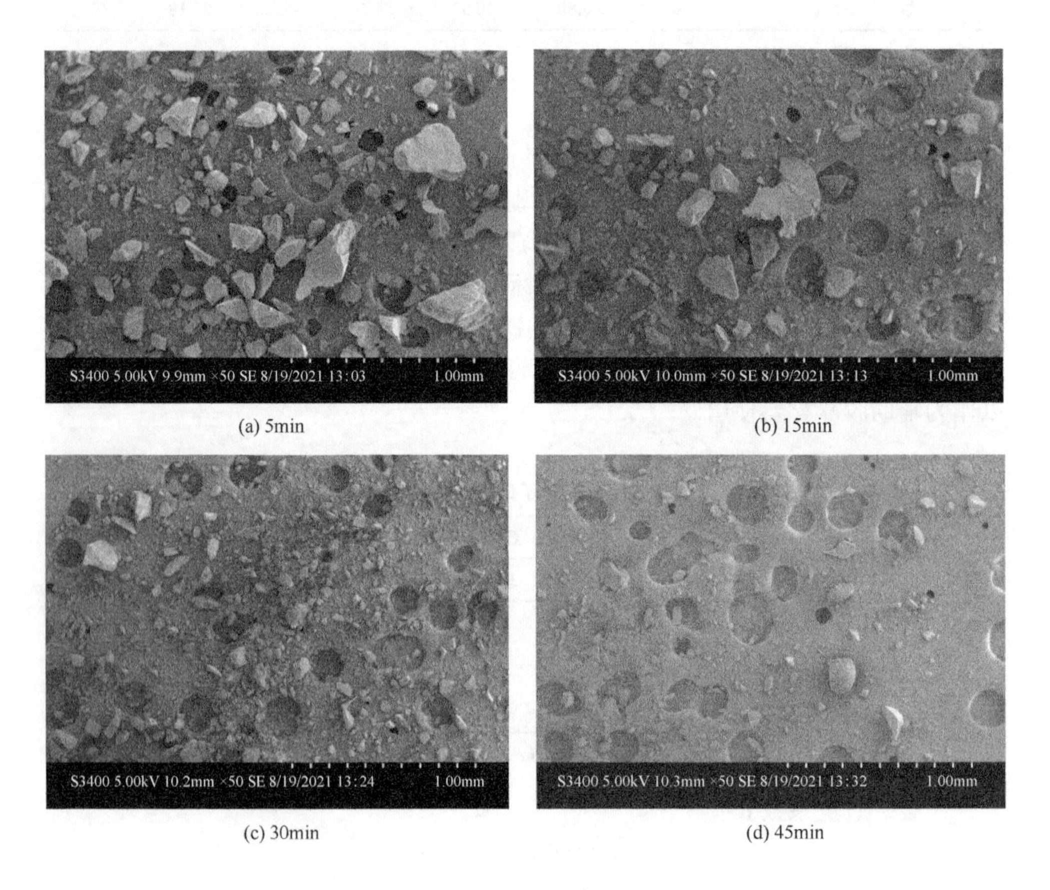

(a) 5min　(b) 15min

(c) 30min　(d) 45min

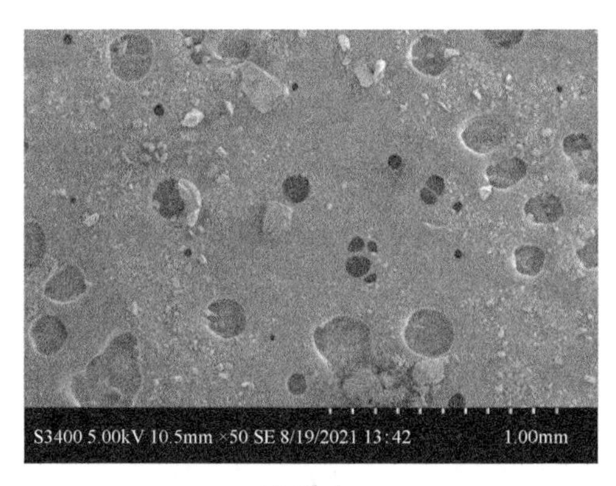

(e) 60min

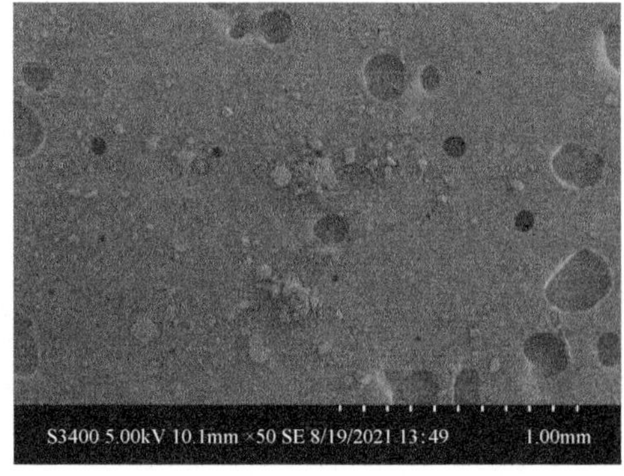

(f) 75min

图 6.9　不同粉磨时间铁尾矿的 SEM 图

6.4.2　铁尾矿的活性研究

结构比较稳定的无机材料，自身不容易发生水化反应，火山灰活性表现不是很突出，晶体结构有缺陷，会提高化学反应活性。铁尾矿主要矿物组成为石英，通过机械粉磨颗粒细化，碰撞点高温高压产生变化会改变粉料表面能，晶体结构缺陷增大，晶体畸变提高物料活性。所以，通过机械粉磨方式改变铁尾矿晶体结构，有效激发铁尾矿潜在火山灰活性[91]。

具体解释为机械粉磨前的铁尾矿主要以硅氧四面体的形式存在，自身结构稳定，不易发生水化反应。机械粉磨会破坏铁尾矿的稳定结构，新生表面存在大量的硅氧断键，在碱性环境下硅氧断键会发生重聚，为硅酸钙相的形成提供前提条件，提高试件的力学性能[76]。

1. 不同粉磨时间铁尾矿的粒径分析

不同粉磨时间铁尾矿粒径变化趋势如图 6.10 所示，铁尾矿在机械粉磨过程中，粒径分布发生变化。随着铁尾矿粉磨时间的延长，区间分布曲线峰值由 300μm 向 10μm 方向移动，颗粒逐渐细化。机械粉磨 5min 时，铁尾矿粒径分布曲线区间范围广，分布曲线峰值高，粒径分布不均匀，粒径 100μm 以上的铁尾矿占比较大。机械粉磨 15min 时，铁尾矿分布曲线明显左移，粒径主要集中在 200μm 左右，细颗粒减小幅度不明显。此时，大颗粒和小颗粒粒径均得到细化，并且小颗粒粒径的细化速度小于大颗粒，粒径分布不均匀。机械粉磨 30min，大颗粒和小颗粒均持续细化，粒径减小。与机械粉磨 5min 相比，颗粒粒径分布较均匀，区间分布曲线左移。机械粉磨 45min，铁尾矿粒径主要集中在 1～90μm，小于 90μm 铁尾矿占比增加，峰值不再陡峭并且曲线弧度较缓。粉磨 60min 时，铁尾矿粒径较 45min

区间分布曲线变窄，峰值降低，粒径减小明显，细颗粒占比增加且大小均匀，表明此时机械粉磨产生大量亚微米级颗粒，铁尾矿的粒型发生变化。铁尾矿区间分布图表明，随着粉磨时间的延长，小于 10μm 的铁尾矿占比增加，区间分布曲线左移明显。

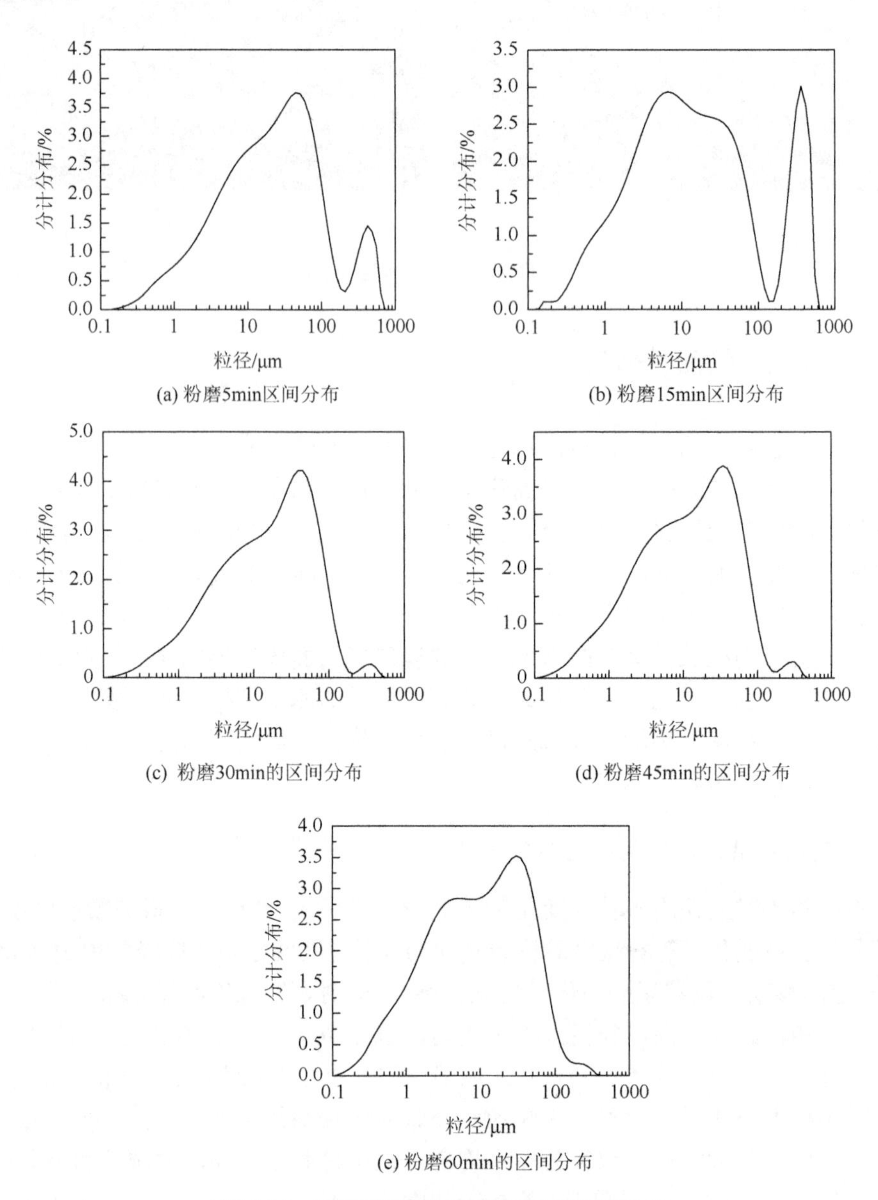

图 6.10　不同粉磨时间铁尾矿粒径区间分布

不同粉磨时间铁尾矿累计分布图如图 6.11 所示。机械力粉磨时间从 5min 延长至 60min，铁尾矿粒径小于 10μm 的占比从 30%增长至 50%，机械粉磨细化铁尾矿颗粒。

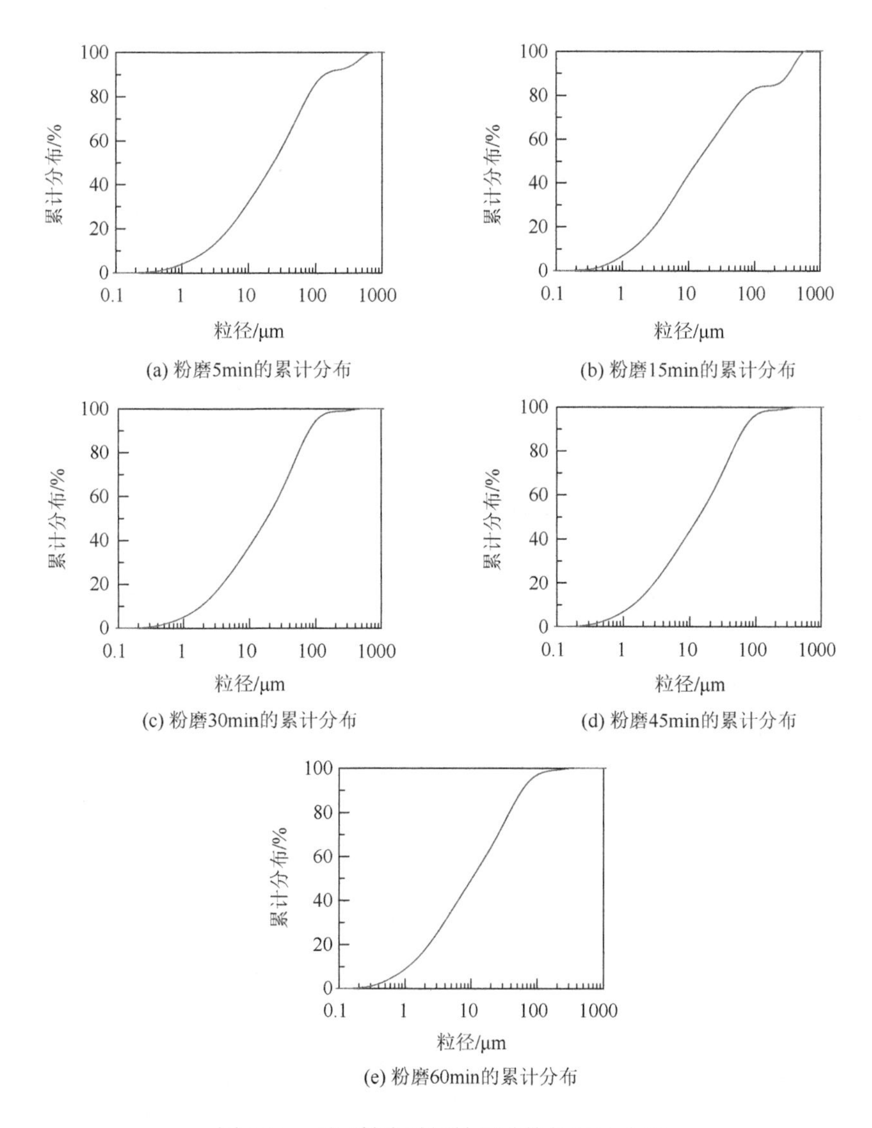

(a) 粉磨5min的累计分布

(b) 粉磨15min的累计分布

(c) 粉磨30min的累计分布

(d) 粉磨45min的累计分布

(e) 粉磨60min的累计分布

图 6.11　不同粉磨时间铁尾矿粒径累计分布

不同粉磨时间铁尾矿的累计分布曲线显示，机械粉磨使得铁尾矿的 D_{90} 和 D_{10} 表现出相同的变化趋势，粉磨时间从 5min 延长至 60min，D_{10} 从 3μm 减小到 0.5μm，铁尾矿小颗粒占比增加，D_{90} 从 200μm 减小到 45μm，铁尾矿粒径小于 50μm 这一区间范围的粒径占比增加，表明通过机械粉磨可以有效细化铁尾矿的颗粒，亚微米级颗粒含量增多，尤以 45min 颗粒特性的改变较为明显。

铁尾矿粒径大小与粉磨时间不是单一线性关系，机械粉磨铁尾矿到一定时间，铁尾矿粒径减小幅度减缓。分析原因与铁尾矿矿物组成有关，铁尾矿含有片状硅酸盐矿物绿泥石，机械粉磨很难将铁尾矿细化为极细粒径。因此，机械粉磨到一定时间，铁尾矿不易继续细化，铁尾矿粒径不再急剧减小。

从铁尾矿粒径分析可以看出，机械粉磨有效地细化了铁尾矿的颗粒，大颗粒逐渐细化。但是从区间分布曲线和累计分布曲线可以看出，随着粉磨时间的延长，各区间不同粒径大小的铁尾矿颗粒主要向小颗粒细化，区间分布曲线宽度变窄，但变化不是很显著。

2. 不同粉磨时间铁尾矿的细度分析

铁尾矿在球磨过程中，物料粉磨碰撞时温度和晶体细化程度会影响粉料的粉磨效果，铁尾矿粉磨时新生表面增加，颗粒得到细化。随着粉磨时间的延长，铁尾矿颗粒结晶度发生变化，无定形结构发生变化，物料内能增加，发生新的化学反应，铁尾矿在机械粉磨中大致分为两个阶段。

粉磨第一阶段为粉磨初始阶段，这一阶段铁尾矿主要发生脆性破坏。如图 6.12 所示，由不同粉磨时间铁尾矿的比表面积可以看出，铁尾矿机械粉磨时间由 5min 延长至 45min，比表面积从 100m^2/kg 增长至 543m^2/kg，比表面积急剧增加。这一阶段的铁尾矿小颗粒数量不断增多，粉体细化，新生表面增多，颗粒表面能升高，结晶程度衰减。由于体系的自由能持续升高，铁尾矿表面能增强，晶体缺陷扩大，由稳定结构变为不稳定结构。

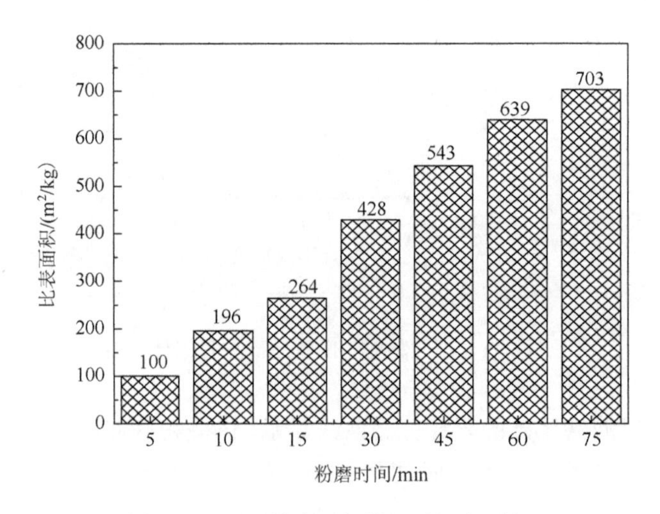

图 6.12　不同粉磨时间铁尾矿比表面积

第二阶段也称塑性阶段。在这一阶段，铁尾矿颗粒继续细化，机械做功增加，碰撞点能量发生变化，导致铁尾矿颗粒表面自由能改变。粉磨时间从 45min 延长至 75min，铁尾矿比表面积从 543m^2/kg 增加至 703m^2/kg，比表面积的增加速度开始逐渐减缓。由铁尾矿 XRD 图谱（图 6.13）可知，比表面积增加速度减缓是因为铁尾矿中绿泥石的存在，绿泥石为硅酸盐矿物，呈片状结构，机械粉磨效率低，很难有效增加比表面积，机械粉磨到一定时间，比表面积增加速度变缓[76]。另外，由于铁尾矿颗粒比较细，机械粉磨到一定时间，粉磨球对铁尾矿的挤压作用减弱。

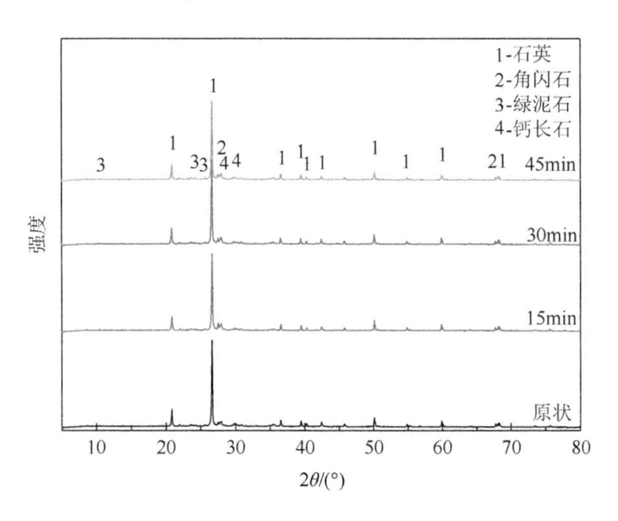

图 6.13　不同粉磨时间铁尾矿 XRD 图谱

铁尾矿在机械力持续作用下，碰撞点高温高压产生的能量变化储存在颗粒内部，以此引发铁尾矿物理性质和结晶性质的变化。这一过程也是机械力化学效应发生的过程，是由量变产生质变的复杂过程，这一过程可以分为物理效应、结晶状态变化以及化学变化。

综上所述，机械力粉磨使得铁尾矿发生显著物理变化以激发其反应活性，这一过程实质是将铁尾矿晶体结构发生转化，提高反应活性。采用机械粉磨的铁尾矿获得合理的颗粒特征，粒径小的铁尾矿填充大颗粒水泥粉体堆积形成的孔隙，使得整个胶凝体系紧密堆积，可以达到较高的活性。因此铁尾矿适合作为辅助胶凝材料使用[92]。

3. 不同粉磨时间铁尾矿组成及结构分析

利用 XRD 分析技术，依据衍射峰强度以及宽度，定量分析铁尾矿在机械力作用下的晶格变形程度。图 6.13 所示，铁尾矿主要矿物组成为石英、钙长石、绿泥石以及角闪石，不同粉磨时间铁尾矿衍射峰强度小于原状铁尾矿，机械激发铁尾矿潜在活性，晶体结构发生变化。这一现象表明在机械力的作用下，铁尾矿塑性变形增大，晶体结构受到破坏变形，由晶态结构转变为非晶态结构产生结构效应，随着非晶态结构进一步加深，晶格结构进一步发生变形，变为不稳定结构。

XRD 分析结果表明，衍射峰尖锐且强度高的是石英，其以硅氧四面体形式存在且结晶度高，石英主要化学成分为 SiO_2、Al_2O_3、CaO 和 MgO 等。此外，铁尾矿含有绿泥石和角闪石，这些物质比石英占比少，衍射峰没有石英明显。绿泥石是 Mg 和 Fe 的矿物种，化学成分复杂，有较多羟基和层间水。角闪石在矿物中较为常见，主要为硅氧四面体，是硅酸盐矿物。

4. 不同粉磨时间铁尾矿的活性指数

铁尾矿活性用抗压强度比进行表征。试验方案依据表 6.6 进行，A-0 为纯水泥对照组，A-1～A-4 分别为机械粉磨 15min、30min、45min 和 60min 的铁尾矿，铁尾矿∶水泥为 3∶7 制备胶砂试件，胶砂试件采用标准养护。

表 6.6　不同粉磨时间铁尾矿活性指数

编号	抗压强度/MPa			活性指数/%		
	3d	7d	28d	3d	7d	28d
A-0	15.9	39.4	54	100	100	100
A-1	9.3	24.0	33.5	58	61	62
A-2	9.7	24.4	36.7	61	62	68
A-3	10.0	25.6	38.9	63	65	72
A-4	10.4	26.0	41.0	65	66	76

由表 6.6 可以看出，随着铁尾矿比表面积增加，胶砂试件 7d 活性指数从 61%增长到 66%，28d 活性指数从 62%增长到 76%，增长幅度明显，表明机械粉磨有利于激发铁尾矿火山灰活性。

粉磨时间为 15min 时，7d 龄期铁尾矿胶砂试件抗压强度为 24.0MPa，试件活性指数为 61%，活性低，表明原状铁尾矿虽然含有大量微米型颗粒，火山灰活性仍旧低。粉磨 45min，7d 龄期铁尾矿胶砂试件抗压强度为 25.6MPa，活性指数为 65%。粉磨时间延长到 60min，7d 龄期铁尾矿胶砂试件抗压强度为 26.0MPa，活性指数为 66%。龄期为 7d 和 28d 的不同粉磨时间铁尾矿胶砂试件，活性指数均大于 60%，依据标准《用于水泥和混凝土中的铁尾矿粉》（YB/T 4561—2016），适合作为辅助胶凝材料。

机械粉磨时间小于 30min 时，铁尾矿早期活性指数均不大于 65%，活性指数较低，分析原因主要为原状铁尾矿晶体结构稳定，不容易发生水化反应，随着粉磨时间延长，机械粉磨会破坏晶体结构，Si—O 断键，晶体缺陷扩大，化学不稳定性上升，铁尾矿颗粒表面层离子极化变形，激发铁尾矿潜在活性，但由于铁尾矿水化诱导时间长，早期参与水化程度低。

铁尾矿粉磨时间相同，随着养护龄期的增加，铁尾矿活性指数总体上呈上升趋势。粉磨时间为 15min，3d 养护龄期，铁尾矿胶砂试件抗压强度为 9.3MPa，活性指数为 58%；7d 龄期胶砂试件抗压强度为 24.0MPa，活性指数为 61%；龄期 28d，铁尾矿胶砂试件抗压强度为 33.5MPa，活性指数为 62%；延长养护龄期，铁尾矿充分水化，胶砂试件力学性能增加。养护龄期 28d，活性指数仍有增长，表明铁尾矿水化诱导期较长，为胶砂试件提供后期强度；涨幅较小的原因可能为铁尾矿含有大量石英，自身活性低，化学特性影响水化反应的上限值，后期活性涨幅较慢。

不同粉磨时间铁尾矿活性试验结果表明，铁尾矿活性指数增长幅度呈逐渐减小的趋势，分析原因可能为，粉磨后的铁尾矿颗粒细化，填充在胶凝体系的孔隙内，使得试件更加致密，铁尾矿填充效应使得胶砂试件力学性能提高，但随着粉磨时间延长，新生比表面积增加，胶砂试件需水量增大，同样的试验条件下，过细铁尾矿不能充分水化，胶凝体系中胶凝效果减弱，随着粉磨时间延长，胶砂试件力学性能增长幅度减小。

由图 6.14 所示，不同粉磨时间的铁尾矿活性指数表明：机械粉磨的方式可有效激发铁尾矿潜在火山灰活性，颗粒细化填充试件内部孔隙，发挥填充效应，铁尾矿胶砂试件力学性能提高。

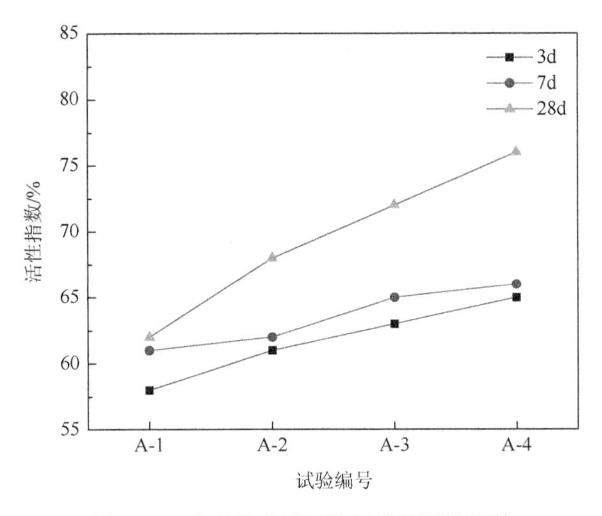

图 6.14　不同粉磨时间铁尾矿的活性指数

综上所述，采用机械粉磨的方式有利于激发铁尾矿潜在火山灰活性。但由于铁尾矿矿物组成的特殊性，机械粉磨到一定时间，粉磨球对铁尾矿的粒径细化能力减弱，机械粉磨效率降低。因此，应将铁尾矿机械粉磨至一定比表面积，充分发挥铁尾矿火山灰活性，提高胶凝体系的强度，结合耗电量及经济成本，综合考虑粉磨能耗问题，初步认为机械粉磨 45min 的铁尾矿适合作为胶凝材料使用。

6.5 铁尾矿复合胶凝材料性能的影响因素研究

6.4 节研究表明通过机械粉磨破坏铁尾矿晶体结构，提高火山灰活性，由于铁尾矿表面存在硅氧断键与胶凝体系中的 $Ca(OH)_2$ 发生化学反应，其适合作为胶凝材料使用。但铁尾矿活性试验研究表明，铁尾矿自身活性低于矿渣，当水泥掺量较少时，胶凝材料参与水化的数量较少，胶凝体系强度低。然而，矿渣的活性较高，加速水泥早期水化反应，可以弥补胶凝体强度低的缺陷，基于水泥、矿渣基材料分析研究，将铁尾矿与矿渣进行复掺作为辅助胶凝材料替代部分水泥用量，应用在建筑材料领域[60]。

本章以铁尾矿、矿渣、脱硫石膏和水泥为研究对象，研究铁尾矿胶砂试件的力学性能和工作性能，分析铁尾矿在复合胶凝材料体系中的作用，以及不同掺量的铁尾矿对胶砂试件力学性能的影响，明确不同掺量铁尾矿胶砂试件的强度和流动度发展变化规律。

试验以机械粉磨 45min 的铁尾矿、矿渣和水泥为胶凝材料，脱硫石膏为激发剂，细度模数 2.6 的铁尾矿砂为细骨料制备胶砂试件。

6.5.1 主要原料掺量对复合胶凝材料性能的影响

1. 铁尾矿掺量对复合胶凝材料性能的影响

胶砂试验采用 0.5 水胶比，铁尾矿等质量取代水泥，具体试验掺量依据表 6.7 所示，B0 组铁尾矿掺量为 0%，作为本试验的基准组进行试验，矿渣和脱硫石膏掺量初步分别定为 22%和 8%。

表 6.7 不同铁尾矿掺量下复合胶凝材料的配合比设计

编号	矿渣/%	铁尾矿/%	脱硫石膏/%	水泥/%
B0	22	0	8	70
B1	22	10	8	60
B2	22	20	8	50
B3	22	30	8	40
B4	22	40	8	30
B5	22	50	8	20

如图 6.15 所示，不同掺量铁尾矿胶砂试件抗压强度表明，随着铁尾矿代替水泥掺量的增加，胶砂试件的力学性能呈下降趋势。铁尾矿掺量为 10%时，龄期 3d、7d 和 28d 抗压强度分别为 10.2MPa、30.5MPa 和 42.2MPa，与各个龄期的基准组 B0 抗压强度相比，强度分别下降了 5.6%、5.6%和 8.5%，铁尾矿胶砂试件与水泥对照组强度相差不大。由于铁尾矿颗粒比水泥颗粒细，铁尾矿掺量为 10%时，细颗粒填充在胶凝体系中由粗颗粒堆积形成的孔隙内，发挥填充效应，增强试件的密实度，弥补了由减少水泥颗粒造成的强度损失。另外，铁尾矿颗粒较细，在胶凝体系水化过程中，可以发挥晶核效应，提高胶凝材料的水化进程，宏观上改善胶砂试件的力学性能。

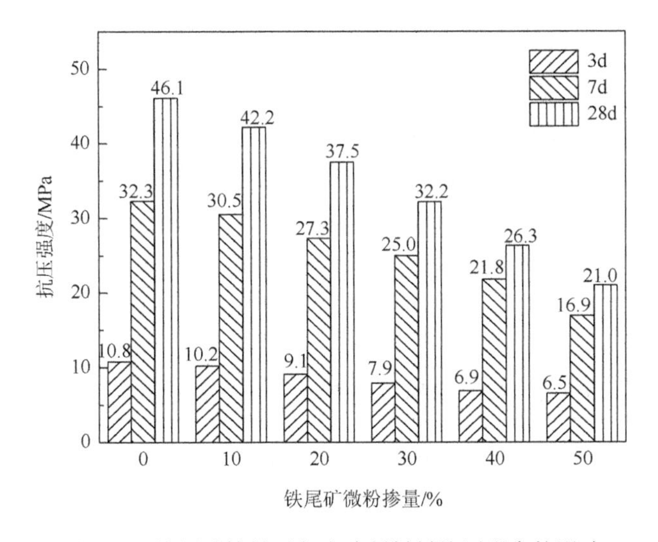

图 6.15　铁尾矿掺量对复合胶凝材料抗压强度的影响

铁尾矿掺量为 30%，龄期 3d、7d 和 28d 抗压强度分别为 7.9MPa、25.0MPa 和 32.2MPa，与各个龄期的基准组 B0 组抗压强度相比，强度均较接近，表明适量减少水泥的掺量，增加铁尾矿的掺量，对胶砂试件的力学性能影响较小。具体分析为：铁尾矿含有大量的 SiO_2，机械粉磨破坏晶体结构，断键的硅氧四面体附着在铁尾矿表面，由 SEM 和 XRD 分析可知，断键之后的铁尾矿在碱性环境条件下，不饱和的 Si 原子连接 Ca—O 键或 O—H 键，部分结晶水生成，水泥水化产物相互搭接，使胶砂试件的微观结构更加致密。因此，适量掺量铁尾矿制备的胶砂试件强度与基准组强度相比两者相差不大，说明铁尾矿在复合胶凝材料体系中发生水化反应，生成水化产物，提高胶砂试件的力学性能。

铁尾矿掺量为 50%时，龄期 3d、7d 和 28d 抗压强度分别为 6.5MPa、16.9MPa 和 21.0MPa，与水泥对照组相比，各龄期的胶砂试件强度下降明显。铁尾矿掺量占比较大，胶砂试件中胶凝材料参与水化反应的数量少。铁尾矿由于含有大量的石英，常温下在水泥基材料中为惰性材料，火山灰活性低，参与水化反应的程度低，胶砂试件结构稀疏，强度较低。

另外，铁尾矿代替水泥掺量，胶凝体系中水泥占比减小，水泥水化诱导期较短，而早期水化体系中，胶砂试件的强度主要由水泥水化反应生成水化产物提高试件的强度，增大铁尾矿的掺量，水泥颗粒数量减小，生成相应水化产物数量减小，胶凝体系较为稀疏且存在较多毛细孔，胶砂试件强度较低，与基准组相比强度急剧下降。因此，大掺量铁尾矿制备的胶砂试件力学性能差，铁尾矿胶砂试件应适量减少铁尾矿的掺量。

由表 6.8 所示，龄期 28d 的铁尾矿胶砂试件抗折强度试验表明，随着铁尾矿掺量增加，胶砂试件抗折强度呈下降的趋势，强度降低幅度随着铁尾矿掺量的增加而增大。铁尾矿掺量为 10%时，与水泥对照组 B0-1 组相比，抗压强度下降了 8.5%，抗折强度下降了 5.9%，抗折强度降低幅度小于抗压强度，表明铁尾矿掺量为 10%时，对胶砂试件抗折强度有较大的积极作用。铁尾矿掺量为 50%时，B5-1 组试件抗压强度与基准组相比，下降了 54.4%，抗折强度较基准组下降了 28.2%，表明对于大掺量的铁尾矿胶砂试件，抗折强度损失小于抗压强度。

表 6.8　不同铁尾矿掺量下复合胶凝材料的抗折强度

编号	水泥/%	铁尾矿/%	水胶比	抗折强度/MPa		
				3d	7d	28d
B0-1	70	0	0.5	2.5	5.9	8.5
B1-1	60	10	0.5	2.4	5.8	8.0
B2-1	50	20	0.5	2.0	5.6	8.0
B3-1	40	30	0.5	1.9	5.4	7.3
B4-1	30	40	0.5	1.7	5.4	6.7
B5-1	20	50	0.5	1.6	5.1	6.1

综上，铁尾矿在胶凝体系中能够促进填充效应、晶核效应和稀释效应的发生，铁尾矿掺量为 30%以内时，胶凝材料参与水化反应数量多，小颗粒的铁尾矿填充结构毛细孔内，对结构强度起到明显的积极作用。铁尾矿掺量大于 30%时，水泥掺量少，胶凝材料参与水化反应的数量少，胶砂试件结构稀疏，另外，机械粉磨后的铁尾矿活性得到激发，但仍旧存在惰性材料，水化反应程度低，胶砂试件强度低。因此，铁尾矿胶砂试件宜控制铁尾矿掺量在 30%以内，少量铁尾矿发生水化反应，大部分铁尾矿主要发挥填充效应，并且机械粉磨后的铁尾矿颗粒较小，

在水化反应进程中可以为水泥等胶凝材料的水化提供大量的成核点，加速硅酸盐水泥水化。

辅助胶凝材料的颗粒形态影响胶凝材料的流动度，浆体的流动度影响胶砂试件的工作性能，同时对浆体的力学性能产生影响。

试验主要研究铁尾矿掺量对胶砂试件流动度的影响，B0-1 组为水泥对照组，铁尾矿胶砂试件流动度如表 6.9 所示，随着铁尾矿掺量的增加，铁尾矿胶砂试件的流动度呈先上升后下降的变化趋势。铁尾矿掺量为 10%时，B1-1 组试件流动度为 193mm，较基准组流动度上升了 5.4%；B3-1 组试件流动度为 171mm，较基准组下降了 6.6%；随着铁尾矿掺量增加，B5-1 组试件流动度为 149mm，较基准组下降了 18.6%，流动度下降幅度明显，降幅较大。分析原因可能为铁尾矿的颗粒比水泥颗粒细，加入适量铁尾矿可以提高粉体颗粒的级配，使得胶凝体系粉体的颗粒级配更加均匀，提高铁尾矿胶砂试件流动度。但是，随着铁尾矿掺量增加，复合胶凝材料体系中含有大量过细颗粒，铁尾矿是一种不规则的颗粒，多为棱角状或细长条状，不能像水泥颗粒一样起到滚珠润滑的作用，粉体间摩擦增大降低了胶砂试件流动度。

表 6.9　不同铁尾矿掺量下复合胶凝材料的流动度

试验编号	流动度/mm
B0-1	183
B1-1	193
B2-1	178
B3-1	171
B4-1	162
B5-1	149

从微观角度进行分析，铁尾矿的形貌不光滑，为棱角不规则颗粒且颗粒较细，需要浆体包裹的量比较多，铁尾矿掺量较大时，颗粒间可能发生机械咬合作用，增大内阻力，另外，铁尾矿过细，粉体存在静电吸引团聚现象，影响胶砂试样的流动性，从而降低了胶砂试样流动度。

综上所述，适当掺加铁尾矿，利用粉体颗粒级配的差异性，会改善胶砂试样的流动性。过多掺量铁尾矿，由于机械粉磨后的铁尾矿比表面积大，粉体存在静电吸引团聚现象等，影响胶砂试样的流动性，导致胶砂试样结构不密实。在铁尾矿胶砂试样中，铁尾矿的颗粒形貌与掺量共同影响胶砂试样的流动度。因此，铁尾矿作为胶凝材料，在复合胶凝材料体系中应控制铁尾矿掺量在 30%以内。

2. *矿渣掺量对复合胶凝材料性能的影响*

由于铁尾矿水化诱导期时间长，铁尾矿胶砂试样的早期强度低，矿渣加入胶凝体系中可以为早期水泥的水化提供大量的成核点，加速水泥水化。水泥水化提高胶凝体系的 pH 值，碱性环境会破坏矿渣的网格结构，激发矿渣火山灰活性，增强复合胶凝体系的协同作用[93, 94]。

因此应调整矿渣掺量，更好地发挥矿渣对铁尾矿胶凝体系的强度增强效应。试验方案具体如表 6.10 所示。

表 6.10 不同矿渣掺量下复合胶凝材料的配合比设计

编号	水泥/%	铁尾矿/%	矿渣/%	脱硫石膏/%
C0-1	40	18	34	8
C1-1	40	22	30	8
C2-1	40	26	26	8
C3-1	40	30	22	8
C4-1	40	34	18	8
C5-1	40	38	14	8

不同掺量的矿渣胶砂试件抗压强度如图 6.16 所示，调整矿渣与铁尾矿的掺量配合比，增加矿渣的掺量，胶砂试件的抗压强度呈上升趋势。龄期 3d 的胶砂试件，C3-1 组抗压强度为 8.7MPa，C0-1 组为 16.3MPa，增加矿渣的掺量，胶砂试件的抗压强度增加明显。分析原因为铁尾矿的早期水化反应程度小，由于减少水泥的

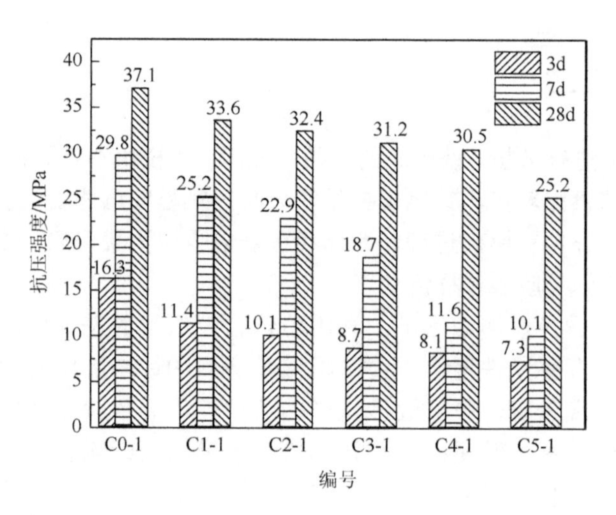

图 6.16 矿渣掺量对铁尾矿复合胶凝材料抗压强度的影响

掺量，胶凝体系中生成水化产物的数量少，用矿渣替代部分铁尾矿，矿渣活性高，与水泥协同作用强，可以较好加速复合胶凝材料的水化进程。因此，增加矿渣的掺量，龄期为 3d 的胶砂试件强度明显增加，说明矿渣的加入可以弥补铁尾矿活性低的不足，产生较多的水化产物，提高胶砂试件的强度。

增加矿渣的掺量，各龄期胶砂试件力学性能表现较好，胶砂试件抗压强度结果表明：C0-1 组 3d、7d 和 28d 抗压强度分别为 16.3MPa、29.8MPa 和 37.1MPa，与 C3-1 组相比，不同养护龄期的强度均上升明显。不同掺量矿渣制备的胶砂试件抗折强度如表 6.11 所示，随着矿渣掺量的增加，胶砂试件抗折强度呈上升的趋势。适当增加矿渣的掺量，胶砂试件抗折强度和抗压强度均能保持较好的力学性能，随着矿渣掺量的增加，铁尾矿胶砂试件强度上升，表明铁尾矿、矿渣和水泥复合胶凝体系可以较好地发挥三者协同作用。由于矿渣的颗粒比铁尾矿颗粒粗，铁尾矿可以较好地发挥成核作用和稀释效应，对水泥和矿渣的水化有显著的促进作用。另外，在铁尾矿复合胶凝体系中，胶砂试件的碱度较高，矿渣的活性得到有效激发，铁尾矿-矿渣-水泥胶砂试件发生水化反应产生大量的水化产物。因此，铁尾矿和矿渣对胶砂试件共同发挥晶核效应、填充效应、协同作用，产生复合超叠加效应，促进胶砂试件强度增长。

表 6.11　不同矿渣掺量下铁尾矿复合胶凝材料的抗折强度

编号	矿渣/%	铁尾矿/%	水胶比	抗折强度/MPa		
				3d	7d	28d
C0-1	34	18	0.5	3.9	6.6	9.1
C1-1	30	22	0.5	2.8	6.3	8.7
C2-1	26	26	0.5	2.6	5.2	8.0
C3-1	22	30	0.5	2.3	4.5	7.6
C4-1	18	34	0.5	2.1	2.8	7.2
C5-1	14	38	0.5	2.1	2.7	6.3

28d 龄期胶砂试件，C4-1 组抗压强度较 C0-1 组下降了 17.8%，C2-1 组下降了 12.7%，C1-1 组下降了 9.4%，随着矿渣掺量减少，胶砂试件力学性能降低幅度变大。C2-1 组胶砂试件与 C1-1 组相比，增加 4 个百分点的铁尾矿掺量，两组胶砂试件强度降低幅度相差小，表明当铁尾矿与矿渣质量比为 26∶26 时，铁尾矿与矿渣协同作用明显。因此，初步确定铁尾矿与矿渣掺量为 1∶1，此时铁尾矿与矿渣协同作用较好，试件力学性能较好。

由于矿渣颗粒小于水泥，改变矿渣掺量会调整胶凝材料的颗粒级配，复合胶凝材料的粉体颗粒形貌和掺量会影响试件的工作性能。因此，应当分析不同掺量矿渣制备的胶砂试件的流动度。由表 6.12 可以看出，随着矿渣掺量增加，铁尾矿复合胶凝材料的流动度呈上升的趋势，矿渣掺量越大，流动度的增长幅度越大。

矿渣填充在胶凝材料堆积形成的孔隙中，置换出孔隙中间的水分，增加了水泥颗粒的润滑作用，促进浆体流动度改善，增大浆体的流动度。

表 6.12　不同矿渣掺量下铁尾矿复合胶凝材料流动度

编号	流动度/mm
C0-1	180
C1-1	176
C2-1	174
C3-1	173
C4-1	171
C5-1	170

3. 脱硫石膏掺量对复合胶凝材料性能的影响

在胶砂试件水化过程中，脱硫石膏调节水泥的凝结时间[94]。脱硫石膏与胶凝体系中的水化产物氢氧化钙发生反应，促进胶砂试件的水化进程，使得胶凝材料硬化结构更加致密。一方面，脱硫石膏对矿渣有碱性激发作用，与矿渣中的 Al_2O_3、SiO_2 发生水化反应，生成微膨胀的钙钒石，提高胶砂试件强度[93]。另一方面，在碱性环境下，铁尾矿表面存在大量的硅氧断键，硅氧断键会发生重聚，提高试件强度。由于铁尾矿含有长石类等硅酸盐矿物，在碱性环境下，硫酸盐对其进行碱激发，破坏其稳定的矿物结构发生水化反应，生成新的水化产物[95]。调整脱硫石膏的掺量，胶砂试件中各胶凝材料的配合比如表 6.13 所示。

表 6.13　不同脱硫石膏掺量下复合胶凝材料的配合比设计

编号	水泥/%	脱硫石膏/%	铁尾矿/%	矿渣/%
D1-2	40	6	28	26
D2-2	40	6	26	28
D3-2	40	6	27	27
D4-2	40	4	28	28
C2-1	40	8	26	26

不同掺量脱硫石膏制备的胶砂试件抗压强度、抗折强度分别如图 6.17 和表 6.14 所示。在铁尾矿-矿渣-水泥复合胶凝材料体系中，当水泥掺量为 40%，铁尾矿与矿渣掺量比为 1∶1 时，龄期 28d 的胶砂试件抗压强度表明，脱硫石膏掺量为 4%时，胶砂试件强度为 34.8MPa，脱硫石膏掺量为 6%时，胶砂试件强度为 35.2MPa，脱硫石膏掺量为 8%时，胶砂试件强度为 32.4MPa，随着脱硫石膏掺量增加，胶砂

试件抗压强度呈先上升后下降的发展趋势。这表明适量掺量的脱硫石膏对胶凝体系有积极作用。分析原因为胶凝体系中加入脱硫石膏对铁尾矿、矿渣、水泥胶凝体系进行碱性激发，粉磨后的铁尾矿 Si—O 键断裂，矿物结构发生破坏，促进了复合胶凝材料快速水化并加速复合胶凝体系硬化进程，宏观上表现为胶砂试件力学性能提高，但是，由于胶凝材料化学特性决定其水化的程度，脱硫石膏掺量增加，对矿渣等碱性激发作用有限，因此铁尾矿胶砂试件强度不再增加。

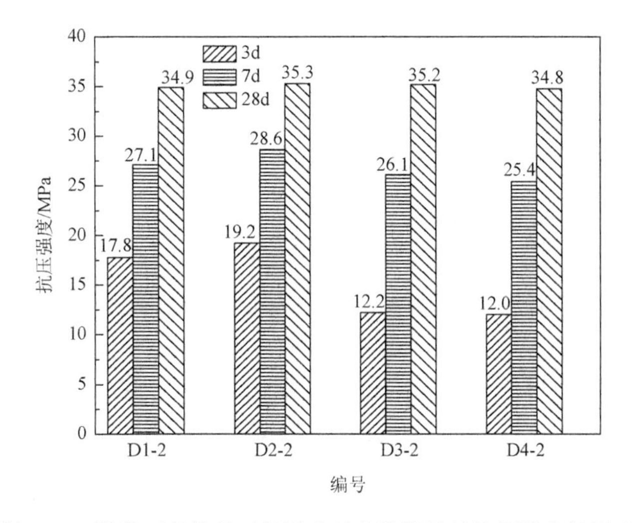

图 6.17　脱硫石膏掺量对铁尾矿复合胶凝材料抗压强度的影响

表 6.14　不同脱硫石膏掺量下铁尾矿复合胶凝材料的抗折强度

编号	水泥/%	脱硫石膏/%	铁尾矿/%	矿渣/%	抗折强度/MPa		
					3d	7d	28d
D1-2	40	6	28	26	4.3	6.1	8.1
D2-2	40	6	26	28	4.5	6.0	7.8
D3-2	40	6	27	27	2.9	5.9	8.5
D4-2	40	4	28	28	2.7	5.1	7.9
C2-1	40	8	26	26	2.6	5.2	8.0

不同掺量的脱硫石膏制备胶砂试件抗折强度表明，随着脱硫石膏掺量增加，胶砂试件抗折强度呈先上升后下降的变化趋势。分析原因与抗压强度变化规律相类似，过量掺量的脱硫石膏对胶砂试件强度增加效果不明显，胶凝体系中减少了其他胶凝材料的占比，胶砂试件强度下降。

掺加过多的脱硫石膏，胶砂试件强度呈下降的发展趋势，胶凝材料矿物组成决定了水化反应的程度，脱硫石膏掺量过多对复合胶凝材料碱性激发作用小，试件强度低。

综上所述，脱硫石膏促进铁尾矿复合胶凝体系水化，加速水泥中 C_3S 水化，胶凝体系液相中 $Ca(OH)_2$ 的浓度上升，铁尾矿含有断键，SiO_2 进行重组，铁尾矿水化生成更多柱状钙钒石和水化硅酸钙胶凝材料，细化胶砂试件内部微观结构，提高密实度；提高 $Ca(OH)_2$ 浓度，对矿渣有碱性激发的作用，加速矿渣发生水化反应[96]。但掺加过多脱硫石膏，铁尾矿胶砂试件强度降低，因此，在铁尾矿复合胶凝材料体系中，应控制脱硫石膏掺量为 6%左右。

6.5.2 铁尾矿复合胶凝材料正交优化

1. 正交方案设计

本节结合铁尾矿和矿渣水化特点，探究不同胶凝材料掺量对胶砂试件力学性能的影响。

依据试验，矿渣和铁尾矿掺量不同，影响胶砂试件的强度，铁尾矿在复合胶凝材料中能较好地发挥填充效应、晶核效应以及稀释作用，因此，探究不同掺量铁尾矿对胶砂试件力学性能的影响较为重要。铁尾矿、水泥、矿渣和脱硫石膏共同组成复合胶凝材料体系，在不同掺量的胶凝材料条件下，对胶砂试件力学性能的发展变化进行正交试验，对胶凝材料的掺量进行优化。

正交设计主要分为两个阶段，第一个阶段确定试验的影响因素为铁尾矿掺量、矿渣掺量、脱硫石膏掺量和水泥掺量，各因素设置 3 个水平，安排进行正交试验。第二个阶段依据第一阶段的结果对数据进行分析处理，得到不同因素对试验的影响，进行最优配合比组合，确定出一种较好的试验方案。

本节试验方案具体如下：依据上一节试验结果，初步确定铁尾矿∶矿渣＝1∶1，脱硫石膏掺量为 6%，在此基础上进行正交试验，各因素水平范围分别为铁尾矿掺量（26%～30%）、矿渣掺量（26%～30%）、脱硫石膏掺量（6%～10%）和水泥掺量（25%～35%）。选用正交试验法 L_9（3^4）设计试验配合比。表 6.15 为具体因素和水平设计，表 6.16 为正交试验抗压强度测试结果。

表 6.15　正交试验各因素在不同水平下取值（%）

水平	A 脱硫石膏掺量	B 矿渣掺量	C 铁尾矿掺量	D 水泥掺量
1	6	30	30	35
2	8	28	28	30
3	10	26	26	25

表 6.16　$L_9(3^4)$ 正交试验结果与分析

编号	因素				抗压强度/MPa		
	A 脱硫石膏掺量	B 矿渣掺量	C 铁尾矿掺量	D 水泥掺量	3d	7d	28d
E-1	1	1	1	1	20.3	30.0	35.1
E-2	1	2	2	2	16.7	25.6	31.0
E-3	1	3	3	3	11.3	19.7	24.8
E-4	2	1	2	3	12.6	18.5	25.0
E-5	2	2	3	1	19.8	29.7	34.3
E-6	2	3	1	2	12.1	16.8	25.4
E-7	3	1	3	2	18.0	27.0	32.7
E-8	3	2	1	3	10.0	15.4	22.0
E-9	3	3	2	1	15.5	28.2	30.4
K_1	48.3	50.9	42.4	55.6	3d 抗压强度		
K_2	44.5	46.5	44.8	46.8			
K_3	43.5	38.9	59.1	33.9			
R_i	3.8	12.0	6.7	21.7			
K_1	75.3	75.5	62.2	87.6	7d 抗压强度		
K_2	65	70.7	72.3	71.4			
K_3	70.6	64.7	76.4	53.6			
R_i	10.3	10.8	14.2	34.0			
K_1	90.9	92.8	82.5	99.8	28d 抗压强度		
K_2	84.7	87.3	86.4	89.1			
K_3	85.1	80.6	91.8	71.8			
R_i	6.2	12.2	9.3	28.0			

2. 试验结果分析

依据正交试验结果进行分析，表 6.17 为铁尾矿胶砂试件抗压强度的分析结果，计算各指标影响程度，因素水平最优组合如表 6.18 所示。由试验结果可知，在铁尾矿复合胶凝体系中，水泥对胶砂试件 3d、7d 和 28d 强度影响最大，矿渣和铁尾矿次之，脱硫石膏的掺量对胶砂试件强度影响较小。

表 6.17　铁尾矿复合胶凝材料正交试验优化分析

不同龄期的试块抗压强度	主→次			
3d 抗压强度	D	B	C	A
7d 抗压强度	D	B	C	A
28d 抗压强度	D	B	C	A

表 6.18　铁尾矿复合胶凝材料因素水平最优组合

不同龄期的试块抗压强度	因素水平
3d 抗压强度	$A_1B_1C_3D_1$
7d 抗压强度	$A_1B_1C_3D_1$
28d 抗压强度	$A_1B_1C_3D_1$

依据正交试验结果，初步确定最佳组合为 $A_1B_1C_3D_1$。由正交试验结果可知，E-1 试件龄期 28d 强度为 35.1MPa，试验强度最大，由于矿渣、水泥掺量占比较大，力学性能较好，结论与上一节结论相符，从一定程度说明正交试验分析结果较为准确可靠。E-3 组试件中矿渣、水泥的掺量均较少，胶凝材料水化条件差，力学性能较差，胶砂试件强度为 24.8MPa，E-3 较 E-1 强度下降 29.3%，强度下降明显。E-8 组脱硫石膏占比较大，矿渣和水泥掺量较少，胶砂试件各龄期强度均较低，因此，应适当减少脱硫石膏的掺量。

3. 对比验证试验

依据正交试验结果，调整胶凝材料的配合比进行表 6.19 所示的正交对比验证试验。F-1 组为 $A_1B_1C_3D_1$，为提高铁尾矿的利用率，增大铁尾矿在复合胶凝材料中的占比，进行对比验证。由胶砂流动度可知，由于铁尾矿细颗粒形状为菱形，浆体中摩擦力大，会减少胶砂试件的流动度，并且铁尾矿掺量较大时，胶砂试件流动度下降幅度大。在满足试件强度要求下，考虑胶砂试件的工作性能，为满足强度要求，适当增加水泥掺量，其他材料占比不变，调整各原材料掺量，设置 F-2 组进行对比试验。

表 6.19　铁尾矿复合胶凝材料正交试验验证（%）

编号	铁尾矿	矿渣	水泥	脱硫石膏
F-1	26	30	35	6
F-2	27	29	38	6

铁尾矿、矿渣、水泥和脱硫石膏掺量为 27∶29∶38∶6，龄期 3d 和 28d，铁尾矿胶砂试件抗压强度分别为 18.2MPa 和 38.9MPa（图 6.18），抗折强度分别大于 2.5MPa 和 5.5MPa（图 6.19），强度满足《通用硅酸盐水泥》（GB/T 175—2007）强度等级 32.5 的复合硅酸盐水泥标准要求，胶砂试验流动度如表 6.20 所示，流动度为 171mm，满足工作要求。

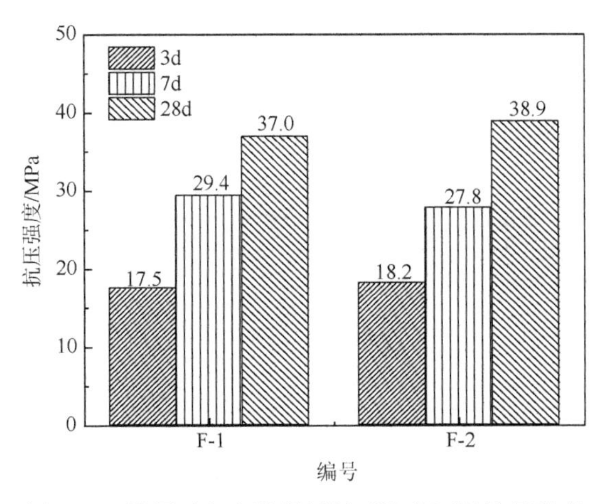

图 6.18　铁尾矿复合胶凝材料对比验证组抗压强度

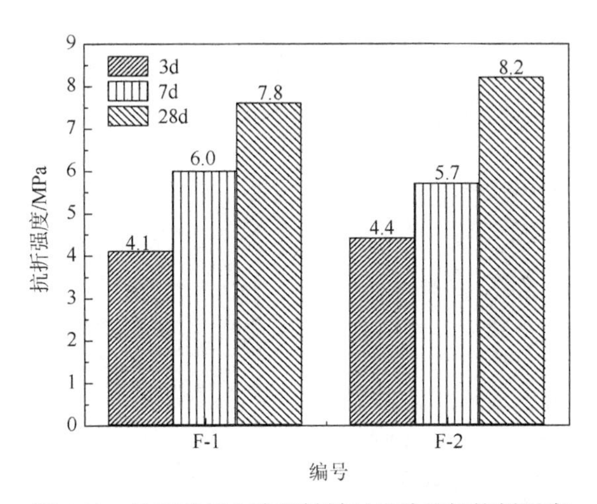

图 6.19　铁尾矿复合胶凝材料对比验证组抗折强度

表 6.20　优化组合铁尾矿复合胶凝材料流动度

编号	流动度/mm
F-1	167
F-2	171

6.5.3　铁尾矿复合胶凝材料性能测试

1. 标准稠度用水量及凝结时间

测定胶凝材料达到标准稠度所需的用水量，以保证胶凝材料充分水化，方便胶凝材料使用。依据《水泥标准稠度用水量、凝结时间、安定性检验方法》（GB/T 1346—2001）进行铁尾矿复合胶凝材料标准稠度用水量测试，以及初凝时间和终凝时间测定，试验结果见表 6.21。

表 6.21　铁尾矿复合胶凝材料性能指标

原料	标准稠度/%	初凝时间/min	终凝时间/min
铁尾矿复合胶凝材料	31.0	94	193
P·C32.5 水泥	25.4	＞45	＜390

由表 6.21 可知，由于铁尾矿复合胶凝材料颗粒小且颗粒形状多为菱形，需要更多的浆体对其进行包裹，比水泥需水量大，铁尾矿复合胶凝材料标准稠度为 31.0%，大于 P·C32.5 水泥标准稠度。铁尾矿复合胶凝材料的初凝时间满足《通用硅酸盐水泥》（GB/T 175—2007）规定要求，初凝时间大于 45min，终凝时间小于 390min，复合胶凝材料的凝结时间测试过程见图 6.20。

(a) 初凝时间测试

(b) 终凝时间测试

图 6.20　铁尾矿复合胶凝材料凝结时间测试

2. 安定性试验

在凝结硬化过程中胶凝材料体积可能会发生不均匀性变化，产生安定性不良的现象，如龟裂、弯曲等。胶凝材料中含有过多游离氧化钙、游离氧化镁，或者胶凝材料中含有过量石膏，均会导致在凝结硬化过程中胶凝材料体积发生不均匀性变化，安定性不良导致构件内部产生破坏应力，损害建筑构件的安全性，影响建筑工程质量。铁尾矿复合胶凝材料替代部分水泥，应用于建筑材料领域，因此，需要检测铁尾矿复合胶凝材料的安定性。试验依据规范要求，采用试饼法进行安定性试验。

试验结果显示，试饼未发现裂缝，钢尺紧靠试饼顶部，两者无缝隙，较为贴合，表明铁尾矿复合胶凝材料安定性满足试验要求。

6.6　铁尾矿复合胶凝材料的水化机理研究

材料的组分影响宏观性能和微观结构，微观结构的改变，导致宏观性能也发生变化。胶砂试件中胶凝材料与水不断反应，生成新物质，影响胶砂试件力学性能发展进程，由于辅助胶凝材料组分复杂且多样，因此，需要对水化产物形貌与结构进行分析与判定，研究铁尾矿试件水化机理，分析水化反应的主要影响因素。

铁尾矿作为胶凝材料，影响胶凝材料体系的性能，6.4 节从宏观性能方面分析铁尾矿胶砂试件的力学性能发展趋势和流动度变化规律。机械粉磨后的铁尾矿由于颗粒较细，在复合胶凝材料体系中能产生填充效应，机械粉磨激发铁尾矿潜在火山灰活性，参与复合胶凝材料体系水化进程中，需要对其水化进程进行具体的研究分析。本章利用水化热、XRD、SEM-EDS 和 FTIR 等测试手段，对净浆试件物相组成和微观结构进行分析研究，分析铁尾矿复合胶凝材料的水化机理，为铁尾矿作为胶凝材料提供理论支撑。

6.6.1　铁尾矿复合胶凝材料的水化热分析

在水化反应进程中，胶凝材料化学键断裂产生新的水化产物，体系能量增加。如图 6.21 所示，F-1 为纯水泥组，F-2 为铁尾矿∶水泥＝3∶7，F-3 为铁尾矿∶矿渣∶水泥∶脱硫石膏＝27∶29∶38∶6。加入铁尾矿复合胶凝材料的水化热分析表明，第二放热峰峰值下降明显，铁尾矿部分替代水泥，整个胶凝材料体系中的 Ca^{2+} 和 OH^-减少，$Ca(OH)_2$ 晶体析出困难，析出时间较长。因此，与纯水泥组相比，发生水化反应的时间延后。在胶凝体系中铁尾矿替代部分水泥，由于铁尾矿含有大量的石英，自身水化慢且活性低，铁尾矿在胶凝材料体系中主要以填充效应为主。

另外，随着水泥掺量减少、Ca^{2+}减少，胶凝体系中水泥形成双电层的趋势减弱，导致胶凝效果减弱，包裹在水泥内部的未水化颗粒容易分散开来，铁尾矿颗粒起到分散的作用，铁尾矿复合胶凝材料水化热低，见图 6.22。

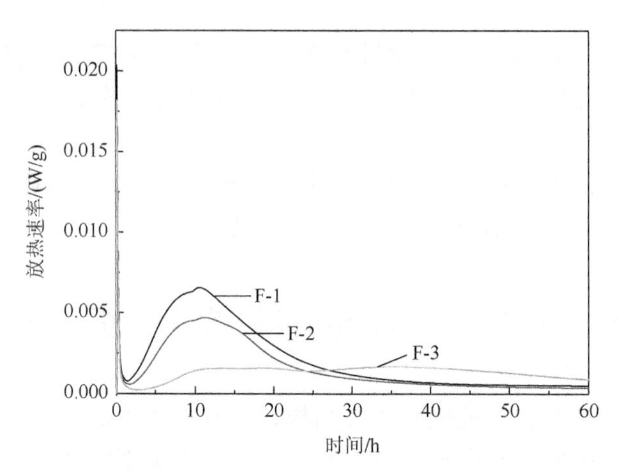

图 6.21　铁尾矿-矿渣-水泥复合胶凝材料放热速率

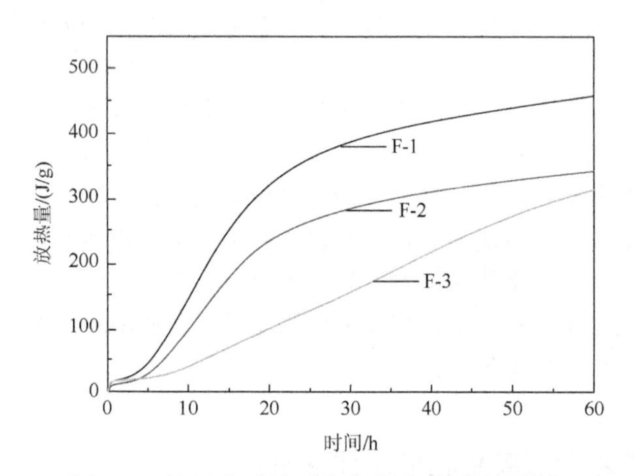

图 6.22　铁尾矿-矿渣-水泥复合胶凝材料水化热

如表 6.22 所示，水泥的第二放热峰在 10.4h 左右形成，最大放热速率为 6.58×10^{-3}W/g；铁尾矿与水泥掺量为 3∶7 时，第二放热峰在 11.2h 形成，最大放热速率为 4.75×10^{-3}W/g；铁尾矿复合胶凝材料的第二放热峰在 12.2h 形成，最大放热速率为 1.64×10^{-3}W/g。

表 6.22　铁尾矿复合胶凝材料掺量对水化放热的影响

编号	最大水化放热速率/(W/g)	最大放热速率出现时间/h	水化热/(J/g)	
			1d	2d
F-1	6.58×10^{-3}	10.4	357.17	435.92
F-2	4.75×10^{-3}	11.2	255.08	325.42
F-3	1.64×10^{-3}	12.2	123.88	261.93

综上，加入铁尾矿的胶凝材料体系早期水化放热量和放热速率均低于纯水泥组，加入铁尾矿会延缓胶凝材料体系的水化进程。因此，铁尾矿替代水泥有利于制备大体积混凝土，控制早期试件的温度裂缝。

6.6.2　铁尾矿复合胶凝材料水化特性分析

1. XRD 分析

通过 XRD 分析，对不同养护龄期的铁尾矿复合胶凝材料净浆试件进行表征分析。如图 6.23 所示，铁尾矿净浆试件的水化产物主要有 AFt、C-S-H 和 $Ca(OH)_2$，也存在一部分未水化的石英。随着养护龄期增加，AFt 含量逐渐增加，AFt 的衍射峰逐渐增强。

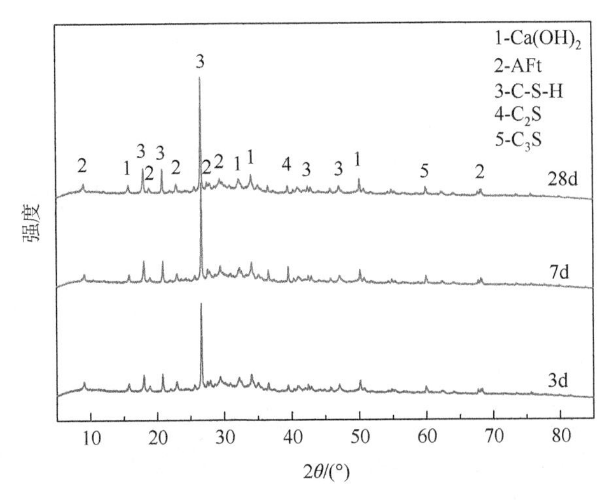

图 6.23　不同龄期下铁尾矿复合胶凝材料净浆试样 XRD 图谱

3d 龄期净浆试件 XRD 图谱表明，净浆试件的水化产物主要有 $Ca(OH)_2$、AFt、C_2S、C_3S 和 C-S-H。由于试件 3d 水化程度低，胶凝材料生成的 AFt 数量少，衍射峰较低，$Ca(OH)_2$ 较多。7d 龄期净浆试件 XRD 图谱显示，铁尾矿、矿渣和水泥胶凝材料水化生成的 C-S-H 凝胶物质数量增多，AFt 晶体析出的数量增多，衍射峰明显。但 C_2S、C_3S 数量减少，分析原因可能为，机械粉磨后的铁尾矿与 $Ca(OH)_2$ 发生水化反应，铁尾矿微粉的稀释效应促进 C_2S、C_3S 的水化反应。龄期 28d 净浆试件 XRD 图谱分析表明，由于 $Ca(OH)_2$ 与活性硅铝氧化物发生反应，衍射峰持续降低，C-S-H 凝胶生成数量增多，AFt 结晶度高，衍射峰明显。

净浆试件在 7d、28d 龄期内 XRD 相差不大，钙钒石衍射峰继续升高，C-S-H 凝胶以及凝胶类的物质是水泥和矿渣的主要水化产物，说明试件在 7d 龄期内，水化到一定程度，水化产物大量生成，主要水化产物 C-S-H 凝胶特征峰和钙矾石特征峰峰值均有所上升。

铁尾矿代替部分水泥发挥稀释效应，铁尾矿与矿渣相比，含有大量的氧化硅，因氧化硅与氢氧化钙反应水化程度低，28d 龄期的净浆试件仍旧有未水化的氧化硅，但此时氢氧化钙的含量与 3d 龄期净浆试件相比，衍射峰减弱。这表明矿渣和铁尾矿都与氢氧化钙发生水化反应，形成大量类似胶凝材料的物质，与胶凝体系中的针状托贝莫来石共同形成网络结构，结构致密且稳定。

2. SEM-EDS 分析

如图 6.24 所示，龄期为 3d 的铁尾矿复合胶凝材料净浆试样 SEM 图显示，水化初期净浆试件的水化产物数量少，试件结构比较疏松，水化产物含有少量不规则形状的 C-S-H 凝胶、针棒状的钙矾石和未水化的铁尾矿颗粒。这些凝胶和钙矾石主要来自水泥与矿渣发生的水化反应。

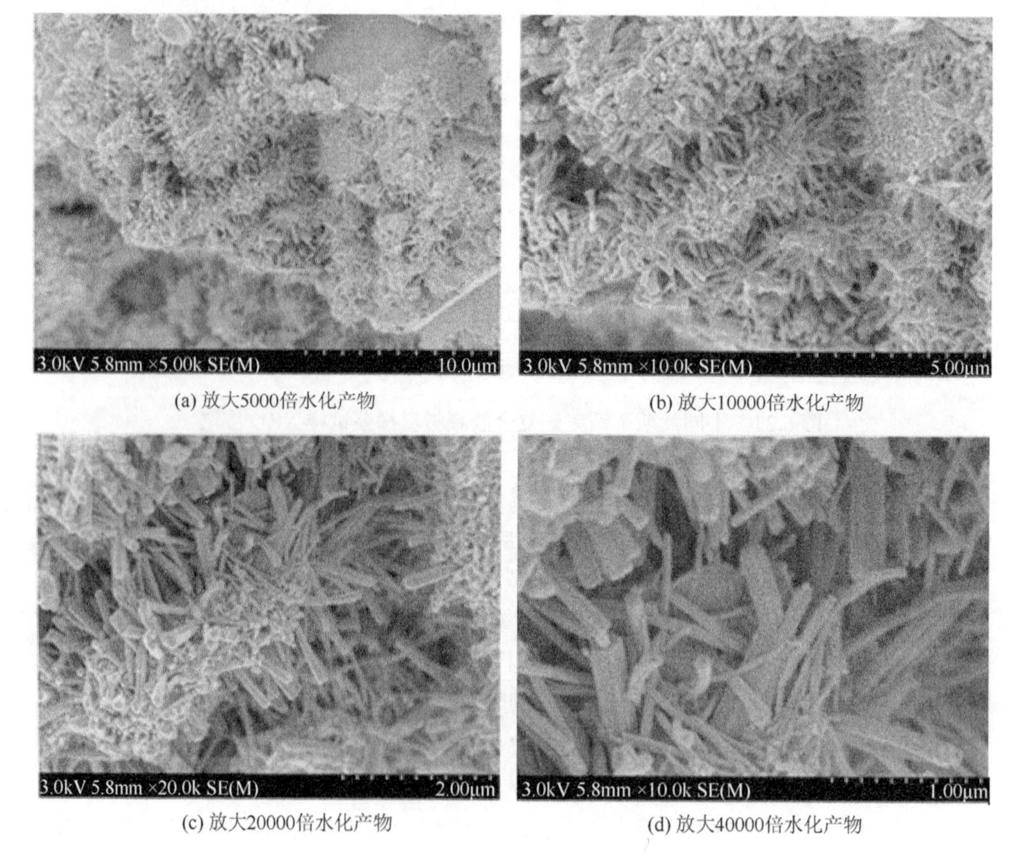

(a) 放大5000倍水化产物　(b) 放大10000倍水化产物

(c) 放大20000倍水化产物　(d) 放大40000倍水化产物

图 6.24　铁尾矿复合胶凝材料净浆试样 3d 龄期的 SEM 图

3d 时，胶凝材料水化反应还未完全进行，结构体系存在大孔隙且数量较多，在 SEM 中还能观察到未水化的铁尾矿颗粒，此时结构体系疏松，胶凝材料之间没有相互结合在一起。在水化初期，初步形成了团簇状的 C-S-H 凝胶和针棒状的 AFt 晶体，但由于胶凝体系中含有未水化的细颗粒铁尾矿，可以为净浆结构发挥填充效应，为结构体系提供骨架结构，增加试件的强度。但由于胶凝体系中，水化胶凝材料数量少，整个体系内部水化胶凝效果不明显，微观结构上存在孔隙较多，铁尾矿提供的强度仍旧较小。所以，试件在宏观上表现为力学性能较低。

铁尾矿复合胶凝材料净浆试样 7d 龄期水化产物见图 6.25，养护 7d 的试件和 3d 相比，针棒状的 AFt 数量增多，且形状明显变粗，C-S-H 凝胶与钙钒石相互搭接，整个结构体系较为致密。在水化体系内，基本看不到未水化的铁尾矿颗粒，由于生成 C-S-H 凝胶和 AFt 数量增多，将细颗粒铁尾矿胶凝在一起，铁尾矿颗粒填充结构孔隙，孔隙数量减少，胶凝材料体系致密。

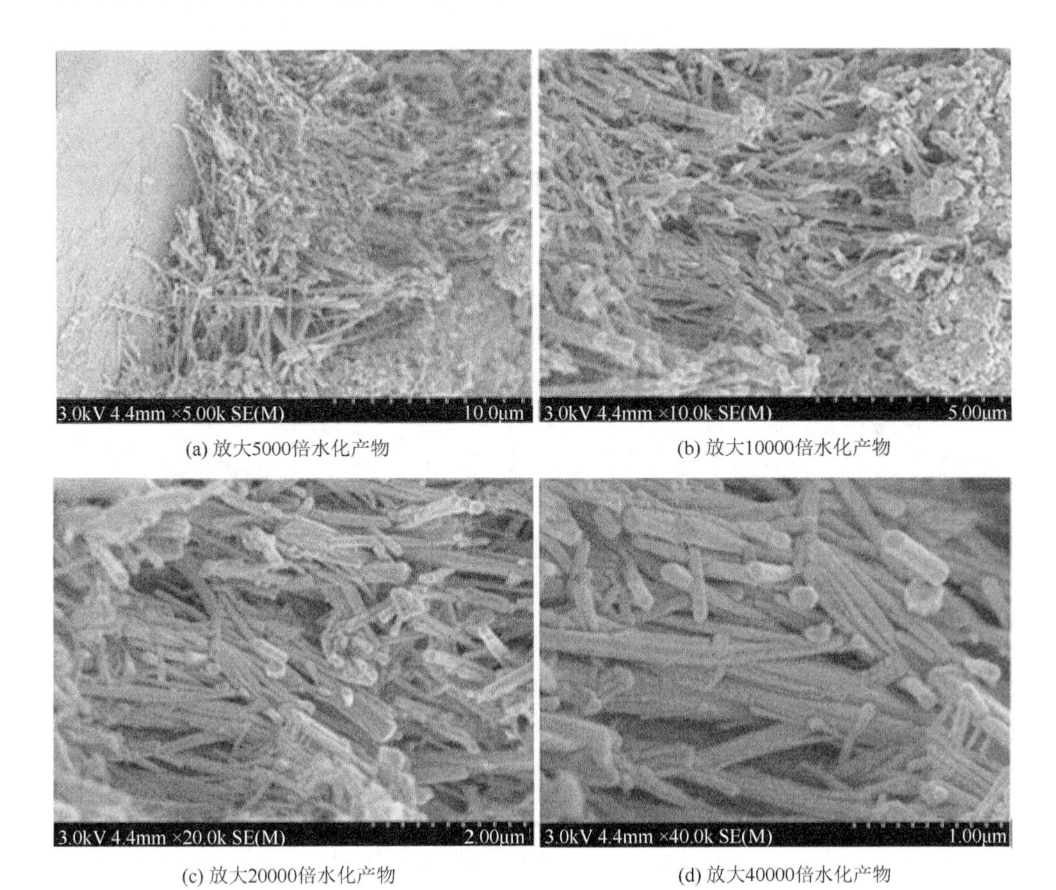

(a) 放大5000倍水化产物　(b) 放大10000倍水化产物

(c) 放大20000倍水化产物　(d) 放大40000倍水化产物

图 6.25　铁尾矿复合胶凝材料净浆试样 7d 龄期的 SEM 图

随着水化龄期的延长，28d 时整个胶凝材料体系水化充分。铁尾矿复合胶凝材料净浆试样 28d 龄期的 SEM 图见图 6.26，部分活性低的石英不发生水化反应，主要发挥填充效应，铁尾矿表面存在的 Si—O 断键与 $Ca(OH)_2$ 发生反应生成胶凝物质，铁尾矿在胶凝体系中发挥晶核效应、稀释效应和填充效应。SEM 图显示，C-S-H 凝胶与 AFt 相互搭接形成网状结构，六角板状氢氧化钙包裹在 C-S-H 凝胶内部。随着水化产物增多，胶凝体系内溶液的浓度变大，析出晶体数量增多，结晶体和胶体相互搭接，净浆试件的结构体系更加致密。

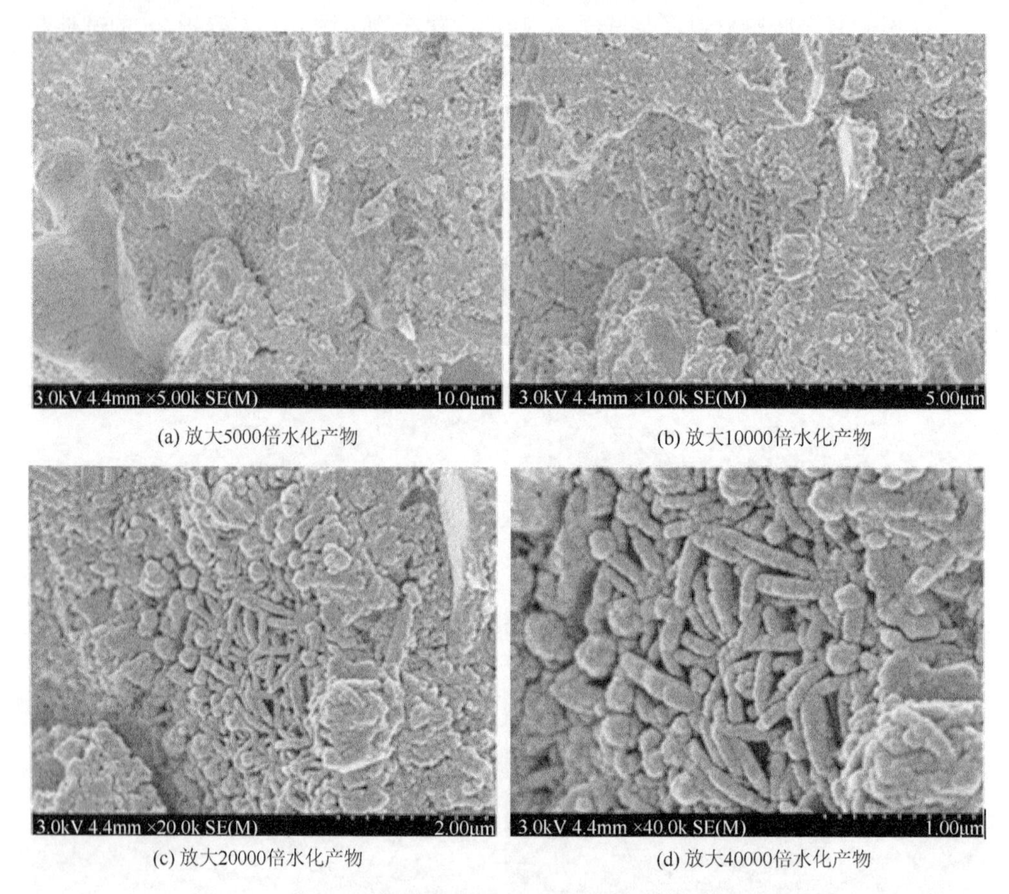

(a) 放大5000倍水化产物　(b) 放大10000倍水化产物

(c) 放大20000倍水化产物　(d) 放大40000倍水化产物

图 6.26　铁尾矿复合胶凝材料净浆试样 28d 龄期的 SEM 图

通过测定浆体 EDS，分析铁尾矿-矿渣-水泥复合胶凝体系的化学成分和相对含量，分别见图 6.27、表 6.23 和图 6.28、表 6.24。水化龄期 3d 试件中，Ca 和 Si 的原子分数分别为 57.09%和 26.61%；水化龄期 7d 试件中，Ca 和 Si 的原子分数分别为 49.64%和 33.49%。水泥水化产物钙硅比为 1.5 左右，钙硅比大于 1.5 的 C-S-H 为高碱性，小于 1.5 为低碱性，低碱性强度大于高碱性，并且高钙硅比结

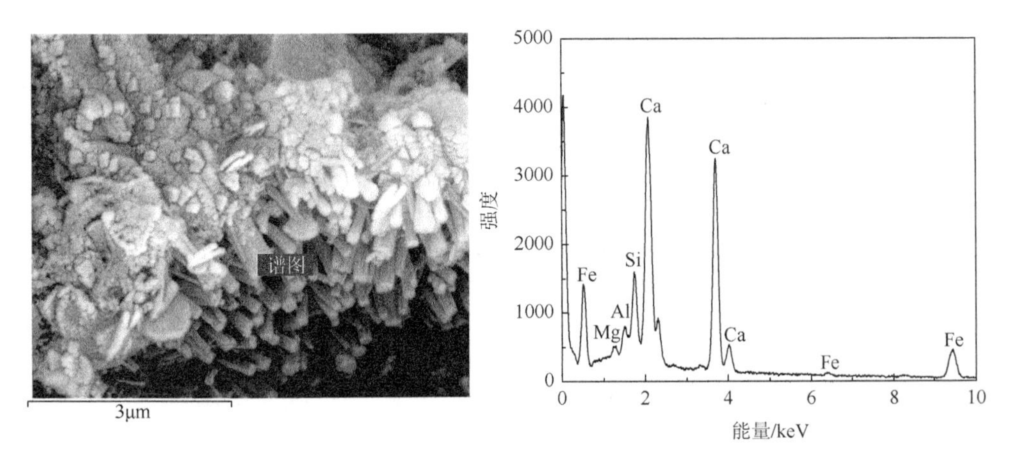

图 6.27　3d 试件 SEM 图和 EDS 图谱

表 6.23　3d 试件对应元素的质量百分比和原子百分比

元素	质量分数/%	原子分数/%
Mg	3.37	4.58
Al	4.85	6.54
Si	28.28	26.61
Ca	60.14	57.09
Fe	3.37	5.18
总量	100.00	100

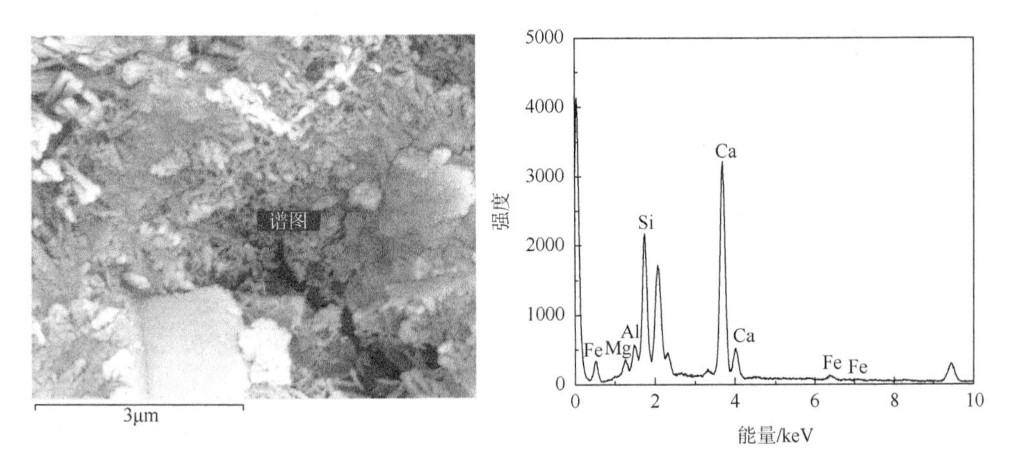

图 6.28　7d 试件 SEM 图和 EDS 图谱

构易形成有害孔，结构不密实，抗碳化能力差[97]。当钙硅比数值较小时，C-S-H 结构变得较致密，钙灰比数值较大时，钙和氧的相互作用在载荷传递中起重要作用，可以有效弥补结构中缺乏 SiO_2 造成的缺陷，因此 C-S-H 结构强度下降，胶砂试件力学性能降低。

表 6.24　7d 试件对应元素的质量分数和原子分数

元素	质量分数/%	原子分数/%
Mg	5.35	4.03
Al	8.96	6.21
Si	24.15	33.49
Ca	54.97	51.48
Fe	3.58	4.79
总量	100.00	100.00

铁尾矿-矿渣-水泥水化与水泥基材料较为接近。铁尾矿和矿渣导致 Si 元素和 Ca 元素含量大，铁尾矿含有大量 Si 元素，石英水化反应活性低，可通过机械粉磨激发铁尾矿活性。由于铁尾矿自身活性较低，水化过程中自身不参与水化，主要以填充作用为主，这也与前面结论相契合。

3. FTIR 分析

由于每种矿物在红外光谱中有相对应的谱图，所以通过红外光谱可以分析矿物的化学成分和结构特征。化合物中阴离子基团原子间的结合力强于基团内的结合力，阴离子基团的振动更强、更稳定。矿物红外光谱的特点与矿物组成分子的振动模式和振动频率相关，振动模式由分子的几何构型和对称性决定，构型相同但对称性不同的分子基团会产生不同特征的红外光谱。

Si—O 键在 400～600cm^{-1} 和 900～1000cm^{-1} 存在弯曲振动以及伸缩振动吸收峰，在 3419cm^{-1} 左右存在水分子的 O—H 伸缩振动吸收峰，在 3645cm^{-1} 左右存在 CH 的 O—H 的伸缩振动吸收峰。

如图 6.29 所示，从铁尾矿复合胶凝材料的红外光谱图可以看出，3d 龄期时净浆试件在 1100cm^{-1} 处有 Si—O 键弯曲振动峰，随着胶凝材料不断水化，伸缩振动峰向高波数移动，表明 Si—O 键聚合为 Si—O—Si，硅氧四面体结构更加稳定。

3d 龄期在 1100cm^{-1} 处有振动峰，为钙钒石的特征吸收峰，在 1491cm^{-1} 处和 1403cm^{-1} 处特征峰为 CO_3^{2-} 的非对称伸缩振动峰，这可能是由于试样制备中发生碳化。随着龄期延长，试件的波动呈上升的趋势，表明随着水化龄期的延长，在水泥、铁尾矿和矿渣协同作用下，胶凝体系不断发生水化反应，生成大量 C-S-H 凝胶。在 3417cm^{-1} 处和 1648cm^{-1} 处为 OH^-的不对称振动带以及弯曲振动带，峰高变高，胶凝材料充分水化。

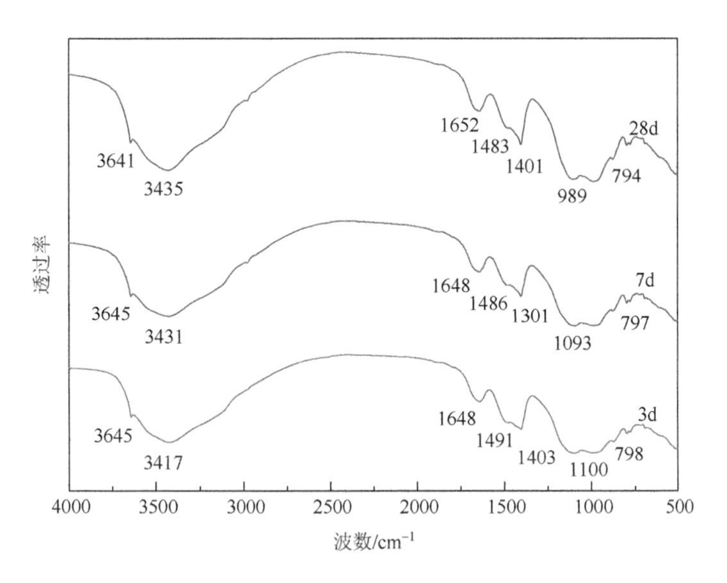

图 6.29　铁尾矿复合胶凝材料红外光谱图

6.7　本 章 小 结

本章主要研究分析在大掺量铁尾矿复合胶凝材料体系下，胶砂试件力学性能和流动性发展变化规律，制备出低水泥掺量高强度复合胶凝材料，并对其水化特性、微观结构和水化机理进行研究分析，得出以下结论。

（1）铁尾矿特性和活性分析。原状铁尾矿颗粒大小主要集中在 0.15～1.18mm 之间，铁尾矿主要矿物组成为石英、绿泥石和角闪石。机械粉磨铁尾矿可以分为脆性和塑性两个阶段。机械粉磨初期为脆性阶段，比表面积急剧增加；随着粉磨时间的延长，铁尾矿比表面积增加速度减缓，为塑性阶段。

（2）铁尾矿对复合胶凝体系力学性能的影响。铁尾矿胶砂试件强度发展规律表明，铁尾矿对胶砂试件力学性能有积极影响，铁尾矿掺量不大于 10%时，强度和水泥对照组基本保持一致，随着掺量的增加，胶砂试件强度下降趋势明显。因此，铁尾矿作为胶凝材料，应控制掺量小于 30%。铁尾矿、矿渣、水泥和脱硫石膏掺量比为 27∶29∶38∶6，胶砂试件 3d 抗压强度为 18.2MPa，28d 抗压强度为 38.9MPa。铁尾矿对胶砂试件的抗折强度影响小于抗压强度。

（3）铁尾矿对复合胶凝体系流动度的影响。铁尾矿掺量小于 30%，加入铁尾矿有利于提高胶砂试件的流动度，随着铁尾矿掺量的增加，胶凝复合体系黏聚性和保水性增大，胶砂试件流动度减小，铁尾矿掺量较大时，复合胶凝体系流动度减小趋势明显。

（4）铁尾矿对复合胶凝体系水化程度的影响。铁尾矿复合胶凝体系水化进程慢，早期水化放热量、放热速率均低于水泥。不同水化龄期的净浆试件 XRD 图谱表明，随着养护龄期的延长，$Ca(OH)_2$ 含量呈下降的趋势，分析原因为矿渣、铁尾矿与 $Ca(OH)_2$ 发生水化反应，消耗 $Ca(OH)_2$。矿渣加入复合胶凝材料体系中，有利于矿渣、铁尾矿协同发挥晶核效应和稀释效应加速水泥水化。在碱性环境下，铁尾矿、矿渣协同作用明显，晶核效应明显。

（5）铁尾矿对复合胶凝体系微观形貌影响。由 SEM 图谱可知，水化 28d 时复合胶凝体系水化较充分，复合浆体结构致密。铁尾矿对胶凝材料水化的作用主要是填充效应、稀释效应和晶核效应。

参 考 文 献

[1] 路畅，陈洪运，傅梁杰，等. 铁尾矿制备新型建筑材料的国内外进展[J]. 材料导报，2021，35（5）：5011-5026.
[2] 郑永超. 密云铁尾矿制备高强结构材料研究[D]. 北京：北京科技大学，2010.
[3] 张淑会，薛向欣，金在峰. 我国铁尾矿的资源现状及其综合利用[J]. 材料与冶金学报，2004，3（4）：241-245.
[4] 邓文，江登榜，杨波，等. 我国铁尾矿综合利用现状和存在的问题[J]. 现代矿业，2012，28（9）：1-3.
[5] 王晓丽，李秋义，陈帅超，等. 工业固体废弃物在新型建材领域中的应用研究与展望[J]. 硅酸盐通报，2019，38（11）：3456-3464.
[6] 任世赢. 我国矿产资源综合利用现状、问题及对策分析[J]. 中国资源综合利用，2017，35（12）：78-80.
[7] 邓湘湘，陈阳. 我国金属尾矿资源综合利用现状分析[J]. 有色金属文摘，2015，30（5）：48-49.
[8] 李佩怡，淦茜瑶，杨鹏，等. 安徽省水泥企业能耗及节能潜力调查研究[J]. 山西建筑，2018，44（13）：200-201.
[9] 黄晓燕，倪文，李克庆. 铁尾矿粉制备高延性纤维增强水泥基复合材料[J]. 北京科技大学学报，2015，37（11）：1491-1497.
[10] 史利芳，李朝晖，等. 尾矿微粉用作建筑材料的性能研究[J]. 环境工程，2015，33（S1）：566-569.
[11] Cheng Y，Huang F，Li W，et al. Test research on the effects of mechanochemically activated iron ore tailings on the compressive strength of concrete[J]. Construction and Building Materials，2016，118（15）：164-170.
[12] 舒伟. 铁尾矿的物料特性对制备加气混凝土的影响研究[D]. 武汉：武汉理工大学，2015.
[13] Bai S J，Li C L，Fu X Y，et al. Novel method for iron recovery from hazardous iron ore tailing with induced carbothermic reduction-magnetic flocculation separation[J]. Clean Technologies & Environmental Policy，2018，20（13）：1-13.
[14] Batisteli G M B，Peres A E C. Residual amine in iron ore flotation[J]. Minerals Engineering，2008，21（12）：873-879.
[15] 蒋京航，叶国华，胡艺博，等. 铁尾矿再选技术现状及研究进展[J]. 矿冶，2018，27（1）：1-4.
[16] Li C，Sun H，Bai J，et al. Innovative methodology for comprehensive utilization of iron ore tailings：Part 1. The recovery of iron from iron ore tailings using magnetic separation after magnetizing roasting[J]. Journal of Hazardous Materials，2010，174（13）：71-77.
[17] Kuranchie F A，Shukla S K，Habibi D . Utilisation of iron ore mine tailings for the production of geopolymer

bricks[J]. International Journal of Mining，Reclamation and Environment，2014，30（2）：1-23.

[18] Yang C，Chong C，Qin J，et al. Characteristics of the fired bricks with low-silicon iron ore tailings[J]. Construction & Building Materials，2014，70（15）：36-42.

[19] Das S K，Kumar S，Ramachandrarao P. Explotation of iron ore tailing for the development of ceramic tiles[J]. Waste Management，2000，20（8）：725-729.

[20] Guo W J，Du G X，Zuo R F，et al. Utilization of iron ore tailings for high strength fired brick[J]. Advanced Materials Research，2012，550-553：2373-2377.

[21] 赵阳. 鞍山式铁尾矿制备耐盐碱建筑用砖的研究[D]. 唐山：华北理工大学，2017.

[22] 李继芳，刘向阳. 铁尾矿在新型干法水泥生产线上的应用[J]. 新世纪水泥导报，2005（4）：7-9，6.

[23] 廖琴芳. 马坑铁尾矿陶粒砌块的生产及应用前景[J]. 福建建材，2018，（6）：109-110，105.

[24] 于欣. 铁尾矿建筑微晶玻璃的制备及其析晶性能研究[D]. 沈阳：沈阳建筑大学，2016.

[25] 高杰. 尾矿多孔玻璃陶瓷的制备及其晶化机理研究[D]. 沈阳：沈阳建筑大学，2012.

[26] 喻杰，柯昌云，喻振贤，等. 大比例掺用铁尾矿制备轻质保温墙体材料[J]. 金属矿山，2013，43（3）：161-164.

[27] 喻振贤，李汇，姜玉凤，等. 铁尾矿制备阻燃型轻质保温墙体材料的研究[J]. 新型建筑材料，2013，40（4）：30-33，36.

[28] 熊哲. 铁矿尾矿砂填充颗粒的阻尼和隔声性能的研究[D]. 南昌：南昌航空大学，2016.

[29] 肖涛. 铁尾矿砂复合板的非柱形孔吸隔声性能研究[D]. 南昌：南昌航空大学，2017.

[30] 杨帆. 谈尾矿在建材中的综合利用[J]. 广东建材，2013，29（10）：27-29.

[31] 姚亚东. 矿山尾矿制作建筑材料工艺技术研究[D]. 成都：四川大学，2002.

[32] 张秀芝，付宝华，刘俊彪，等. 铁尾矿砂/机制砂制备高性能混凝土性能研究[J]. 混凝土，2014（3）：116-118，123.

[33] 赵芸平，孙玉良，于涛，等. 尾矿砂石混凝土施工性能的试验研究[J]. 混凝土，2009，（6）：94-96，102.

[34] 尹韶宁，张智强，余林文. 铁尾矿砂胶砂力学性能和收缩性能研究[J]. 硅酸盐通报，2019，38（6）：1707-1712.

[35] 吕绍伟，姜屏，钱彪，等. 铁尾矿砂力学特性及再生利用研究进展[J]. 硅酸盐通报，2020，39（2）：466-470，512.

[36] Zhu Q，Yuan Y，Chen J，et al. Research on the high-temperature resistance of recycled aggregate concrete with iron tailing sand[J]. Construction and Building Materials，2022，327：12-18.

[37] Yellishetty M，Karpeb V，Reddyb E H，et al. Reuse of iron ore mineral wastes in civil engineering constructions：a case study[J]. Resources，Conservation and Recycling，2008，52（11）：1283-1289.

[38] Ugama T I，Ejeh S P，Amartey D Y. Effect of iron ore tailing on the properties of concrete[J]. Civil and Environmental Research，2014，6（10）：7-13.

[39] Ugama T I，Ejeh S P. Iron ore tailing as fine aggregate in mortar used for masonry[J]. International Journal of Advances in Engineering and Technology，2014，7（4）：70-78.

[40] 尹韶宁. 铁尾矿砂混凝土收缩开裂性能研究[D]. 重庆：重庆大学，2019.

[41] 李晓光，景帅帅，马玉平. 铁尾矿水泥胶砂的力学性能及孔结构特征[J]. 混凝土，2014，（6）：124-128.

[42] 蔡基伟. 石粉对机制砂混凝土性能的影响及机理研究[D]. 武汉：武汉理工大学，2006.

[43] 王稷良. 机制砂特性对混凝土性能的影响及机理研究[D]. 武汉：武汉理工大学，2008.

[44] 罗力. 利用铁尾矿制备硅酸盐水泥熟料的试验研究[D]. 武汉：武汉理工大学，2016.

[45] 史伟，张一敏，陈铁军，等. 用低硅铁尾矿制备贝利特水泥[J]. 金属矿山，2012（7）：165-168.

[46] 杨飞，孙晓敏. 利用钒钛磁铁矿尾矿制备普通硅酸盐水泥熟料的研究[J]. 钢铁钒钛，2020，41（2）：75-81.

[47] 郑永超，刘艳军，李德忠，等. 铁尾矿贝利特硫铝酸盐水泥的制备及性能研究[J]. 金属矿山，2013（8）：157-160.

[48] Urakaev F K，Boldyrev V V. Mechanism and kinetics of mechanochemical processes in comminuting devices：1. Theory[J]. Powder Technology，2000，107（1-2）：93-107.

[49] 朴春爱. 铁尾矿粉的活化工艺和机理及对混凝土性能的影响研究[D]. 北京：中国矿业大学，2017.

[50] 陈梦义，周绍豪，李北星，等. 铁尾矿来源对其易磨性及活性的影响[J]. 硅酸盐通报，2016，35（4）：1265-1269.

[51] 朱志刚，李北星，周明凯. 梯级粉磨铁尾矿制备超高性能混凝土的研究[J]. 功能材料，2015，46（20）：43-49.

[52] 蒙朝美，侯文帅，战晓菁. 机械力活化高硅型铁尾矿粒度及活性分析研究[J]. 绿色科技，2014，（11）：228-231.

[53] 朴春爱，权宗刚，唐玉娇. CMIT-MIT 活化铁尾矿粉体系对混凝土性能影响的研究[J]. 砖瓦，2020，（5）：15-20.

[54] 齐珊珊. 高硅型铁尾矿对混凝土碳化性能及抗冻性能影响试验研究[D]. 沈阳：东北大学，2014.

[55] 杨迎春，毛宇光. 不同细度铁尾矿粉对水泥基材料性能的影响[J]. 西安建筑科技大学学报（自然科学版），2020，52（2）：241-247.

[56] 王旭. 铁尾矿粉在水泥基材料中的作用机理[D]. 武汉：武汉大学，2019.

[57] 王安岭，马雪英，杨欣，等. 铁尾矿粉用作混凝土掺和料的活性研究[J]. 混凝土世界，2013，8：66-69.

[58] 马雪英. 硅质铁尾矿粉用作混凝土掺和料的应用研究[D]. 北京：清华大学，2013.

[59] Wu P C，Wang C L，Zhang Y P，et al. Properties of cementitious composites containing active/inter mineral admixtures[J]. Polish Journal of Environmental Studies，2018，27（3）：1-8.

[60] Cui X W，Wang C L，Ni W，et al. Study on the reaction mechanism of autoclaved aerated concrete based on iron ore tailings[J]. Romanian Journal of Materials，2017，47（1）：46-53.

[61] 冯永存. 铁尾矿掺和料及其混凝土性能的研究[D]. 北京：北京建筑大学，2015.

[62] Han F H，Zhou Y，Zhang Z. Effect of gypsum on the properties of composite binder containing high-volume slag and iron tailing powder[J]. Construction and Building Materials，2020，252（20）：1-12.

[63] Han F H，Li L，Song S M，et al. Early-age hydration characteristics of composite binder containing iron tailing powder[J]. Powder Technology，2017，315（15）：311-322.

[64] Han F H，Song S M，Liu J H. Properties of steam-cured precast concrete containing iron tailing powder [J]. Powder Technology，2019，345（1）：292-299.

[65] 马雪英，王安岭，杨欣. 铁尾矿粉复和掺和料对混凝土性能的影响研究[J]. 混凝土世界，2013，（7）：90-95.

[66] Li N，Lv S，Wang W，et al. Experimental investigations on the mechanical behavior of iron ore tailings powder with compound admixture of cement and nano-clay[J]. Construction and Building Materials，2020，254（10）：119-120.

[67] 刘娟红，吴瑞东，李生丁. 改性铁尾矿微粉混凝土的性能研究[J]. 江西建材，2014，（12）：92-96.

[68] 杨博涵，张延年，顾晓薇，等. 以铁尾矿为主的多元固废混凝土抗压性能与微观结构研究[J]．金属矿山，2022（1）：76-82.

[69] Han F，Zhang H，Liu J，et al. Influence of iron tailing powder on properties of concrete with fly ash[J]. Powder Technology，2022，398：117-132.

[70] 程云虹，黄菲，齐珊珊，等. 高硅型铁尾矿对混凝土碳化及抗硫酸盐腐蚀性能的影响[J]. 东北大学学报（自然科学版），2019，40（1）：121-125，149.

[71] 程兴旺. 铁尾矿粉混凝土力学性能与耐久性分析[J]. 粉煤灰综合利用，2018（5）：15-17，22.

[72] 刘佳. 利用密云尾矿废石制备高性能混凝土的基础研究[D]. 北京：北京科技大学，2014.

[73] Zhao J，Ni K，Su Y，et al. An evaluation of iron ore tailings characteristics and iron ore tailings concrete properties[J]. Construction and Building Materials，2021，286（7）：12-29.

[74] Barati S，Shourijeh T P，Samani N，et al. Stabilization of iron ore tailings with cement and bentonite：a case study on Golgohar mine[J]. Bulletin of Engineering Geology and the Environment，2020，79（8）：4151-4166.

[75] 刘文亮，张延年，顾晓薇，等. 铁尾矿基多固废混凝土耐酸侵蚀性能研究[J]. 金属矿山，2022（1）：89-94.
[76] 吴瑞东. 石英岩型铁尾矿及废石对水泥基材料的性能影响及机理[D]. 北京：北京科技大学，2020.
[77] 舒伟，罗立群，程琪林，等. 低贫钒钛铁尾矿制备加气混凝土[J]. 过程工程学报，2015，15（6）：1075-1080.
[78] 王长龙，倪文，乔春雨，等. 以铁尾矿为硅质原料制备加气混凝土[J]. 材料热处理学报，2013，34（10）：7-11.
[79] Lu D，Zhong J，Yan B，et al. Effects of curing conditions on the mechanical and microstructural properties of ultra-high-performance concrete（UHPC）incorporating iron tailing powder[J]. Materials，2021，14（1）：215-229.
[80] 查进，陈梦义，李北星，等. 蒸压养护对富硅铁尾矿粉活性特性的影响[J]. 混凝土，2015，（8）：56-58.
[81] 易忠来，孙恒虎，李宇. 热活化对铁尾矿胶凝活性的影响[J]. 武汉理工大学学报，2009，（12）：5-7.
[82] 侯云芬，刘锦涛，赵思儒，等. 铁尾矿粉对水泥砂浆性能的影响及机理分析[J]. 应用基础与工程科学学报，2019，27（5）：1149-1157.
[83] 杨华山，方坤河，涂胜金，等. 石灰石粉在水泥基材料中的作用及其机理[J]. 混凝土，2006，（6）：32-35.
[84] 刘数华，阎培渝. 石灰石粉在复合胶凝材料中的水化性能[J]. 硅酸盐学报，2008，36（10）：1401-1405.
[85] Cordeiro G C，Filho R D T，Tavares L M，et al. Pozzolanic activity and filler effect of sugar cane bagasse ash in Portland cement and lime mortars[J]. Cement & Concrete Composites，2008，30（5）：410-418.
[86] 周涛，谢雷. 粉煤灰在混凝土中应用的现状及展望[J]. 江西建材，2022，（3）：9-11.
[87] 刘数华，白岩. 玻璃粉在复合胶凝材料中的应用研究[J]. 粉煤灰综合利用，2013，（1）：3-5.
[88] Lu C，Yang H，Wang J，et al. Utilization of iron ore tailings to prepare high-surface area mesoporous silica materials[J]. Science of the Total Environment，2020，736（20）：83-94.
[89] Gu X，Zhang W，Zhang X，et al. Hydration characteristics investigation of iron ore tailings blended ultra high performance concrete：the effects of mechanical activation and iron ore tailings content[J]. Journal of Building Engineering，2022，45：10-14.
[90] Lv X，Shen W，Wang L，et al. A comparative study on the practical utilization of iron ore tailings as a complete replacement of normal aggregates in dam concrete with different gradation[J]. Journal of Cleaner Production，2019，211（20）：704-715.
[91] 陈梦义，李北星，王威，等. 铁尾矿粉的活性及在混凝土中的增强效应[J]. 金属矿山，2013，（5）：164-168.
[92] 陈改新，纪国晋，雷爱中，等. 多元胶凝粉体复合效应的研究[J]. 硅酸盐学报，2004，32（3）：351-357.
[93] 谢慧东，张云飞，栾佳春，等. 脱硫石膏在水泥-粉煤灰-矿渣粉复合胶凝体系普通干混砂浆中的应用研究[J]. 硅酸盐通报，2011，30（3）：645-651.
[94] 高英力，陈瑜，马保国. 粉煤灰-脱硫石膏水泥基材料水化活性及微结构[J]. 土木建筑与环境工程，2011，33（5）：137-142.
[95] 孙仁东，何百静，谢慧东，等. 脱硫石膏对大掺量粉煤灰-矿渣粉干混胶砂性能的影响[J]. 中国粉体技术，2012，18（5）：72-76.
[96] 刘晓轩. 粉煤灰-矿渣微粉-脱硫石膏三元胶凝体系的物理力学性能研究[J]. 粉煤灰，2016，28（6）：1-4.
[97] 李北星，陈梦义，王威，等. 梯级粉磨制备铁尾矿-矿渣基胶凝材料[J]. 建筑材料学报，2014，17（2）：206-211.